我的第1本
办公技能书

办公宝典

Word/Excel/PPT

2021三合一

完全自学教程

凤凰高新教育　编著

北京大学出版社
PEKING UNIVERSITY PRESS

内 容 提 要

　　Office 是职场中应用最广泛的办公软件，其中 Word、Excel、PPT 又是 Office 办公软件中使用频率最高、使用者最多、功能最强大的商务办公组件。本书以最新版本 Office 2021 软件为平台，从办公人员的工作需求出发，配合大量典型案例，全面地讲解 Word、Excel、PPT 在文秘、人事、统计、财务、市场营销等多个领域中的应用，帮助读者轻松、高效地完成各项办公事务。

　　本书以"完全精通 Word、Excel、PPT"为出发点，以"学好用好 Word、Excel、PPT"为目标来安排内容，全书共 5 篇，分为 24 章。第 1 篇为基础篇（第 1 章），先带领读者进入 Word、Excel 和 PPT 的世界，学习和掌握一些 Word、Excel 和 PPT 的基本操作和共通操作应用技能，让读者快速入门；第 2 篇为 Word 应用篇（第 2～9 章），Word 2021 优秀的文字处理与布局排版功能，得到广大用户的认可和接受，本篇讲解 Word 常用、实用和高效的必要操作知识，带领大家进入 Word 的世界，感受其独特魅力；第 3 篇为 Excel 应用篇（第 10～16 章），Excel 2021 是一款专业的表格制作和数据处理软件，本篇介绍 Excel 2021 表格数据的输入与编辑、Excel 公式与函数、Excel 图表与数据透视表、Excel 的数据管理与分析等内容，教会读者如何使用 Excel 快速完成数据统计和分析；第 4 篇为 PPT 应用篇（第 17～21 章），PowerPoint 2021 是用于制作和演示幻灯片的软件，在商务办公中被广泛应用，但要想通过 PowerPoint 制作出优秀的 PPT，不仅需要掌握 PowerPoint 软件的基础操作知识，还需要掌握一些设计知识，如排版、布局和配色等，本篇将对 PPT 幻灯片制作与设计的相关知识进行讲解；第 5 篇为办公实战篇（第 22～24 章），本篇通过列举职场中的商务办公典型案例，系统并详细地介绍如何综合应用 Word、Excel、PPT 3 个组件来完成与工作相关的办公任务。

　　本书既适合被大堆办公文件搞得头昏眼花的办公室"小白"，因为不能完成工作，经常熬夜加班、被领导批评的加班族，又适合刚毕业或即将毕业走向工作岗位的广大毕业生，还可以作为广大职业院校、计算机培训班的教学参考用书。

图书在版编目(CIP)数据

Word/Excel/PPT 2021三合一完全自学教程 / 凤凰高新教育编著. —北京：北京大学出版社,2022.6
ISBN 978-7-301-33022-7

Ⅰ.①W… Ⅱ.①凤… Ⅲ.①办公自动化－应用软件－教材 Ⅳ.①TP317.1

中国版本图书馆CIP数据核字(2022)第080800号

书　　　　名	Word/Excel/PPT 2021三合一完全自学教程
	WORD/EXCEL/PPT 2021 SAN HE YI WANQUAN ZIXUE JIAOCHENG
著作责任者	凤凰高新教育　编著
责 任 编 辑	王继伟　刘沈君
标 准 书 号	ISBN 978-7-301-33022-7
出 版 发 行	北京大学出版社
地　　　　址	北京市海淀区成府路205 号　100871
网　　　　址	http://www.pup.cn　　新浪微博:@ 北京大学出版社
电 子 信 箱	pup7@ pup.cn
电　　　　话	邮购部010-62752015　发行部010-62750672　编辑部010-62570390
印 刷 者	北京宏伟双华印刷有限公司
经 销 者	新华书店
	889毫米×1194毫米　16开本　25.75印张　插页1　906千字
	2022年6月第1版　2022年6月第1次印刷
印　　　　数	1-4000册
定　　　　价	129元

前　言

如果你是一个文档"小白"，仅仅会用一点 Word；

如果你是一个表格"菜鸟"，只会简单的 Excel 表格制作和计算；

如果你已熟练使用 PowerPoint，但总觉得制作的 PPT 不理想，缺少吸引力；

如果你是即将走入职场的毕业生，对 Word、Excel、PPT 了解很少，缺乏足够的编辑和设计技巧，希望全面提升操作技能；

最后，如果你是想轻松搞定日常工作，成为职场达人，想升职加薪又不加班的上班族，

那么，本书是你最佳的选择！

Office 2021 是微软公司正式发布的最新版本。让本书来告诉你如何成为你所期望的职场达人吧！

进入职场后，你才发现原来 Word 并不是打字速度快就可以了，Excel 的使用好像也比老师讲得复杂多了，就连之前认为最简单的 PPT 都不那么简单了。没错，如今已经进入了计算机办公时代，熟练掌握办公软件的相关知识技能已经是入职的一个必备条件。然而，数据调查显示，如今大部分的职场人士对 Word、Excel、PPT 办公软件的了解还停留在初级水平，所以在工作时，很多人处理问题事倍功半。

针对这种情况，我们策划并编写了本书，旨在帮助那些有追求、有梦想，但又苦于技能欠缺的刚入职或在职人员。无论你是公司的普通白领，还是管理级别的金领人士；无论你是在行政文秘、人力资源、财务会计、市场销售、教育培训行业领域，还是在其他岗位的职场工作者，通过本书的学习都会让你提升职场竞争力。本书将帮助你解决如下问题。

（1）快速掌握 Word、Excel、PPT 2021 最新版本的基本功能操作。

（2）快速拓展 Word 2021 文档编排的思维方法。

（3）全面掌握 Excel 2021 数据处理与统计分析的方法、技巧。

（4）汲取 PPT 2021 演示文稿的设计和编排创意方法、理念及相关技能。

（5）学会 Word、Excel、PPT 2021 组件协同高效办公技能。

我们不但告诉你怎样做，还要告诉你为什么这样做才是最快、最好、最规范的！要学会与精通 Word、Excel、PPT 2021，这本书就够了！

本书特色

（1）讲解最新技术，内容常用、实用。本书遵循"常用、实用"的原则，以 Word、Excel、PPT 2021 版本为写作标准，在书中还标识出了 Word、Excel、PPT 2021 的相关"新功能"及"重点"知识，并且结合日常办公应用的实际需求，全书安排了 293 个"实战"案例、58 个"妙招技法"、3 个大型的"办公实战"案例，系统地讲解了 Word、Excel、PPT 2021 的办公应用技能与实战操作。

（2）图解操作步骤，一看即懂、一学就会。为了让读者更易学习和理解，本书采用"思路引导＋图解操作"的方式进行讲解。而且，在步骤讲述中以"❶、❷、❸……"的方式分解出操作小步骤，并在图中相应地方标识，非常方便读者学习掌握。只要按照书中讲述的方法练习，就可以做出与书中同样的效果。另外，为了解决读者在自学过程中可能遇到的问题，在书中设置了"技术看板"板块，解释在应用中出现的或者在操作过程中可能会遇到的一些生僻且重要的操作，还添加了"技能拓展"板块，其目的是让大家学会解决同样问题的不同思路，从而达到举一反三的效果。

（3）技能操作＋实用技巧＋办公实战＝应用大全。本书充分按照让读者"学以致用"的原则，在全书内容安排上，以"完全精通 Word、Excel、PPT"为出发点，以"学好用好 Word、Excel、PPT"为目标来安排内容，全书共 5 篇，分为 24 章。

第 1 篇为基础篇（第 1 章），本篇先带领读者进入 Word、Excel 和 PPT 的世界，学习、掌握一些 Word、Excel 和 PPT 的基本操作和共通操作应用技能，让读者快速入门。

第 2 篇为 Word 应用篇（第 2~9 章），Word 2021 是 Office 2021 中的一个核心组件，其优秀的文字处理与布局排版功能，得到广大用户的认可。在本篇中将会用 8 章篇幅来讲解 Word 的常用、实用和高效的必要操作知识，带领大家进入 Word 的世界，感受其独特魅力。

第 3 篇为 Excel 应用篇（第 10~16 章），Excel 2021 是一款专业的表格制作和数据处理软件。本篇介绍了 Excel 2021 电子表格数据的输入与编辑、Excel 公式与函数、Excel 图表与数据透视表、Excel 的数据管理与分析等内容，教会读者如何使用 Excel 快速完成数据统计和分析。

第 4 篇为 PPT 应用篇（第 17~21 章），PowerPoint 2021 是用于制作和演示幻灯片的软件，在商务办公中被广泛地应用。但要想通过 PowerPoint 制作出优秀的 PPT，不仅需要掌握 PowerPoint 软件的基础操作知识，还需要掌握一些设计知识，如排版、布局和配色等，本篇将对 PPT 幻灯片制作与设计的相关知识进行讲解。

第 5 篇为办公实战篇（第 22~24 章），本篇通过列举职场中的商务办公典型案例，系统并详细地介绍如何综合应用 Word、Excel 和 PPT 3 个组件来完成一项复杂的工作。

丰富的学习套餐，让您物超所值，学习更轻松

本书还配套赠送相关的学习资源，内容丰富、实用，包括同步练习文件、办公模板、教学视频、电子书等，让读者花一本书的钱，得到多本书的超值学习内容。套餐内容具体包括以下几个方面。

（1）同步素材文件。本书中所有章节实例的素材文件，全部收录在同步学习文件夹中的"素材文件\第*章\"文件夹中。读者在学习时，可以参考图书讲解内容，打开对应的素材文件进行同步操作练习。

（2）同步结果文件。本书中所有章节实例的最终效果文件，全部收录在同步学习文件夹中的"结果文件\第*章\"文件夹中。读者在学习时，可以打开结果文件，查看其实例效果，为自己在学习中的练习操作提供帮助。

（3）同步视频教学文件。本书还为读者提供了长达 302 节与书同步的视频教程，跟着书中内容同步学习，轻松学会不用愁。视频教程还可以下载，方法见后面的"温馨提示"。

（4）赠送同步的 PPT 课件。赠送与书中内容同步的 PPT 教学课件，非常方便教师教学使用。

（5）赠送"Windows 10 系统操作与应用"的视频教程。长达 9 小时的多媒体教程，让读者完全掌握 Windows 10 系统的应用。

（6）赠送 500 个商务办公实用模板。200 个 Word 办公模板、200 个 Excel 办公模板、100 个 PPT 商务办公模板，实战中的典型案例不必再花时间和心血去搜集，拿来即用。

（7）赠送 2 本高效办公电子书。《高效人士效率倍增手册》《手机办公 10 招就够》电子书，教会读者移动办公诀窍。

（8）赠送"如何学好、用好 Word"视频教程。时间长达 48 分钟，与读者分享 Word 专家学习与应用经验。内容包括：① Word 的最佳学习方法，②新手学 Word 的十大误区，③全面提升 Word 应用技能的十大技法。

（9）赠送"如何学好、用好 Excel"视频教程。时间长达 63 分钟，与读者分享 Excel 专家学习与应用经验。内容包括：① Excel 的最佳学习方法，②用好 Excel 的 8 个习惯，③ Excel 的八大偷懒技法。

（10）赠送"如何学好、用好 PPT"视频教程。时间长达 103 分钟，与读者分享 PPT 专家学习与应用经验。内容包括：① PPT 的最佳学习方法，②如何让 PPT 讲故事，③如何让 PPT 更有逻辑，④如何让 PPT"高大上"，⑤如何避免每次从零开始排版。

（11）赠送"5 分钟学会番茄工作法"讲解视频。教会读者在职场中高效地工作、轻松地应对职场那些事，真正做到"不加班，只加薪"！

（12）赠送"10 招精通超级时间整理术"讲解视频。专家传授 10 招时间整理术，教读者如何整理时间、有效利用时间。因为时间是人类最宝贵的财富，只有合理整理时间，充分利用时间，才能让人生价值达到最大化。

温馨提示

以上资源，可用微信扫一扫下方二维码，关注官方微信公众号，并输入本书 77 页的资源下载码，根据提

示获取下载地址及密码。另外，在官方微信公众号中，还为读者提供了丰富的图文教程和视频教程，为你的职场工作排忧解难！

本书不是一本单纯的 IT 技能办公用书，而是一本职场综合技能的实用书！

本书可作为需要使用 Word、Excel、PPT 软件处理日常办公事务的文秘、人事、财务、销售、市场营销、统计等专业人员的案头参考书，也可作为大中专职业院校、计算机培训班的相关专业教学参考用书。

创作者说

本书由凤凰高新教育策划并组织编写。全书由一线办公专家和多位 MVP（微软全球最有价值专家）合作编写，他们具有丰富的 Word、Excel、PPT 软件应用技巧和办公实战经验。对于他们的辛苦付出，在此表示衷心的感谢！同时，由于计算机技术的发展非常迅速，书中存在疏漏和不足之处在所难免，敬请广大读者及专家指正。

若您在学习过程中产生疑问或有任何建议，可以通过 E-mail 与我们联系。

读者信箱：2751801073@qq.com

编　者

目　　录

第 2 篇　Word 应用篇

Word 2021 是 Office 2021 中的一个核心组件，作为 Office 组件的"排头兵"，因为其优秀的文字处理与布局排版功能，得到了广大用户的认可。本篇将会分 8 章来介绍 Word 常用、实用和高效的必要操作知识，带领大家进入 Word 的世界，感受其独特魅力。

第3篇 Excel 应用篇

Excel 2021 是一款专业的表格制作和数据处理软件。用户可使用它对数据进行计算、管理和统计分析。其中，公式和函数是数据计算的利器，条件规则、排序、分类汇总是数据管理的法宝，迷你图、图表和数据透视图表是分析数据的高效工具。同时，用户还能借助数据验证对普通数据进行限制和拦截。当然，还有很多其他通用操作能够有效地对数据进行高效设置和处理，要想获得更多、更详细和更精彩的 Excel 操作知识，可进入本篇的学习。

第 4 篇　PPT 应用篇

PowerPoint 2021 是用于制作和演示幻灯片的软件，被广泛应用到多个办公领域中。要想通过 PowerPoint 制作出优秀的 PPT，不仅需要掌握 PowerPoint 软件的基础操作知识，还需要掌握一些设计知识，如排版、布局和配色等。本篇将对 PPT 幻灯片制作与设计的相关知识进行介绍。

第 5 篇 办公实战篇

为了更好地理解和掌握 Word、Excel 和 PPT 2021 的基本知识和技巧，本篇将分别制作几个较为完整的实用案例，通过整个制作过程，学会举一反三，轻松使用 Word、Excel 和 PPT 高效办公。

第1篇 基础篇

微软公司于 2021 年 10 月 5 日正式发布了 Microsoft Office 2021 版本。Office 办公软件不仅被用户熟知，还被广泛地应用在商务办公中，特别是在无纸化办公的今天，使用率和普及率不断增高。其中，Word、Excel 和 PPT 备受推崇，因为它们可应用在各个不同的行业领域中，没有明显的行业领域"门槛"限制，也容易学习和掌握。本篇先带领大家进入 Word、Excel 和 PPT 的世界，学习和掌握一些 Office 的通用和基础的操作技能。

第 1 章　初识 Word、Excel 和 PPT 2021

- ➡ Word、Excel、PPT 能做什么？ Office 2021 新增了哪些功能？
- ➡ 不会打印文档？
- ➡ 你会使用 Office 帮助功能来解答疑问吗？
- ➡ 怎样将 Word、Excel、PPT 文档转换成 PDF 文档？

本章将通过介绍 Word、Excel 和 PPT 的基本功能和用途，以及 Office 2021 的新增功能，来学习 Office 2021 的相关基础操作。认真学习本章内容，读者不仅能得到以上问题的答案，还会给今后的学习、工作带来极大的便利。

1.1　Word、Excel 和 PPT 2021 简介

在对 Word、Excel 和 PPT 进行正式学习前，读者可以先了解这 3 款软件大体可用于哪些领域，特别是在办公中的应用领域，从而为后面的学习指明方向。

1.1.1　Word 的应用领域

Word 是一款专业的文档制作软件，在商务办公中可应用的范围特别广，如行政文秘、人事等方面。图 1-1 所示为使用 Word 制作的文档。

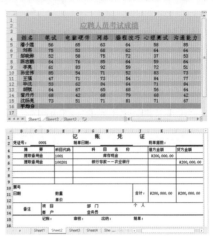

图 1-1

1.1.2 Excel 的应用领域

Excel 主要应用于人事、行政、财务、营销、生产、仓库和统计策划等领域。图 1-2 所示为使用 Excel 制作的行业领域表格。

图 1-2

1.1.3 PPT 的应用领域

PPT 逐渐成为人们生活、工作中的重要组成部分，尤其在总结报告、培训教学、宣传推广、项目竞标等领域被广泛使用，如图 1-3 所示。

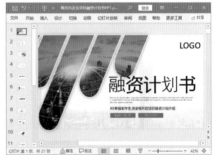

图 1-3

1.2 Office 2021 的新增功能

经过不断地改进和沉淀，Microsoft Office 系列办公套件几乎已经成为每位办公人士的必备装机工具了。新版本 Office 2021 不仅配合 Windows 11 进行了重大的视觉更新，其本身还新增了一些特色功能。下面对该版本中的 Word、Excel 和 PPT 的新增功能进行简单介绍。

★ 新功能 1.2.1 操作界面改进

Office 2021 对操作界面做了极大的改进，打开 Office 2021 文件起始时的 3D 带状图像取消了，增加了大片的单一图像。图 1-4 所示为 Word 2021 的启动图像。

图 1-4

Office 2021 还采用了全新设计的 UI 软件界面，与 Windows 11 的新设计更加一致。在功能区中，使用现代化的"开始"画面体验和全新的"搜索"方式。使用单行图示及中性调色盘，体现简洁、清晰的风格，如图 1-5 所示。如果在 Windows 11 系统下使用 Office 2021，还能看到其新的圆角效果。

图 1-5

在 Office 2021 中，可以更容易地找到信息。标题栏中新改进的"搜索"文本框，可以通过图形、表格、脚注和注释来查找内容。而且，Search 会回收最近使用的命令，并根据当前的显示动作建议用户可能要采取的其他动作，如图 1-6 所示。

图 1-6

Office 2021 将黑色 Office 主题进

一步扩展，支持自适应的暗黑模式。在该模式下，之前的白色页面变成深灰色／黑色，而文档内的颜色也将变化以适应新的颜色对比度，红色、蓝色、黄色和其他颜色将有轻微改变，以缓和色彩组合的整体效果，在全新深色背景中形成比较柔和的视觉效果，如图 1-7 所示。这样，经常晚上工作的朋友就可以更好地护眼了。

图 1-7

★ 新功能 1.2.2 PDF 文档完全编辑

PDF 文档是我们日常工作和生活中常用的一种便携式文件格式，但对它进行编辑和使用总是存在诸多不便。有了新版的 Office 2021，这种问题将不再是问题了。

Office 2021 支持打开与编辑 PDF 文档，在 Word 2021 中就能打开 PDF 类型的文件，并且能够随心所欲地对其进行编辑。可以以 PDF 文件保存修改后的结果或者以 Word 支持的任何文件类型进行保存。

★ 新功能 1.2.3 内置图像搜索功能

在做 PPT 演示文稿或 Word 文档时，经常需要插入一些图片，以往需要先打开浏览器去各种图片网站上搜索、下载、保存图片，再回到 Office 中插入。而现在新版本的 Office 2021 可以直接通过内置的 Bing 来搜索到合适的图片，然后将其快速插入文档中，如图 1-8 所示。

图 1-8

此外，Office 2021 还会持续新增更多丰富的媒体内容至 Office 内容库，协助用户编辑出更好的文档。例如，库存影像、图示、图标等的收藏媒体库。

★ 新功能 1.2.4 与他人实时共同作业

Word 2021 重新定义了人们共同处理某个文档的方式，可以实现真正的实时协作同步。

利用共同创作功能，将产生一个包含在网页浏览器中开启文档的链接的电子邮件。通过电子邮件进入 Word 网页版，不仅可以编辑这份文档，还可以与他人分享，可以在几秒钟内快速看到他人对文档进行的变更。对于企业和组织来说，与 Communicator 的集成，使用户能够查看与其一起编写文档的某个人是否空闲，并且在不离开 Word 的情况下轻松地启动会话。

🔧 技术看板

在协同编辑工作表时，还可以通过选择【新建】→【视图】选项添加工作表视图，以便多人同时工作，在调整工作表视图显示比例，对数据进行排序、筛选时，不会被相互打扰。但是，执行的任何单元格级别的编辑还是会自动与工作簿一起保存的。

★ 新功能 1.2.5 云服务增强

使用 Office 2021 几乎可以从任何位置、通过任何设备访问和共享文档，Outlook 支持 Onedrive 附件和自动权限设置。

在线发布文档后，通过计算机或基于 Windows Mobile 的智能手机可以在任何位置访问、查看和编辑这些文档。使用 Word 2021，用户可以在多个位置和多种设备上获得一流的文档体验。

当在办公室、家或学校之外通过 Web 浏览器编辑文档时，也不会削弱用户已经习惯的高质量查看体验。

★ 新功能 1.2.6 透过行聚焦提升理解能力

在 Word 2019 中使用【学习工具】功能，可以切换到可帮助提高阅读效率的沉浸式编辑状态下。在该状态下还可以调整文本显示方式并朗读文本。Word 2021 对该功能进行了深入开发，可以调整焦点，在检视画面中一次高亮显示一行、三行或五行，如图 1-9 所示。通过使用这种沉浸式阅读方式来协助增强阅读的流畅性。

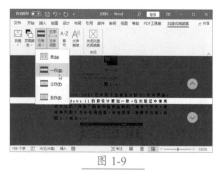

图 1-9

★ 新功能 1.2.7 更新的绘图工具

在【绘图】选项卡中可以快速存取及变更所有笔迹工具的色彩，如图 1-10 所示。使用 Office 2021 中更新后的绘图工具，可以简化用户使用笔迹的方式。

图 1-10

选择【绘图工具】组中的动作手写笔，开始编辑，就可以开始输入了，如图 1-11 所示。

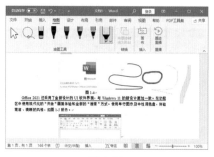

图 1-11

选择【绘图工具】组中的【套索】工具后，可以使用套索来选取文档中的笔墨（可以是个别的线条或整个文字或图案），然后对其进行变更、移动或删除操作。只需要在想要选取的笔墨周围绘制套索，并不需要是完美的圆形，如图 1-12 所示。

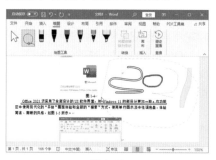

图 1-12

在 Word 2021 中，除了早期版本中的笔画橡皮擦，还增加了点橡皮擦功能。如果只想清除笔画中的一部分，使用新的点橡皮擦功能就可以非常精确地实现清除了，避免将整个笔画清除。在【绘图工具】组中选择【橡皮擦】工具后，单击该工具的下拉按钮，在弹出的下拉列表中可以设置点橡皮擦的大小，如图 1-13 所示。

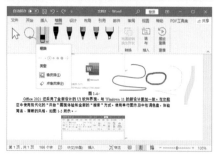

图 1-13

★ 新功能 1.2.8 新函数功能

函数功能是 Excel 的重要组成功能。为了方便用户进行数据统计计算，Office 2021 增加了更多的新函数。例如，查找函数"XLOOKUP""XMATCH"，向计算结果分配名称的函数"LET"，动态数组中还编写了 FILTER、SORT、SORTBY、UNIQUE、SEQUENCE 和 RANDARRAY 6 个新函数来加速计算。

★ 新功能 1.2.9 访问辅助功能工具的新方法

辅助功能的功能区将创建可访问 Excel 工作簿所需的所有工具放在一个位置，方便用户操作。主要是在与其他人共享文档或保存到公共位置之前，可以先检查辅助功能问题，避免出错。

单击【审阅】选项卡中的【检查辅助功能】按钮，将显示出【辅助功能】选项卡，如图 1-14 所示。

图 1-14

【辅助功能】选项卡中的每个组都包含不同的工具，主要用于执行以下操作。

➡ 查找内容中的潜在辅助功能问题。

➡ 将可选文字和易于理解的名称添加到图片和图表中。

➡ 取消合并单元格以创建数据的清晰结构。

➡ 修复颜色对比度问题。

➡ 查找已经具有足够高对比度的样式（如表）的特选列表。

★ 新功能 1.2.10 **录制有旁白和幻灯片排练时间的幻灯片放映**

如果配备有声卡、麦克风和扬声器及（可选）网络摄像头等设备，就可以在 PowerPoint 2021 录制幻灯片放映的同时捕获旁白、幻灯片排练时间和墨迹。录制完成后，它就会像任何其他可以在幻灯片放映中播放的内容一样呈现出来；或者可以将演示文稿另存为视频文件。

为演示文稿添加旁白、墨迹和排练时间，可以增强基于 Web 的或自运行的幻灯片的放映效果。

★ 新功能 1.2.11 **重现墨迹对象的幻灯片动画**

使用触笔或触屏设备在页面上绘制墨迹后，在【绘图】选项卡中会显示有【墨迹重播】选项，选择该选项可以将墨迹笔画倒退并按绘制顺序重播，如图 1-15 所示。

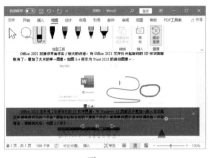

图 1-15

在 PowerPoint 2021 中，还可以对墨迹动画的计时进行调整，以匹配所需的体验。

1.3 掌握 Word、Excel 和 PPT 2021 文件管理

深入学习 Word、Excel 和 PPT 2021 前，读者需要先了解这 3 款软件的管理操作，如打开、新建、保存等，这些操作都是一些入门的基础知识。

1.3.1 认识 Word、Excel 和 PPT 2021 界面

在使用 Word、Excel 和 PPT 2021 之前，首先需要熟悉其操作界面，这里以 Word 2021 为例。启动 Word 2021 后，首先打开的窗口中会显示最近使用的文档和程序自带的模板缩略图预览，此时按【Enter】键或【Esc】键可跳转到空白文档界面，这就是要进行文档编辑的工作界面，如图 1-16 所示。该界面主要由标题栏、【文件】选项卡、功能区、导航窗格、文档编辑区、状态栏和视图栏 7 个部分组成。

图 1-16

❶ 标题栏，❷【文件】选项卡，❸ 功能区，❹ 导航窗格，❺ 文档编辑区，❻ 状态栏，❼ 视图栏。

1. 标题栏

标题栏位于窗口的最上方，从左到右依次为【自动保存】

按钮、快速访问工具栏、正在操作的文档的名称、程序的名称、【搜索】框、【登录】按钮、【功能区显示选项】按钮和窗口控制按钮。

➡ 【自动保存】按钮：如果将文档提前保存到 OneDrive 或 SharePoint Online，就可以开启自动保存功能，实现编辑该文档时不停地自动存储文档，即时存储。

➡ 快速访问工具栏：用于显示常用的工具按钮，默认显示的按钮有【保存】、【撤消】和【重复】3 个按钮，单击这些按钮可以执行相应的操作，用户还可以根据需要手动将其他常用的工具按钮添加到快速访问工具栏中。

➡ 【登录】按钮：单击该按钮，可登录 Microsoft 账户。

➡ 【功能区显示选项】按钮：单击该按钮，会弹出一个下拉菜单，通过该菜单，可对功能区的显示方式进行设置。

➡ 窗口控制按钮：从左到右依次为【最小化】按钮、【最大化】按钮、【向下还原】按钮和【关闭】按钮，用于控制文档窗口的大小和关闭文档。

2. 【文件】选项卡

选择【文件】选项卡，在打开的界面左侧包括【新建】【打开】【保存】等常用命令。

3. 功能区

功能区中集合了各种重要功能，清晰可见，是 Word 的控制中心。默认情况下，功能区包含【开始】【插入】【绘图】【设计】【布局】【引用】【邮件】【审阅】【视图】【帮助】10 个选项卡，选择某个选项卡可将其展开。此外，在文档中选中图片、艺术字、文本框或表格等对象时，功能区中会显示与所选对象设置相关的选项卡。例如，在文档中选中表格后，功能区中会显示【表设计】和【布局】两个选项卡。

每个选项卡由多个组组成，【开始】选项卡由【剪贴板】【字体】【段落】【样式】【编辑】等组组成。有些组的右下角有一个 按钮，称其为【功能扩展】按钮。将鼠标指针指向该按钮时，可预览对应的对话框或窗格。单击该按钮，可弹出对应的对话框或窗格。

各个组又将在执行指定类型任务时可能用到的所有命令放到一起，并在执行任务期间一直处于显示状态，保证可以随时使用。例如，【字体】组中显示了【字体】【字号】【加粗】等命令按钮，这些命令按钮用于对文本内容设置相应的字符格式。

4. 导航窗格

默认情况下，Word 2021 的操作界面显示导航窗格，在导航窗格的搜索框中输入内容，程序会自动在当前文档中进行搜索。

在导航窗格中有【标题】【页面】【结果】3 个标签，单击某个标签，可切换到相应的页面。其中，【标题】页面显示的是当前文档的标题，【页面】页面中是以缩略图的形式显示当前文档的每页内容，【结果】页面中非常直观地显示搜索结果。

5. 文档编辑区

文档编辑区位于窗口中央，默认情况下以白色显示，是输入文字、编辑文本和处理图片的工作区域，并在该区域中向用户显示文档内容。

当文档内容超出窗口的显示范围时，编辑区右侧和底端会分别显示垂直与水平滚动条，拖动滚动条中的滑块，或者单击滚动条两端的三角形按钮，编辑区中显示的区域会随之滚动，从而可以查看其他内容。

6. 状态栏

状态栏用于显示文档编辑的状态信息，默认显示文档当前页数、总页数、字数、文档检错结果、输入法状态等信息。根据需要，用户可自定义状态栏中要显示的信息。

7. 视图栏

视图栏包含视图切换按钮 和显示比例调节工具 100%。视图切换按钮用于切换当前文档的视图方式，显示比例调节工具用于调节和显示当前文档的显示比例。

1.3.2 新建 Word、Excel 和 PPT 2021 文件

新建 Word、Excel 和 PPT 2021 文件，都可以通过新建界面来轻松实现。方法：选择【文件】选项卡，进入 Backstage 界面，在【新建】界面中单击相应的图标，如图 1-17 所示（这里以 PPT 为例）。

图 1-17

1.3.3 保存 Word、Excel 和 PPT 文件

实例门类	软件功能

在编辑 Word、Excel 和 PPT 文件的过程中，保存文件是非常重要的操作，尤其是新建的文档，只有执行保存操作后才能存储到计算机硬盘或云端固定位置中，从而方便以后进行阅读和再次编辑。下面以保存 Word 文件为例，具体操作步骤如下。

Step 01 保存文件。在要保存的新建文档中按【Ctrl+S】组合键，或者单击快速访问工具栏中的【保存】按钮 ，如图 1-18 所示。

图 1-18

Step 02 将文件保存到计算机中。进入【另存为】界面，双击【这台电脑】图标，如图 1-19 所示。

图 1-19

Step 03 选择文件的保存位置。打开【另存为】对话框，❶ 设置文档的存放位置，❷ 输入文件名称，❸ 选择文件保存类型，❹ 单击【保存】按钮即可保存当前文档，如图 1-20 所示。

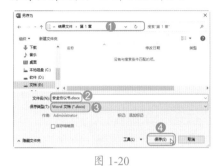

图 1-20

技能拓展——原有文档的保存

对原有文档进行编辑后，直接按【Ctrl+S】组合键，或者单击快速访问工具栏中的【保存】按钮图进行保存。

如果需要将文档以新文件名保存或保存到新的路径，可按【F12】键，或者在【文件】选项卡中选择【另存为】选项，在打开的【另存为】对话框中重新设置文档的保存名称、保存位置或保存类型等参数，然后单击【保存】按钮。

1.3.4 打开 Word、Excel 和 PPT 文件

实例门类	软件功能

若要对计算机中已有的文件进行编辑，首先需要将其打开。一般来说，先进入该文档的存放路径，再双击 Word、Excel 或 PPT 文档图标即可将其打开。此外，还可通过【打开】命令打开文档，这里以 Word 为例，具体操作步骤如下。

Step 01 打开【打开】界面。在 Word 窗口中选择【文件】选项卡，❶ 在左侧选择【打开】选项，❷ 双击【这台电脑】图标，如图 1-21 所示。

图 1-21

Step 02 设置文件保存选项。打开【打开】对话框，❶ 进入文档存放的位置，❷ 在列表框中选择需要打开的文档，❸ 单击【打开】按钮即可，如图 1-22 所示。

图 1-22

技能拓展——一次性打开多个文档

在【打开】对话框中按住【Shift】键或【Ctrl】键的同时选择多个文件，然后单击【打开】按钮，可同时打开选择的多个文档。

1.3.5 关闭 Word、Excel 和 PPT 文件

对文件进行了各种编辑操作并保存后，如果确认不再对文档进行操作，可将其关闭，以减少占用的系统内存。关闭文档的方法有以下几种。

（1）在要关闭的文档中单击右上角的【关闭】按钮。

（2）在要关闭的文档中选择【文件】选项卡，然后选择左侧列表中的【关闭】选项。

（3）在要关闭的文档中按

【Alt+F4】组合键。

在关闭 Word、Excel 和 PPT 文件时，若没有对各种编辑操作进行保存，则执行关闭操作后，系统会打开图 1-23 所示的提示框，询问用户是否对文件所做的修改进行保存（这里是 Word 文档的询问是否保存提示），此时可进行如下操作。

图 1-23

（1）单击【保存】按钮，可保存当前文档，同时关闭该文档。

（2）单击【不保存】按钮，将直接关闭文档，且不会对当前文档进行保存，即文档中所做的更改都会被放弃。

（3）单击【取消】按钮，将关闭该提示框并返回文档，此时用户可根据实际需要进行相应的编辑。

1.3.6 实战：保护 Word、Excel 和 PPT 文件

实例门类	软件功能

要让制作的 Word、Excel 和 PPT 文件不随意被他人打开或修改编辑等，可为其设置一个带有密码的打开保护。这样，只有输入正确的密码后，才能打开文件进行查看和编辑。

例如，给"财务报告"演示文稿设置密码进行保护，具体操作步骤如下。

Step 01 用密码保护文件。打开"素材文件\第1章\财务报告.pptx"文件，选择【文件】选项卡进入 Backstage界面，❶ 选择【信息】选项，❷ 单击【保护演示文稿】按钮，❸ 在弹出的下拉菜单中选择【用密码进行加密】选项，如图 1-24 所示。

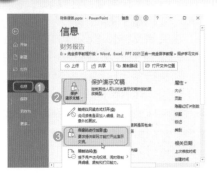

图 1-24

图 1-25

图 1-26

Step02 输入文件保护密码。❶ 打开【加密文档】对话框，在【密码】文本框中输入设置的密码，如输入"123456"，❷ 单击【确定】按钮，如图 1-25 所示。

Step03 再次输入密码。❶ 打开【确认密码】对话框，在【重新输入密码】文本框中输入前面设置的密码"123456"，❷ 单击【确定】按钮，如图 1-26 所示。

技术看板

重新输入的密码必须与前面设置的密码一致。

Step04 使用密码打开文件。完成演示文稿的加密，保存并关闭演示文稿。当再次打开演示文稿时，会打开【密码】对话框，❶ 在【密码】文本框中输入正确的密码"123456"，❷ 单击【确定】按钮后，才能打开该演示文稿，如图 1-27 所示。

图 1-27

1.4 自定义 Office 工作界面

在使用 Office 之前，用户可以根据自己的使用习惯，创造一个符合自己心意的工作环境，从而提高工作舒适度和效能。在本节中以组建 Word 自定义工作界面为例来进行介绍。

1.4.1 实战：在快速访问工具栏中添加或删除按钮

实例门类 软件功能

快速访问工具栏用于显示常用的工具按钮，默认显示的按钮有【保存】、【撤消】和【重复】，用户可以根据操作习惯，将其他常用的按钮添加到快速访问工具栏中。

快速访问工具栏的右侧有一个下拉按钮，单击该按钮，会弹出一个下拉菜单，该菜单中提供了一些常用的操作按钮，用户可快速将其添加到快速访问工具栏中。例如，将【触摸/鼠标模式】按钮添加到快速访问工具栏中，具体操作方法如下。

❶ 在快速访问工具栏中单击右侧的下拉按钮，❷ 在弹出的下拉菜单中选择【触摸/鼠标模式】选项即

可，如图 1-28 所示。

图 1-28

技能拓展——删除快速访问工具栏中的按钮

若要将快速访问工具栏中的命令按钮删除，可在其上右击，在弹出的快捷菜单中选择【从快速访问工具栏删除】选项。

1.4.2 实战：添加功能区中的命令按钮

实例门类 软件功能

快速访问工具栏中的下拉菜单中提供的按钮数量有限，如果希望添加更多的按钮，可将功能区中的按钮添加到快速访问工具栏中，具体操作步骤如下。

Step01 将【字体颜色】按钮添加到快速访问工具栏中。❶ 在功能区的目标按钮上右击，如【字体】组中的【字体颜色】按钮，❷ 在弹出的快捷菜单中选择【添加到快速访问工具栏】选项，如图 1-29 所示。

Step02 查看命令按钮添加效果。此时，【字体颜色】按钮添加到快速访问工具栏中，效果如图 1-30 所示。

图 1-29

图 1-30

1.4.3　添加不在功能区中的命令按钮

| 实例门类 | 软件功能 |

如果需要添加的按钮不在功能区中，可通过【Word 选项】对话框进行设置，具体操作步骤如下。

Step01 打开【Word 选项】对话框。选择【文件】选项卡进入 Backstage 界面，选择【选项】选项，如图 1-31 所示。

Step02 添加命令按钮。打开【Word 选项】对话框，❶ 切换到【快速访问工具栏】选项卡，❷ 在【从下列位置选

择命令】下拉列表框中选择命令的来源位置，本操作中选择【不在功能区中的命令】选项，❸ 在下拉列表框中选择需要添加的命令，如选择【文本框转换为图文框】选项，❹ 单击【添加】按钮，将所选命令添加到右侧列表框中，❺ 单击【确定】按钮即可，如图 1-32 所示。

图 1-31

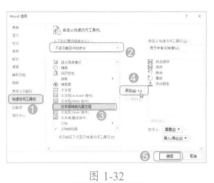

图 1-32

1.4.4　显示或隐藏功能区

在制作或编辑文档的过程中，用户可根据实际情况对功能区进行隐藏和显示。下面分别进行介绍。

（1）隐藏功能区：单击功能区右下角的【折叠功能区】按钮，或者是在功能区上右击，在弹出的快捷菜单中选择【折叠功能区】选项，如图 1-33 所示。

图 1-33

（2）显示功能区：折叠功能区后要将功能区重新显示出来，可直接在任一选项卡上右击，在弹出的快捷菜单中选择【折叠功能区】选项，即可将折叠 / 隐藏功能区重新显示出来，如图 1-34 所示。

图 1-34

1.5　打印文件

无纸办公已成为一种潮流，但在一些正式的应用场合，仍然需要将文档内容打印到纸张上，本节将分别介绍 Word、Excel 和 PPT 的常用打印操作。

★ 重点 1.5.1　实战：打印 Word 文档

| 实例门类 | 软件功能 |

要将文档打印输出，方法较为简单，大部分操作都基本相同。下面介绍几种常用的文档打印操作。

1. 打印当前文档

要打印整个文档，可直接选择【文件】选项卡进入 Backstage 界面，❶ 选择【打印】选项，❷ 在【设置】栏中设置打印范围为【打印所有页】，❸ 设置打印份数，❹ 单击【打印】按钮，如图 1-35 所示。

图 1-35

2. 打印指定的页面内容

在打印文档时，有时可能只需要打印部分页码的内容，操作方法如下。

❶ 在【打印】界面的【设置】栏中设置打印范围为【自定义打印范围】，❷ 在【页数】文本框中输入要打印的页码范围，❸ 单击【打印】按钮进行打印即可，如图 1-36 所示。

图 1-36

技能拓展——打印当前页

在要打印的文档中，进入【文件】选项卡的【打印】界面，在右侧窗格的预览界面中，通过单击◀或▶按钮切换到需要打印的页面，然后在【设置】栏下第一个下拉列表框中选择【打印当前页面】选项，然后单击【打印】按钮。

3. 只打印选中的内容

在打印文档时，除了以"页"为单位打印整页内容，还可以打印选中的内容，它们可以是文本内容、图片、表格、图表等不同类型的内容。例如，只打印选择的内容，具体操作步骤如下。

Step01 选择要打印的内容。在文档中选择要打印的内容，如图 1-37 所示。

Step02 设置打印范围。❶ 在【打印】界面的【设置】栏中设置打印范围为【打印选定区域】，❷ 单击【打印】

按钮，即可只打印文档中选中的内容，如图 1-38 所示。

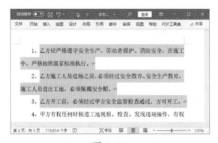

图 1-37

图 1-38

★ 重点 1.5.2 实战：打印 Excel 表格

实例门类	软件功能

许多时候需要将制作的表格打印输出，下面介绍打印 Excel 表格的相关操作。

1. 打印的每页都有表头

在 Excel 工作表中，第一行或前几行通常存放着各个字段的名称，如"客户资料表"中的"客户姓名""服务账号""公司名称"等，把这些数据称为标题行（标题列以此类推）。

当工作表中的数据有很多页时，在打印表格时，如果直接打印出来的表格只有第一页存在标题行和标题列，查看其他页中的数据时不太方便。为了查阅方便，需要将行标题或列标题打印在每页上。例如，要在"科技计划项目"工作簿中打印标题第 2 行，具体操作步骤如下。

Step01 单击【打印标题】按钮。打开"素

材文件\第 1 章\科技计划项目 .xlsx"文件，单击【页面布局】选项卡下【页面设置】组中的【打印标题】按钮，如图 1-39 所示。

图 1-39

Step02 单击【引用】按钮。切换到【页面设置】对话框中的【工作表】选项卡，单击【打印标题】栏中【顶端标题行】参数框右边的【引用】按钮↑，如图 1-40 所示。

图 1-40

Step03 选择标题区域。❶ 在工作表中用鼠标拖动选择需要重复打印的行标题，这里选择第 2 行，❷ 单击折叠对话框中的【引用】按钮，如图 1-41 所示。

图 1-41

Step04 进行打印预览。返回【页面设置】对话框，单击【打印预览】按钮，如图 1-42 所示。

图 1-42

Step05 预览打印效果。Excel 进入打印预览模式，可以看到设置打印标题行后的效果。单击下方的【下一页】按钮可以依次查看每页的打印效果，用户会发现在每页内容的顶部都显示了设置的标题行内容。最后单击【打印】按钮，如图 1-43 所示。

图 1-43

2. 行列号和网格线

在默认的打印模式下，表格中的行列号（也就是行号和列标）和网格线不会被打印出来。在实际工作中，

若需要将它们打印出来，则可打开【页面设置】对话框，❶ 在【工作表】选项卡中选中【网格线】和【行和列标题】复选框，❷ 单击【打印】按钮，如图 1-44 所示。

图 1-44

★ 重点 1.5.3 实战：打印 PPT 演示文稿

实例门类	软件功能

打印 PPT 演示文稿，较为常用的操作包括省墨打印和同一页打印多张幻灯片。

1. PPT 省墨打印

演示文稿的省墨打印，其实就是将文稿以灰度的方式打印，这样既不会影响传阅，又能省墨。操作方法：打开目标演示文稿，❶ 在【打印】界面的【设置】栏中单击【颜色】下拉按钮，❷ 在弹出的下拉列表中选择

【灰度】选项，❸ 单击【打印】按钮，如图 1-45 所示。

图 1-45

2. 同一页打印多张幻灯片

❶ 要在一张纸上打印多张幻灯片，只需在【打印】界面的【设置】栏中单击【整页幻灯片】下拉按钮，❷ 在弹出的列表中选择相应的多页打印选项，最后单击【打印】按钮，如图 1-46 所示。

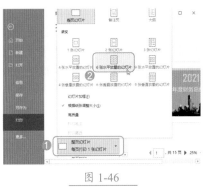

图 1-46

★ 新功能 1.6 使用"帮助"功能

在学习和使用 Word、Excel 和 PPT 的过程中，对于一些不会或是不熟悉的功能，除了查阅相关工具书外，还可以直接使用"帮助"功能。

在使用 Office 时，如果不知道所需要的功能在什么选项卡下，可以通过【搜索】框来进行功能查找。这里以 Word 2021 为例进行介绍，具体操作步骤如下。

Step01 将鼠标指针定位到【搜索】框中。在标题栏中，找到【搜索】功能，这里将窗口缩小后，显示为【搜索】按

钮 🔍，将鼠标指针放到上面并单击，如图 1-47 所示。

Step02 进行功能关键词搜索。在【搜索】框中输入需要查找的功能命令关键词，如输入"字数统计"，下方会出现相应的选项，选择需要的功能选项，如图 1-48 所示，这里直接按【Enter】键，执行第一个选项。

图 1-47

图 1-48

图 1-49

Step03 打开需要的功能。选择搜索出的功能后，便可以打开这个功能，如图 1-49 所示。

妙招技法

通过前面知识的学习，相信读者已经熟悉了 Word、Excel 和 PPT 2021 的相关基础知识。下面结合本章内容介绍一些实用技巧。

技巧 01： 怎么设置文档自动保存时间，让系统按照指定时长自动保存

Office 提供了自动保存功能，每隔一段时间自动保存文档，最大限度地避免了因为停电、死机等意外情况导致当前编辑的内容丢失。默认情况下，Office 会每隔 10 分钟自动保存文档，用户可以根据需要改变这个时间间隔。这里以 Word 为例，具体操作步骤如下。

Step01 打开【Word 选项】对话框。选择【文件】选项卡，选择【选项】选项，如图 1-50 所示。

图 1-50

Step02 设置自动保存时长。打开【Word 选项】对话框，❶ 切换到【保存】选项卡，❷【保存文档】栏中的【保存自动恢复信息时间间隔】复选框默认为选中状态，在右侧的微调框中设置自动保存的时间间隔，❸ 单击【确定】按钮即可，如图 1-51 所示。

图 1-51

技巧 02： 如何设置最近访问文件的个数

在使用 Office 2021 时，无论是在启动过程中，还是在【打开】选项卡中都显示最近使用的文档，通过选择文档选项，可快速打开这些文档。

默认情况下，Office 只能记录最近打开过的 25 个文档，可以通过设置来改变 Office 记录的文档数量。这里以 Word 为例，具体操作方法如下。

打开【Word 选项】对话框，❶ 切换到【高级】选项卡，❷ 在【显示】栏中通过【显示此数目的"最近使用的文档"】微调框设置文档显示数目，❸ 单击【确定】按钮即可，如图 1-52 所示。

图 1-52

技巧 03： 如何将 Word/Excel/PPT 文档转换为 PDF 文档

完成 Word/Excel/PPT 文档的编辑后，还可将其转换为 PDF 格式的文档。保存为 PDF 文档后，不仅方便查看，还能防止其他用户随意修改内容。

例如，通过导出功能将 Word 文档转换为 PDF 文档，具体操作步骤如下。

Step01 选择【导出为 PDF】选项卡。打开需要导出为 PDF 的文档，在 Backstage 界面中选择【导出为 PDF】选项卡，如图 1-53 所示。

图 1-53

Step 02 导出文档。打开【正在导出】对话框，如图 1-54 所示，导出完成后即可将当前 Word 文档转换为 PDF 文档。

图 1-54

本章小结

　　本章主要介绍了 Office 2021 的一些入门知识，主要包括 Word、Excel 和 PPT 的应用领域，Office 2021 的新增功能，设置 Word、Excel 和 PPT 操作环境，Word、Excel 和 PPT 文档的基本操作、打印等内容。通过本章内容的学习，希望读者能对 Word、Excel 和 PPT 2021 有更进一步的了解，并能熟练掌握 Office 文档的新建、打开及打印等一些基础操作技能。

第2篇

Word 应用篇

Word 2021 是 Office 2021 中的一个核心组件，作为 Office 组件的"排头兵"，因为其优秀的文字处理与布局排版功能，得到了广大用户的认可。本篇将会分 8 章来介绍 Word 常用、实用和高效的必要操作知识，带领大家进入 Word 的世界，感受其独特魅力。

第2章 Word 文档内容的输入与编辑

➥ 文档排版的基本原则你知道吗？

➥ 特殊内容不知道怎么输入？

➥ 你还在逐字逐句地敲键盘？想提高输入效率吗？

➥ 想快速找到相应的文本吗？想一次性将某些相同的文本替换为其他文本吗？

在日常学习与工作中，人们经常会接触文档的输入与编辑工作，如果对此还不是很清楚，没关系，本章将介绍 Word 排版、输入、编辑与查找替换的相关知识及特殊技能，认真学习本章，相信会有很多的收获。

2.1　掌握 Word 文档排版原则

常言道："无规矩不成方圆"，排版也如此。要想高效地排出精致的文档，就必须遵循五大原则：紧凑对比原则、统一原则、对齐原则、自动化原则、重复使用原则。

2.1.1　紧凑对比原则

用 Word 排版，要想页面内容错落有致，具有视觉上的协调性，需要遵循紧凑对比原则。

顾名思义，紧凑是指将相关元素有组织地放在一起，从而使页面中的内容看起来更加清晰，整个页面更具结构化；对比是指让页面中的不同元素具有鲜明的差别效果，以便突出重点内容，有效吸引读者的注意力。

例如，在图 2-1 中，所有内容的格式几乎是千篇一律的，看上去十分紧密，很难看出各段内容之间是否存在联系，而且大大降低了阅读体验。

为了使文档内容结构清晰，页面内容引人注目，可以根据紧凑对比原则，适当调整段落之间的间距（段落间距的设置方法请参考 3.2.3 节），并对不同元素设置不同的字体、字号或加粗等格式（字体、字号等格式的设置方法请参考 3.1.1 节）。为了突出显示大标题内容，还可以设置段落底纹效果（关于底纹的设置方法请参考 3.1.6 节），设置后的效果如图 2-2 所示。

Word 有什么用途

提起 Word，许多用户都会认为使用 Word 只能制作一些类似会议通知的简单文档，或者类似访客登记表的简单表格，但实际上，Word 提供了不同类型排版任务的多种功能，既可以制作编写文字类的简单文档，也可以制作图、文、表混排的复杂文档，甚至是批量制作名片、邀请函、奖状等特色文档。

编写文字类的简单文档

Word 最简单、最常见的用途就是编写文字类的文档，如公司规章制度、会议通知等。这类文档结构比较简单，通常只包含文字，不含图片、表格等其他内容，因此在排版上也是最基础、最简单的操作。例如，用 Word 制作的公司规章制度如图 1-3 所示。

制作图、文、表混排的复杂文档

使用 Word 制作文档时，还可以制作宣传海报、招聘简章等图文并茂的文档，这类文档一般包含了文字、表格、图片等多种类型的内容，如图 1-4 所示。

制作各类特色文档

在实际应用中，Word 还能制作各类特色文档，如制作信函和标签、制作数学试卷、制作小型折页手册、制作名片、制作奖状等。例如，使用 Word 制作的名片，如图 1-5 所示。

图 2-1

Word 有什么用途

提起 Word，许多用户都会认为使用 Word 只能制作一些类似会议通知的简单文档，或者类似访客登记表的简单表格，但实际上，Word 提供了不同类型排版任务的多种功能，既可以制作编写文字类的简单文档，也可以制作图、文、表混排的复杂文档，甚至是批量制作名片、邀请函、奖状等特色文档。

编写文字类的简单文档

Word 最简单、最常见的用途就是编写文字类的文档，如公司规章制度、会议通知等。这类文档结构比较简单，通常只包含文字，不含图片、表格等其他内容，因此在排版上也是最基础、最简单的操作。例如，用 Word 制作的公司规章制度如图 1-3 所示。

制作图、文、表混排的复杂文档

使用 Word 制作文档时，还可以制作宣传海报、招聘简章等图文并茂的文档，这类文档一般包含了文字、表格、图片等多种类型的内容，如图 1-4 所示。

制作各类特色文档

在实际应用中，Word 还能制作各类特色文档，如制作信函和标签、制作数学试卷、制作小型折页手册、制作名片、制作奖状等。例如，使用 Word 制作的名片，如图 1-5 所示。

图 2-2

2.1.2 统一原则

当页面中某个元素重复出现多次时，为了强调页面的统一性，以及增强页面的趣味性和专业性，可以根据统一原则，对该元素统一设置字体、字体颜色、字号等。例如，在图 2-2 的内容的基础上，通过统一原则，在各标题的前端插入一个相同的符号（插入符号的方法请参考 2.2.2 节），并为它们添加下划线（下划线的设置方法请参考 3.1.2 节），设置完成后，增强了各标题之间的统一性，以及视觉效果，如图 2-3 所示。

Word 有什么用途

提起 Word，许多用户都会认为使用 Word 只能制作一些类似会议通知的简单文档，或者类似访客登记表的简单表格，但实际上，Word 提供了不同类型排版任务的多种功能，既可以制作编写文字类的简单文档，也可以制作图、文、表混排的复杂文档，甚至是批量制作名片、邀请函、奖状等特色文档。

❁ **编写文字类的简单文档**

Word 最简单、最常见的用途就是编写文字类的文档，如公司规章制度、会议通知等。这类文档结构比较简单，通常只包含文字，不含图片、表格等其他内容，因此在排版上也是最基础、最简单的操作。例如，用 Word 制作的公司规章制度如图 1-3 所示。

❁ **制作图、文、表混排的复杂文档**

使用 Word 制作文档时，还可以制作宣传海报、招聘简章等图文并茂的文档，这类文档一般包含了文字、表格、图片等多种类型的内容，如图 1-4 所示。

❁ **制作各类特色文档**

在实际应用中，Word 还能制作各类特色文档，如制作信函和标签、制作数学试卷、制作小型折页手册、制作名片、制作奖状等。例如，使用 Word 制作的名片，如图 1-5 所示。

图 2-3

2.1.3 对齐原则

页面中的任何元素都不是随意安放的，要错落有致。根据对齐原则，页面上的每个元素都应该与其他元素建立某种视觉联系，从而形成一个清爽的外观。

例如，在图 2-4 中，为不同元素设置了合理的段落对齐方式（段落对齐方式的设置方法请参考 3.2.1 节），从而形成一种视觉联系。

通知

兹定于 2022 年 7 月 6 日上午 10 点整，在 XX 酒店 5 楼 502 室召开 XX 工作会议，布置重要工作，敬请准时出席。

XX 协会

2022 年 7 月 1 日

图 2-4

要建立视觉联系，不仅局限于设置段落对齐方式，还可以通过设置段落缩进来实现。例如，在图 2-5 中，通过制表位设置了悬挂缩进，从而使内容更清晰、更有条理。

第 1 条 为更好地保管好库存物资，服务生产，加速企业的资金周转，最大限度地降低生产费用，特制定此制度。

第 2 条 根据企业生产需求和厂房布局，合理地规划仓库的位置。仓库管理人员要强化经济责任意识，科学地分工，不断提高仓库管理水平。

第 3 条 物资入库时，应提前检验物资的合格状况，不合格的物资应单独放置；仓库管理员应对入库物资进行验收，发现问题时，应及时向主管部门汇报。

第 4 条 合格物资的入库，应填写《入库单》，详细填写物资的名称、规格型号、数量、入库时间、是否检验等，同时在库存保管账上录入并结余。

图 2-5

2.1.4 自动化原则

在对大型文档进行排版时，自动化原则尤为重要。对于一些可能发生变化的内容，最好合理运用 Word 的自动化功能进行处理，以便这些内容发生变化时，Word 可以自动更新，避免了用户手动逐个进行修改的烦琐。

在使用自动化原则的过程中，比较常见的主要包括页码、自动编号、目录、题注、交叉引用等功能。

例如，使用 Word 的页码功能，可以自动为文档页面编号，当文档页面发生增减时，不必忧心页码的混乱，Word 会自动进行更新调整；使用 Word 提供的自动编号功能，可以使标题编号自动化，这样就不必担心由于标题数量的增减或标题位置的调整而需要手动修改与之对应的编号；使用 Word 提供的目录功能可以生成自动目录，当文档标题内容或标题所在页码发生变化时，可以通过 Word 进行同步更新，不需要手动更改。

2.1.5 重复使用原则

在处理大型文档时，遵循重复使用原则，可以让排版工作省时、省力。

重复使用原则主要体现在样式和模板等功能上。例如，当需要对各元素内容分别使用不同的格式时，通过样式功能可以轻松实现；当有大量文档需要使用相同的版面设置、样式等元素时，可以事先建立一个模板，此后基于该模板创建新文档后，这些新建的文档就会拥有完全相同的版面设置，以及相同的样式，只需在此基础上稍加修改，即可快速编辑出不一样的文档。

2.2 输入文档内容

要使用 Word 编辑文档，就需要先输入各种文档内容，如输入普通的文本内容，输入特殊符号，输入大写中文数字等。掌握 Word 文档内容的输入方法，是编辑各种格式文档的前提。

2.2.1 实战：输入通知文本内容

实例门类	软件功能

在 Word 文档中定位好文本插入点，就可以输入文本内容了。例如，在新建的"放假通知"文档中输入"关于 2022 年劳动节放假通知"的文本内容，具体操作步骤如下。

Step01 新建文件。新建一个名为"放假通知"的文档，切换到合适的汉字输入法，输入需要的内容，如图 2-6 所示。

图 2-6

Step02 输入文件内容。❶ 输入完成后按【Enter】键换行，输入第 2 行的内容，❷ 用同样的方法，继续输入其他内容，完成后的效果如图 2-7 所示。

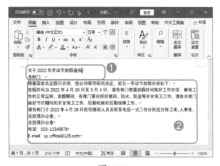

图 2-7

技能拓展——在任意位置输入文本

在编辑文档时，如果需要在某个空白区域的指定位置输入内容，可以将鼠标指针指向要输入文本的任意空白位置并双击，然后在该处输入文本内容。

★ 重点 2.2.2 实战：在通知中插入符号

实例门类	软件功能

在输入文档内容的过程中，除了输入普通的文本，还可以输入一些特殊文本，如"＊""&""☜""☽"等符号。有些符号能够通过键盘直接输入，如"＊""&"等，有的符号不能直接输入，如"☜""☽"等，这时可通过插入符号的方法进行输入。例如，在"放假通知"文档中插入"☎"，具体操作步骤如下。

Step01 打开【符号】对话框。❶ 在"放假通知"文档中将光标定位在需要插入符号的位置，❷ 切换到【插入】选项卡，❸ 在【符号】组中单击【符号】按钮，❹ 在弹出的下拉列表中选择【其他符号】选项，如图 2-8 所示。

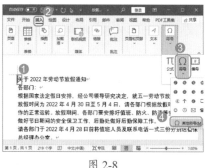

图 2-8

Step02 选择符号插入。❶ 在打开的【符号】对话框中的【字体】下拉列表框中选择字体集，如选择【Wingdings】选项，❷ 在列表框中选择要插入的符号，如【☎】，❸ 单击【插入】按钮，❹ 此时对话框中原来的【取消】按钮变为【关闭】按钮，单击该按钮关闭对话框，如图 2-9 所示。

技术看板

在【符号】对话框中，【符号】选项卡用于插入字体中所带有的特殊符号；【特殊字符】选项卡用于插入文档中常用的特殊符号，其中的符号与字体无关。

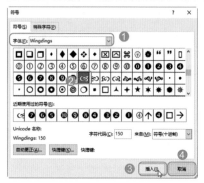

图 2-9

Step03 查看插入的符号。返回文档，可看见光标所在位置插入了符号"☎"，如图 2-10 所示。

图 2-10

Step04 用同样的方法插入其他符号。用同样的方法在第 1 行文本后插入符号"☎"，效果如图 2-11 所示。

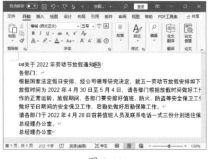

图 2-11

2.2.3 实战：在通知中插入当前日期

实例门类	软件功能

要在文档中插入当前日期，可直接借助于输入法来快速实现。例如，在"放假通知"文档中输入当前日

期，具体操作步骤如下。

Step01 单击【日期和时间】按钮。在"放假通知"文档中，❶ 将光标定位在最后一行，输入"时间："的内容，❷ 其后需要插入日期，切换到【插入】选项卡，❸ 在【文本】组中单击【日期和时间】按钮，如图 2-12 所示。

图 2-12

Step02 选择日期格式。打开【日期和时间】对话框，❶ 在下方的列表框中选择需要插入的日期和时间格式，❷ 单击【确定】按钮，如图 2-13 所示。

图 2-13

Step03 查看效果。返回文档，即可看到根据所选日期和时间格式插入当前日期的效果，如图 2-14 所示。

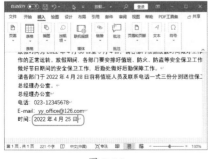

图 2-14

★ 重点 2.2.4 实战：从文件中导入文本

实例门类	软件功能

若要输入的内容已经存在于某个文档中，则用户可以将该文档中的内容直接导入当前文档，从而提高文档的输入效率。将现有文档内容导入当前文档的具体操作步骤如下。

Step01 选择文档导入方式。打开"素材文件\第 2 章\名酒介绍 .docx"文档，❶ 将文本插入点定位到需要输入内容的位置，❷ 切换到【插入】选项卡，❸ 在【文本】组中单击【对象】下拉按钮，❹ 在弹出的下拉列表中选择【文件中的文字】选项，如图 2-15 所示。

图 2-15

Step02 选择要导入的文档。打开【插入文件】对话框，❶ 选择包含要导入内容的文档，本例中选择【名酒介绍——郎酒 .docx】选项，❷ 单击【插入】按钮，如图 2-16 所示。

图 2-16

Step03 查看文件文本导入效果。返回文档，即可将"名酒介绍——郎酒 .docx"文档中的内容导入"名酒介绍 .docx"文档中，效果如图 2-17

所示。

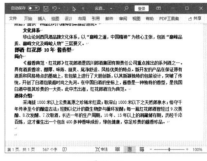

图 2-17

技术看板

除了 Word 文件，用户还可以将文本文件、XML 文件、RTF 文件等不同类型文件中的文字导入 Word 文档中。

2.2.5 实战：选择性粘贴网页内容

实例门类	软件功能

在编辑文档的过程中，复制 / 粘贴是使用频率较高的操作。在执行粘贴操作时，可以使用 Word 提供的"选择性粘贴"功能实现更灵活的粘贴操作，如实现无格式粘贴（只保留文本内容），甚至还可以将文本或表格转换为图片格式等。

例如，在复制网页内容时，如果直接执行粘贴操作，不仅文本格式很多，还有图片，甚至会出现一些隐藏的内容。若只需要复制网页上的文本内容，则可通过选择性粘贴来实现，具体操作步骤如下。

Step01 复制网页中的内容。❶ 在网页上选择目标内容后右击，❷ 在弹出的快捷菜单中选择【复制】选项，或者按【Ctrl+C】组合键进行复制操作，如图 2-18 所示。

图 2-18

Step **02** 以只保留文本的方式粘贴网页内容。新建一个空白文档，❶ 在【开始】选项卡的【剪贴板】组中单击【粘贴】下拉按钮，❷ 在弹出的下拉列表中选择粘贴方式，本例中选择【只保留文本】选项，如图 2-19 所示。

图 2-19

2.3 编辑文本

在文档中输入文本后，可能会根据需要对文本进行一些编辑操作，主要包括通过复制文本快速输入相同的内容、移动文本的位置、删除多余的文本等。接下来将详细介绍文本的编辑操作。

2.3.1 实战：选择文本

实例门类	软件功能

选择文本是文档操作中最基础的操作之一，是对文本进行其他操作和设置的一个先决条件。下面介绍一些常用、高效的选择文本的方法。

1. 通过鼠标选择文本

通过鼠标选择文本，根据选择文本内容的多少，可将选择文本分为以下几种情况。

（1）选择任意文本：将文本插入点定位到需要选择的文本起始处，然后按住鼠标左键不放并拖动，直至需要选择的文本结尾处再释放鼠标即可选中文本（选择的文本内容将以灰色背景底纹突出显示），如图 2-20 所示。

图 2-20

（2）选择词组：双击要选择的词组，即可将其选中，如图 2-21 所示。

图 2-21

（3）选择单行：将鼠标指针指向某行左边的空白处，即"选定栏"，当鼠标指针呈 ⑃ 形状时单击即可选中该行全部文本，如图 2-22 所示。

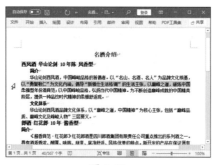

图 2-22

（4）选择多行：将鼠标指针指向左边的空白处，当鼠标指针呈 ⑃

形状时，按住鼠标左键不放，并向下或向上拖动鼠标到文本目标处再释放鼠标，即可实现多行选择，如图 2-23 所示。

图 2-23

（5）选择段落：将鼠标指针指向某段落左边的空白处，当鼠标指针呈 ⑃ 形状时双击即可选择当前段落，如图 2-24 所示。

图 2-24

（6）选择整篇文档：将鼠标指针指向编辑区左边的空白处，当鼠标指针呈 ⿰ 形状时，连续单击 3 次即可选择整篇文档。

2. 通过键盘选择文本

键盘是计算机的重要输入设备，用户可以通过相应的按键快速选择目标文本。

➡ 【Shift+ →】：选择文本插入点所在位置右侧的一个或多个字符。

➡ 【Shift+ ←】：选择文本插入点所在位置左侧的一个或多个字符。

➡ 【Shift+ ↑】：选择文本插入点所在位置至上一行对应位置处的文本。

➡ 【Shift+ ↓】：选择文本插入点所在位置至下一行对应位置处的文本。

➡ 【Shift+Home】：选择文本插入点所在位置至行首的文本。

➡ 【Shift+End】：选择文本插入点所在位置至行尾的文本。

➡ 【Ctrl+A】：选择整篇文档。

➡ 【Ctrl+Shift+ →】：选择文本插入点所在位置右侧的单字或词组。

➡ 【Ctrl+Shift+ ←】：选择文本插入点所在位置左侧的单字或词组。

➡ 【Ctrl+Shift+ ↑】：与【Shift+Home】组合键的作用相同。

➡ 【Ctrl+Shift+ ↓】：与【Shift+End】组合键的作用相同。

➡ 【Ctrl+Shift+Home】：选择文本插入点所在位置至文档开头的文本。

➡ 【Ctrl+Shift+End】：选择文本插入点所在位置至文档结尾的文本。

➡ 【F8】键：首次按【F8】键，将打开文本选择模式。再次按【F8】键，可以选择文本所在位置右侧的短语。第 3 次按【F8】键，可以选择插入点所在位置的整句话。第 4 次按【F8】键，可以选择插入点所在位置的整个段落。第 5 次按【F8】键，可以选择整篇文档。

3. 鼠标与键盘的结合使用

将鼠标与键盘结合使用，可以进行特殊文本的选择，如选择分散文本、垂直文本等。

（1）选择一句话：按住【Ctrl】键的同时，单击需要选择的句中任意位置，即可选择该句，如图 2-25 所示。

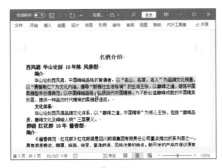

图 2-25

（2）选择连续区域的文本：将插入点定位到需要选择的文本起始处，按住【Shift】键不放，单击要选择文本的结束位置，可实现连续区域文本的选择，如图 2-26 所示。

图 2-26

（3）选择分散文本：先拖动鼠标选择第一个文本区域，再按住【Ctrl】键不放，然后拖动鼠标选择其他不相邻的文本，选择完成后释放【Ctrl】键，即可完成分散文本的选择操作，如图 2-27 所示。

图 2-27

（4）选择垂直文本：按住【Alt】键不放，然后按住鼠标左键拖动出一块矩形区域，选择完成后释放【Alt】键和鼠标，即可完成垂直文本的选择，如图 2-28 所示。

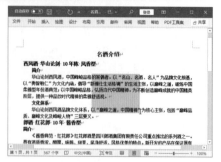

图 2-28

2.3.2 实战：删除文本

实例门类	软件功能

当输入错误或多余的内容时，可将其删除掉，具体操作步骤如下。

Step01 选择需要删除的文本内容。在目标文档中，选择需要删除的文本内容，如图 2-29 所示。

图 2-29

Step02 删除文本。按【Delete】键或【Backspace】键，即可将所选文本删除，效果如图 2-30 所示。

图 2-30

除了上述方法，还可以通过以下几种方法删除文本内容。

- ➡ 按【Backspace】键可以删除插入点前一个字符。
- ➡ 按【Delete】键可以删除插入点后一个字符。
- ➡ 按【Ctrl+Backspace】组合键可以删除插入点前一个单词或短语。
- ➡ 按【Ctrl+Delete】组合键可以删除插入点后一个单词或短语。

2.3.3 实战：复制和移动公司简介文本

实例门类	软件功能

对于文档中已有的文本，要再次输入，可直接复制；对于位置要变化的文本，可直接移动，而不用先删除，再在目标位置输入。下面分别介绍复制和移动文本的方法。

1. 复制公司简介文本

当要输入的内容与已有内容相同或相似时，可通过复制/粘贴操作加快文本的编辑速度，从而提高工作效率。

对于初学者来说，通过功能区对文本进行复制操作是首选。具体操作步骤如下。

Step01 复制文本。打开"素材文件\第2章\公司简介.docx"文档，❶选择需要复制的文本，❷在【剪贴板】组中单击【复制】按钮，如图 2-31 所示。

图 2-31

Step02 粘贴文本。❶将文本插入点定位到需要粘贴文本的目标位置，❷单击【剪贴板】组中的【粘贴】按钮，

粘贴文本，如图 2-32 所示。

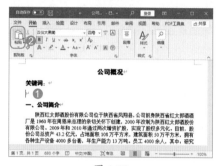

图 2-32

技术看板

如果要将复制的文本对象粘贴到其他文档中，应先打开文档，再执行粘贴操作。

Step03 查看文本粘贴效果。通过上述操作后，将所选内容复制到了目标位置，效果如图 2-33 所示。

图 2-33

技能拓展——通过快捷键执行复制/粘贴操作

选择文本后，按【Ctrl+C】组合键，可快速对所选文本进行复制操作；将文本插入点定位到要输入相同内容的位置后，按【Ctrl+V】组合键，可快速实现粘贴操作。

2. 移动公司简介文本

在编辑文档的过程中，如果需要将某个词语或段落移动到其他位置，可通过剪切/粘贴操作来完成。具体操作步骤如下。

Step01 剪切文本。打开"素材文件\第2章\公司简介1.docx"文档，❶选择需要移动的文本内容，❷在【开始】选项卡中的【剪贴板】组中单击【剪切】按钮，如图2-34所示。

图 2-34

Step02 粘贴文本。❶将文本插入点定位到要移动的目标位置，❷单击【剪贴板】组中的【粘贴】按钮，如图2-35所示。

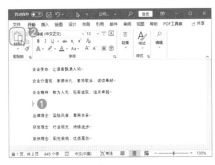

图 2-35

动，当拖动至目标位置后释放鼠标，可实现文本的移动操作。在拖动过程中，若同时按住【Ctrl】键，则可实现文本的复制操作。

Step03 查看文本粘贴效果。执行以上操作后，目标文本就被移动到了新的位置，效果如图2-36所示。

图 2-36

★ 重点 2.3.4 撤销、恢复与重复操作

实例门类	软件功能

在编辑文档的过程中，Word会自动记录执行过的操作，当执行了错误操作时，可通过"撤销"功能来撤销当前操作，从而恢复到错误操作之前的状态。错误地撤销了某些操作后，可以通过"恢复"功能取消之前撤销的操作，使文档恢复到撤销操作前的状态。此外，用户还可以利用"重复"功能来重复执行上一步操作，从而节省时间和精力，提高编辑文档的效率。

1. 撤销操作

在编辑文档的过程中，当出现一些错误操作时，可利用 Word 提供的"撤销"功能来执行撤销操作，其方法有以下几种。

➡ 单击快速访问工具栏中的【撤销】按钮，可以撤销上一步操作，继续单击该按钮，可撤销多步操作，直到"无路可退"。

➡ 按【Ctrl+Z】组合键，可以撤销上一步操作，继续按该组合键可撤销多步操作。

➡ 单击【撤销】下拉按钮，在弹出的下拉列表中可选择撤销到某一指定的操作，如图2-37所示。

图 2-37

2. 恢复操作

撤销某一操作后，可以通过以下几种方法取消之前的撤销操作。

➡ 单击快速访问工具栏中的【恢复】按钮，可以恢复被撤销的上一步操作，继续单击该按钮，可恢复被撤销的多步操作。

➡ 按【Ctrl+Y】组合键，可以恢复被撤销的上一步操作，继续按该组合键可恢复被撤销的多步操作。

3. 重复操作

在没有进行任何撤销操作的情况下，【恢复】按钮会显示为【重复】按钮，单击【重复】按钮或按【F4】键，可重复上一步操作。

例如，在文档中选择某一文本对象，按【Ctrl+B】组合键，将其设置为加粗效果后，此时选择其他文本对象，直接单击【重复】按钮，可将选择的文本直接设置为加粗效果。

2.4 查找和替换文档内容

Word 的查找和替换功能非常强大，是用户在编辑文档过程中频繁使用的一项功能。使用查找功能可以在文档中快速定位到指定的内容，使用替换功能可以将文档中的指定内容修改为新内容。结合使用查找和替换功能，可以提高文本的编辑效率。

2.4.1 实战：查找和替换文本

实例门类	软件功能

查找和替换功能主要用于修改文档中的指定文本内容，特别是对文档中多处指定内容进行查找和替换。

例如，将"公司概况"文档中的"红太郎酒"文本统一替换为"语凤酒"文本，具体操作步骤如下。

Step 01 打开【查找和替换】对话框。打开"素材文件\第2章\公司概况.docx"文档，❶将文本插入点定位在文档的起始处，❷在【导航】窗格中单击搜索框右侧的下拉按钮，❸在弹出的下拉列表中选择【替换】选项，如图2-38所示。

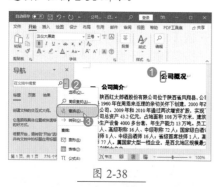

图 2-38

技能拓展——查找指定文本

若只需查找指定文本，则可直接在【导航】窗格的搜索框中输入目标内容。

Step 02 进行文本替换。❶在打开的【查找和替换】对话框中的【查找内容】文本框中输入要查找的内容，本例中输入"红太郎酒"，❷在【替换为】文本框中输入要替换的内容，本例中输入"语凤酒"，❸单击【全部替换】按钮，如图2-39所示。

图 2-39

技能拓展——快速定位到【替换】选项卡

在要进行替换内容的文档中，按【Ctrl+H】组合键，可快速打开【查找和替换】对话框，并自动定位在【替换】选项卡。

Step 03 确定文本替换。Word 将对文档中所有"红太郎酒"一词进行替换操作，完成替换后，在弹出的提示框中单击【确定】按钮，如图2-40所示。

图 2-40

Step 04 关闭【查找和替换】对话框。返回【查找和替换】对话框，单击【关闭】按钮关闭该对话框，如图2-41所示。

图 2-41

Step 05 查看替换效果。返回文档，即可查看替换后的效果，如图2-42所示。

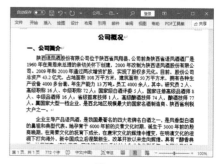

图 2-42

★ 重点 2.4.2 实战：查找和替换格式

实例门类	软件功能

使用查找和替换功能，不仅可以对文本内容进行查找替换，还可以查找替换字符格式和段落格式。例如，在"名酒介绍1"文档中统一替换"华山论剑"的字体，具体操作步骤如下。

Step 01 打开【查找和替换】对话框。打开"素材文件\第2章\名酒介绍1.docx"文档，❶将文本插入点定位在文档的起始处，❷切换到【开始】选项卡，在【编辑】组中单击【替换】按钮（或直接按【Ctrl+H】组合键），如图2-43所示。

Step 02 打开【替换字体】对话框。在打开的【查找和替换】对话框中自动定位在【替换】选项卡，通过单击【更多】按钮展开对话框。❶在【查找内容】文本框中输入要查找的内容"华山论剑"，❷将文本插入点定位在【替换为】文本框中，❸ 单击【格式】按钮，❹ 在弹出的菜单中选择【字体】选项，如图 2-44 所示。

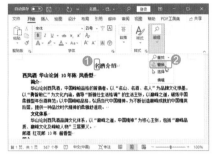

图 2-43

图 2-44

Step03 选择要替换的字体。❶ 在打开的【替换字体】对话框中设置需要的字体格式，❷ 完成设置后单击【确定】按钮，如图 2-45 所示。

Step04 全部替换内容。返回【查找和替换】对话框，【替换为】文本框下方显示了要为指定内容设置的格式参数，确认无误后单击【全部替换】按钮，如图 2-46 所示。

图 2-45

图 2-46

Step05 完成内容替换。Word 将按照设置的查找和替换条件进行查找和替换，完成替换后，在弹出的提示框中单击【确定】按钮，如图 2-47 所示。

图 2-47

Step06 关闭【查找和替换】对话框。返回【查找和替换】对话框，单击【关闭】按钮即可关闭该对话框，如图 2-48 所示。

图 2-48

Step07 查看文本替换效果。返回文档，即可查看替换后的效果，如图 2-49 所示。

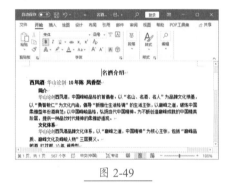

图 2-49

技术看板

在本操作中，虽然没有在【替换为】文本框中输入任何内容，但是在【替换为】文本框中设置了格式，所以不影响格式的替换操作。如果没有在【替换为】文本框中输入内容，也没有设置格式，那么执行替换操作后，将会删除文档中与查找内容相匹配的内容。

2.4.3 实战：将文本替换为图片

实例门类	软件功能

查找和替换不仅可以用于文本或格式，还可将其用于文本和图片的替换。将指定文本替换为图片的具体操作步骤如下。

Step01 复制图片。打开"素材文件\第2章\步骤图片.docx"文档，选择步骤1需要使用的图片，按【Ctrl+C】组合键进行复制，如图2-50所示。

图2-50

Step02 打开【查找和替换】对话框。打开"素材文件\第2章\文本替换为图片.docx"文档，❶ 将文本插入点定位在文档的起始处，❷ 在【导航】窗格中单击搜索框右侧的下拉按钮，❸ 在弹出的下拉列表中选择【替换】选项，如图2-51所示。

图2-51

Step03 设置查找和替换内容。在打开的【查找和替换】对话框中单击【更多】按钮展开对话框。❶ 在【查找内容】文本框中输入查找内容，本例中输入"Step01"，❷ 将文本插入点定位在【替换为】文本框中，❸ 发现该文本框下显示了格式，是之前的替换操作对替换的格式进行了设置导致的，需要单击【不限定格式】按钮取消格式设置，如图2-52所示。

Step04 选择剪贴板内容。❶ 单击【特殊格式】按钮，❷ 在弹出的菜单中选择【"剪贴板"内容】选项，如图2-53所示。

图2-52

图2-53

Step05 全部替换内容。将查找条件和替换条件设置完成后，单击【全部替换】按钮，如图2-54所示。

图2-54

Step06 确定内容替换。Word将按照设置的查找和替换条件进行查找替换，完成替换后，在弹出的提示框中单击【确定】按钮，如图2-55所示。

图2-55

Step07 关闭【查找和替换】对话框。返回【查找和替换】对话框，单击【关闭】按钮即可关闭该对话框，如图2-56所示。

图2-56

Step08 查看替换效果。返回文档，可发现所有的文本"Step01"都替换成了之前复制的图片，如图2-57所示。

图2-57

Step09 将其他内容替换成图片。参照上述操作方法，将"文本替换为图片 .docx"文档中的文本"Step02""Step03"分别替换为"步骤图片 .docx"文档中的图片②和③，最终效果如图 2-58 所示。

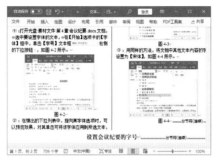

图 2-58

妙招技法

通过前面知识的学习，相信读者已经掌握了如何输入与编辑文档内容。下面结合本章内容介绍一些实用技巧。

技巧 01：防止输入英文时句首字母自动变大写

默认情况下，在文档中输入英文后按【Enter】键进行换行时，英文第一个单词的首字母会自动变为大写。如果希望在文档中输入的英文总是小写形式的，就需要通过设置防止句首字母自动变大写，具体操作步骤如下。

Step01 打开【自动更正】对话框。打开【Word 选项】对话框，❶切换到【校对】选项卡，❷在【自动更正选项】栏中单击【自动更正选项】按钮，如图 2-59 所示。

图 2-59

Step02 设置自动更正选项。❶在打开的【自动更正】对话框中切换到【自动更正】选项卡，❷取消选中【句首字母大写】复选框，❸单击【确定】按钮，返回【Word 选项】对话框，直接单击【确定】按钮，如图 2-60 所示。

图 2-60

技巧 02：快速输入常用货币和商标符号

在输入文本内容时，很多符号都可通过【符号】对话框输入，为了提高输入速度，有些货币和商标符号是可以通过快捷键输入的。

➡ 人民币符号 ¥：在中文输入法状态下，按【Shift ＋ 4】组合键输入。

➡ 美元符号 $：在英文输入状态下，按【Shift ＋ 4】组合键输入。

➡ 欧元符号 €：不受输入法限制，按【Ctrl+Alt+E】组合键输入。

➡ 商标符号 ™：不受输入法限制，按【Ctrl+Alt+T】组合键输入。

➡ 注册商标符号 ®：不受输入法限制，按【Ctrl+Alt+R】组合键输入。

➡ 版权符号 ©：不受输入法限制，按【Ctrl+Alt+C】组合键输入。

技巧 03：如何快速地输入常用的公式

要在文档中输入常用的公式，可直接通过选择下拉列表中选项的方式快速调用，方法：❶将文本插入点定位在目标位置；❷单击【插入】选项卡中的【符号】组中的【公式】下拉按钮，❸在下拉列表框中选择相应的公式选项，这里选择【勾股定理】选项，如图 2-61 所示。

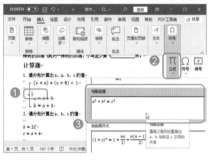

图 2-61

本章小结

　　本章主要介绍了如何在 Word 文档中输入与编辑内容，主要包括输入文本、选择文本、移动文本、复制文本、删除文本，以及查找和替换等知识。通过本章内容的学习，希望读者能够融会贯通，并能高效地输入和编辑各种文档内容。

第3章　Word 文档的格式设置

➜ 文本之间的间距怎样进行拓宽或收窄？

➜ 内容太紧凑，怎样将段与段之间的距离调大一些？

➜ 手动编号太累，有更好的办法吗？

➜ 还在为奇、偶页的不同页眉与页脚的问题困扰吗？

➜ 文档中的水印还不知道怎样添加设置吗？

要制作出美观的文档，学会格式设置非常重要，本章将介绍 Word 文档中字体、段落及页面设置等格式的制作技巧，认真学习本章的内容，读者会得到以上问题的答案。

3.1　设置字符格式

要想自己的文档从众多的文档中脱颖而出，就必须对其精雕细琢，通过对文本设置各种格式，如设置字体、字号、字体颜色、下划线及字符间距等，让文档变得更加生动。

★ 重点 3.1.1　实战：设置"会议纪要"文本的字体格式

实例门类	软件功能

对文档的字体格式进行设置是最基本的文档美化和规范操作，其中包括字体、字号、字体颜色等。下面分别进行介绍。

1. 设置字体

字体是指文字的外观形状，如宋体、楷体、华文行楷、黑体等。对文本设置不同的字体，其效果也就不同。图 3-1 所示为对文字设置不同字体后的效果。

宋体	黑体	楷体	隶书
方正粗圆简体	方正仿宋简体	方正大黑简体	方正综艺简体
汉仪粗宋简	汉仪大黑简	汉仪中等线简	汉仪中圆简
华文行楷	华文楷书	华文细黑	华文新魏

图 3-1

设置字体的具体操作步骤如下。

Step01 打开【字体】下拉列表。打开"素材文件\第3章\会议纪要.docx"文档，❶ 选择要设置字体的文本，❷ 在【开始】选项卡的【字体】组中单击【字体】文本框右侧的下拉按钮✓，如图 3-2 所示。

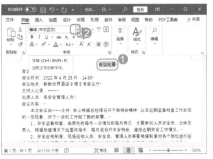

图 3-2

Step02 选择字体。在弹出的下拉列表中（当鼠标指针指向某字体选项时，可以预览效果）选择相应的字体选项，这里选择【黑体】选项，如图 3-3 所示。

图 3-3

技能拓展——关闭实时预览

Word 提供了实时预览功能，通过该功能，对文字、段落或图片等对象设置格式时，只要在功能区中指向需要设置的格式，文档中的对象就会显示为所指格式，从而非常直观地预览到设置后的效果。如果不需要启用实时预览功能，可以将其关闭。方法：打开【Word 选项】对话框，在【常规】选项的【用户界面选项】栏中取消选中【启用实施预览】复选框即可。

Step03 设置其他文本内容的字体。用同样的方法，将文档中其他文本内容的字体设置为【宋体】，如图 3-4 所示。

图 3-4

2. 设置字号

字号是指文本的大小，分中文字号和数字磅值两种形式。中文字号用汉字表示，称为"几"号字，如五号字、四号字等；数字磅值用阿拉伯数字表示，称为"磅"，如 10 磅、12 磅等。

设置字号的具体操作步骤如下。

Step01 打开【字号】列表。❶ 在"会议纪要.docx"文档中选择要设置字号的文本，❷ 在【开始】选项卡的【字体】组中单击【字号】文本框右侧的下拉按钮，❸ 在弹出的下拉列表中选择需要的字号，如选择【小一】选项，如图 3-5 所示。

图 3-5

Step02 选择字号。用同样的方法，将文档中其他文本内容的字号设置为【四号】，如图 3-6 所示。

图 3-6

技能拓展——快速改变字号大小

选择文本内容后，按【Ctrl+Shift+>】组合键，或者单击【字体】

组中的【增大字号】按钮A，可以快速放大字号；按【Ctrl+Shift+<】组合键，或者单击【字体】组中的【减小字号】按钮A，可以快速缩小字号。

3. 设置字体颜色

字体颜色是指文字的显示色彩，如红色、蓝色等。在编辑文档时，对文本内容设置不同的颜色，不仅可以起到强调、区分的作用，还能达到美化文档的目的。设置字体颜色的具体操作步骤如下。

Step01 选择字体颜色。❶ 在"会议纪要.docx"文档中选择要设置字体颜色的文本，❷ 在【开始】选项卡的【字体】组中单击【字体颜色】按钮A右侧的下拉按钮，❸ 在弹出的下拉列表中选择需要的颜色，如选择【橙色，个性色 2，深色 25%】选项，如图 3-7 所示。

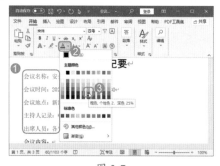
图 3-7

技术看板

在【字体颜色】下拉列表中，若选择【其他颜色】选项，可在弹出的【颜色】对话框中自定义字体颜色；若选择【渐变】选项，在弹出的级联列表中将以所选文本的颜色为基准对该文本设置渐变色。

Step02 为其他内容设置字体颜色。用同样的方法为其他文本内容设置相应的颜色即可，效果如图 3-8 所示。

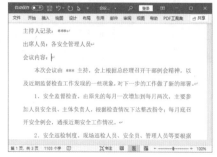
图 3-8

4. 设置文本效果

Word 提供了许多华丽的文字特效，用户只需通过简单的操作就可以让普通的文本变得生动活泼，具体操作方法如下。

在"会议纪要.docx"文档中选择需要设置文本效果的文本内容，在【开始】选项卡的【字体】组中单击【文本效果和版式】按钮A，在弹出的下拉列表中提供了多种文本效果样式，选择需要的文本效果样式即可，如图 3-9 所示。

图 3-9

技能拓展——自定义文本效果样式

在设置文本效果时，若下拉列表中没有需要的文本效果样式，则可自定义文本效果样式。具体操作方法：选择要设置文本效果的文本内容，单击【文本效果和版式】按钮A，在弹出的下拉列表中通过选择【轮廓】【阴影】【映像】或【发光】选项，设置相应效果参数即可。

3.1.2 实战：设置"会议纪要"文本的字体效果

实例门类	软件功能

文本的字体效果包括加粗、倾斜、下划线、删除线、底纹等，它们设置的方法基本相似。下面就以加粗、倾斜和下划线为例进行介绍。

1. 设置加粗效果

为了强调重要内容，可以对其设置加粗效果，因为它可以让文本的笔画线条看起来更粗一些。具体操作步骤如下。

Step01 设置文字的加粗格式。❶ 在"会议纪要.docx"文档中选择要设置加粗效果的文本，❷ 在【开始】选项卡的【字体】组中单击【加粗】按钮 **B**，如图 3-10 所示。

图 3-10

Step02 查看文字的加粗效果。所选文本内容即可呈加粗显示，效果如图 3-11 所示。

图 3-11

2. 设置倾斜效果

在设置文本格式时，对重要内容设置倾斜效果，也可起到强调的作用。具体操作步骤如下。

Step01 设置文字的倾斜格式。❶ 在"会议纪要.docx"文档中选择要设置倾斜效果的文本，❷ 在【开始】选项卡的【字体】组中单击【倾斜】按钮 *I*，如图 3-12 所示。

图 3-12

> **技能拓展——快速设置加粗和倾斜效果**
>
> 选择文本内容后，按【Ctrl+B】和【Ctrl+I】组合键，可快速对文本分别进行加粗和倾斜设置。

Step02 查看文字的倾斜效果。所选文本内容即可呈倾斜显示，效果如图 3-13 所示。

图 3-13

3. 设置下划线

人们在查阅书籍、报纸或文件等纸质文档时，通常会在重点词句的下面添加一条下划线以示强调。其实，

在 Word 文档中同样可以为重点词句添加下划线，还可以为添加的下划线设置颜色，具体操作步骤如下。

Step01 设置文字的下划线格式。❶ 在"会议纪要.docx"文档中选择需要添加下划线的文本，❷ 在【开始】选项卡的【字体】组中单击【下划线】右侧的下拉按钮 ˅，❸ 在弹出的下拉列表中选择需要的下划线样式，如图 3-14 所示。

图 3-14

Step02 选择下划线颜色。保持文本的选中状态，❶ 单击【下划线】右侧的下拉按钮 ˅，❷ 在弹出的下拉列表中选择【下划线颜色】选项，❸ 在弹出的级联列表中选择需要的下划线颜色，如图 3-15 所示。

图 3-15

> **技能拓展——快速添加下划线**
>
> 选择文本内容后，按【Ctrl+U】组合键，可快速对该文本添加单横线样式的下划线，下划线颜色为文本当前正在使用的字体颜色。

★ 重点 3.1.3 实战：为"数学试题"设置下标和上标

实例门类	软件功能

在编辑如数学试题这样的文档时，经常会需要输入"x_1y_1""ab^2"这样的数据，这就涉及设置上标或下标的方法，具体操作步骤如下。

Step01 设置文字的上标格式。打开"素材文件\第3章\数学试题.docx"文档，❶ 选择要设置为上标的文本，❷ 在【开始】选项卡的【字体】组中单击【上标】按钮x^2，如图 3-16 所示。

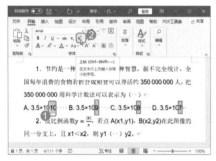

图 3-16

Step02 设置文字的下标格式。❶ 选择要设置为下标的文本，❷ 在【字体】组中单击【下标】按钮x_2，如图 3-17 所示。

图 3-17

Step03 查看上下标效果。完成上标和下标的设置，效果如图 3-18 所示。

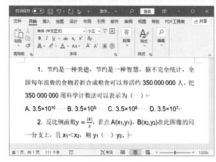

图 3-18

技能拓展——快速设置上标、下标

选择文本内容后，按【Ctrl+Shift+=】组合键可将其设置为上标；按【Ctrl+=】组合键可将其设置为下标。

★ 重点 3.1.4 实战：设置"会议纪要"的字符缩放、间距与位置

实例门类	软件功能

在排版文档时，为了让版面更加美观，有时还需要设置字符的缩放和间距效果，以及字符的摆放位置。

1. 设置缩放大小

字符的缩放是指缩放字符的横向大小，默认为 100%。根据操作需要，可以进行调整，具体操作步骤如下。

Step01 打开【字体】对话框。打开"素材文件\第3章\会议纪要 1.docx"文档，❶ 选择需要设置缩放大小的文本，❷ 在【开始】选项卡的【字体】组中单击【功能扩展】按钮，如图 3-19 所示。

技能拓展——快速打开【字体】对话框

在 Word 文档中选择文本内容后，按【Ctrl+D】组合键可快速打开【字体】对话框。

图 3-19

Step02 设置字符缩放参数。❶ 在打开的【字体】对话框中切换到【高级】选项卡，❷ 在【缩放】下拉列表中选择需要的缩放比例，或者直接在文本框中输入需要的比例大小，本例中输入"180%"，❸ 单击【确定】按钮，如图 3-20 所示。

图 3-20

Step03 查看字符缩放效果。返回文档，可看见设置后的效果，如图 3-21 所示。

图 3-21

除上述操作步骤外，还可以通过功能区设置字符的缩放大小。方法：选择文本内容后，在【开始】选项卡的【段落】组中单击【中文版式】按钮⊠，在弹出的下拉列表中选择【字符缩放】选项，在弹出的级联列表中选择缩放比例即可。

2. 设置字符间距

字符间距是指字符间的距离，通过调整字符间距可以使文字排列得更紧凑或更松散。Word提供了"标准""加宽"和"紧缩"3种字符间距方式，其中默认以"标准"间距显示。若要调整字符间距，则可按下面的操作步骤实现。

Step01 打开【字体】对话框。打开"素材文件\第3章\会议纪要2.docx"文档，❶ 选择需要设置字符间距的文本，❷ 在【字体】组中单击【功能扩展】按钮 ⤵，如图3-22所示。

图 3-22

Step02 设置字符间距。❶ 在打开的【字体】对话框中切换到【高级】选项卡，❷ 在【间距】下拉列表框中选择间距类型，本例选择【加宽】选项，在右侧的【磅值】微调框中设置间距大小，❸ 设置完成后单击【确定】按钮，如图3-23所示。

Step03 查看字符间距设置效果。返回文档，可查看设置后的效果，如图3-24所示。

所示。

图 3-23

图 3-24

3. 设置字符位置

通过调整字符位置，可以设置字符在垂直方向的相对位置。Word提供了"标准""上升""降低"3种字符位置，默认为"标准"位置。若要调整位置，则可按下面的操作步骤实现。

Step01 打开【字体】对话框。在"会议纪要2.docx"文档中，❶ 选择需要设置位置的文本，❷ 在【开始】选项卡的【字体】组中单击【功能扩展】按钮 ⤵，如图3-25所示。

Step02 设置字符位置。❶ 在打开的【字体】对话框中切换到【高级】选项卡，❷ 在【位置】下拉列表框中选择位置类型，本例选择【上升】选项，在右

侧的【磅值】微调框中设置磅值大小，❸ 设置完成后单击【确定】按钮，如图3-26所示。

图 3-25

图 3-26

Step03 查看字符位置上升的效果。返回文档，可查看设置字符位置后的效果，如图3-27所示。

图 3-27

★ 重点 3.1.5 设置"会议纪要"文本的突出显示

实例门类	软件功能

在编辑文档时，对于一些特别重要的内容，或者是存在问题的内容，可以通过"突出显示"功能对它们进行颜色标记，使其在文档中显得特别醒目。

1. 设置文本的突出显示

在 Word 文档中，使用"突出显示"功能来对重要文本进行标记后，文字看上去就像用荧光笔做了标记一样，从而使文本更加醒目。具体操作步骤如下。

Step01 选择文本突出显示的颜色。在"会议纪要 2.docx"文档中，❶ 选择需要突出显示的文本，❷ 在【开始】选项卡的【字体】组中单击【文本突出显示颜色】按钮 🖊 右侧的下拉按钮 ⌄，❸ 在弹出的下拉列表中选择需要的颜色，如图 3-28 所示。

图 3-28

Step02 为其他内容设置突出显示的颜色。用同样的方法为其他内容设置颜色标记，效果如图 3-29 所示。

> **技能拓展——选择文本前设置突出显示**
>
> 设置突出显示时，还可以先单击【文本突出显示颜色】按钮 🖊 右侧的下拉按钮 ⌄，在弹出的下拉列表中选择

择需要的颜色，鼠标指针呈 🖊 形状时表示此时处于突出显示设置状态，按住鼠标左键拖动，依次选择需要设置突出显示的文本即可。当不再需要设置突出显示时，按下【Esc】键，即可退出突出显示设置状态。

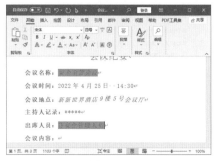

图 3-29

2. 取消突出显示

设置突出显示后，如果不再需要颜色标记，可进行清除操作，操作方法如下。

在目标文档中，选择已经设置突出显示的文本，❶ 单击【文本突出显示颜色】按钮 🖊 右侧的下拉按钮 ⌄，❷ 在弹出的下拉列表中选择【无颜色】选项即可，如图 3-30 所示。

图 3-30

> **技能拓展——快速取消突出显示**
>
> 选择已经设置了突出显示的文本，直接单击【文本突出显示颜色】按钮 🖊，可以快速取消突出显示。

★ 重点 3.1.6 实战：设置"会议纪要"文本的字符边框和底纹

实例门类	软件功能

除了前面介绍的一些格式设置，用户还可以对文本设置边框和底纹。接下来将分别进行介绍，以便让用户可以采用更多的方式来设置文档样式。

1. 设置字符边框

在对文档进行排版时，还可以对文本设置边框效果，从而让文档更加美观，还能突出重点内容。具体操作步骤如下。

Step01 打开【边框和底纹】对话框。在"会议纪要 2.docx"文档中，❶ 选择要设置边框效果的文本，❷ 在【开始】选项卡中的【段落】组中单击【边框】按钮 ⊞ ⌄ 右侧的下拉按钮 ⌄，❸ 在弹出的列表中选择【边框和底纹】选项，如图 3-31 所示。

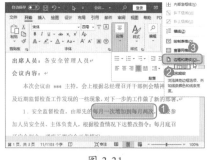

图 3-31

Step02 设置边框格式。打开【边框和底纹】对话框，❶ 在【边框】选项卡中的【设置】栏中选择边框类型，❷ 在【样式】列表框中选择边框的样式，❸ 在【颜色】下拉列表框中选择边框颜色，❹ 在【宽度】下拉列表框中设置边框粗细，❺ 在【应用于】下拉列表框中选择【文字】选项，❻ 单击【确定】按钮，如图 3-32 所示。

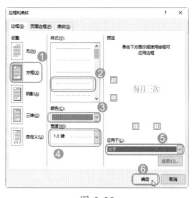

图 3-32

技术看板

设置好边框的样式、颜色等参数后，还可在【预览】栏中通过单击相关按钮对相应的框线进行取消或显示操作。

Step03 查看设置的边框效果。返回文档，即可查看设置的边框效果，如图 3-33 所示。

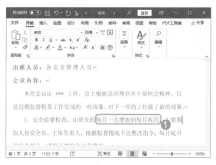

图 3-33

2. 设置字符底纹

除了设置边框效果，还可对文本设置底纹效果，以达到美化、强调的作用。具体操作步骤如下。

Step01 打开【边框和底纹】对话框。❶ 在"会议纪要 2.docx"文档中选择要设置底纹效果的文本，❷ 在【开始】选项卡的【段落】组中单击【边框】按钮 ⊞ 右侧的下拉按钮 ∨，❸ 在弹出的列表框中选择【边框和底纹】选项，如图 3-34 所示。

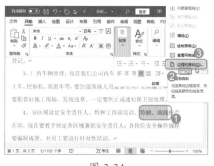

图 3-34

Step02 设置底纹格式。❶ 在打开的【边框和底纹】对话框中切换到【底纹】选项卡，❷ 在【填充】下拉列表框中选择底纹颜色，❸ 在【应用于】下拉列表框中选择【文字】选项，❹ 单击【确定】按钮，如图 3-35 所示。

Step03 查看底纹效果。返回文档，即可查看设置的底纹效果，如图 3-36 所示。

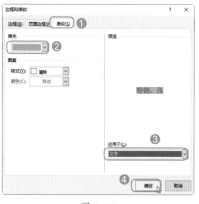

图 3-35

技能拓展——丰富底纹效果

设置底纹效果时，为了丰富底纹效果，用户还可以在【样式】下拉列表框中选择填充图案，在【颜色】下拉列表框中选择图案的填充颜色。

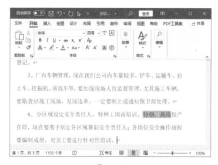

图 3-36

3.2　设置段落格式

如果把设置字体格式比作对文档的精雕细琢、打磨粉饰，那么段落格式的设置就是对文档格局的调控。两者的有机结合能让整个文档更加规范和美观。

★ 重点 3.2.1　实战：设置"企业员工薪酬方案"的段落对齐方式

实例门类	软件功能

对齐方式是指段落在页面上的分布规则，其规则主要有水平对齐和垂直对齐两种。

1. 水平对齐方式

水平对齐方式是最常设置的段落格式之一。当我们要对段落设置对齐方式时，通常就是指设置水平对齐方式。水平对齐方式主要包括左对齐、居中、右对齐、两端对齐和分散对齐5 种，其含义介绍如下。

➥ 左对齐：段落以页面左侧为基准对齐排列。

➥ 居中：段落以页面中间为基准对齐排列。

➥ 右对齐：段落以页面右侧为基准对齐排列。

➥ 两端对齐：段的每行在页面中首尾对齐。当各行之间的字体大小不同时，Word 会自动调整字符间距。

➥ 分散对齐：与两端对齐相似，将

段落在页面中分散对齐排列，并根据需要自动调整字符间距。与两端对齐相比较，最大的区别在于对段落最后一行的处理方式，当段落最后一行包含大量空白时，分散对齐会在最后一行文本之间调整字符间距，从而自动填满页面。

5种对齐方式的效果如图3-37所示，从上到下依次为左对齐、居中对齐、右对齐、两端对齐、分散对齐。

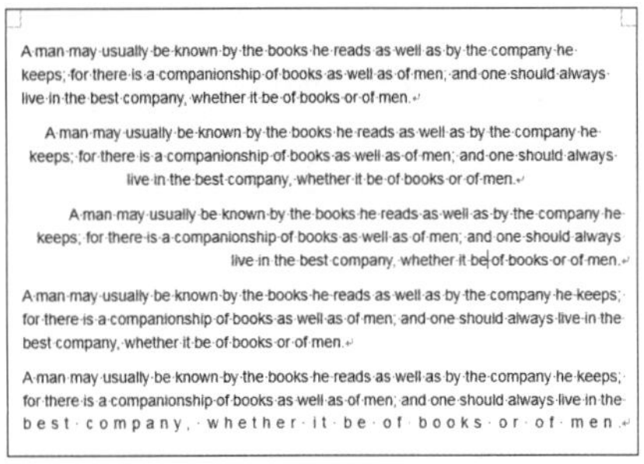

图 3-37

设置段落水平对齐方式的具体操作步骤如下。

Step01 设置段落居中对齐。打开"素材文件\第3章\企业员工薪酬方案.docx"文档，❶选择需要设置对齐方式的段落，❷在【开始】选项卡的【段落】组中单击【居中】按钮≡，如图3-38所示。

图 3-38

技能拓展——快速设置段落对齐方式

选择段落后，按【Ctrl+L】组合键可设置【左对齐】对齐方式，按

【Ctrl+E】组合键可设置【居中】对齐方式，按【Ctrl+R】组合键可设置【右对齐】对齐方式，按【Ctrl+J】组合键可设置【两端对齐】对齐方式，按【Ctrl+Shift+J】组合键可设置【分散对齐】对齐方式。

Step02 查看段落居中对齐效果。此时，所选段落将以【居中】对齐方式进行显示，效果如图3-39所示。

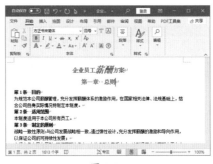

图 3-39

Step03 为其他段落设置对齐方式。用同样的方式，对其他段落设置相应的对齐方式即可。

2. 垂直对齐方式

当段落中存在不同字号的文字，或存在嵌入式图片时，对其设置垂直对齐方式，可以控制这些对象的相对位置。段落的垂直对齐方式主要包括顶端对齐、居中、基线对齐、底端对齐和自动设置5种。具体操作步骤如下。

Step01 打开【段落】对话框。❶在"企业员工薪酬方案.docx"文档中将文本插入点定位在需要设置垂直对齐方式的段落中，❷在【开始】选项卡的【段落】组中单击【功能扩展】按钮 ⌐，如图3-40所示。

Step02 设置文本的对齐方式。❶在打开的【段落】对话框中，切换到【中文版式】选项卡，❷在【文本对齐方式】下拉列表框中选择需要的垂直对齐方式，如选择【居中】选项，❸单击【确定】按钮，如图3-41所示。

图 3-40

图 3-41

Step03 查看设置对齐方式后的效果。返回文档，可查看设置后的效果，如图3-42所示。

图 3-42

★ 重点 3.2.2 设置 "企业员工薪酬方案" 的段落缩进

实例门类	软件功能

为了增强文档的层次感，提高可阅读性，可以对段落设置合适的缩进。段落的缩进方式有左缩进、右缩进、首行缩进和悬挂缩进 4 种，其含义介绍如下。

→ 左缩进：指整个段落左边界距离页面左侧的缩进量。

→ 右缩进：指整个段落右边界距离页面右侧的缩进量。

→ 首行缩进：指段落首行第 1 个字符的起始位置距离页面左侧的缩进量。

→ 悬挂缩进：指段落中除首行外的其他行距离页面左侧的缩进量。

4 种缩进方式的效果如图 3-43 所示，从上到下依次为左缩进、右缩进、首行缩进、悬挂缩进。

图 3-43

1. 通过【段落】对话框设置

对段落进行缩进设置，最为常用的方法之一就是通过【段落】对话框来实现。例如，要对段落设置首行缩进 2 字符，具体操作步骤如下。

Step01 打开【段落】对话框。❶ 在 "企业员工薪酬方案.docx" 文档中选择需要设置缩进的段落，❷ 在【开始】选项卡的【段落】组中单击【功能扩展】按钮 ，如图 3-44 所示。

Step02 设置缩进格式。❶ 在打开的【段落】对话框的【缩进】栏的【特殊】下拉列表中选择【首行】选项，此时在右侧的【缩进值】微调框中显示【2

字符】缩进值，❷ 单击【确定】按钮，如图 3-45 所示。

图 3-44

图 3-45

Step03 查看文档的缩进效果。返回文档，可查看设置后的效果，如图 3-46 所示。

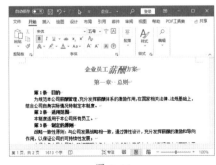

图 3-46

2. 使用标尺设置段落缩进

对段落设置缩进的另一种方法是通过拖动标尺滑块来实现。例如，要对段落设置首行缩进 2 字符，具体操作步骤如下。

Step01 移动标尺位置。在 "企业员工薪酬方案.docx" 文档中，先将标尺显示出来，❶ 选择需要设置缩进的段落，❷ 在标尺上拖动【首行缩进】滑块，如图 3-47 所示。

图 3-47

Step02 查看文档缩进效果。拖动到合适的缩进位置后释放鼠标即可，设置后的效果如图 3-48 所示。

图 3-48

Step03 采用同样的方法，对其他需要设置缩进的段落进行设置即可。

📌 技术看板

通过标尺设置缩进虽然很快捷、方便，但是精确度不够，如果排版的要求非常精确，那么建议用户使用【段落】对话框来设置。

★ 重点 3.2.3 设置"企业员工薪酬方案"的段落间距

实例门类	软件功能

正所谓距离产生美，对于文档也是同样的道理。为文档设置适当的间距或行距，不仅可以使文档看起来疏密有致，还能提高阅读舒适性。

段落间距是指相邻两个段落之间的距离，具体操作步骤如下。

Step01 打开【段落】对话框。❶ 在"企业员工薪酬方案.docx"文档中选择需要设置间距的段落，❷ 在【开始】选项卡的【段落】组中单击【功能扩展】按钮☑，如图 3-49 所示。

图 3-49

Step02 设置段落间距。❶ 在打开的【段落】对话框中的【间距】栏中通过【段前】微调框可以设置段前距离，通过【段后】微调框可以设置段后距离，本例中设置【段前】为【0.5行】、【段后】为【0.5行】，❷ 单击【确定】按钮，如图 3-50 所示。

技能拓展——让文字不再与网格对齐

对文档进行页面设置时，如果指定了文档网格，文字就会自动和网格对齐。为了使文档排版更精确美观，对段落设置格式时，建议在【段落】对话框中取消选中【如果定义了文档网格，则对齐到网格】复选框。

图 3-50

Step03 查看设置段落间距后的文档效果。返回文档，可查看设置后的效果，如图 3-51 所示。

图 3-51

技能拓展——通过功能区设置段落间距

除了通过【段落】对话框设置段落间距，还可以通过功能区设置段落间距。具体方法：选择需要设置间距的段落，切换到【布局】选项卡，在【段落】组的【间距】栏中分别通过【段前】微调框与【段后】微调框进行设置即可。

★ 重点 3.2.4 实战：设置"企业员工薪酬方案"的段落行距

实例门类	软件功能

行距是指段落中行与行之间的距离。设置行距的方法有两种：一种是通过功能区的【行和段落间距】按钮设置；另一种是通过【段落】对话框中的【行距】下拉列表设置，用户可自行选择。

例如，要通过功能区设置行距，具体操作方法：❶ 在"企业员工薪酬方案.docx"文档中，选择需要设置行距的段落，❷ 在【开始】选项卡的【段落】组中单击【行和段落间距】按钮☲▾，❸ 在弹出的下拉列表中选择需要的行距选项即可（在下拉列表中，这些数值表示的是每行字体高度的倍数），如选择【1.15】选项，如图 3-52 所示。

图 3-52

★ 重点 3.2.5 实战：为"企业员工薪酬方案"添加项目符号

实例门类	软件功能

文档中具有并列关系的内容，通常包含了多条信息，可以为它们添加项目符号，从而让这些内容的结构更清晰，也更具可读性。具体操作方法：❶ 在"企业员工薪酬方案.docx"文档中，选择需要添加项目符号的段

落，❷ 在【开始】选项卡的【段落】组中单击【项目符号】右侧的下拉按钮，❸ 在弹出的下拉列表中选择需要的项目符号样式，如图 3-53 所示。

图 3-53

> **技能拓展——取消添加的自动编号**
>
> 在含有项目符号的段落中，按【Enter】键换到下一段时，会在下一段自动添加相同样式的项目符号，此时若直接按【Backspace】键或再次按【Enter】键，则可取消自动添加项目符号。

3.2.6 实战：为"企业员工薪酬方案"设置个性化项目符号

实例门类	软件功能

除了使用 Word 内置的项目符号，还可以将喜欢的符号设置为项目符号，具体操作步骤如下。

Step01 打开【定义新项目符号】对话框。❶ 在"企业员工薪酬方案.docx"文档中，选择需要添加项目符号的段落，❷ 在【开始】选项卡的【段落】组中单击【项目符号】右侧的下拉按钮，❸ 在弹出的下拉列表中选择【定义新项目符号】选项，如图 3-54 所示。

Step02 打开【符号】对话框。在打开的【定义新项目符号】对话框中单击【符号】按钮，如图 3-55 所示。

图 3-54

图 3-55

Step03 选择需要的项目符号。❶ 在打开的【符号】对话框中选择需要的符号，❷ 单击【确定】按钮，如图 3-56 所示。

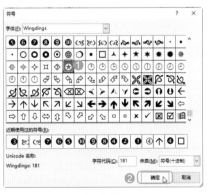

图 3-56

Step04 确定新的项目符号设置。返回【定义新项目符号】对话框，在【预览】栏中可以预览所设置的效果，单击【确定】按钮，如图 3-57 所示。

图 3-57

> **技能拓展——使用图片作为项目符号**
>
> 根据操作需要，还可以将图片设置为项目符号。具体操作方法：选择需要设置项目符号的段落，打开【定义新项目符号】对话框，单击【图片】按钮，在打开的【插入图片】窗口中选择计算机中的图片或网络图片设置为项目符号即可。

Step05 选择新定义的项目符号。返回文档，保持段落的选择状态，❶ 单击【项目符号】右侧的下拉按钮，❷ 在弹出的下拉列表中选择之前设置的符号样式，此时所选段落即可应用该样式，如图 3-58 所示。

图 3-58

技术看板

在为段落设置自定义样式的项目符号时，若段落设置了缩进，则需要执行步骤5的操作；若段落没有设置缩进，则不需要执行步骤5的操作。

★ 重点 3.2.7 实战：为"企业员工薪酬方案"添加编号

实例门类	软件功能

在制作规章制度、管理条例等方面的文档时，除了使用项目符号，还可以使用编号来组织内容，从而使文档层次分明、条理清晰。

1. 为"企业员工薪酬方案"添加编号

若要对已经输入的段落添加编号，可通过单击【段落】组中的【编号】按钮实现，具体操作方法：❶ 在"企业员工薪酬方案.docx"文档中，选择需要添加编号的段落，❷ 在【开始】选项卡的【段落】组中单击【编号】右侧的下拉按钮，❸ 在弹出的下拉列表中选择需要的编号样式，如图3-59所示。

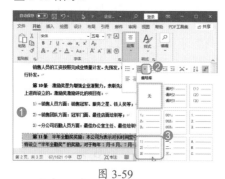

图 3-59

2. 为"出差管理制度"使用多级列表

对于含有多个层次的段落，为了能清晰地体现层次结构，可对其添加多级列表。具体操作步骤如下。

Step01 选择列表样式。打开"素材文件\第3章\员工出差管理制度.docx"文档，❶ 选择需要添加列表的段落，❷ 在【开始】选项卡中的【段落】组中单击【多级列表】按钮，❸ 在弹出的下拉列表中选择需要的列表样式，如图3-60所示。

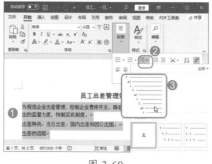

图 3-60

Step02 查看列表应用效果。此时所有段落的编号级别为1级，效果如图3-61所示。

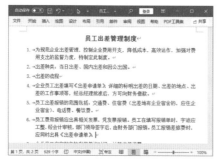

图 3-61

Step03 更改列表级别。❶ 选择需要调整级别的段落，❷ 单击【多级列表】按钮，❸ 在弹出的下拉列表中依次选择【更改列表级别】→【2级】选项，如图3-62所示。

图 3-62

Step04 查看更改列表级别后的效果。此时，所选段落的级别调整为2级，其他段落的编号依次发生变化，如图3-63所示。

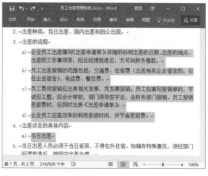

图 3-63

Step05 更改列表级别。❶ 选择需要调整级别的段落，❷ 单击【多级列表】按钮，❸ 在弹出的下拉列表中依次选择【更改列表级别】→【3级】选项，如图3-64所示。

图 3-64

Step06 查看更改列表级别后的效果。此时，所选段落的级别调整为3级，其他段落的编号依次发生变化，如图3-65所示。

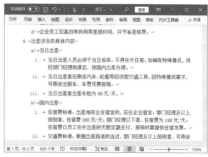

图 3-65

将文本插入点定位在编号与文本之间，按【Tab】键，可以降低一个列表级别；按【Shift+Tab】组合键，可以提高一个列表级别。

3.3 设置页面格式

无论对文档进行哪种样式的排版，所有操作都是在页面中完成的，页面直接决定了版面中内容的多少及摆放位置。在排版过程中，用户可以使用默认的页面设置，也可以根据需要对页面进行设置，主要包括纸张大小、纸张方向、页边距等。为了保证版面的整洁，一般建议在排版文档之前先设置好页面。

3.3.1 实战：设置"员工薪酬方案"的开本大小

实例门类	软件功能

在进行页面设置时，通常是先确定页面的大小，即开本大小（纸张大小）。在设置开本大小前，先了解"开本"和"印张"两个基本概念。

开本是指以整张纸为计算单位，将一整张纸裁切和折叠成多少个均等的小张就称为多少开本。例如，整张纸经过 1 次对折后为对开，经过 2 次对折后为 4 开，经过 3 次对折后为 8 开，经过 4 次对折后为 16 开，以此类推。为了便于计算，可以使用公式 2^n 来计算开本大小，其中 n 表示对折的次数。

印张是指整张纸的一个印刷面，每个印刷面包含指定数量的书页，书页的数量由开本决定。例如，一本书开本为 32 开，共 15 个印张，那么这本书的页数就是 $32 \times 15 = 480$ 页。反之，根据一本书的总页数和开本大小可以计算出印张数。例如，一本 16 开 360 页的书，印张数为 $360 \div 16 = 22.5$ 个印张。

Word 提供了内置纸张大小供用户快速选择，用户也可以根据需要自定义设置，具体操作步骤如下。

Step01 打开【页面设置】对话框。打开"素材文件\第 3 章\员工薪酬方案 .docx"文档，❶切换到【布局】选项卡，❷在【页面设置】组中单击【功

能扩展】按钮 ⌐，如图 3-66 所示。

图 3-66

Step02 设置纸张大小。打开【页面设置】对话框，❶切换到【纸张】选项卡，❷在【纸张大小】下拉列表中选择需要的纸张大小，如选择【16 开】选项，❸单击【确定】按钮即可，如图 3-67所示。

图 3-67

在【页面设置】组中单击【纸张大小】按钮，在弹出的下拉列表中可快速选择需要的纸张大小。

3.3.2 实战：设置"员工薪酬方案"的纸张方向

实例门类	软件功能

纸张的方向主要包括"纵向"与"横向"两种。纵向为 Word 文档的默认方向，根据需要，用户可以设置纸张方向，具体操作方法：❶在"员工薪酬方案 .docx"文档中切换到【布局】选项卡，❷在【页面设置】组中单击【纸张方向】按钮，❸在弹出的下拉列表中选择需要的纸张方向即可，本例中选择【横向】选项，如图 3-68 所示。

图 3-68

在【页面设置】对话框【页边距】选项卡的【纸张方向】栏中，也可以通过选择设置需要的纸张方向。

3.3.3 实战：设置"员工薪酬方案"的页边距

实例门类	软件功能

确定了纸张大小和纸张方向后，便可设置版心大小了。版心的大小决定了可以在一页中输入的内容量，而版心大小由页面大小和页边距大小决定。

简单地讲，版心的尺寸可以用下面的公式计算得到。

版心的宽度＝纸张宽度－左边距－右边距

版心的高度＝纸张高度－上边距－下边距

所以，在确定了页面的纸张大小后，只需要指定好页边距大小，即可完成对版心大小的设置。设置页边距的具体操作步骤如下。

Step01 打开【页面设置】对话框。❶在"员工薪酬方案.docx"文档中切换到【布局】选项卡，❶在【页面设置】组中单击【功能扩展】按钮 ，如图3-69所示。

图3-69

Step02 设置页边距参数。打开【页面设置】对话框，❶切换到【页边距】选项卡，❷在【页边距】栏中通过【上】【下】【左】【右】微调框设置相应的值，❸完成设置后，单击【确定】按钮，如图3-70所示。

图3-70

★ 重点 3.3.4 实战：为文档添加页眉、页脚内容

实例门类	软件功能

页眉和页脚分别位于文档的最上方和最下方，在编排文档时，在页眉和页脚处输入文本或插入图形，如页码、公司名称、书稿名称、日期或公司徽标等，可以起到美化点缀文档的作用。下面介绍几种常见的添加页眉、页脚的方法。

1. 为公司简介文档添加内置页眉、页脚内容

Word 提供了多种样式的页眉、页脚，用户可以根据实际需要进行选择，具体操作步骤如下。

Step01 选择页眉样式。打开"素材文件\第3章\公司简介.docx"文档，❶切换到【插入】选项卡，❷单击【页眉和页脚】组中的【页眉】按钮，❸在弹出的下拉列表中选择页眉样式，如图3-71所示。

Step02 转至页脚。所选样式的页眉将

添加到页面顶端，同时文档自动进入页眉编辑区，❶单击占位符或在段落标记处输入并编辑页眉内容，❷完成页眉内容的编辑后，在【页眉和页脚】选项卡的【导航】组中单击【转至页脚】按钮，如图3-72所示。

图3-71

图3-72

在编辑页眉和页脚时，在【页眉和页脚】选项卡的【插入】组中，通过单击相应的按钮，可在页眉/页脚中插入本地图片、网络中搜索到的图片等对象，以及插入作者、文件路径等文档信息。

Step03 选择页脚样式。自动转至当前页的页脚，此时页脚为空白样式，如果要更改其样式，❶在【页眉和页脚】选项卡的【页眉和页脚】组中单击【页脚】按钮，❷在弹出的下拉列表中选择需要的样式，如图3-73所示。

Step04 关闭【页眉和页脚】对话框。❶单击占位符或在段落标记处输入并编辑页脚内容，❷完成页脚内容的编辑后，在【页眉和页脚】选项卡的【关

闭】组中单击【关闭页眉和页脚】按钮⊠，如图 3-74 所示。

图 3-73

图 3-74

Step05 查看页眉和页脚设置效果。退出页眉和页脚编辑状态，即可看到设置了页眉和页脚后的效果，如图 3-75 所示。

图 3-75

定义页眉和页脚。具体操作方法：双击页眉或页脚，即文档上方或下方的页边距，进入页眉、页脚编辑区，此时根据需要直接编辑页眉、页脚内容即可。

2. 为工作计划的首页创建不同的页眉和页脚

Word 提供了"首页不同"功能，通过该功能可以单独为首页设置不同的页眉、页脚效果，具体操作步骤如下。

Step01 设置首页不同页眉。打开"素材文件\第 3 章\人力资源部 2022 年工作计划 .docx"文档，双击页眉或页脚进入编辑状态，❶ 切换到【页眉和页脚】选项卡，❷ 选中【选项】组中的【首页不同】复选框，如图 3-76 所示。

图 3-76

Step02 转至页脚。❶ 在首页页眉中编辑页眉内容，❷ 单击【导航】组中的【转至页脚】按钮，如图 3-77 所示。

图 3-77

Step03 编辑第一条页脚内容后转到下一条。自动转至当前页的页脚，❶ 编辑首页的页脚内容，❷ 单击【导航】组中的【下一条】按钮，如图 3-78 所示。

图 3-78

Step04 编辑第 2 页页脚后转至页眉。跳转到第 2 页的页脚，编辑页脚内容。本例中插入页码，❶ 单击【页码】下拉按钮，❷ 选择【页面底端】→【普通数字 3】选项，❸ 单击【导航】组中的【转至页眉】按钮，如图 3-79 所示。

图 3-79

Step05 关闭页眉和页脚。自动转至当前页的页眉，❶ 编辑页眉内容，❷ 在【关闭】组中单击【关闭页眉和页脚】按钮，如图 3-80 所示。

图 3-80

Step06 查看页眉和页脚设置效果。退出页眉和页脚编辑状态，首页和其他页的页眉和页脚效果如图 3-81 所示。

图 3-81

3. 为产品介绍文档的奇、偶页创建不同的页眉和页脚

在实际应用中，有时还需要为奇、偶页创建不同的页眉和页脚，这需要通过 Word 提供的"奇偶页不同"功能实现，具体操作步骤如下。

Step01 设置奇偶页不同。打开"素材文件\第3章\产品介绍.docx"文档，双击页眉或页脚进入编辑状态，① 切换到【页眉和页脚】选项卡，② 选中【选项】组中的【奇偶页不同】复选框，如图 3-82 所示。

Step02 转至页脚。① 在奇数页页眉中编辑页眉内容，② 单击【导航】组中的【转至页脚】按钮，如图 3-83 所示。

图 3-82

图 3-83

Step03 编辑奇数页页脚后转到下一条。自动转至当前页的页脚，① 编辑奇数页的页脚内容，② 单击【导航】组中的【下一条】按钮，如图 3-84 所示。

图 3-84

Step04 转至页眉。自动转至偶数页的页脚，① 编辑偶数页的页脚内容，② 单击【导航】组中的【转至页眉】按钮，如图 3-85 所示。

图 3-85

Step05 关闭页眉和页脚。自动转至当前页的页眉，① 编辑偶数页的页眉内容，② 在【关闭】组中单击【关闭页眉和页脚】按钮，如图 3-86 所示。

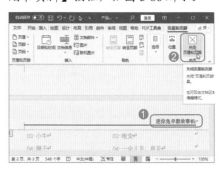

图 3-86

Step06 查看设置奇偶页页眉和页脚效果。退出页眉和页脚编辑状态，奇数页和偶数页的页眉效果如图 3-87 所示。

图 3-87

3.4 设置特殊格式

在设置段落格式时，还会遇到一些比较常用的特殊格式，如首字下沉、纵横混排、添加水印等。那么，这些格式又是怎样设置的呢？

★ 重点 3.4.1 实战: 设置"企业宣言"首字下沉

实例门类	软件功能

首字下沉是一种段落修饰,是将文档中第一段第一个字放大并占几行显示,这种格式在报纸、杂志中比较常见。具体操作步骤如下。

Step 01 打开【首字下沉】对话框。打开"素材文件\第3章\企业宣言.docx"文档,❶ 将文本插入点定位在要设置首字下沉的段落中,❷ 切换到【插入】选项卡,❸ 单击【文本】组中的【首字下沉】按钮,❹ 在弹出的下拉列表中选择【首字下沉选项】选项,如图3-88所示。

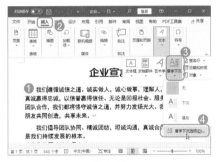

图 3-88

技术看板

在【首字下沉】下拉列表中若直接选择【下沉】选项,Word 则按默认设置对当前段落设置首字下沉格式。

Step 02 设置首字下沉参数。❶ 在打开的【首字下沉】对话框的【位置】栏中选择【下沉】选项,❷ 在【选项】栏中设置首字的字体、下沉行数等参数,❸ 设置完成后,单击【确定】按钮,如图3-89所示。

Step 03 查看首字下沉效果。返回文档,可看见设置首字下沉后的效果,如图3-90所示。

图 3-89

图 3-90

★ 重点 3.4.2 实战: 为"会议管理制度"创建分栏排版

实例门类	软件功能

默认情况下,文档内容呈单栏排列,若希望文档分栏排版,则可利用 Word 的分栏功能实现,具体操作步骤如下。

Step 01 选择分栏数量。打开"素材文件\第3章\会议管理制度.docx"文档,选中除标题之外的内容,❶ 切换到【布局】选项卡,❷ 单击【栏】按钮,❸ 在弹出的下拉列表中选择分栏方式,如选择【两栏】选项,如图3-91所示。

Step 02 查看分栏排版效果。此时,Word 将按默认设置对文档进行双栏排版,如图3-92所示。

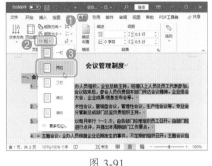

图 3-91

图 3-92

技能拓展——添加栏分隔线

对文档进行分栏排版时,为了让分栏效果更加明显,可以将分隔线显示出来。具体操作方法:单击【页面设置】组中的【分栏】按钮,在弹出的下拉列表中选择【更多分栏】选项,在打开的【分栏】对话框中选中【分隔线】复选框,最后单击【确定】按钮即可(要取消栏的分隔线,只需选中目标文本后,在【分栏】对话框中取消选中【分隔线】复选框,单击【确定】按钮)。

3.4.3 实战: 为"考勤管理制度"添加水印效果

实例门类	软件功能

水印是指将文本或图片以水印的方式设置为页面背景,其中文字水印多用于说明文件的属性,通常用作提醒功能,而图片水印则大多用于修饰

文档。

对于文字水印而言，Word 提供了几种文字水印样式，用户只需切换到【设计】选项卡，单击【页面背景】组中的【水印】按钮，在弹出的下拉列表中选择需要的水印样式即可，如图 3-93 所示。

图 3-93

技能拓展——删除水印

在设置了水印的文档中，如果要删除水印，在【页面背景】组中单击【水印】按钮，在弹出的下拉列表中选择【删除水印】选项即可。

但在编排商务办公文档时，Word 提供的文字水印样式并不能满足用户的需求，此时就需要自定义文字水印，具体操作步骤如下。

Step01 打开【水印】对话框。打开"素材文件\第 3 章\考勤管理制度 .docx"文档，❶ 切换到【设计】选项卡，❷ 单击【页面背景】组中的【水印】

按钮，❸ 在弹出的下拉列表中选择【自定义水印】选项，如图 3-94 所示。

图 3-94

Step02 设置文字水印。在打开的【水印】对话框中，❶ 选中【文字水印】单选按钮，❷ 在【文字】文本框中输入水印内容，❸ 根据需要对文字水印设置字体、字号等参数，❹ 完成设置后，单击【确定】按钮，如图 3-95 所示。

图 3-95

Step03 查看水印设置效果。返回文档，即可查看设置后的效果，如图 3-96 所示。

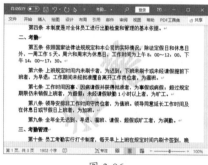

图 3-96

技能拓展——设置图片水印

为了让文档页面看起来更加美观，还可以设计图片样式的水印。具体操作方法：打开【水印】对话框后，选中【图片水印】单选按钮，单击【选择图片】按钮，在弹出的【插入图片】页面中单击【浏览】按钮并选择需要作为水印的图片，单击【插入】按钮，返回【水印】对话框，设置图片的缩放比例等参数，完成设置后单击【确定】按钮即可。

妙招技法

通过前面知识的学习，相信读者已经掌握了文本格式、段落格式、页面格式及特殊格式的相关设置方法。下面结合本章内容介绍一些实用技巧。

技巧01：利用格式刷快速复制相同格式

在对文档进行字体格式或段落格式等设置时，若文档中已存在格式，用户则不用再手动进行设置，可使用格式刷快速复制应用格式。具体操作方法：❶ 选择已经设置格式的文本或段落文本，❷ 单击【格式刷】按钮复制格式，然后选择要应用格式的目标文本或段落文本，如图 3-97 所示。

图 3-97

图 3-98

技巧 02：如何防止输入的数字自动转换为编号

默认情况下，在以下两种情况时，Word 会自动对其进行编号列表。

（1）在段落开始输入类似 "1."" （1）"" ①" 等编号格式的字符，按【Space】键或【Tab】键。

（2）在以 "1."" （1）"" ①"" a." 等编号格式的字符开始的段落中，按【Enter】键切换到下一段。

这是因为 Word 提供了自动编号功能，为防止输入的数字自动转换为编号，可设置 Word 的自动更正功能，具体操作步骤如下。

Step 01 打开【自动更正】对话框。打开【Word 选项】对话框，❶切换到【校对】选项卡，❷在【自动更正选项】栏中单击【自动更正选项】按钮，如图 3-98 所示。

Step 02 设置自动更正选项。在打开的【自动更正】对话框中，❶切换到【键入时自动套用格式】选项卡，❷在【键入时自动应用】栏中取消选中【自动编号列表】复选框，❸单击【确定】按钮，如图 3-99 所示，返回【Word 选项】对话框，单击【确定】按钮即可。

图 3-99

技能拓展——防止将插入的图标自动转换为项目符号

默认情况下，在段落开始插入一个图标，在图标右侧输入一些内容后按【Enter】键进行换行，Word 会自动将图标转换为项目符号。出现这样的情况是因为 Word 提供了自动项目符号功能。为了解决该问题，可设置 Word 的自动更正功能，具体操作方法：打开【自动更正】对话框，切换到【键入时自动套用格式】选项卡，在【键入时自动应用】栏中取消选中【自动项目符号列表】复选框即可。

技巧 03：如何清除页眉中的横线

在文档中添加页眉后，页眉中有时会出现一条横线，且无法通过【Delete】键删除，此时可以通过隐藏边框线的方法清除。具体操作方法：❶在有页眉横线的文档中双击页眉/页脚处，进入页眉/页脚编辑状态，在页眉区域中选中横线所在的段落，❷切换到【开始】选项卡，在【段落】组中单击【边框】下拉按钮，❸在弹出的下拉列表中选择【无框线】选项即可，如图 3-100 所示。

图 3-100

本章小结

本章主要介绍了 Word 文档格式的设置方法，主要包括字符、段落、页面及特殊格式的设置。通过本章的深入学习，读者可以轻松制作出专业、规范的文档。

第4章 Word 模板、样式和主题的使用

- ➥ 模板是怎样创建的？
- ➥ 样式能做什么？如何创建样式？
- ➥ 如何有效管理样式？
- ➥ 样式集是什么？
- ➥ 主题是什么？

本章将介绍如何使用样式，以及更进一步了解模板、样式、样式集与主题的使用，从而获得更加高效的设置和编排文档的技能与方法。针对以上问题，相信在学习过程中，读者将一一得到答案。

4.1 模板的创建和使用

要快速创建出指定样式的文档或是批量制作相同、相似的文档，较为便捷的方式之一是通过模板的创建和使用来完成。下面就分别介绍模板的创建和使用方法。

★ 重点 4.1.1 创建报告模板

实例门类	软件功能

模板的创建过程非常简单，只需先创建一个普通文档；然后在该文档中设置页面版式、创建样式等；最后保存为模板文件类型即可。图4-1所示为创建模板的流程图。

图 4-1

通过图4-1中的流程图不难发现，创建模板的过程与创建普通文档并无太大区别，最主要的区别在于保存文件时的格式不同。模板具有特殊的文件格式，Word 2003 模板的文件扩展名为".dot"，Word 2007 及 Word 更高版本的模板文件的扩展名为".dotx"或".dotm"。".dotx"为不包含 VBA 代码的模板，".dotm"模板可以包含 VBA 代码。

同时，用户可通过模板文件的图标来区分模板是否可以包含 VBA 代码。图标上带有叹号的模板文件，如图4-2（左）所示，表示可以包含 VBA 代码；反之，如图4-2（右）所示，表示不包含 VBA 代码。

图 4-2

创建模板的具体操作步骤如下。

Step 01 创建文档并设置样式。新建一个普通的空白文档，并在该文档中设置相应的内容，设置后的效果如图4-3所示。

图 4-3

技能拓展——模板与普通文档的区别

模板与普通文档主要有以下两个方面的区别。一是 Word 模板的文件扩展名是".dot"".dotx"或".dotm"，普通 Word 文档的文件扩展名是".doc"".docx"或".docm"。通俗地讲，扩展名的第3个字母是 t 的，是模板文档；扩展名的第3个字母是 c 的，则是普通文档。二是从本质上讲，模板和普通文档都是 Word 文件，但是模板用于批量生成与模板具有相同格式的数个普通文档，普通文档则是实实在在供用户直接使用的文档。简言之，Word 模板相当于模具，而 Word 文档相当于通过模具批量生产出来的产品。

Step 02 将文档另存为模板。按【F12】键，打开【另存为】对话框，❶ 在【保存类型】下拉列表框中选择模板的文件类型，本例中选择【启用宏的 Word 模板(*.dotm)】选项，❷ 此时保存路径将自动设置为模板的存放路径，直接在【文件名】文本框中输入模板的文件名，❸ 单击【保存】按钮即可，如图 4-4 所示。

图 4-4

★ 重点 4.1.2 基于模板创建文档

实例门类	软件功能

模板创建后，用户就可以基于模板创建任意数量的文档了，如果要根据本地计算机中保存的模板文件创建新文档，直接双击该模板文件图标即可。如果没有合适的文档模板，可以在 Office 中搜索系统提供的模板，选择合适的模板来创建文档，具体操作步骤如下。

Step01 搜索模板。选择【文件】选项卡，❶ 选择【新建】选项，❷ 在右侧窗格的搜索文本框中输入需要搜索的模板的相应关键字，如输入"报告"，❸ 单击右侧的【开始搜索】按钮 ，如图 4-5 所示。

Step02 选择模板。片刻后，在下方的界面中将看到搜索到的模板，单击需要的模板图标，如图 4-6 所示。

图 4-5

图 4-6

Step03 创建文档。在打开的对话框中会显示所选模板的缩略图和相关介绍，确认使用该模板时就单击【创建】按钮，如图 4-7 所示。

图 4-7

Step04 成功利用模板创建文档。即可基于所选模板创建新文档，如图 4-8 所示。

图 4-8

★ 重点 4.1.3 实战：直接使用模板中的样式

实例门类	软件功能

在编辑文档时，如果需要使用某个模板中的样式，不仅可以通过复制样式的方法实现，还可以按照下面的操作步骤实现。

Step01 打开【模板和加载项】对话框。新建一个名为"使用模板中的样式"的空白文档，❶ 切换到【开发工具】选项卡，❷ 单击【模板】组中的【文档模板】按钮，如图 4-9 所示。

图 4-9

Step02 选用模板。打开【模板和加载项】对话框，在【模板】选项卡的【文档模板】栏中单击【选用】按钮，如图 4-10 所示。

图 4-10

Step03 选择需要的模板。❶ 在打开的【选用模板】对话框中选择需要的模

板，❷单击【打开】按钮，如图4-11
所示。

图 4-11

Step04 确定模板选用。返回【模板和
加载项】对话框，此时在【文档模板】
文本框中将显示添加的模板文件名和
路径，❶选中【自动更新文档样式】
复选框，❷单击【确定】按钮，如图
4-12 所示。

图 4-12

技术看板

在【共用模板及加载项】栏的列
表框中，对于不再需要使用的模板，
可以先选择该模板，然后单击【删
除】按钮将其删除。

Step05 成功将选用的模板样式添加到
文档中。返回文档，即可将所选模板
中的样式添加到文档中，如图4-13
所示。

图 4-13

4.2 样式的创建和使用

在编辑长文档或要求具有统一格式风格的文档时，通常需要对多个段落设置相同的文本格式，无论逐一设置还是
通过格式刷复制格式，都会显得非常烦琐，此时可通过样式进行排版，以减少工作量，从而提高工作效率。

4.2.1 实战：在工作总结中应用样式

实例门类	软件功能

Word 提供了许多内置的样式，
用户可直接使用内置样式来排版文
档。要使用【样式】窗格来格式化文
本，可按下面的操作方法实现：打开
"素材文件\第4章\一季度工作总
结.docx"文档，❶选择要应用样式
的段落，❷在【开始】选项卡的【样
式】组中的下拉列表框中选择需要的
样式。此时，该样式即可应用到所选
段落中，效果如图4-14所示。

**技能拓展——使用样式库
格式化文本**

除了样式窗格，还可通过样式库
来使用内置样式格式化文本。方法：
选择目标内容，单击【开始】选项卡

的【样式】组右下角的【功能扩展】
按钮 ⌐，在【样式】任务窗格（样式
库）中选择需要的样式即可。

图 4-14

★ 重点 4.4.2 实战：为工作总结新建样式

实例门类	软件功能

除了直接应用系统中自带的样
式，用户还可以根据实际需要新建样

式。下面通过具体实例介绍新建样式
的相关操作，具体操作步骤如下。

Step01 设置内容格式。❶ 在"一季度
工作总结.docx"文档中的标题下方
输入"法律部2022年6月"文本并
设置合适的字体和段落格式，选中该
段落，❷在【样式】下拉列表框中选
择【创建样式】选项，如图4-15所示。

图 4-15

Step02 根据内容创建新样式。打开【根
据格式化创建新样式】对话框，❶ 在
【名称】文本框中输入样式的名称，

❷ 单击【确定】按钮，即可根据所选内容的格式创建新样式，如图 4-16 所示。

图 4-16

Step03 创建新样式。返回文档，即可看见当前段落应用了新建的样式【工作总结 - 副标题】。❶ 将文本插入点定位到需要设置新样式的标题 1 段落中，❷ 在【样式】下拉列表框中选择【创建样式】选项，如图 4-17 所示。

图 4-17

Step04 设置样式名称。打开【根据格式化创建新样式】对话框，❶ 在【名称】文本框中输入样式的名称，❷ 单击【修改】按钮，如图 4-18 所示。

图 4-18

Step05 设置样式属性。展开【根据格式化创建新样式】对话框中的更多设置内容，❶ 在【属性】栏中设置样式类型等参数，❷ 单击【格式】按钮，❸ 在弹出的菜单中选择【字体】选项，如图 4-19 所示。

图 4-19

Step06 设置字体样式。❶ 在打开的【字体】对话框中设置字体格式参数，❷ 完成设置后，单击【确定】按钮，如图 4-20 所示。

图 4-20

Step07 打开【段落】对话框。返回【根据格式化创建新样式】对话框，❶ 单击【格式】按钮，❷ 在弹出的菜单中选择【段落】选项，如图 4-21 所示。

Step08 设置段落格式。❶ 在打开的【段落】对话框中设置段落格式，❷ 完成设置后，单击【确定】按钮，如图 4-22 所示。

图 4-21

图 4-22

Step09 确定样式创建。返回【根据格式化创建新样式】对话框，❶ 选中【自动更新】复选框，❷ 单击【确定】按钮，如图 4-23 所示。

Step10 应用新样式。返回文档，即可看见当前段落应用了新建的样式【工作总结 - 标题 1】。❶ 将文本插入点定位在文档中需要使用该样式的标题 2 段落中，❷ 在【样式】下拉列表框中选择新建的样式【工作总结 - 标题 1】选项，即可快速为该段落应用新样式，如图 4-24 所示。

图 4-23

图 4-24

Step⑪ 新建样式。用同样的方法，新建一个名为【工作总结 - 标题 2】的新样式，并应用到相关标题文字，如图 4-25 所示。

图 4-25

Step⑫ 新建样式。用同样的方法，新建一个名为【工作总结 - 标题 3】的新样式，并应用到相关标题文字，如图 4-26 所示。

图 4-26

Step⑬ 新建样式。用同样的方法，新建一个名为【工作总结 - 正文】的新样式，并应用到相关段落，如图 4-27 所示。至此，完成了对"一季度工作总结 .docx"文档的样式创建工作。

图 4-27

4.2.3 实战：通过样式来选择相同格式的文本

实例门类	软件功能

对文档中的多处内容应用同一样式后，可以通过样式快速选择这些内容，具体操作步骤如下。

Step① 选择样式相同的内容。打开"一季度工作总结 .docx"文档，❶ 在【样式】下拉列表框中，右击目标样式选项，如【工作总结 - 标题 2】，❷ 在弹出的快捷菜单中选择【全选（无数据）】选项，如图 4-28 所示。

图 4-28

Step② 查看文本选中状态。此时，文档中应用了【工作总结 - 标题 2】样式的所有内容呈选中状态，如图 4-29 所示。

图 4-29

> **技术看板**
>
> 通过样式批量选择文本后，可以很方便地对这些文本重新应用其他样式，或者进行复制、删除等操作。

4.3 样式的管理

在文档中创建样式后，还可对样式进行合理的管理操作，如重命名样式、修改样式、显示或隐藏样式等。接下来将分别对这些操作进行介绍。

★ 重点 4.3.1　实战：通过样式批量修改文档格式

实例门类	软件功能

在对文档的标题或正文应用了样式后，如果想修改文档的格式，可以通过修改样式的方法，批量进行文档格式调整，具体操作步骤如下。

Step01 选择标题 2 样式。打开"素材文件 / 第 4 章 / 文档格式修改 .docx"文档，❶ 在【样式】下拉列表框中选择【标题 2】选项并右击，❷ 在弹出的快捷菜单中选择【全选（无数据）】选项，即可选中文档中所有应用了【标题 2】样式的内容，如图 4-30 所示。

图 4-30

Step02 选择新样式。选中所有应用了【标题 2】的内容后，在【样式】下拉列表框中选择新的样式即可，如选择【标题，新标题样式】选项，如图 4-31 所示。

图 4-31

Step03 查看应用的新样式。如图 4-32 所示，所有应用了【标题 2】样式的内容均已发生了改变，应用了新的样式。

图 4-32

4.3.2　实战：重命名工作总结中的样式

实例门类	软件功能

为了方便使用样式来排版文档，样式名称通常表示该样式的作用。若样式名称不能体现出相应的作用，则可以对样式进行重新命名，具体操作步骤如下。

Step01 修改样式。打开"工作总结 .docx"文档，❶ 在【样式】下拉列表框中右击需要重命名的样式，❷ 在弹出的快捷菜单中选择【重命名】选项，如图 4-33 所示。

图 4-33

Step02 输入新的样式名称。打开【重命名样式】对话框，❶ 在文本框中输入样式的新名称，❷ 单击【确定】按钮，如图 4-34 所示。

图 4-34

4.3.3　实战：删除文档中多余的样式

实例门类	软件功能

可以删除文档中多余的样式，以便更好地应用样式。删除样式的具体操作步骤如下。

Step01 删除样式。在"工作总结 .docx"文档中进行样式删除。❶ 在【样式】下拉列表框中右击需要删除的样式，如选择【不明显强调】选项，❷ 在弹出的快捷菜单中选择【从样式库中删除】选项，如图 4-35 所示。

图 4-35

Step02 查看成功删除的样式。样式库中【不明显强调】样式就成功被删除了，如图 4-36 所示。

图 4-36

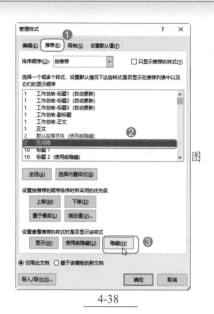

4-38

图 4-40

技术看板

删除样式时，Word 的内置样式是无法删除的。另外，在新建样式时，若样式基准选择的是除了【正文】的其他内置样式，则删除方法略有不同。例如，新建样式时，选择的样式基准是【无间隔】，则在删除该样式时，需要在快捷菜单中选择【还原为无间隔】选项。

4.3.4 实战：显示或隐藏工作总结中的样式

实例门类	软件功能

在删除文档中的样式时，会发现无法删除内置样式。那么，对于不需要的内置样式，可以将其隐藏起来，从而使【样式】窗格清爽整洁，以提高样式的使用效率。隐藏样式的具体操作步骤如下。

Step01 打开【管理样式】对话框。在"工作总结.docx"文档中单击【样式】窗格中的【管理样式】按钮，如图 4-37 所示。

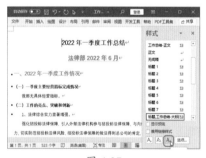

图 4-37

Step02 隐藏样式。❶ 在打开的【管理样式】对话框中切换到【推荐】选项卡，❷ 在列表框中选择需要隐藏的样式，❸ 在【设置查看推荐的样式时是否显示该样式】栏中单击【隐藏】按钮，如图 4-38 所示。

Step03 确定隐藏样式。此时，设置隐藏后的样式会显示为灰色，且还会出现"始终隐藏"字样，完成设置后单击【确定】按钮保存即可，如图 4-39 所示。

图 4-39

隐藏样式后，若要再将其显示出来，则在【管理样式】对话框的【推荐】选项卡的列表框中选择需要显示的样式，然后单击【显示】按钮即可，如图 4-40 所示。

4.3.5 实战：样式检查器的使用

实例门类	软件功能

若要非常清晰地查看某内容的全部格式，并对应用两种不同格式的文本进行比较，则可以通过 Word 提供的样式检查器实现。具体操作步骤如下。

Step01 打开【样式检查器】窗格。在"一季度工作总结.docx"文档中单击【样式】窗格中的【样式检查器】按钮，如图 4-41 所示。

图 4-41

Step02 打开【显示格式】窗格。在打开的【样式检查器】窗格中单击【显示格式】按钮，如图 4-42 所示，打开【显示格式】窗格。

图 4-42

图 4-43

复选框，❷ 将文本插入点定位到需要比较格式的段落中，此时【显示格式】窗格中将显示两处文本内容的格式区别，如图 4-44 所示。

图 4-44

Step03 查看显示的段落格式。将光标定位到需要查看格式详情的段落中，即可在【显示格式】窗格中显示当前段落的所有格式，如图 4-43 所示。

Step04 在【显示格式】窗格中对比文本内容。若要对应用了两种不同格式的文本进行比较，则 ❶ 在【显示格式】窗格中选中【与其他选定内容比较】

4.4 样式集与主题的使用

样式集与主题都是统一改变文档格式的工具，只是它们针对的格式类型有所不同。使用样式集可以改变文档的字体格式和段落格式；使用主题可以改变文档的字体、颜色及图形对象的效果（这里所说的图形对象的效果是指图形对象的填充色、边框色，以及阴影、发光等特效）。

4.4.1 实战：使用样式集设置"公司简介"文档的格式

实例门类	软件功能

Word 2021 提供了多套样式集，每套样式集都提供了成套的内置样式，分别用于设置文档标题、副标题等文本的格式。在排版文档的过程中，可以先选择需要的样式集，再使用内置样式或新建样式排版文档，具体操作步骤如下。

Step01 选择样式集。打开"素材文件\第4章\公司简介.docx"文档，❶ 切换到【设计】选项卡，❷ 在【文档格式】组的列表框中选择需要的样式集，如图 4-45 所示。

Step02 通过样式集排版内容。确定样式集后，此时可以通过内置样式来排版文档内容，排版后的效果如图 4-46 所示。

图 4-45

图 4-46

技术看板

将文档格式调整好后，若再重新选择样式集，则文档中内容的格式也会发生相应的变化。

4.4.2 实战：使用主题改变"公司简介"文档的外观

实例门类	软件功能

主题是将不同的字体、颜色、形状效果组合在一起，形成多种不同的界面设计方案。使用主题可以快速改变整个文档的外观，具体的操作步骤如下。

Step01 选择需要的主题。❶ 打开"公司简介.docx"文档，切换到【设计】选项卡，❷ 单击【文档格式】组中的【主题】按钮，❸ 在弹出的下拉列表中选择需要的主题，如图 4-47 所示。

图 4-47

Step02 查看应用主题后的效果。应用所选主题后,文档中的风格发生改变,如图 4-48 所示。

图 4-48

选择一种主题方案后,还可在此基础上选择不同的主题字体、主题颜色或主题效果,从而搭配出不同风格的文档。

➥ 设置主题字体:在【设计】选项卡的【文档格式】组中单击【字体】按钮,在弹出的下拉列表中选择需要的主题字体即可,如图 4-49 所示。

图 4-49

➥ 设置主题颜色:在【设计】选项卡的【文档格式】组中单击【颜色】按钮,在弹出的下拉列表中

选择需要的主题颜色即可,如图 4-50 所示。

图 4-50

➥ 设置主题效果:在【设计】选项卡的【文档格式】组中单击【效果】按钮,在弹出的下拉列表中选择需要的主题效果即可,如图 4-51 所示。

图 4-51

★ 重点 4.4.3 自定义主题字体和颜色

实例门类	软件功能

系统内置的主题,用户不仅可以直接进行调用,还可以对其主题字体和主题颜色进行设置,从而更符合实际的需要。

1. 自定义主题字体

除了使用 Word 内置的主题字体,用户还可根据操作需要自定义主题字体,具体操作步骤如下。

Step01 打开【新建主题字体】对话框。❶ 切换到【设计】选项卡,❷ 单击【文档格式】组中的【字体】按钮,❸ 在弹出的下拉列表中选择【自定义字体】

选项,如图 4-52 所示。

图 4-52

Step02 设置字体。弹出【新建主题字体】对话框,❶ 在【名称】文本框中输入新建主题字体的名称,❷ 在【西文】栏中分别设置标题文本和正文文本的西文字体,❸ 在【中文】栏中分别设置标题文本和正文文本的中文字体,❹ 完成设置后,单击【保存】按钮,如图 4-53 所示。

图 4-53

Step03 应用新建的字体。新建的主题字体将被保存到主题字体库中,打开主题字体列表时,在【自定义】栏中可看到新建的主题字体,选择该主题字体可将其应用到当前文档中,如图 4-54 所示。

图 4-54

新建主题字体后，如果对有些参数设置不满意，可以进行修改。打开主题字体列表，在【自定义】栏中右击需要修改的主题字体，在弹出的快捷菜单中选择【编辑】选项，在打开的【编辑主题字体】对话框中进行相应设置，最后确定即可。

2. 自定义主题颜色

除了使用 Word 内置的主题颜色，用户还可根据操作需要自定义主题颜色，具体操作步骤如下。

Step01 打开【新建主题颜色】对话框。❶ 切换到【设计】选项卡，❷ 单击【文档格式】组中的【颜色】按钮，❸ 在弹出的下拉列表中选择【自定义颜色】选项，如图 4-55 所示。

图 4-55

Step02 设置主题颜色。弹出【新建主题颜色】对话框，❶ 在【名称】文本框中输入新建主题颜色的名称，❷ 在【主题颜色】栏中自定义各项目的颜色，❸ 完成设置后，单击【保存】按钮，如图 4-56 所示。

Step03 应用新建的主题颜色。新建的主题颜色将被保存到主题颜色库中，打开主题颜色列表时，在【自定义】栏中可以看到新建的主题颜色，选择该主题颜色可将其应用到当前文档中，如图 4-57 所示。

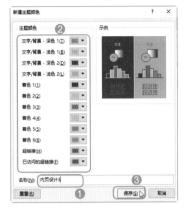

图 4-56

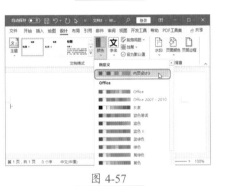

图 4-57

4.4.4 实战：保存自定义主题

实例门类	软件功能

在 Word 中用户可将当前文档的自定义主题样式保存为新主题，以方便再次调用，从而提高工作效率。保存新主题的具体操作步骤如下。

Step01 保存当前主题。❶ 切换到【设计】选项卡，❷ 单击【文档格式】组中的【主题】按钮，❸ 在弹出的下拉列表中选择【保存当前主题】选项，如图 4-58 所示。

图 4-58

Step02 选择主题保存的位置，输入保存名称。打开【保存当前主题】对话框，保存位置会自动定位到【Document Themes】文件夹中，该文件夹是存放 Office 主题的默认位置，❶ 直接在【文件名】文本框中输入新主题的名称，❷ 单击【保存】按钮，如图 4-59 所示。

图 4-59

在【Document Themes】文件夹中包含了 3 个子文件夹，其中，【Theme Fonts】文件夹用于存放自定义主题字体，【Theme Colors】文件夹用于存放自定义主题颜色，【Theme Effects】文件夹用于存放自定义主题效果。

Step03 应用保存的主题。新主题将被保存到主题库中，打开主题列表，在【自定义】栏中可看到新主题，选择该主题可将其应用到当前文档中，如图 4-60 所示。

图 4-60

妙招技法

通过前面知识的学习，相信读者已经学会了如何使用模板、样式、样式集与主题来设置和编排文档。下面结合本章内容介绍一些实用技巧。

技巧 01：如何保护样式不被修改

在文档中新建样式后，若要将文档发送给其他用户查看，又不希望别人修改新建的样式，此时则可以启动强制保护，防止其他用户修改，具体操作步骤如下。

Step 01 打开【管理样式】对话框。打开"素材文件\第 4 章\员工培训管理制度.docx"文档，单击【样式】窗格中的【管理样式】按钮，如图 4-61 所示。

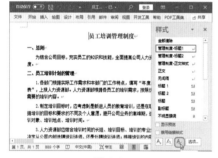

图 4-61

Step 02 限制样式。❶ 在打开的【管理样式】对话框中切换到【限制】选项卡，❷ 在列表框中选择需要保护的一个样式或多个样式（按住【Ctrl】键依次选择需要保护的样式），❸ 选中【仅限对允许的样式进行格式化】复选框，❹ 单击【限制】按钮，如图 4-62 所示。

Step 03 查看限制的样式标记。此时，所选样式的前面会添加锁标记，单击【确定】按钮，如图 4-63 所示。

图 4-62

图 4-63

Step 04 设置保护密码。打开【启动强制保护】对话框，❶ 设置密码为"123"，❷ 单击【确定】按钮即可，如图 4-64 所示。

图 4-64

技巧 02：将字体嵌入文件

当计算机中安装了一些非系统默认的字体，并在文档中设置字符格式或新建样式时使用了这些字体，而在其他没有安装这些字体的计算机中打开该文档时，就会出现显示不正常的问题。

为了解决这个问题，可以将字体嵌入文件中，具体操作方法：打开【Word 选项】对话框，❶ 切换到【保存】选项卡，❷ 在【共享该文档时保留保真度】栏中选中【将字体嵌入文件】复选框，❸ 单击【确定】按钮即可，如图 4-65 示。

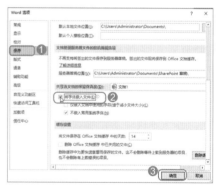

图 4-65

技巧03：设置默认的样式集和主题

如果用户需要长期使用某一样式集和主题，可以将它们设置为默认值。设置默认的样式集和主题后，再新建空白文档时，将直接使用该样式集和主题。具体操作步骤如下。

Step01 设置需要的样式集和主题。新建一个空白文档，切换到【设计】选项卡，然后选择好需要使用的样式集和主题。

Step02 设置样式和主题为默认值。在【设计】选项卡的【文档格式】组中单击【设为默认值】按钮，如图4-66所示。

图 4-66

Step03 查看设置效果。弹出提示框询问是否要将当前样式集和主题设置为默认值，单击【是】按钮确认即可，如图4-67所示。

图 4-67

本章小结

本章主要介绍了使用模板、样式、样式集与主题来排版、美化文档，主要包括模板和样式的创建、使用和管理，以及样式集与主题的使用等内容。通过本章内容的学习，相信读者的排版能力会得到提升，从而能够制作出版面更加美观的文档。

第5章 Word 文档的图文混排

> ➡ 文档中的图片能随意放置吗？
>
> ➡ 文档中的图片必须是有背景的吗？
>
> ➡ 如何让文本出现在形状中？
>
> ➡ 怎样活用艺术字？
>
> ➡ 什么是 SmartArt 图形？ SmartArt 图形能做什么？

　　为了使文档更美观，常常会使用图文混排的方式，但想要制作好图文混排的文档，需要掌握一些相关技能。本章将通过对图文混排中的图片及艺术字的处理来介绍如何进行图文混排。通过本章的学习，读者不仅可以解决上面的问题，还会发现很多有趣、实用和好用的知识技能。

5.1　应用形状元素

　　Word 中自带七大类形状图形，其中包括常用的矩形类、箭头类、流程类和基本形状类等，用户可根据实际设计需要进行使用，以达到丰富文档内容或制作个性化文档的目的。

★ 重点 5.1.1　实战：在"感恩母亲节"中插入形状

实例门类	软件功能

　　插入形状是使用形状的第一步，也是形状设置和调整及文本添加的首要条件。下面在"感恩母亲节"中插入圆角矩形，具体操作步骤如下。

Step01 选择形状。打开"素材文件 \ 第5章 \ 感恩母亲节 .docx"文档，❶切换到【插入】选项卡，❷单击【插图】组中的【形状】按钮，❸在弹出的下拉列表中选择需要的形状，这里选择【矩形：剪去对角】选项，如图 5-1 所示。

Step02 绘制形状。此时的鼠标指针变成十形状，在目标位置按住鼠标左键，拖动鼠标进行绘制，如图 5-2 所示。

图 5-1

图 5-2

Step03 完成形状绘制。当绘制到合适大小时释放鼠标，即可完成绘制，如图 5-3 所示。

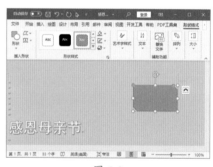

图 5-3

5.1.2　实战：在"感恩母亲节"中更改形状

实例门类	软件功能

　　在文档中绘制形状后，可以随时改变它们的形状。例如，要将"感恩母亲节"中绘制的圆角矩形更改为云形，具体操作步骤如下。

Step01 选择要更改成的形状。❶在"感恩母亲节 .docx"文档中选择形状，❷切换到【形状格式】选项卡，❸在【插入形状】组中单击【编辑形状】按钮 ，④ 在弹出的下拉列表中依次选择【更改形状】→【云形】选项，如图 5-4 所示。

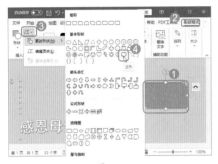

图 5-4

Step02 查看形状更改效果。通过上述操作后，所选形状即可更改为云形，如图 5-5 所示。

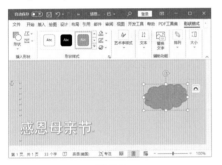

图 5-5

★ 重点 5.1.3 实战：为"感恩母亲节"中的形状添加文字

实例门类	软件功能

插入的形状中是不包含任何文字内容的，需要用户手动进行添加，具体操作步骤如下。

Step01 在形状上添加文字。① 在"感恩母亲节 .docx"文档中的形状上右击，① 在弹出的快捷菜单中选择【添加文字】选项，如图 5-6 所示。

Step02 输入文字。形状中将出现文本插入点，此时可直接输入文本内容，如图 5-7 所示。

图 5-6

图 5-7

5.1.4 调整形状的大小和角度

插入形状后，还可以调整形状的大小和角度，其方法和图片的调整相似。因此，此处只进行简单的介绍。

➡ 使用鼠标调整：选中形状，形状四周会出现控制点 ，将鼠标指针指向控制点，当鼠标指针变成双向箭头形状时，按住鼠标左键并任意拖动，即可改变形状的大小；将鼠标指针指向旋转手柄 ，鼠标指针将显示为 ，此时按住鼠标左键并进行拖动，可以旋转形状。

➡ 使用功能区：选择形状，切换到【形状格式】选项卡，在【大小】组中可以设置形状的大小，在【排列】组中单击【旋转】按钮，在弹出的下拉列表中可以选择形状的旋转角度。

➡ 使用对话框：选择形状，切换到【形状格式】选项卡，在【大小】组中单击【功能扩展】按钮 ，打开【布局】对话框，在【大小】

选项卡中可以设置形状的大小和旋转度数。

5.1.5 实战：让流程图中的形状以指定方式对齐

实例门类	软件功能

若要让文档中的多个形状以指定方式对齐，如左对齐、右对齐、顶端对齐等，则可直接通过对齐选项快速实现。例如，将下面"招聘流程图"中的部分形状左对齐，使整个"招聘流程图"更加规范整齐，具体操作步骤如下。

Step01 让形状左对齐。打开"素材文件 \ 第 5 章 \ 招聘流程图 .docx"文档，① 按住【Ctrl】键的同时，选择目标形状，② 选择【形状格式】选项卡，③ 单击【对齐】下拉按钮，选择相应的对齐方式，这里选择【左对齐】选项，如图 5-8 所示。

图 5-8

Step02 查看形状对齐效果。系统自动将选择的形状以指定方式对齐，效果如图 5-9 所示。

图 5-9

5.1.6 实战：编辑形状的顶点

实例门类	软件功能

在 Word 中不仅可以绘制图形，还可以在绘制完图形后，进入顶点编辑状态，对图形进行顶点编辑，从而改变图形的形状，绘制出其他效果的图形。具体操作步骤如下。

Step 01 选择形状。打开"素材文件\第5章\贺卡.docx"文档，❶ 单击【插入】选项卡下的【形状】按钮，❷ 选择【矩形】形状，如图 5-10 所示。

图 5-10

Step 02 绘制形状。❶ 按住鼠标左键，绘制一个矩形，选中绘制的矩形，❷ 选择【形状格式】选项卡中的【编辑形状】组中的【编辑顶点】选项，如图 5-11 所示。

Step 03 添加形状顶点。进入顶点编辑状态后，在矩形的边线上右击，在弹出的快捷菜单中选择【添加顶点】选项，如图 5-12 所示。

图 5-11

图 5-12

Step 04 再次添加形状顶点。用同样的方法，在矩形边线上再添加一个顶点，如图 5-13 所示。

图 5-13

Step 05 移动顶点位置。完成顶点添加后，移动顶点的位置，如图 5-14 所示。

图 5-14

Step 06 调整顶点的手柄。选中顶点右边的手柄，调整手柄的长度和位置，让线段出现曲线弧度，如图 5-15 所示。

图 5-15

Step 07 完成形状顶点调整。用同样的方法，对形状顶点的位置和手柄进行调整，效果如图 5-16 所示。

图 5-16

Step 08 设置形状填充色。完成形状顶点调整后，在空白的地方单击，退出顶点编辑状态。❶ 选中形状，单击【形状格式】选项卡下的【形状填充】按钮，❷ 在弹出的下拉列表中选择【浅蓝】选项，如图 5-17 所示。

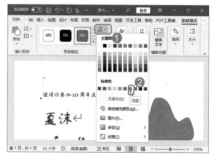

图 5-17

Step⑨ 设置形状轮廓格式。❶ 单击【形状格式】选项卡下的【形状轮廓】按钮，❷ 在弹出的下拉列表中选择【无轮廓】选项，此时就完成了对形状的绘制及格式设置，如图 5-18 所示。

Step⑩ 复制形状。完成形状绘制后，选中形状，连续两次按【Ctrl+D】组合键，复制出两个形状，调整形状的大小和位置，最终做出如图 5-19 所示的蓝色云朵效果。

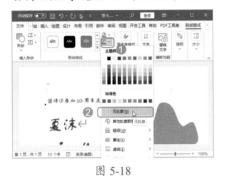

图 5-18

图 5-19

5.2 应用图片元素

在制作产品说明书、企业内刊及公司宣传册等文档时，可以通过 Word 的图片编辑功能插入图片，从而使文档图文并茂，给阅读者带来直观的视觉冲击。

★ 新功能 5.2.1 实战：插入图片

实例门类	软件功能

在文档中插入图片最常用的 4 种途径：插入计算机中的图片、插入图像集中的图片、插入联机图片和插入屏幕截图，用户可根据实际需要进行选择。下面分别介绍这 4 种插入图片的具体操作。

1. 在产品介绍中插入计算机中的图片

在制作文档的过程中，可以插入计算机中收藏的图片，以配合文档内容或美化文档。插入图片的具体操作步骤如下。

Step① 打开【插入图片】对话框。打开"素材文件\第5章\产品介绍.docx"文档，❶ 将文本插入点定位到需要插入图片的位置，❷ 切换到【插入】选项卡，❸ 单击【插图】组中的【图片】按钮，❹ 在弹出的下拉列表中选择【此设备】选项，如图 5-20 所示。

图 5-20

Step② 选择要插入的图片。打开【插入图片】对话框，❶ 选择需要插入的图片，❷ 单击【插入】按钮，如图 5-21 所示。

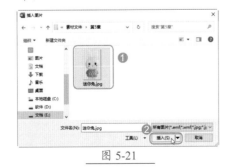

图 5-21

Step③ 查看图片插入效果。返回文档，选择的图片即可插入文本插入点所在

的位置，如图 5-22 所示。

图 5-22

技术看板

Word 的图片功能非常强大，可以支持很多图片格式，如 .jpg、.jpeg、.wmf、.png、.bmp、.gif、.tif、.eps、.wpg 等。

2. 在信纸中插入图像集中的图片

为了方便用户使用，Office 2021 中提供了一个内容丰富的图像集库，其中分门别类地提供了图像、图标、人像抠图、贴纸、插图等。下面以插入插图为例，介绍插入图像集中的图片的具体操作步骤。

Step01 打开图像集对话框。打开"素材文件\第5章\星空卡通信纸.docx"文档，❶将文本插入点定位到需要插入图片的位置，❷切换到【插入】选项卡，❸单击【插图】组中的【图片】按钮，❹在弹出的下拉列表中选择【图像集】选项，如图5-23所示。

图 5-23

Step02 选择要插入的图片。打开对话框，❶选择需要插入的图片类型，这里切换到【插图】选项卡，❷选择需要插入的图片，❸单击【插入】按钮，如图5-24所示。

图 5-24

Step03 查看图片插入效果。返回文档，选择的图片即可插入文本插入点所在位置，如图5-25所示。

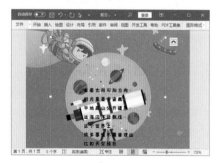
图 5-25

3. 在感谢信中插入联机图片

Word 2021 提供了联机图片功能，通过该功能可以从各种联机来源中查找和插入图片。插入联机图片的具体操作步骤如下。

Step01 单击【联机图片】按钮。打开"素材文件\第5章\感谢信.docx"文档，❶将文本插入点定位到需要插入图片的位置，❷切换到【插入】选项卡，❸单击【插图】组中的【图片】按钮，❹在弹出的下拉列表中选择【联机图片】选项，如图5-26所示。

图 5-26

Step02 搜索图片关键词。打开【联机图片】对话框，在文本框中输入需要的图片关键字，如"鲜花"，按【Enter】键开始搜索，如图5-27所示。

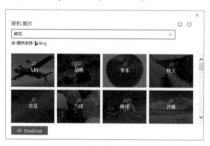
图 5-27

Step03 选择需要的图片。❶在搜索结果中默认选择授权方式为【全部】，选择需要插入的图片，❷单击【插入】按钮，如图5-28所示。

Step04 查看插入的联机图片。返回文档，选择的图片即可插入文本插入点所在位置，如图5-29所示。

图 5-28

图 5-29

4. 插入屏幕截图

从 Word 2010 开始新增了屏幕截图功能，通过该功能可以快速截取屏幕图像，并直接插入文档中。

➡ 截取活动窗口：Word 的"屏幕截图"功能会智能监视活动窗口（打开且没有最小化的窗口），可以很方便地截取活动窗口的图片并插入当前文档中。操作方法：❶将文本插入点定位在要插入图片的位置，❷切换到【插入】选项卡，❸单击【插图】组中的【屏幕截图】按钮，❹在弹出的下拉列表【可用的视窗】栏中将以缩略图的形式显示当前所有活动窗口，选择要插入的窗口图，如图5-30所示。

➡ 截取屏幕区域：使用 Word 2021 的截取屏幕区域功能，可以截取计算机屏幕上的任意图片，并将其插入文档中。操作方法：❶单击【插图】组中的【屏幕截图】按钮，❷在弹出的下拉列表中选择【屏幕剪辑】选项，如图5-31所示，当前文档窗口自动缩小，整个屏幕将朦胧显示。按住鼠标左键，拖动选择截取区域，然后释放鼠标。

图 5-30

图 5-31

技术看板

截取屏幕截图时，选择【屏幕剪辑】选项后，屏幕中显示的内容是打开当前文档之前所打开的窗口或对象。

进入屏幕剪辑状态后，如果又不想截图了，按【Esc】键即可退出截图状态。

★ 重点 5.2.2 实战：裁剪图片

实例门类	软件功能

Word 提供了裁剪功能，通过该功能可以非常方便地对图片进行裁剪操作，具体操作步骤如下。

Step01 进入图片裁剪状态。打开"素材文件\第5章\裁剪图片.docx"文档，❶选择图片，❷切换到【图片格式】选项卡，❸单击【大小】组中的【裁

剪】按钮，如图 5-32 所示。

图 5-32

Step02 查看图片裁剪状态。此时图片呈可裁剪状态，鼠标指针指向图片的任意裁剪标志，将变成可裁剪状态，如图 5-33 所示。

图 5-33

技能拓展——退出裁剪状态

图片呈可裁剪状态时，按【Esc】键可退出裁剪状态。

Step03 拖动鼠标进行图片裁剪。当鼠标指针呈裁剪状态时，拖动鼠标可进行裁剪，如图 5-34 所示。

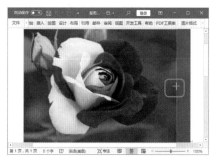

图 5-34

Step04 完成图片裁剪。将鼠标拖动至需要的位置时释放鼠标，此时阴影部分表示将要被裁剪的部分，确认无误后按【Enter】键即可，如图 5-35 所示。

图 5-35

技能拓展——放弃当前裁剪

图片处于可裁剪状态时，拖动鼠标选择要裁剪掉的部分后，若要放弃当前裁剪，按【Ctrl+Z】组合键即可。

Step05 查看裁剪效果。完成裁剪后，效果如图 5-36 所示。

图 5-36

技术看板

在 Word 2010 以上的版本中，选择要裁剪的图片后，单击【裁剪】下拉按钮 ，在弹出的下拉列表中还提供了【裁剪为形状】和【纵横比】两种裁剪方式，通过这两种方式可直接选择预设好的裁剪方案。

5.2.3 实战：调整图片的大小和角度

实例门类	软件功能

在文档中插入图片后，首先需要调整图片的大小，以避免图片过大而占用太多的文档空间。为了满足各种排版需要，还可以通过旋转图片的方式调整图片的角度。

1. 使用鼠标调整图片的大小和角度

使用鼠标调整图片的大小和角度，既快速又便捷。

➡ 调整图片大小：选中图片，图片四周会出现控制点，将鼠标指针停放在控制点上，当鼠标指针变成双向箭头形状时，按住鼠标左键并任意拖动，即可改变图片的大小（在拖动时，鼠标指针显示为十形状），如图 5-37 所示。

图 5-37

💡 技术看板

若拖动图片 4 个角上的控制点，则图片大小会按等比例缩放；若拖动图片 4 个边中线处的控制点，则只会改变图片的高度或宽度。

➡ 调整图片角度：选择图片，将鼠标指针指向旋转手柄，鼠标指针显示为形状，此时按住鼠标左键并进行拖动，可以旋转该图片。在旋转时，鼠标指针显示为形状，如图 5-38 所示，当拖动到合适角度后释放鼠标。

图 5-38

2. 通过功能区调整图片的大小和角度

如果希望调整更为精确的图片大小和角度，可通过功能区实现。

➡ 调整图片的大小：❶ 选择图片，❷ 切换到【图片格式】选项卡，❸ 在【大小】组中设置高度值和宽度值，如图 5-39 所示。

图 5-39

➡ 调整图片的角度：❶ 选择图片，切换到【图片格式】选项卡，❷ 在【排列】组中单击【旋转】按钮，❸ 在弹出的下拉列表中选择需要的旋转角度，如图 5-40 所示。

图 5-40

3. 通过对话框调整图片的大小和角度

要精确地调整图片的大小和角度，还可通过对话框来设置，具体操作步骤如下。

Step 01 打开【布局】对话框。打开"素材文件\第 5 章\图片调整.docx"文档，❶ 选择图片，❷ 切换到【图片格式】选项卡，在【大小】组中单击【功能扩展】按钮，如图 5-41 所示。

图 5-41

Step 02 设置高度和旋转参数。打开【布局】对话框，❶ 在【大小】选项卡的【高度】栏中设置图片高度值，此时【宽度】栏中的值会自动进行调整，❷ 在【旋转】栏中设置旋转度数，❸ 设置完成后，单击【确定】按钮，如图 5-42 所示。

图 5-42

Step 03 查看设置后的效果。返回文档，可查看设置后的效果，如图 5-43 所示。

图 5-43

在【布局】对话框的【大小】选项卡中，【锁定纵横比】复选框默认为选中状态，所以通过功能区或对话框调整图片大小时，无论是高度还是宽度的值发生改变时，另一个值便会按图片的比例自动更正；若取消选中【锁定纵横比】复选框，则在调整图片大小时，图片不会按照比例进行自动更正。

5.2.4 实战：在"背景删除"中删除图片背景

| 实例门类 | 软件功能 |

在编辑图片时，还可通过 Word 提供的"删除背景"功能删除图片背景，具体操作步骤如下。

Step① 进入背景删除状态。打开"素材文件\第5章\背景删除.docx"文档，❶ 选择图片，❷ 切换到【图片格式】选项卡，单击【调整】组中的【删除背景】按钮，如图 5-44 所示。

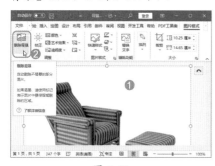

图 5-44

Step② 标记要删除的区域。❶ 单击【标记要删除的区域】按钮，❷ 此时鼠标指针变成笔头形状，在图片中要删除的区域上单击，直到所有要删除的区域都处于紫红色覆盖状态下，如图 5-45 所示。

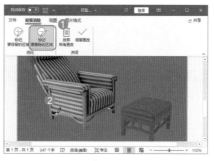

图 5-45

Step③ 标记要保留的区域。❶ 单击【标记要保留的区域】按钮，❷ 此时鼠标指针变成笔头形状，在图片中要保留的区域上单击，直到所有要保留的区域都处于非紫红色覆盖状态下，如图 5-46 所示。

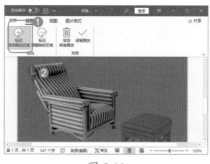

图 5-46

Step④ 保留更改。完成背景删除设置后，单击【保留更改】按钮，如图 5-47 所示。

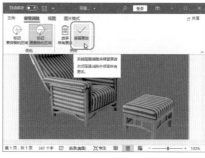

图 5-47

对于一些较为规则的图片，用户只需调整图片上出现的背景删除区域控制框，就可以轻松控制背景的删除区域。

Step⑤ 查看背景删除状态。图片的背景被删掉了，效果如图 5-48 所示。

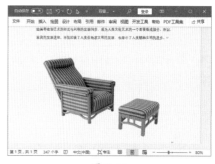

图 5-48

Word 毕竟不是专业的图片处理软件，只适合用来处理背景较为单一，且背景色与图片主体相差较大的图片。如果需要删除背景的图片较为复杂，建议选用专业的图片处理软件，如 Photoshop 等软件。

5.2.5 实战：在"宣传单"中应用图片样式

| 实例门类 | 软件功能 |

Word 中为插入的图片提供了多种内置样式，这些内置样式主要是由阴影、映像、发光等效果元素创建的混合效果。通过内置样式，用户可以快速为图片设置外观样式，具体操作方法：打开"素材文件\第5章\宣传单.docx"文档，❶ 选择目标图片，❷ 切换到【图片格式】选项卡，❸ 在【图片样式】组的列表框中选择需要的样式，即可为目标图片套用选择的图片样式，效果如图 5-49

所示。

图 5-49

★ 重点 5.2.6 实战：在"宣传单"中设置图片环绕方式

实例门类	软件功能

Word 提供了嵌入型、四周型、紧密型、穿越型、上下型、衬于文字下方和浮于文字上方 7 种文字环绕方式，不同的环绕方式可以为阅读者带来不一样的视觉感受。

在文档中插入图片的默认版式为嵌入型，该版式类型的图片的插入方式与文字相同，若将图片插入包含文字的段落中，则该行的行高将以图片的高度为准。若将图片设置为"嵌入型"以外的任意一种环绕方式，则图片将以不同形式与文字结合在一起，从而实现各种排版效果。

下面在"宣传单"文档中设置图片的环绕方式为"四周型"，具体操作步骤如下。

Step01 选择图片环绕方式。❶ 在"宣传单 .docx"文档中选择图片，❷ 切换到【图片格式】选项卡，❸ 在【排列】组中单击【环绕文字】按钮，❹ 在弹出的下拉列表中选择需要的环绕方式，如选择【四周型】选项，如图 5-50 所示。

Step02 调整图片位置。对图片设置了"嵌入型"以外的环绕方式后，可任意拖动图片调整其位置，调整位置后的效果如图 5-51 所示。

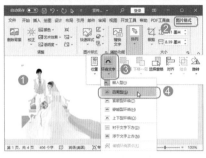

图 5-50

图 5-51

> ⚙️ **技能拓展——图片与指定段落同步移动**
>
> 对图片设置了"嵌入型"以外的环绕方式后，选中图片，图片附近的段落左侧会显示锁定标记 ⚓，表示当前图片的位置依赖于该标记右侧的段落。当移动图片所依附的段落的位置时，图片会随着一起移动，而移动其他没有依附关系的段落时，图片不会移动。
>
> 如果想要改变图片依附的段落，使用鼠标拖动锁定标记到目标段落左侧即可。

除了上述操作步骤，还可通过以下两种方式设置图片的环绕方式。

（1）在图片上右击，在弹出的快捷菜单中选择【环绕文字】选项，在弹出的级联菜单中选择需要的环绕方式即可，如图 5-52 所示。

图 5-52

（2）选择图片，图片右上角会自动显示【布局选项】按钮，单击该按钮，可在打开的【布局选项】窗格中选择环绕方式，如图 5-53 所示。

图 5-53

5.2.7 实战：设置图片效果

实例门类	软件功能

在 Word 文档中插入图片后，可以对其设置阴影、映像、柔化边缘等效果，以达到美化图片的目的。这些效果的设置方法相似。下面以为图片设置 5 磅的柔化边缘效果为例，具体操作步骤如下。

Step01 设置图片的柔化边缘效果。在"宣传单 .docx"文档中选择图片，❶ 切换到【图片格式】选项卡，单击【图片样式】组中的【图片效果】按钮，❷ 在弹出的下拉列表中依次选择【柔化边缘】→【5 磅】选项，如图 5-54 所示。

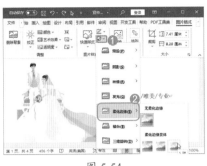

图 5-54

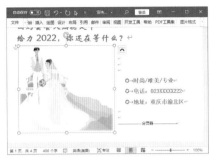

图 5-55

图 5-56

Step⑫ 查看应用柔化边缘效果的图片。在文档中即可看到应用 5 磅柔化边缘的图片效果，如图 5-55 所示。

技能拓展——快速还原图片

对图片进行大小调整、裁剪、删除背景或样式应用和设置后，如果要撤销这些操作，可选择图片后，切换到【图片格式】选项卡，在【调整】组中单击【重置图片】右侧的下拉按钮 ，在弹出的下拉列表中选择【重置图片】选项，将保留设置的大小，清除其余的全部格式；或者是选择【重置图片和大小】选项，将清除图片所有设置的格式，并还原图片的原始尺寸。

5.2.8 实战：在"企业介绍"中设置图片的颜色

实例门类	软件功能

在 Word 文档中插入图片后，可以根据文档的主题、文档的配色来调整图片颜色，让文档更加美观。例如，在"企业介绍"文档中有一张图片是蓝色，有一张是灰色，可以设置灰色图片的颜色，让文档中的图片颜色统一，具体操作步骤如下。

Step⑪ 选择图片颜色。在"企业介绍 .docx"文档中选择文档右下角灰色的图片，❶ 切换到【图片格式】选项卡，单击【颜色】按钮，❷ 在弹出的下拉列表中选择【蓝色，个性色 5 深色】选项，如图 5-56 所示。

Step⑫ 查看图片颜色改变后的效果。此时图片的颜色发生了改变，如图 5-57 所示。文档中两张图片的颜色比较统一，文档的视觉效果更好。

图 5-57

技术看板

选择图片后，切换到【图片格式】选项卡，在【调整】组中单击【透明度】按钮，在弹出的下拉列表中可以设置图片的透明度。

5.3 应用艺术字元素

要在文档中制作出各种醒目或个性的独立文本，使用艺术字是最为快速和实用的选择。因为 Word 中不仅有内置的艺术字样式，还能根据实际需要进行调整、更换和设置。

★ 重点 5.3.1 实战：在"生日礼券"中插入艺术字

实例门类	软件功能

艺术字与形状都是 Word 程序中内置的对象，用户在使用之前，需将其进行插入调用，具体操作步骤如下。

Step⑪ 选择艺术字样式。打开"素材文件\第 5 章\生日礼券 .docx"文档，❶ 切换到【插入】选项卡，❷ 单击【文本】组中的【艺术字】按钮，❸ 在弹出的下拉列表中选择需要的艺术字样式，如图 5-58 所示。

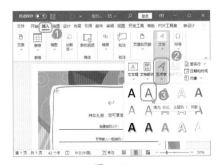

图 5-58

Step **02** 查看出现的艺术字编辑框。在文档的文本插入点所在位置将出现一个艺术字编辑框，占位符【请在此放置您的文字】为选中状态，如图5-59所示。

图 5-59

Step **03** 输入文字内容。按【Delete】键删除占位符，输入艺术字内容，如输入"祝您生日快乐"，并对其设置字体格式，然后将艺术字拖动到合适的位置，完成设置后的效果如图5-60所示。

图 5-60

技能拓展——更改艺术字样式

插入艺术字后，若对选择的样式不满意，则可以进行更改。方法：选中艺术字，切换到【形状格式】选项卡，在【艺术字样式】组的列表框中重新选择需要的样式即可。

★ 重点 5.3.2 实战：在"生日礼券"中更改艺术字样式

实例门类	软件功能

插入艺术字后，根据个人需要，还可以在【形状格式】选项卡的【艺术字样式】组中，通过相关功能对艺术字的外观进行调整，具体操作步骤如下。

Step **01** 选择艺术字填充色。在5.3.1小节中的"生日礼券.docx"文档中，❶选中艺术字，❷切换到【形状格式】选项卡，在【艺术字样式】组中单击【文本填充】右侧的下拉按钮 ，❸在弹出的下拉列表中选择文本的填充颜色，如图5-61所示。

图 5-61

Step **02** 选择艺术字轮廓颜色。保持艺术字的选中状态，❶在【艺术字样式】组中单击【文本轮廓】右侧的下拉按钮 ，❷在弹出的下拉列表中选择艺术字的轮廓颜色，如图5-62所示。

图 5-62

Step **03** 设置艺术字阴影效果。保持艺术字的选中状态，❶在【艺术字样式】组中单击【文本效果】右侧的下拉按

钮，❷在弹出的下拉列表中选择需要设置的效果，如选择【阴影】选项，❸在弹出的级联菜单中选择需要的阴影样式，如图5-63所示。

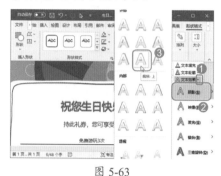

图 5-63

Step **04** 设置艺术字转换效果。❶在【艺术字样式】组中单击【文本效果】右侧的下拉按钮，❷在弹出的下拉列表中选择需要设置的效果，如选择【转换】选项，❸在弹出的级联菜单中选择转换样式，如图5-64所示。

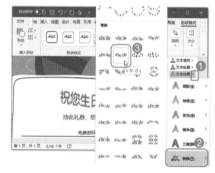

图 5-64

Step **05** 查看完成的艺术字效果。至此，完成了对艺术字外观的设置，最终效果如图5-65所示。

图 5-65

5.4　应用绘图元素

在文档中如果要绘制一些特殊的线条图形，通过形状元素来实现会比较麻烦，有些甚至无法实现。比较个性的图形用 Office 自带的绘图功能绘制是非常方便的，绘制出来的图形是矢量格式的，可以进行任意缩放和变形。

★ 新功能 5.4.1　实战：在"感谢信"中绘制线条

实例门类	软件功能

Office 2021 中提供了多种类型和颜色的墨迹画笔，还可以自定义笔的笔刷粗细，方便用户绘制出各种线条墨迹。使用这些画笔绘制线条的具体操作步骤如下。

Step01 绘制绚丽的花边。打开"素材文件\第 5 章\感谢信 2.docx"文档，❶切换到【绘图】选项卡，❷单击【绘图工具】组中的【笔：银河，1 毫米】按钮，❸在文档中标题的下方拖动鼠标绘制一条花边分割线，如图 5-66 所示。

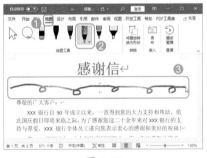

图 5-66

Step02 对重点内容进行标记。❶单击【绘图工具】组中的【荧光笔：黄色，6 毫米】按钮，❷在文档中需要重点标记的内容上拖动鼠标进行绘制，如图 5-67 所示。

Step03 自定义画笔效果。❶单击【绘图工具】组中的第 2 个笔形右下角的下拉按钮，❷在弹出的下拉列表中选择需要的颜色，如选择【紫色】，❸继续在该下拉列表中选择需要的笔刷粗细，如图 5-68 所示。

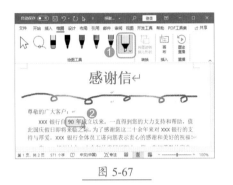

图 5-67

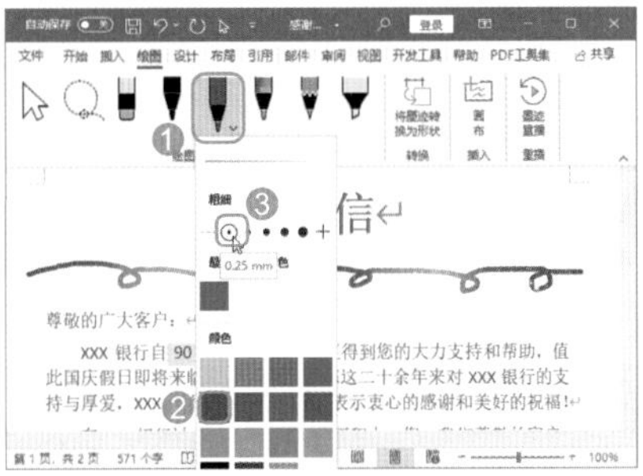

图 5-68

Step04 绘制下划线。在文档中需要添加下划线的内容下方拖动鼠标进行绘制，如图 5-69 所示。

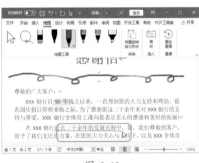

图 5-69

💊 技术看板

【绘图】选项卡中的每种笔形按钮都可以设置画笔的颜色和笔刷粗细。

★ 新功能 5.4.2　实战：擦除"感谢信"中多余的线和点

实例门类	软件功能

手绘过程中难免出现错误，这时使用橡皮擦擦掉重画即可。在 Office 2021 中，包括笔画橡皮擦和点橡皮擦两种功能，它们的具体操作方法如下。

Step01 擦除多余笔画。在"感谢信 2.docx"文档中，❶切换到【绘图】选项卡，❷单击【绘图工具】组中的【橡皮擦】按钮，❸在需要擦除的笔画上单击即可擦除该笔画，如图 5-70 所示。

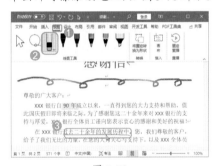

图 5-70

Step02 设置点橡皮擦。❶单击【绘图工具】组中【橡皮擦】右下角的下拉按钮，❷在弹出的下拉列表中选择【点橡皮擦】选项，❸继续在该下拉列表中选择需要的橡皮擦粗细，如图 5-71 所示。

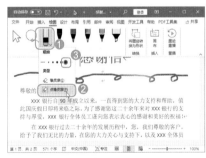

图 5-71

Step**03** 擦除多余的点。在需要精确擦除的部分单击即可擦除设置橡皮擦粗细大小范围内的内容，效果如图 5-72 所示。

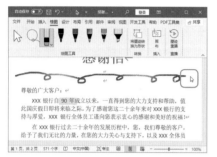

图 5-72

★ 新功能 5.4.3 快速选择绘制的内容

实例门类	软件功能

如果需要对绘制的多个内容进行相同的操作，可以使用【套索】工具，通过绘制来进行墨迹的选取，具体操作步骤如下。

Step**01** 绘制套索墨迹范围。在"感谢信 2.docx"文档中，❶切换到【绘图】选项卡，❷单击【绘图工具】组中的【套索】工具，❸拖动鼠标在需要选择的墨迹周围绘制形状，如图 5-73 所示。

图 5-73

Step**02** 移动墨迹。释放鼠标后，即可看到套索工具框选区域中的墨迹都被选中了。按住鼠标左键并拖动，即可移动这些墨迹的位置，效果如图 5-74 所示。

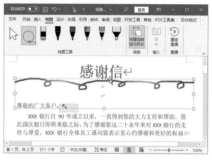

图 5-74

技术看板

不想使用墨迹工具绘图时，单击【绘图】选项卡的【绘图工具】组中的【选择对象】按钮即可。

5.5 应用文本框元素

在 Word 中，文本框是指一种可移动、可调大小的文字或图形容器。在使用文本框时，用户可以在一页上放置数个文字块，或者使文字按与文档中其他文字不同的方向排列，以实现文本的位置和方向的自由安排。

5.5.1 实战：在"新闻稿"中插入文本框

实例门类	软件功能

在编辑与排版文档时，文本框是最常使用的对象之一。若要在文档的任意位置插入文本，一般是通过插入文本框的方法实现。Word 提供了多种内置样式的文本框，用户可直接插入使用，具体操作步骤如下。

Step**01** 选择需要的文本框样式。打开"素材文件\第 5 章\新闻稿.docx"文档，❶切换到【插入】选项卡，❷单击【文本】组中的【文本框】按钮，❸在弹出的下拉列表中选择需要的文本框样式，如图 5-75 所示。

图 5-75

技能拓展——绘制文本框

内置文本框带有不同的样式和格式。如果需要插入没有任何内容提示和格式设置的空白文本框，可手动绘制文本框。方法：单击【文本框】按钮，在弹出的下拉列表中若选择【绘制横排文本框】选项，则可手动在文档中绘制横排文本框；若选择【绘制竖排文本框】选项，则可在文档中手动绘制竖排文本框。

Step**02** 输入文本框内容并设置段落格式。所选样式的文本框将自动插入文档中，删除文本框中原有的文本内容，然后输入文本内容，效果如图 5-76 所示。

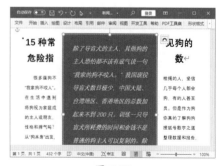

图 5-76

Step 03 调整文本框大小。通过拖动鼠标的方式调整文本框的大小和位置，调整后的效果如图 5-77 所示。

图 5-77

★ 重点 5.5.2 实战：宣传板中的文字在文本框中流动

实例门类	软件功能

在文本框的大小有限制的情况下，如果放置到文本框中的内容过多，那么一个文本框可能无法完全显示这些内容。这时，可以创建多个文本框，然后将它们链接起来，链接之后的多个文本框中的内容可以连续显示。

例如，某微店要制作产品宣传板，宣传板是通过绘制形状制成的，在设计过程中，希望将宣传内容分配到 4 个宣传板上，且要求这 4 个宣传板的内容是连续的，这时可以通过文本框的链接功能进行制作，具体操作步骤如下。

Step 01 为文本框创建链接。打开"素材文件\第5章\微店产品宣传板.docx"文档，❶ 选择第 1 个形状，❷ 切换到【形状格式】选项卡，❸ 单击【文本】组中的【创建链接】按钮，如图 5-78 所示。

Step 02 链接文本框。此时，鼠标指针变为🔲形状，将鼠标指针移动到第 2 个形状上时，鼠标指针变为🔲形状，单击鼠标在第 1 个形状和第 2 个形状之间创建链接，把第 1 个形状中多余的文本内容"倒"入第 2 个形状中，

如图 5-79 所示。

图 5-78

图 5-79

Step 03 链接其他文本框。用同样的方法，在第 2 个形状和第 3 个形状之间创建链接，在第 3 个形状和第 4 个形状之间创建链接，最终让 4 个形状完全容纳和显示所有的文本内容，效果如图 5-80 所示。

图 5-80

5.5.3 实战：设置文本框的底纹和边框

实例门类	软件功能

绘制的文本框通常都有默认的底纹和边框样式，用户可根据实际需要进行取消或设置。下面在"稿件"文档中设置文本框的底纹和边框，具体操作步骤如下。

Step 01 设置文本框底纹格式。打开"素材文件\第5章\稿件.docx"文档，❶ 选择目标文本框，❷ 切换到【形状格式】选项卡，❸ 单击【形状样式】组中的【形状填充】下拉按钮，❹ 在弹出的下拉列表中选择相应的底纹样式，这里选择【橙色，个性色2，淡色60%】选项，如图 5-81 所示。

图 5-81

Step 02 设置文本框轮廓格式。❶ 单击【形状样式】组中的【形状轮廓】下拉按钮，❷ 在弹出的下拉列表中选择相应的边框样式，这里选择【虚线】→【圆点】选项，如图 5-82 所示。

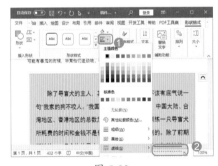

图 5-82

📖 技术看板

Word 中形状样式的边框和底纹样式设置与文本框的边框和底纹样式设置的方法一致。

5.6 应用 SmartArt 图形

SmartArt 图形直译为智能图形，能较为直观地展示各种关系，如上下级关系、层次关系、流程关系等。用户可在文档中直接进行应用，然后添加相应的说明文字来直接、有效地传达自己的观点和信息。

5.6.1 实战：在"公司概况"中插入 SmartArt 图形

实例门类	软件功能

在编辑文档时，如果需要通过图形结构来传达信息，就可通过插入 SmartArt 图形轻松解决问题，具体操作步骤如下。

Step01 打开【选择 SmartArt 图形】对话框。打开"素材文件\第 5 章\公司概况.docx"文档，❶将文本插入点定位到要插入 SmartArt 图形的位置，❷切换到【插入】选项卡，❸单击【插图】组中的【SmartArt】按钮，如图 5-83 所示。

图 5-83

Step02 选择需要的 SmartArt 图形。打开【选择 SmartArt 图形】对话框，❶在左侧列表框中选择图形类型，本例中选择【层次结构】选项，❷在中间的列表框中选择具体的图形布局，❸单击【确定】按钮，如图 5-84 所示。

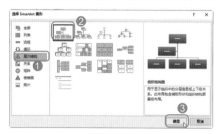

图 5-84

Step03 调整 SmartArt 图形大小。将所选的 SmartArt 图形插入文档中，选择图形，其四周会出现控制点，将鼠标指针指向这些控制点，当鼠标指针呈双向箭头时拖动鼠标可调整其大小，调整后的效果如图 5-85 所示。

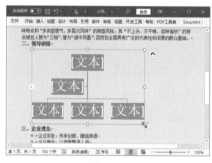

图 5-85

Step04 编辑文字内容。将文本插入点定位在某个形状内，"文本"字样的占位符将自动删除，此时可输入并编辑文本内容，完成输入后的效果如图 5-86 所示。

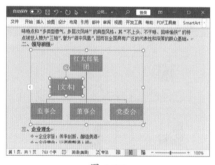

图 5-86

技术看板

选择 SmartArt 图形后，其左侧有一个按钮，单击该按钮，可在打开的【在此处键入文字】窗格中输入文本内容。

Step05 删除形状。选择"红太郎集团"下方的形状，按【Delete】键将其删除，

最终效果如图 5-87 所示。

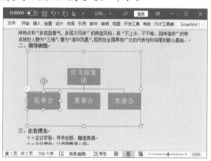

图 5-87

技能拓展——更改 SmartArt 图形的布局

插入 SmartArt 图形后，如果对选择的布局不满意，可以更改布局。

方法：选中 SmartArt 图形，切换到【SmartArt 设计】选项卡，在【版式】组的列表框中可以选择同类型下的其他布局方式。若需要选择 SmartArt 图形的其他类型的布局，则单击列表框右侧的▽按钮，在弹出的列表中选择【其他布局】选项，在弹出的【选择 SmartArt 图形】对话框中进行选择即可。

★ 重点 5.6.2 实战：在"公司概况"中添加 SmartArt 图形形状

实例门类	软件功能

当 SmartArt 图形中包含的形状数目过少时，可以在相应位置添加形状。选中某个形状，切换到【SmartArt 设计】选项卡，在【创建图形】组中单击【添加形状】右侧的下拉按钮▽，在弹出的下拉列表中选择添加形状的位置，如图 5-88 所示。

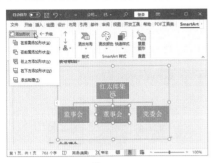

图 5-88

添加形状时，在弹出的下拉列表中有 5 个选项，其作用分别如下。

➥ 在后面添加形状：在选中的形状后面添加同一级别的形状。

➥ 在前面添加形状：在选中的形状前面添加同一级别的形状。

➥ 在上方添加形状：在选中的形状上方添加形状，且所选形状降低一个级别。

➥ 在下方添加形状：在选中的形状下方添加形状，且低于所选形状一个级别。

➥ 添加助理：为所选形状添加一个助理，且比所选形状低一个级别。

例如，要在 5.6.1 小节中创建的 SmartArt 图形中添加形状，具体操作步骤如下。

Step01 在 SmartArt 图形中添加形状。❶ 在"公司概况 .docx"文档中选择"监事会"形状，❷ 切换到【SmartArt 设计】选项卡，❸ 在【创建图形】组中单击【添加形状】右侧的下拉按钮▼，❹ 在弹出的下拉列表中选择【在下方添加形状】选项，如图 5-89 所示。

图 5-89

Step02 在添加的形状中输入文字。【监

事会】下方将新增一个形状，在其中输入文本内容，如图 5-90 所示。

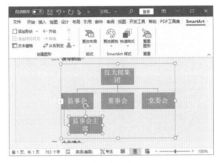

图 5-90

Step03 添加其他图形并输入文字。按照同样的方法，依次在其他相应位置添加形状并输入内容。完善 SmartArt 图形的内容后，根据实际需要调整 SmartArt 图形的大小，以及设置文本内容的字号，完成后的效果如图 5-91 所示。

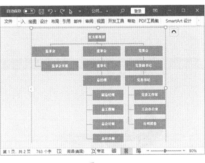

图 5-91

★ 重点 5.6.3 实战：调整"公司概况"中的 SmartArt 图形布局

实例门类	软件功能

调整 SmartArt 图形的结构，主要是针对 SmartArt 图形内部包含的形状在级别和数量方面的调整。

例如，层次结构这种类型的 SmartArt 图形，其内部包含的形状具有上级、下级之分，因此就涉及形状级别的调整，如将高级别形状降级或将低级别形状升级。具体操作方法：❶ 选择需要调整级别的形状，切换到

【SmartArt 设计】选项卡，❷ 在【创建图形】组中单击【升级】按钮可提升级别，单击【降级】按钮可降低级别，如图 5-92 所示。

图 5-92

用户若要将整个 SmartArt 图形进行水平翻转，❶ 可选中整个 SmartArt 图形，❷ 在【创建图形】组中单击【从右到左】按钮，如图 5-93 所示。

图 5-93

★ 重点 5.6.4 实战：更改"公司概况"中的 SmartArt 图形色彩方案

实例门类	软件功能

Word 为 SmartArt 图形提供了多种颜色和样式供用户选择，从而快速实现对 SmartArt 图形的美化操作。美化 SmartArt 图形的具体操作步骤如下。

Step01 选择 SmartArt 图形样式。❶ 在"公司概况 .docx"文档中选中 SmartArt 图形，❷ 切换到【SmartArt 设计】选项卡，❸ 在【SmartArt 样式】

组中单击【快速样式】按钮，④ 在弹出的下拉列表中选择需要的 SmartArt 样式，如图 5-94 所示。

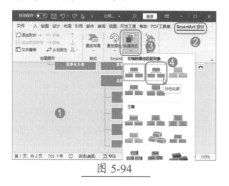

图 5-94

Step 02 更改 SmartArt 图形颜色。保

持 SmartArt 图形的选中状态，① 在【SmartArt 样式】组中单击【更改颜色】按钮，② 在弹出的下拉列表中选择需要的图形颜色，如图 5-95 所示。

图 5-95

Step 03 查看完成设置的 SmartArt 图形效果。完成颜色设置后，SmartArt 图形的效果如图 5-96 所示。

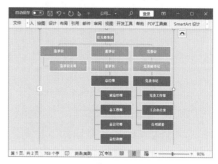

图 5-96

妙招技法

通过前面知识的学习，相信读者已经掌握了如何在文档中插入并编辑各种图形对象。下面结合本章内容介绍一些实用技巧。

技巧 01：将图片转换为 SmartArt 图形

从 Word 2010 开始，可以直接将图片转换为 SmartArt 图形，具体操作步骤如下。

Step 01 选择版式。打开"素材文件\第5章\图片转换为 SmartArt 图形 .docx"文档，① 选中图片，② 切换到【图片格式】选项卡，③ 单击【图片样式】组中的【图片版式】按钮，④ 在弹出的下拉列表中选择一种 SmartArt 图形，如图 5-97 所示。

图 5-97

Step 02 查看图片排版效果。图片将转换为所选布局的 SmartArt 图形，在文

本框中输入文本内容，效果如图 5-98 所示。

图 5-98

技术看板

在转换时，若图片的环绕方式是"嵌入型"，则一次只能转换一张图片；若是其他环绕方式，则可以一次性转换多张。

技巧 02：在保留格式的情况下更换文档中的图片

在文档中插入图片后，对图片的大小、外观、环绕方式等参数进行了设置，如果觉得图片并不适合文档内

容，就需要更换图片。许多用户最常用的方法便是将该图片用【Delete】键进行删除，然后重新插入并编辑图片。为了提高工作效率，可以通过 Word 提供的更换图片功能，在不改变原有图片大小和外观的情况下快速更换图片，具体操作步骤如下。

Step 01 选择【来自文件】选项。打开"素材文件\第5章\企业简介 .docx"文档，① 选中图片，切换到【图片格式】选项卡，② 单击【调整】组中的【更改图片】按钮，③ 在弹出的下拉列表中选择【来自文件】选项，如图 5-99 所示。

图 5-99

Step 02 选择图片。① 在打开的【插入

图片】对话框中选择"素材文件\第5章\培训 .jpg"图片，❷ 单击【插入】按钮，如图 5-100 所示。

图 5-100

Step 03 查看更换的图片。返回文档，可看见选择的新图片替换了原来的图片，并保留了原有图片设置的特性，如图 5-101 所示。

图 5-101

技巧 03：将多个零散图形组合到一起

当文档中有多个相关联或相对位置固定的对象时，可将它们进行组合，以防止因段落的变化，相对位置也变化，具体操作方法如下。

打开"素材文件\第 5 章\产品介绍 2.docx"文档，❶ 选择需要组合

的图形，在任意一个对象上右击，❷ 在弹出的快捷菜单中单击【组合】按钮，如图 5-102 所示。

图 5-102

技术看板

在文档中要选择多个对象，可按住【Ctrl】键的同时，依次选择目标对象。

本章小结

本章主要介绍了各种图形对象在 Word 文档中的应用，主要包括：形状的插入与编辑，图片、艺术字、绘图元素、文本框的插入与编辑，SmartArt 图形的插入与编辑等内容。通过本章知识的学习和案例练习，相信读者已经熟练掌握了各种对象的编辑技能，并能够制作出各种图文并茂的文档。

第6章 Word 中表格的创建与编辑

➜ 创建表格的方法你知道几种？

➜ 在大型表格中，如何让表头显示在每页上？

➜ 不会对表格中的数据进行计算？

➜ 如何对表格中的数据进行排序？

表格在 Word 中的使用非常频繁，它不仅能简化文字表述的冗杂，还能使排版更美观，所以掌握表格的创建与编辑技巧是相当重要的。学习本章内容，读者不仅可以得到以上问题的答案，同时还能了解如何使用 Word 创建并设置表格，以及通过 Word 筛选表格中的相关数据。

6.1 创建表格

表格是将文字信息进行归纳和整理，通过条理化的方式呈现给读者，相比一大篇的文字，这种方式更易被阅读者接受。若想通过表格处理文字信息，则需要先创建表格。创建表格的方法有很多种，用户可以通过 Word 提供的插入表格功能创建表格，也可以手动绘制表格，还可以将输入好的文本转换为表格。灵活掌握这些方法便可随心所欲地创建自己需要的表格。

★ 重点 6.1.1 实战：快速插入表格

实例门类	软件功能

Word 提供了虚拟表格功能，通过该功能，可快速在文档中插入表格。例如，要插入一个 5 列 6 行的表格，具体操作步骤如下。

Step01 插入表格。打开"素材文件\第6章\创建表格.docx"文档，❶ 将文本插入点定位到需要插入表格的位置，❷ 切换到【插入】选项卡，❸ 单击【表格】组中的【表格】按钮，在弹出的下拉列表中的【插入表格】栏中提供了一个 10 列 8 行的虚拟表格，如图 6-1 所示。

Step02 选择需要的表格行数和列数。在虚拟表格中拖动鼠标选择表格的行列值。例如，选中 5 列 6 行的单元格，鼠标指针前的区域将呈选择状态，并显示为橙色。在选择表格区域时，虚拟表格的上方会显示"5×6 表格"之类的提示文字，表示鼠标指针划过的

表格范围，也意味着即将创建的表格大小。与此同时，文档中将模拟出所选大小的表格，但并没有将其真正插入文档中，如图 6-2 所示。

图 6-1

图 6-2

Step03 成功插入表格。单击鼠标，即可在文档中插入一个 5 列 6 行的表格，如图 6-3 所示。

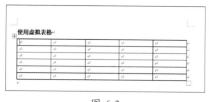

图 6-3

★ 重点 6.1.2 实战：精确插入指定行列数的表格

实例门类	软件功能

使用虚拟表格，最大只能创建 10 列 8 行的表格，而且不方便用户插入指定行列数的表格，这时可通过【插入表格】对话框来轻松实现，具体操作步骤如下。

Step01 打开【插入表格】对话框。在"创建表格.docx"文档中，❶ 将文本插入点定位到需要插入表格的位置，❷ 切换到【插入】选项卡，❸ 单击【表

格】组中的【表格】按钮，④ 在弹出的下拉列表中选择【插入表格】选项，如图 6-4 所示。

图 6-4

Step02 输入表格行列的参数。打开【插入表格】对话框，① 分别在【列数】和【行数】微调框中设置表格的列数和行数，② 设置好后，单击【确定】按钮，如图 6-5 所示。

图 6-5

Step03 查看成功插入的表格。返回文档，可看见文档中插入了指定行列数的表格，如图 6-6 所示。

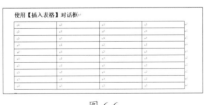

图 6-6

→ 在【插入表格】对话框的【"自动调整"操作】栏中有 3 个单选按钮，其作用介绍如下。

→ 固定列宽：表格的宽度是固定的，表格大小不会随文档版心的宽度或表格内容的多少而自动调整，表格的列宽以"厘米"为单位。当单元格中的内容过多时，会自动进行换行。

→ 根据内容调整表格：表格大小会根据表格内容的多少而自动调整。若选中该单选按钮，则创建的初始表格会缩小至最小状态。

→ 根据窗口调整表格：插入表格的总宽度与文档版心相同，当调整页面的左、右页边距时，表格的总宽度会随之改变。

技能拓展——重复使用同一表格尺寸

在【插入表格】对话框中设置好表格大小参数后，若选中【为新表格记忆此尺寸】复选框，则再次打开【插入表格】对话框时，该对话框中会自动显示之前设置的尺寸参数。

★ 重点 6.1.3 实战：插入内置样式表格

实例门类	软件功能

Word 提供了"快速表格"功能，该功能包含一些内置样式的表格，用户可以根据要创建的表格外观来选择相同或相似的样式，然后在此基础上修改表格，从而提高表格的创建和编辑速度。使用"快速表格"功能创建表格的具体操作步骤如下。

Step01 选择需要插入的表格样式。① 在"创建表格 .docx"文档中，将文本插入点定位到需要插入表格的位置，② 切换到【插入】选项卡，③ 单击【表格】组中的【表格】按钮，④ 在弹出的下拉列表中选择【快速表格】选项，⑤ 在弹出的级联菜单中选择需要的表格样式，如图 6-7 所示。

图 6-7

Step02 查看成功插入的表格。通过上述操作后，即可在文档中插入所选样式的表格，效果如图 6-8 所示。

图 6-8

6.2 编辑表格

插入表格后，还涉及表格的一些基本操作，如选择操作区域、调整行高与列宽、插入行或列、删除行或列、合并与拆分单元格等，本节将分别进行介绍。

★ 重点 6.2.1　选择表格区域

| 实例门类 | 软件功能 |

无论是要对整个表格进行操作，还是要对表格中的部分区域进行操作，在操作前都需要先选中。根据选择元素的不同，选择方法也不同。

1. 选择单元格

单元格的选择主要分为选择单个单元格、选择连续的多个单元格、选择分散的多个单元格3种情况，选择方法如下。

➡ 选择单个单元格：将鼠标指针指向某单元格的左侧，当鼠标指针呈 ➚ 形状时，单击可选择该单元格。

➡ 选择连续的多个单元格：将鼠标指针指向某个单元格的左侧，当鼠标指针呈 ➚ 形状时，按住鼠标左键并拖动，拖动的起始位置到终止位置之间的单元格将被选中，如图6-9所示。

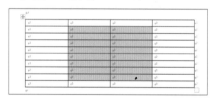

图 6-9

技能拓展——配合【Shift】键选择连续的多个单元格

在选择连续的多个单元格区域时，还可通过【Shift】键实现。方法：先选择第一个单元格，然后按住【Shift】键，同时单击另一个单元格，此时这两个单元格所包含的范围内的所有单元格将被选中。

➡ 选择分散的多个单元格：选择第一个单元格后，按住【Ctrl】键，然后依次选择其他分散的单元格即可，如图6-10所示。

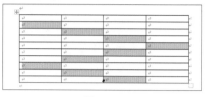

图 6-10

2. 选择行

行的选择主要分为选择一行、选择连续的多行、选择分散的多行3种情况，选择方法如下。

➡ 选择一行：将鼠标指针指向某行的左侧，将鼠标指针呈 ➚ 形状时，单击可选择该行，如图6-11所示。

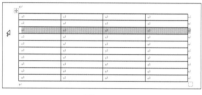

图 6-11

➡ 选择连续的多行：将鼠标指针指向某行的左侧，当鼠标指针呈 ➚ 形状时，按住鼠标左键并向上或向下拖动，即可选择连续的多行，如图6-12所示。

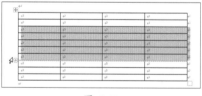

图 6-12

➡ 选择分散的多行：将鼠标指针指向某行的左侧，当鼠标指针呈 ➚ 形状时，按住【Ctrl】键，然后依次单击要选择行的左侧即可，如图6-13所示。

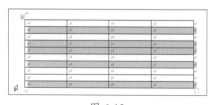

图 6-13

3. 选择列

列的选择主要分为选择一列、选择连续的多列、选择分散的多列3种情况，选择方法如下。

➡ 选择一列：将鼠标指针指向某列的上边，当鼠标指针呈 ⬇ 形状时，单击可选择该列，如图6-14所示。

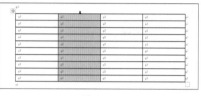

图 6-14

➡ 选择连续的多列：将鼠标指针指向某列的上边，当鼠标指针呈 ⬇ 形状时，按住鼠标左键并向左或向右拖动，即可选择连续的多列，如图6-15所示。

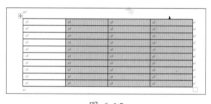

图 6-15

➡ 选择分散的多列：将鼠标指针指向某列的上边，当鼠标指针呈 ⬇ 形状时，按住【Ctrl】键，然后依次单击要选择列的上方即可，如图6-16所示。

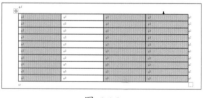

图 6-16

4. 选择整个表格

选择整个表格的方法非常简单，只需将文本插入点定位在表格内，表格左上角就会出现 ⊞ 标志，右下角也会出现 ▫ 标志，单击任意一个标志，即可选择整个表格，如图6-17所示。

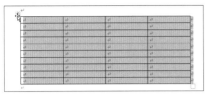

图 6-17

技能拓展——通过功能区选择操作区域

除了上述介绍的方法，用户还可通过功能区选择操作区域。方法：将文本插入点定位在某单元格内，切换到【布局】选项卡，在【表】组中单击【选择】按钮，在弹出的下拉列表中选择某个选项即可实现相应的操作。

★ 重点 6.2.2 实战：插入单元格、行或列

实例门类	软件功能

当插入表格的单元格、行或列不够用时，用户可根据需要进行插入。

1. 插入单元格

插入单元格是表格中经常用到的操作，具体操作步骤如下。

Step 01 打开【插入单元格】对话框。打开“素材文件\第 6 章\插入单元格、行或列 .docx”文档，❶ 将文本插入点定位到某个单元格中，❷ 切换到【布局】选项卡，❸ 单击【行和列】组中的【功能扩展】按钮，如图 6-18 所示。

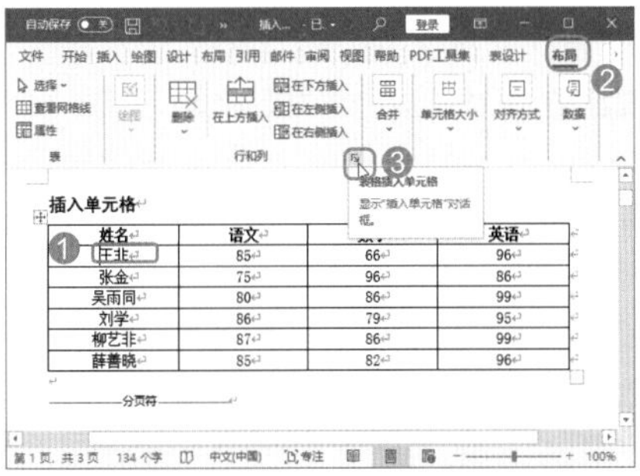

图 6-18

Step 02 选择活动单元格的移动方式。❶ 在打开的【插入单元格】对话框中选择新插入单元格的位置，如选中【活动单元格下移】单选按钮，❷ 单击【确定】按钮，如图 6-19 所示。

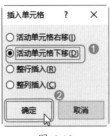

图 6-19

Step 03 查看成功插入的单元格。返回文档，可看见当前单元格的上方插入了一个新单元格，如图 6-20 所示。

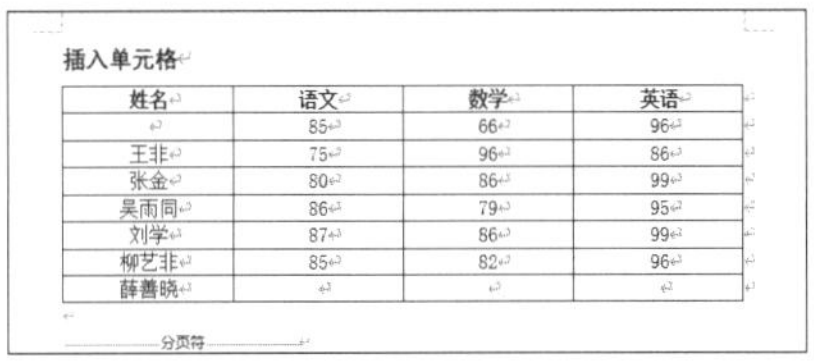

图 6-20

2. 插入行

当表格中没有额外的空行或空列来输入新内容时，就需要插入行或列。其中，插入行的具体操作步骤如下。

Step 01 在上方插入行。❶ 在“插入单元格、行或列 .docx”文档中将文本插入点定位在某个单元格中，❷ 切换到【布局】选项卡，❸ 在【行和列】组中选择将要插入的新行的位置。Word 提供了【在上方插入】和【在下方插入】两种方式，本例中单击【在上方插入】按钮，如图 6-21 所示。

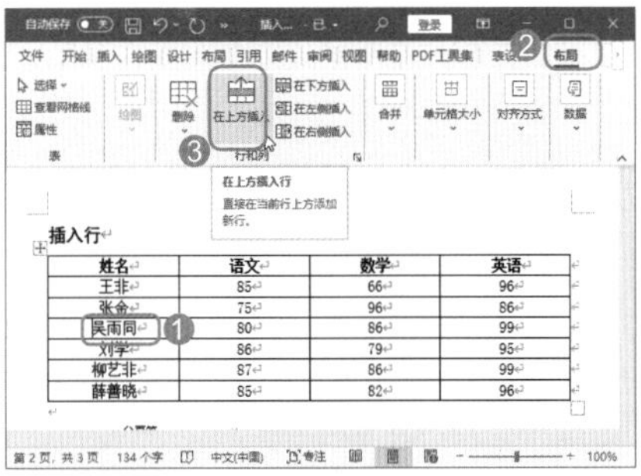

图 6-21

Step 02 查看成功插入的行。当前单元格所在行的上方插入了一个新行，如图 6-22 所示。

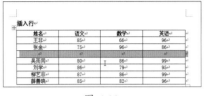

图 6-22

除了上述操作步骤，还可通过以下几种方式插入新行。

（1）将文本插入点定位在某行最后一个单元格外，按【Enter】键，即可在该行的下方添加一个新行。

（2）将文本插入点定位在表格最后一个单元格内，若单元格中有内容，则将文本插入点定位在文字末尾，然后按【Tab】键，即可在表格底端插入一个新行。

在表格的左侧，当鼠标指针指向行与行之间的边界线时，将显示⊕标记，单击⊕标记，即可在该标记的下方添加一个新行。

3. 插入列

要在表格中插入新列，具体操作步骤如下。

Step 01 在右侧插入单元格。在“插入单元格、行或列 .docx”文档中，❶ 将文本插入点定位在某个单元格中，❷ 切换到【布局】选项卡，❸ 在【行和列】组中选择将要插入新列的位置，Word 提供了【在左侧插入】和【在右侧插入】两种方式，本例中单击【在右侧插入】按钮，如图 6-23 所示。

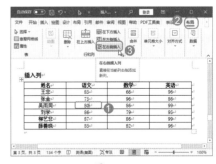

图 6-23

Step02 查看成功插入的列。当前单元格所在列的右侧插入了一个新列，如图 6-24 所示。

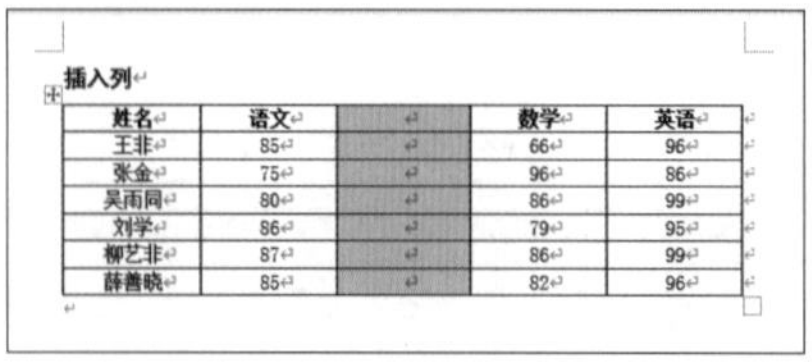

图 6-24

此外，在表格的顶端，当鼠标指针指向列与列的边界线时，将显示 ⊕ 标记，单击 ⊕ 标记，即可在该标记的右侧插入一个新列。

技能拓展——快速插入多行或多列

如果需要插入大量的新行或新列，可一次性插入多行或多列，一次性插入多行或多列的操作步骤相似。例如，要插入 3 行新行，则先选中连续的 3 行，然后在【布局】选项卡的【行和列】组中单击【在下方插入】按钮，即可在所选对象的最后一行的下方插入 3 行新行。

6.2.3 实战：删除单元格、行或列

| 实例门类 | 软件功能 |

在编辑表格时，对于多余的行或列，可以将其删除，从而使表格更加整洁。

1. 删除单元格

对于表格中不需要或多余的单元格，可将其直接删除，具体操作步骤如下。

Step01 删除单元格。打开"素材文件\第 6 章\删除单元格、行或列 .docx"文档，❶ 选择需要删除的单元格，❷ 切换到【布局】选项卡，❸ 单击【行和列】组中的【删除】按钮，❹ 在弹

出的下拉列表中选择【删除单元格】选项，如图 6-25 所示。

图 6-25

Step02 选择单元格的移动方式。❶ 在打开的【删除单元格】对话框中选择删除单元格后的移动方式，Word 提供了【右侧单元格左移】和【下方单元格上移】两种方式，这里选中【右侧单元格左移】单选按钮，❷ 单击【确定】按钮，如图 6-26 所示。

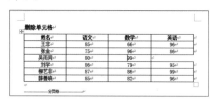

图 6-26

Step03 查看成功删除单元格后的效果。返回文档，可发现当前单元格已被删除，与此同时，该单元格右侧的所有单元格均向左移动了，如图 6-27 所示。

图 6-27

2. 删除行

要将不需要的行删除，可按下面的操作步骤实现。

Step01 删除行。在"删除单元格、行或列 .docx"文档中，❶ 选中要删除的行，❷ 切换到【布局】选项卡，❸ 单击【行和列】组中的【删除】按钮，❹ 在弹出的下拉列表中选择【删除行】选项，如图 6-28 所示。

图 6-28

Step02 查看成功删除行后的效果。所选的行被删除了，如图 6-29 所示。

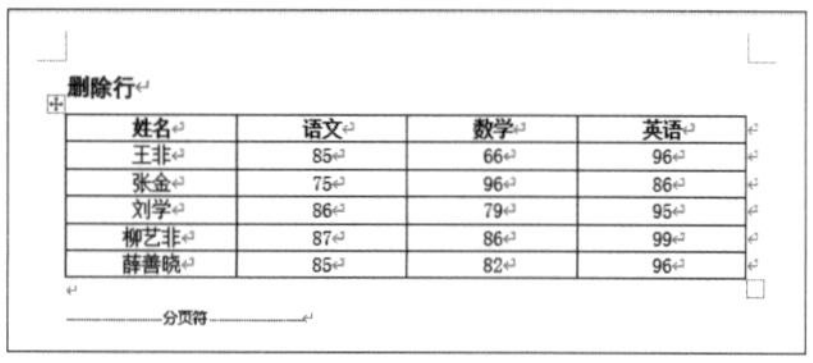

图 6-29

除了上述操作方法之外，还可通过以下两种方法删除行。

（1）选中要删除的行并右击，在弹出的快捷菜单中选择【删除行】选项即可。

（2）选择要删除的行，按【Backspace】键快速将其删除。

3. 删除列

要将不需要的列删除，可按下面的操作步骤实现。

Step01 删除列。在"删除单元格、行或列 .docx"文档中，❶ 选中要删除的列，❷ 切换到【布局】选项卡，❸ 单击【行和列】组中的【删除】按钮，❹ 在弹出的下拉列表中选择【删除列】选项，如图 6-30 所示。

Step02 查看成功删除列后的效果。所选的列被删除了，如图 6-31 所示。

图 6-30

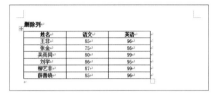

图 6-31

除了上述操作方法，还可通过以下两种方法删除列。

（1）选择要删除的列并右击，在弹出的快捷菜单中选择【删除列】选项即可。

（2）选择要删除的列，按【Backspace】键快速将其删除。

★ 重点 6.2.4　实战：合并和拆分单元格

实例门类	软件功能

在日常使用中，还经常会遇到需要根据实际需求对表格中的单元格进行合并或拆分为多个单元格的情况，只有掌握好合并和拆分单元格的方法，才能更好地完成表格制作。

1. 合并"设备信息"中的单元格

合并单元格是指对同一个表格内的多个单元格进行合并操作，以便容纳更多内容，或者满足表格结构上的需要。具体操作步骤如下。

Step01 合并单元格。打开"素材文件\第 6 章\设备信息.docx"文档，❶选择需要合并的多个单元格，❷切换到【布局】选项卡，❸单击【合并】组中的【合并单元格】按钮，如图 6-32

所示。

图 6-32

Step02 查看合并单元格后的效果。系统自动将目标单元格合并成一个单元格，如图 6-33 所示。

图 6-33

2. 拆分"税收税率明细表"中的单元格

在表格的实际应用中，为了满足内容的输入，将一个单元格拆分成多个单元格也是常事。具体操作步骤如下。

Step01 拆分单元格。打开"素材文件\第 6 章\税收税率明细表.docx"文档，❶选中需要拆分的单元格，❷切换到【布局】选项卡，❸单击【合并】组中的【拆分单元格】按钮，如图 6-34 所示。

图 6-34

Step02 设置需要拆分的行数和列数。

❶在打开的【拆分单元格】对话框中设置需要拆分的列数和行数，❷单击【确定】按钮，如图 6-35 所示。

图 6-35

Step03 查看单元格拆分效果。所选单元格被拆分成所设置的列数和行数，如图 6-36 所示。

图 6-36

Step04 在拆分的单元格中输入内容。参照上述操作步骤，对第 3 行第 4 列的单元格进行拆分，然后在空白单元格中输入相应的内容，最终效果如图 6-37 所示。

图 6-37

★ 重点 6.2.5　实战：调整表格行高与列宽

实例门类	软件功能

表格中每个单元格内要输入的内容都是不同数量的，只有根据实际需求调整表格行、列的大小，才能让有限的表格空间得到更合理的利用。下面介绍 3 种调整表格行高与列宽的方法。

1. 使用鼠标调整

在调整行高或列宽时，拖动鼠标可以快速调整实现。

调整行高：打开"素材文件\第6章\设置表格行高与列宽.docx"文档，鼠标指针指向行与行之间，当鼠标指针呈÷形状时，按住鼠标左键并拖动，当出现的虚线到达合适位置时释放鼠标，即可实现对行高的调整，如图6-38所示。

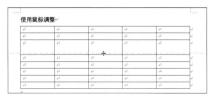

图 6-38

调整列宽：在"设置表格行高与列宽.docx"文档中，将鼠标指针指向列与列之间，当鼠标指针呈◆‖◆形状时，按住鼠标左键并拖动，当出现的虚线到达合适位置时释放鼠标，即可实现对列宽的调整，如图6-39所示。

图 6-39

技能拓展——只设置某个单元格的宽度

一般情况下，当调整列宽时，会同时改变该列中所有单元格的宽度，若只想改变一列中某个单元格的宽度，则可以先选中该单元格，然后按住鼠标左键拖动单元格左右两侧的边框线，即可只改变该单元格的宽度，如图6-40所示。

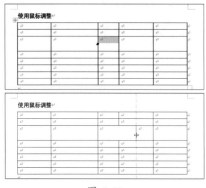

图 6-40

2. 使用对话框调整

如果需要精确地设置行高与列宽，可以通过【表格属性】对话框来实现，具体操作步骤如下。

Step01 打开【表格属性】对话框。在"设置表格行高与列宽.docx"文档中，❶ 将文本插入点定位到要调整的行或列中的任意单元格，❷ 切换到【布局】选项卡，❸ 单击【单元格大小】组中的【功能扩展】按钮 ，如图6-41所示。

图 6-41

Step02 设置单元格的行高。❶ 在打开的【表格属性】对话框中切换到【行】选项卡，❷ 选中【指定高度】复选框，然后在右侧的微调框中设置当前单元格所在的行高，如图6-42所示。

Step03 设置单元格的列宽。❶ 切换到【列】选项卡，❷ 选中【指定宽度】复选框，然后在右侧的微调框中设置当前单元格所在的列宽，❸ 完成设置后，单击【确定】按钮即可，如图6-43所示。

图 6--42

图 6-43

3. 均分行高和列宽

为了表格的美观整洁，通常希望表格中的所有行等高、所有列等宽。若表格中的行高或列宽参差不齐，则可以使用 Word 提供的功能快速均分多个行的行高或多个列的列宽，具体操作步骤如下。

Step01 分布行。在"设置表格行高与列宽.docx"文档中，❶ 将文本插入点定位在表格内，❷ 切换到【布局】选项卡，❸ 单击【单元格大小】组中的【分布行】按钮 ，如图6-44所示。

图 6-44

Step02 查看分布行的效果。此时，表格中的所有行高将自动进行平均分布，如图 6-45 所示。

Step03 分布列。在【布局】选项卡中的【单元格大小】组中单击【分布列】按钮，如图 6-46 所示。

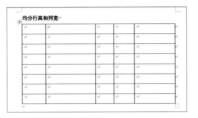

图 6-45

图 6-46

Step04 查看分布列的效果。此时，表格中的所有列宽将自动进行平均分布，如图 6-47 所示。

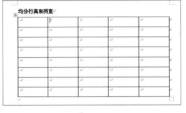

图 6-47

6.3 设置表格格式

插入表格后，要想使表格更加赏心悦目，仅仅对表格内容设置字体格式是远远不够的，还需要对表格本身设置样式、边框或底纹等格式。

6.3.1 实战：在"付款通知单"中设置表格对齐方式

实例门类	软件功能

默认情况下，表格的对齐方式为左对齐。如果需要更改对齐方式，可按下面的操作步骤实现。

Step01 打开【表格属性】对话框。打开"素材文件\第 6 章\付款通知单.docx"文档，❶ 将文本插入点定位在表格内，❷ 切换到【布局】选项卡，❸ 单击【表】组中的【属性】按钮，如图 6-48 所示。

图 6-48

Step02 设置表格居中对齐方式。❶ 在打开的【表格属性】对话框中，切换到【表格】选项卡，❷ 在【对齐方式】栏中选择需要的对齐方式，如选择【居中】选项，❸ 单击【确定】按钮，如图 6-49 所示。

图 6-49

Step03 查看表格在文档中居中对齐的效果。返回文档，可看到当前表格以居中对齐的方式进行显示，如图 6-50 所示。

图 6-50

★ 重点 6.3.2 实战：使用表样式美化"新进员工考核表"

实例门类	软件功能

Word 为表格提供了多种内置样式，通过这些样式，可快速达到美化表格的目的。具体操作步骤如下。

Step01 选择表样式。打开"素材文件\第 6 章\新进员工考核表.docx"文档，❶ 将文本插入点定位在表格内，❷ 切换到【表设计】选项卡，❸ 在【表格样式】组的列表框中选择需要的表样式，如图 6-51 所示。

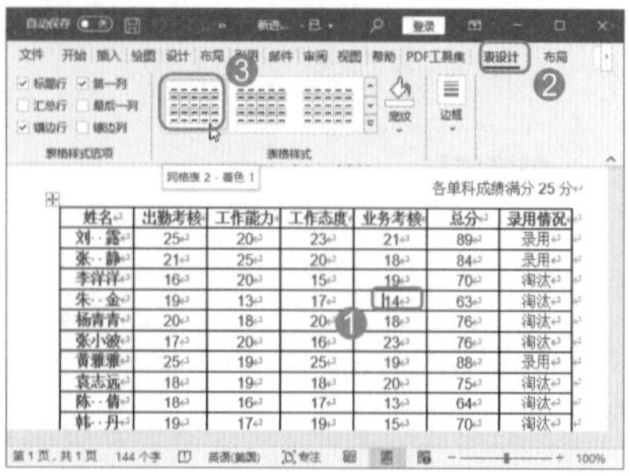

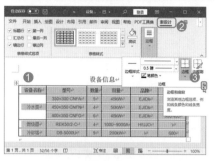

图 6-51

Step 02 查看应用表样式后的效果。应用表样式后的效果如图 6-52 所示。

新进员工考核表

各单科成绩满分 25 分

姓名	出勤考核	工作能力	工作态度	业务考核	总分	录用情况
刘 露	25	20	23	21	89	录用
张 静	21	25	20	18	84	录用
李洋洋	16	20	15	19	70	淘汰
朱 金	19	13	17	14	63	淘汰
杨青青	20	18	20	18	76	淘汰
张小波	17	20	16	23	76	淘汰
黄雅雅	25	19	25	19	88	录用
袁志远	18	19	18	20	75	淘汰
陈 倩	18	16	17	13	64	淘汰
韩 丹	19	17	19	15	70	淘汰
陈 强	15	17	14	10	56	淘汰

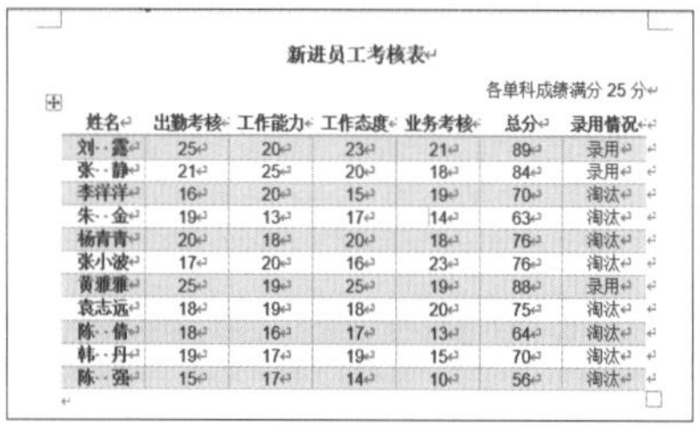

图 6-52

★ 重点 6.3.3 实战：为“设备信息 1”设置边框和底纹

实例门类	软件功能

默认情况下，表格使用的是粗细相同的黑色边框线。在制作表格时，可以对表格的边框线颜色、粗细等参数进行设置。另外，表格底纹是指为表格中的单元格设置一种颜色或图案。在制作表格时，许多用户喜欢为表格的标题行设置一种底纹颜色，以便区别于表格中的其他行。具体操作步骤如下。

Step 01 打开【边框和底纹】对话框。打开“素材文件\第 6 章\设备信息 1.docx”文档，❶ 选中表格，❷ 切换到【表设计】选项卡，❸ 在【边框】组中单击【功能扩展】按钮，如图 6-53 所示。

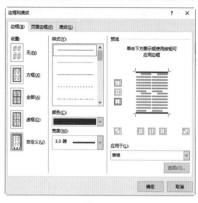

图 6-53

技术看板

选择表格或单元格后，在【表设计】选项卡的【边框】组中单击【边框】下方的下拉按钮，在弹出的下拉列表中可快速为所选对象设置需要的边框线。

Step 02 设置上框线格式。❶ 在打开的【边框和底纹】对话框的左侧栏中单击【无】按钮，❷ 在中间栏中的【样式】列表框中选择边框样式，在【颜色】下拉列表框中选择边框颜色，在【宽度】下拉列表框中选择边框线条的宽度，❸ 在右侧的【预览】栏中通过单击相关按钮，设置需要使用的当前格式的边框线，本例选择【上框线】选项，如图 6-54 所示。

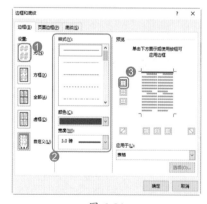

图 6-54

Step 03 设置下框线。完成上框线选择后，单击代表下边框线的按钮，预览图中便出现下框线，如图 6-55 所示。

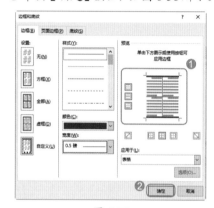

图 6-55

Step 04 设置中间垂直和横向框线。❶ 这里选择中间垂直和横向框线，❷ 单击【确定】按钮，如图 6-56 所示。

图 6-56

Step 05 选择单元格底纹颜色。返回表格，❶ 选中需要设置底纹的单元格，❷ 在【表设计】选项卡的【表格样式】组中单击【底纹】下方的下拉按钮，❸ 在弹出的下拉列表中选择需要的底纹颜色即可，如图 6-57 所示。

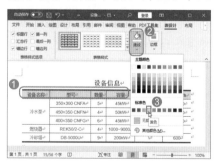

图 6-57

技能拓展——设置图案式表格底纹

如果需要设置图案式表格底纹，可先选中要设置底纹的单元格，然后打开【边框和底纹】对话框，切换到【底纹】选项卡，在【图案】栏中设置图案样式和图案颜色即可。

★ 重点 6.3.4 实战：为"产品销售清单"设置表头跨页

实例门类	软件功能

默认情况下，当同一表格占用多个页面时，表头（标题行）只在首页显示，其他页面均不显示，这在一定程度上影响查看数据。

此时，用户可通过简单设置，让标题行跨页显示，具体操作步骤如下。

Step01 打开【表格属性】对话框。打开"素材文件\第 6 章\产品销售清单 .docx"文档，❶ 选中标题行，❷ 切换到【布局】选项卡，单击【表】组中的【属性】按钮，如图 6-58 所示。

图 6-58

Step02 设置表头跨页显示。❶ 在打开的【表格属性】对话框中，切换到【行】选项卡，❷ 选中【在各页顶端以标题行形式重复出现】复选框，❸ 单击【确定】按钮，如图 6-59 所示。

图 6-59

Step03 查看表头跨页显示效果。返回文档，可看见标题行跨页显示，如图 6-60 所示为表格第 2 页的显示效果。

图 6-60

技能拓展——通过功能区设置标题行跨页显示

在表格中选择标题行后，切换到【布局】选项卡，单击【数据】组中的【重复标题行】按钮快速实现标题行跨页显示。

6.3.5 实战：防止"2022 年利润表"中的内容跨页断行

实例门类	软件功能

在同一页面中，当表格最后一行的内容超过单元格高度时，会在下一页以另一行的形式出现，从而导致同一单元格的内容被拆分到不同的页面中，影响表格的美观及阅读效果，如图 6-61 所示。

图 6-61

针对这种情况，通过设置可以防止表格跨页断行，具体操作步骤如下。

Step01 打开【表格属性】对话框。打开"素材文件\第 6 章\2022 年利润表 .docx"文档，❶ 选中表格，❷ 切换到【布局】选项卡，单击【表】组中的【属性】按钮，如图 6-62 所示。

图 6-62

Step02 取消选中【允许跨页断行】复选框。❶ 在打开的【表格属性】对话框中切换到【行】选项卡，❷ 取消选中【允许跨页断行】复选框，❸ 单击【确定】按钮，如图 6-63 所示。

图 6-63

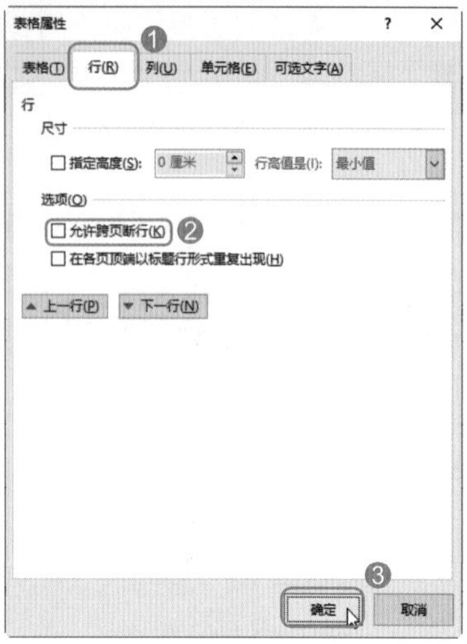

Step03 查看设置效果。设置完成后的效果如图 6-64 所示。

图 6-64

6.4 表格中数据的简单处理

在 Word 文档中，用户不仅可以通过表格来表达文字内容，还可以对表格中的数据进行运算、排序等操作。下面将分别进行讲解。

★ 重点 6.4.1 实战：计算"销售业绩表"中的数据

实例门类	软件功能

Word 提供了 SUM、AVERAGE、MAX、MIN、IF 等常用函数，通过这些函数，可以对表格中的数据进行计算。

1. 单元格命名规则

对表格数据进行运算之前，需要先了解 Word 对单元格的命名规则，以便在编写计算公式时对单元格进行准确的引用。在 Word 表格中，单元格的命名与 Excel 中对单元格的命名相同，以"列编号＋行编号"的形式对单元格进行命名。图 6-65 所示为单元格命名方式。

	A	B	C	D	
1	A1	B1	C1	D1	…
2	A2	B2	C2	D2	…
3	A3	B3	C3	D3	…
4	A4	B4	C4	D4	…
5	A5	B5	C5	D5	…
	⋮	⋮	⋮	⋮	

图 6-65

若表格中有合并单元格，则该单元格以左上角单元格的地址进行命名，表格中其他单元格的命名不受合并单元格的影响。图 6-66 所示为有合并单元格的命名方式。

	A	B	C	D	E	F	
1	A1	B1		D1	E1		…
2	A2	B2	C2	D2	E2	F2	
3	A3	B3	C3	D3	E3	F3	
4	A4	B4	C4		E4	F4	
5	A5	B5			E5	F5	
6	A6	B6			E6	F6	
7	A7		C7	D7	E7	F7	

图 6-66

2. 计算数据

了解了单元格的命名规则后，就可以对单元格数据进行运算了，具体操作步骤如下。

Step01 打开【公式】对话框。打开"素材文件\第 6 章\销售业绩表 .docx"文档，❶ 将文本插入点定位在需要显示运算结果的单元格中，❷ 切换到【布局】选项卡，❸ 单击【数据】组中的【公式】按钮，如图 6-67 所示。

Step02 计算销售总量。❶ 在打开的【公式】对话框的【公式】文本框内输入运算公式，当前单元格的公式应为"=SUM(LEFT)"（SUM 为求和函数），❷ 根据需要，可以在【编号格式】下拉列表框中为计算结果选择一种数字格式，或者在【编号格式】文本框中输入自定义编号格式，本例中输入"¥0"，❸ 完成设置后，单击【确定】按钮，如图 6-68 所示。

图 6-67

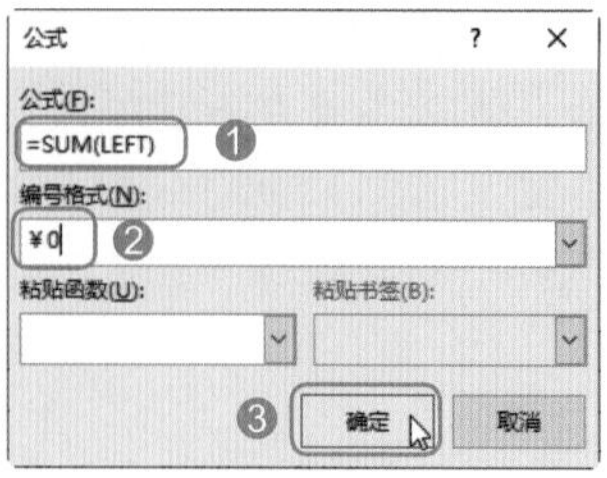

图 6-68

Step**03** 查看公式计算结果。返回文档，可看到当前单元格的运算结果，如图 6-69 所示。

图 6-69

Step**04** 计算其他销售人员的销售总量。用同样的方法，使用 SUM 函数计算出其他销售人员的销售总量，效果如图 6-70 所示。

图 6-70

Step**05** 计算销售量平均值。❶ 将文本插入点定位在需要显示运算结果的单元格中，❷ 单击【数据】组中的【公式】按钮，如图 6-71 所示。

图 6-71

Step**06** 输入公式。❶ 在打开的【公式】对话框中的【公式】文本框内输入运算公式，当前单元格的公式应为"=AVERAGE(B2:D2)"（AVERAGE

为求平均值函数），❷ 在【编号格式】文本框中为计算结果设置数字格式，本例中输入"¥0.00"，❸ 完成设置后，单击【确定】按钮，如图 6-72 所示。

图 6-72

Step**07** 查看公式计算结果。返回文档，可看到当前单元格的运算结果，如图 6-73 所示。

图 6-73

Step**08** 计算其他人员的销售量平均值。用同样的方法，使用 AVERAGE 函数计算出其他销售人员的平均销售量，如图 6-74 所示。

图 6-74

Step**09** 计算 1 月的最高销量。❶ 将文本插入点定位在需要显示运算结果的单元格中，❷ 单击【数据】组中的【公式】按钮，如图 6-75 所示。

图 6-75

Step**10** 输入公式。❶ 在打开的【公式】对话框的【公式】文本框内输入运算公式，当前单元格的公式应为"=MAX(B2:B9)"（MAX 为最大值函数），❷ 单击【确定】按钮，如图 6-76 所示。

图 6-76

Step**11** 查看公式计算结果。返回文档，可看到当前单元格的运算结果，如图 6-77 所示。

图 6-77

Step**12** 计算其他月份的最高销售量。用同样的方法，使用 MAX 函数计算出其他月份的最高销售量，如图 6-78 所示。

Step**13** 用公式计算最低销售量。参照上述操作步骤，使用 MIN 函数计算出每个月的最低销售量，效果如图 6-79 所示。

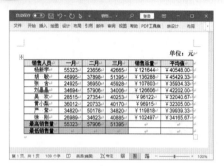

图 6-78

图 6-79

技术看板

MIN 函数用于计算最小值，使用方法和 MAX 函数的使用方法相同。例如，本例中一月的最低销售量的计算公式为 "=MIN(B2:B9)"。

6.4.2 实战：对"员工培训成绩表"中的数据进行排序

实例门类	软件功能

为了能直观地显示数据，可以对表格进行排序操作，具体操作步骤如下。

Step01 打开【排序】对话框。打开"素材文件\第 6 章\员工培训成绩表 .docx"文档，❶ 选中表格，❷ 切换到【布局】选项卡，❸ 单击【数据】组中的【排序】按钮，如图 6-80 所示。

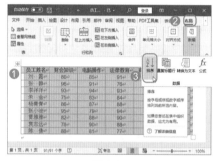

图 6-80

Step02 设置排序条件。❶ 在打开的【排序】对话框的【主要关键字】栏中设置排序依据，❷ 选择排序方式，

❸ 单击【确定】按钮，如图 6-81 所示。

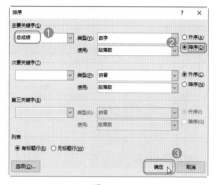

图 6-81

Step03 查看排序结果。返回文档，当前表格中的数据将按设置的参数进行排序，如图 6-82 所示。

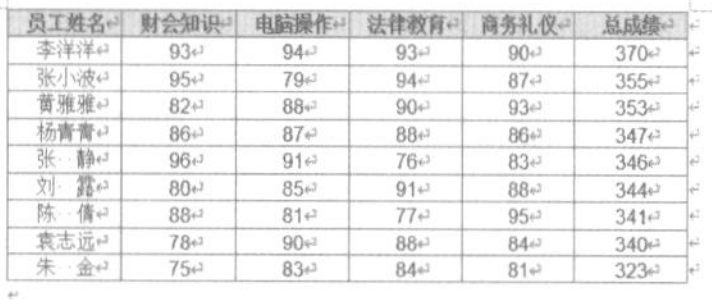

图 6-82

妙招技法

通过前面知识的学习，相信读者已经掌握了 Word 文档中表格的使用方法。下面结合本章内容介绍一些实用技巧。

技巧 01：利用文本文件中的文本创建表格

在文档中制作表格时，还可以从文本文件中导入数据，从而提高输入速度。

例如，图 6-83 所示为文本文件中的数据，这些数据均使用了逗号作为分隔符。

现在要将图 6-83 中的数据导入 Word 文档并生成表格，具体操作步骤如下。

图 6-83

Step01 添加【插入数据库】按钮。参照 1.4.1 小节所讲的知识，将【插入数据库】按钮添加到快速访问工具栏中。

Step02 打开【数据库】对话框。新建一个名为"导入文本文件数据生成表格"的空白文档，单击快速访问工具栏中的【插入数据库】按钮，如图 6-84 所示。

图 6-84

Step03 单击【获取数据】按钮。在打开的【数据库】对话框中单击【数据源】栏中的【获取数据】按钮，如图6-85所示。

图 6-85

Step04 选择数据源文件。打开【获取数据源】对话框，❶选择数据源文件，❷单击【打开】按钮，如图6-86所示。

图 6-86

Step05 确定文件转换。打开【文件转换】对话框，单击【确定】按钮，如图6-87所示。

图 6-87

Step06 单击【插入数据】按钮。返回【数据库】对话框，在【将数据插入文档】栏中单击【插入数据】按钮，如图6-88所示。

图 6-88

Step07 插入全部记录。❶在打开的【插入数据】对话框的【插入记录】栏中选中【全部】单选按钮，❷单击【确定】按钮，如图6-89所示。

图 6-89

Step08 查看创建的表格。返回文档，可看见通过文本文件数据创建的表格，如图6-90所示。

图 6-90

技巧02：将表格和文本进行互换

要将文档中的表格转换为文本，非常简便，具体操作步骤如下。

Step01 单击【转换为文本】按钮。打开"素材文件\第6章\展览会总结报告.docx"文档，❶选中整个表格，❷切换到【布局】选项卡，❸单击【数据】组中的【转换为文本】按钮，如图6-91所示。

图 6-91

Step02 选择文字分隔符。打开【表格转换成文本】对话框，❶选中相应的文字分隔符单选按钮，❷单击【确定】按钮，如图6-92所示。

图 6-92

Step03 查看表格转换成的文本。系统自动将表格转换为文本，效果如图6-93所示。

图 6-93

要将文档中的文本转换为表格，❶ 可选择目标文本后，❷ 单击【插入】选项卡中的【表格】按钮，❸ 在弹出的下拉列表中选择【文本转换成表格】选项，如图 6-94 所示，❹ 在打开的【将文字转换成表格】对话框中进行相应的设置，❺ 单击【确定】按钮，如图 6-95 所示。

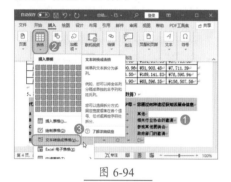

图 6-94

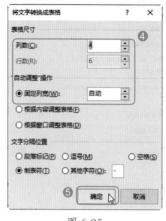

图 6-95

技巧 03：如何让表格宽度与页面宽度保持相同

要让文档中的表格宽度与页面宽度相同，铺满整个页面，充实文档内容，还要防止表格宽度超出页面宽度及版心，导致打印不全，用户可按如下操作方法进行设置。

打开"素材文件\第 6 章\培训机构职责.docx"文档，❶ 选中整个表格，❷ 单击【布局】选项卡中的【自动调整】下拉按钮，❸ 在弹出的下拉列表中选择【根据窗口自动调整表格】选项，如图 6-96 所示。

图 6-96

本章小结

本章的重点在于在 Word 文档中插入与编辑表格，主要包括创建表格、表格的基本操作、设置表格格式、表格与文本相互转换、处理表格数据等内容。通过本章内容的学习，希望读者能够在 Word 中灵活自如地使用表格。

<table>
<tr><td>第**7**章</td></tr>
</table>

Word 长文档的轻松处理

- ➡ 知道在文档中如何进行分节、分页吗？
- ➡ 如何为文档插入需要的页码样式？
- ➡ 图表目录如何创建？
- ➡ 目录格式怎样设置？
- ➡ 浏览长文档有什么技巧吗？

想要快速创建目录吗？学习本章内容，相信读者不仅能掌握目录的创建方法，还可以学会如何快速对文档进行分页、分节，插入合适的页码，以及长文档浏览方法的灵活使用。

7.1 设置分页与分节

在编排格式较复杂的 Word 文档时，分页、分节是两个必不可少的功能，所有读者都有必要了解分页、分节的区别，以及如何进行分页、分节操作。

★ 重点 7.1.1 实战：为"2022年一季度工作总结"设置分页

实例门类	软件功能

当一页的内容没有填满需要换到下一页，或者需要将一页的内容分成多页显示时，用户通常会通过按【Enter】键的方式输入空行，直到换到下一页为止。但是，一旦内容有增减，则需要反复调整空行的数量。

此时，用户可以通过插入分页符进行强制分页，从而轻松解决问题。插入分页符的具体操作步骤如下。

Step01 插入分页符。打开"素材文件\第 7 章\2022 年一季度工作总结 .docx"文档，❶ 将文本插入点定位到需要分页的位置，❷ 切换到【布局】选项卡，❸ 单击【页面设置】组中的【分隔符】按钮，❹ 在弹出的下拉列表的【分页符】栏中选择【分页符】选项，如图 7-1 所示。

Step02 查看插入分页符的效果。通过上述操作后，文本插入点所在位置后面的内容将自动显示在下一页，效果如图 7-2 所示。

图 7-1

图 7-2

技术看板

在下拉列表的【分页符】栏中有【分页符】【分栏符】和【自动换行符】3 个选项，除了本例中介绍的【分页符】，另外两个选项的含义分别介绍如下。

分栏符： 在文档分栏状态下，使用分栏符可强行设置内容开始分栏的位置，强行将分栏符之后的内容移至另一栏。如果文档未分栏，其效果与分页符相同。

自动换行符： 表示从该处强制换行，并显示换行标记 ↵。

除了上述操作方法，还可通过以下两种方法插入分页符。

（1）将文本插入点定位到需要分页的位置，切换到【插入】选项卡，然后单击【页面】组中的【分页】按钮即可。

（2）将文本插入点定位到需要分页的位置，按【Ctrl+Enter】组合键即可。

7.1.2 实战：为"2022年一季度工作总结"设置分节

实例门类	软件功能

在 Word 排版中，"节"是一个非常重要的概念，这个"节"并非书

籍中的"章节"，而是文档格式化的最大单位，通俗地理解，"节"是指排版格式（包括页眉、页脚、页面设置等）要应用的范围。默认情况下，Word 将整个文档视为一个"节"，所以对文档的页面设置、页眉设置等是应用于整篇文档的。若要在不同的页码范围设置不同的格式（如第 1 页采用纵向纸张方向，第 2 ～ 7 页采用横向纸张方向），只需插入分节符对文档进行分节，然后单独为每"节"设置格式即可。

插入分节符的具体操作步骤如下。

Step01 插入分节符。在"2022 年一季度工作总结 .docx"文档中，❶ 将文本插入点定位到需要插入分节符的位置，❷ 切换到【布局】选项卡，❸ 单击【页面设置】组中的【分隔符】按钮，❹ 在弹出的下拉列表的【分节符】栏中选择【下一页】选项，如图 7-3 所示。

Step02 查看插入分节符后的效果。文本插入点所在位置将插入分节符并在下一页开始新节。插入分节符后，上一页的内容结尾处会显示分节符标记，如图 7-4 所示。

图 7-3

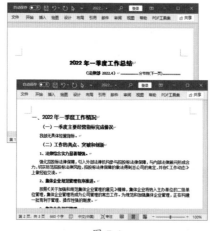

图 7-4

插入分节符时，在【分节符】栏中有 4 个选项，分别是【下一页】【连续】【偶数页】【奇数页】，选择不同的选项，可插入不同的分节符。在排版时，使用最为频繁的分节符是【下一页】。除了本例中介绍的【下一页】，其他选项介绍如下。

➥ 连续：插入点后的内容可做新的格式或部分版面设置，但其内容不转到下一页显示，是从插入点所在位置换行开始显示。对文档混合分栏时，会使用到该分节符。

➥ 偶数页：插入点所在位置后的内容将会转到下一个偶数页上，Word 会自动在两个偶数页之间空出一页。

➥ 奇数页：插入点所在位置后的内容将会转到下一个奇数页上，Word 会自动在两个奇数页之间空出一页。

> **技能拓展——分页符与分节符的区别**
>
> 分页符与分节符最大的区别在于页眉和页脚与页面设置，分页符只是纯粹的分页，前后还是同一节，且不会影响前后内容的格式设置；而分节符是对文档内容进行分节，可以是同一页中的不同节，也可以在分节的同时跳转到下一页，分节后，可以为单独的某节设置不同的版面格式。

7.2 插入页码

对于长文档而言，特别是需要打印输出的长文档，插入页码是标识内容顺序最有效的方法。同时，用户还可以根据文档整体风格设置页码的格式。

7.2.1 实战：在"企业员工薪酬方案"中插入页码

实例门类	软件功能

对文档进行排版时，页码是必不可少的。在 Word 中，可以将页码插入页面顶端、页面底端、页边距等位置。

例如，要在页面底端插入页码，具体操作步骤如下。

Step01 选择页码样式。打开"素材文件\第 7 章\企业员工薪酬方案 .docx"文档，❶ 切换到【插入】选项卡，❷ 单击【页眉和页脚】组中的【页码】按钮，❸ 在弹出的下拉列表中选择【页面底端】选项，❹ 在弹出的级联菜单中选择需要的页码样式，如图 7-5 所示。

Step02 查看插入的页码效果。系统自动将所选样式的页码插入页面底端，效果如图 7-6 所示。

图 7-5

图 7-6

7.2.2 实战: 设置页码格式

实例门类	软件功能

用户不仅可以手动插入页码, 还能设置页码格式 (或样式), 让其更加符合文档实际需要和自己的心意, 具体操作步骤如下。

Step 01 进入页眉和页脚编辑状态。在 7.2.1 小节设置文档页码的基础上, 在 "企业员工薪酬方案.docx" 文档中页码所在的位置双击, 进入页眉和页脚编辑状态, 如图 7-7 所示。

图 7-7

Step 02 打开【页码格式】对话框。系统自动切换到【页眉和页脚】选项卡, ❶ 单击【页眉和页脚】组中的【页码】按钮, ❷ 在弹出的下拉列表中选择【设置页码格式】选项, 如图 7-8 所示。

Step 03 设置页码格式。❶ 在打开的【页码格式】对话框的【编号格式】下拉列表框中可以选择需要的编号格式, ❷ 单击【确定】按钮, 如图 7-9 所示。

Step 04 退出页眉和页脚编辑状态。返回 Word 文档, 在【页眉和页脚】选项卡的【关闭】组中单击【关闭页眉和页脚】按钮, 如图 7-10 所示。

图 7-8

图 7-9

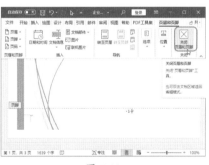

图 7-10

技能拓展——设置页码的起始值

插入页码后, 根据操作需要, 还可以设置页码的起始值。对于没有分节的文档, 打开【页码格式】对话框后, 在【页码编号】栏中选中【起始页码】单选按钮, 然后直接在右侧的微调框中设置起始页码。

对于设置了分节的文档, 打开【页码格式】对话框, 在【页码编号】栏中若选中【续前节】单选按钮, 则页码与上一节接续; 若选中【起始页码】单选按钮, 则可以自定义当前节的起始页码。

★ 重点 7.2.3 实战: 让"企业员工薪酬方案"的首页不显示页码

实例门类	软件功能

对于带有封面的文档, 在其中插入页码后, 封面都会有相应的页码, 不符合实际的使用情况, 这时用户可让首页页码不显示, 将其隐藏, 具体操作步骤如下。

Step 01 进入页眉和页脚编辑状态。在 "企业员工薪酬方案.docx" 文档中, 在页码所在的位置双击, 进入页眉和页脚编辑状态, 如图 7-11 所示。

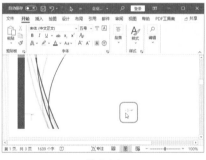

图 7-11

Step 02 选择首页不同。自动切换到【页眉和页脚】选项卡, 选中【选项】组中的【首页不同】复选框, 系统自动将首页的页码隐藏, 如图 7-12 所示。

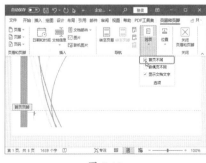

图 7-12

7.3 创建和管理目录

目录是指文档中标题的列表，通过目录用户可以浏览文档中讨论的主题，从而大概了解整个文档的结构，同时便于用户快速跳转到指定标题对应的页面中，在长文档中特别适用。下面将介绍目录的创建和管理。

★ 重点 7.3.1 实战：在"论文"中创建正文标题目录

实例门类	软件功能

在文档中创建目录最便捷、有效的方法是直接使用系统中自带的正文标题目录样式，具体操作步骤如下。

Step01 选择目录样式。打开"素材文件\第7章\论文.docx"文档，将文本插入点定位在需要插入目录的位置，❶ 切换到【引用】选项卡，❷ 单击【目录】组中的【目录】按钮，❸ 在弹出的下拉列表中选择需要的目录样式，如图7-13所示。

图 7-13

Step02 查看插入的目录。所选样式的目录即可被插入文本插入点所在的位置，如图7-14所示。

图 7-14

技术看板

在选择目录样式时，若选择【手动目录】选项，则会在文本插入点所在的位置插入一个目录模板，此时需要用户手动设置目录中的内容，这种方式效率非常低，不建议用户使用。

★ 重点 7.3.2 实战：设置策划书的目录格式

实例门类	软件功能

无论是创建目录前，还是创建目录后，都可以修改目录的外观。Word中的目录一共包含了9个级别，因此Word使用了"目录1"到"目录9"这9个样式来分别管理9个级别的目录标题的格式。

例如，要设置正文标题目录的格式，具体操作步骤如下。

Step01 查看目录的原始效果。打开"素材文件\第7章\旅游景区项目策划书.docx"文档，目录的原始效果如图7-15所示。

图 7-15

Step02 打开【目录】对话框。❶ 切换到【引用】选项卡，❷ 单击【目录】组中的【目录】按钮，❸ 在弹出的下拉列表中选择【自定义目录】选项，如图7-16所示。

图 7-16

Step03 更改目录样式。在打开的【目录】对话框中单击【修改】按钮，如图7-17所示。

图 7-17

Step04 选择目录样式。打开【样式】对话框，在【样式】列表框中列出了每级目录使用的样式，❶ 选择需要修改的目录样式，❷ 单击【修改】按钮，如图7-18所示。

Step05 设置格式。打开【修改样式】对话框，❶ 设置需要的格式，❷ 完成设置后单击【确定】按钮，如图7-19所示。

图 7-18

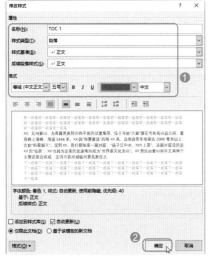

图 7-19

Step06 修改其他目录样式。返回【样式】对话框，参照上述方法，依次修改其他目录样式。本例中的目录有4级，根据操作需要，可以对"目录1"到"目录4"这几个样式进行修改，完成修改后，单击【确定】按钮，如图 7-20 所示。

图 7-20

Step07 确定目录样式修改。返回【目录】对话框，单击【确定】按钮，如图 7-21 所示。

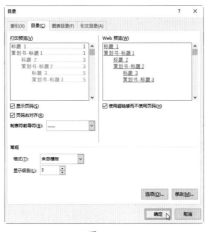

图 7-21

Step08 确认使用新目录。打开提示对话框，单击【是】按钮，确定使用新的自定义目录替换原有的目录，如图 7-22 所示。

图 7-22

Step09 查看修改后的目录样式。返回文档，可发现目录的外观发生了改变，如图 7-23 所示。

图 7-23

★ 重点 7.3.3 更新目录

当文档标题发生了改动，如更改了标题内容、改变了标题的位置、新增或删除了标题等，为了让目录与文档保持一致，只需对目录内容执行更新操作即可。更新目录的方法主要有以下 3 种。

（1）将文本插入点定位在目录内并右击，在弹出的快捷菜单中选择【更新域】选项，如图 7-24 所示。

图 7-24

（2）将文本插入点定位在目录内，切换到【引用】选项卡，单击【目录】组中的【更新目录】按钮 🔄，如图 7-25 所示。

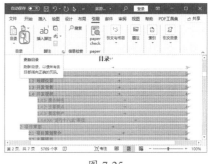

图 7-25

（3）将文本插入点定位在目录内，按【F9】键。

无论用哪种方法更新目录，都会打开【更新目录】对话框，如图 7-26 所示。

图 7-26

在【更新目录】对话框中可以进行以下两种操作。

➥ 如果只需要更新目录中的页码，就选中【只更新页码】单选按钮。

➡ 如果需要更新目录中的标题和页码，就选中【更新整个目录】单选按钮。

技能拓展——预置样式目录的其他更新方法

如果是使用预置样式创建的目录，还可以按以下的方法更新目录，即将文本插入点定位在目录内，激活目录外边框，然后单击【更新目录】按钮即可，如图7-27所示。

图 7-27

★ **重点 7.3.4 实战：将策划书目录转换为普通文本**

实例门类	软件功能

只要不是手动创建的目录，一般都具有自动更新功能。将文本插入点定位在目录内时，目录中会自动显示灰色的域底纹。如果确定文档中的目录不会再做任何改动，还可以将目录转换为普通文本格式，从而避免目录被意外更新，或者出现一些错误提示。将目录转换为普通文本的具体操作步骤如下。

Step 01 选择整个目录。在"旅游景区项目策划书.docx"文档中选择整个目录，如图7-28所示。

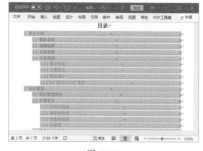

图 7-28

Step 02 将目录转换成普通文本。按【Ctrl+Shift+F9】组合键，然后将文本插入点定位在目录内，目录中不再显示灰色的域底纹，表示此时目录已经是普通文本，如图7-29所示。

图 7-29

技能拓展——快速选择整个目录

对于较长的目录，可将文本插入点定位到目录开始处，即第1个字符的左侧，按【Delete】键，即可自动选择整个目录。

7.3.5 删除目录

对于不再需要的目录，可以将其删除，其方法有以下几种。

➡ 将文本插入点定位在目录内，切换到【引用】选项卡，单击【目录】组中的【目录】按钮，在弹出的下拉列表中选择【删除目录】选项即可，如图7-30所示。

图 7-30

➡ 选中整个目录，按【Delete】键即可删除。

➡ 如果是使用预置样式创建的目录，将文本插入点定位在目录内会激活目录外边框，单击【目录】按钮，在弹出的下拉列表中选择【删除目录】选项即可，如图7-31所示。

图 7-31

7.4 轻松浏览长文档

当文档内容较多，且需要长时间阅读时，为了方便浏览，可以使用 Word 2021 的新视图功能。横向翻页功能可以让文档像翻书一样左右翻动，而沉浸式学习功能可以灵活地调整列宽、页面颜色、文字间距等参数，让文档阅读在更舒适的状态下进行。

7.4.1 实战：横向翻页浏览文档

在 Word 2019 之前的版本中，默认的翻页模式为垂直翻页模式，即只能从上往下阅读。而 Word 2019 及其以后的版本增加了横向翻页模式，让文档阅读有了"读书"的感觉。横向翻页模式的具体操作步骤如下。

Step**01** 进入横向翻页状态。打开"素材文件\第 7 章\陶瓷材料介绍 .docx"文档，单击【视图】选项卡下的【页面移动】组中的【翻页】按钮，如图 7-32 所示。

图 7-32

Step**02** 横向翻页浏览文档。此时页面变成了横向翻页模式，拖动下方的滚动条就可以翻页阅读了，如图 7-33 所示。

图 7-33

Step**03** 继续浏览文档其他内容。继续拖动翻页滚动条，阅读文档的其他内容，如图 7-34 所示。

图 7-34

★ 新功能 7.4.2 实战：在沉浸式阅读模式下浏览文档

使用 Word 2021 的沉浸式阅读模式，可以根据个人的阅读习惯，将文档调整到最舒适的阅读状态，具体操作步骤如下。

Step**01** 进入沉浸式阅读状态。打开"素材文件\第 7 章\陶瓷材料介绍 .docx"文档，单击【视图】选项卡下的【沉浸式】组中的【沉浸式阅读器】按钮，如图 7-35 所示。

图 7-35

Step**02** 调整列宽参数。进入沉浸式阅读状态后，可以进行阅读参数调整。❶ 单击【沉浸式阅读器】选项卡下的【列宽】按钮，❷ 选择【适中】列宽模式，如图 7-36 所示。

图 7-36

Step**03** 调整页面颜色。❶ 单击【页面颜色】按钮，❷ 在弹出的下拉列表中选择需要的颜色选项，如图 7-37 所示。

图 7-37

Step**04** 调整文字间距。单击【文字间距】按钮，如图 7-38 所示，让该按钮处于非选中状态，可以减少文字间距。

图 7-38

Step**05** 设置高亮显示行。❶ 单击【行焦点】按钮，❷ 选择需要高亮显示的行数，如图 7-39 所示。

图 7-39

Step06 高亮显示行。此时界面中将根据设置高亮显示一行、三行或五行，如图 7-40 所示，根据阅读进度滚动

鼠标，或者单击页面上的上下按钮，即可切换高亮显示的内容。

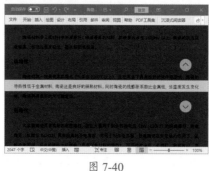

图 7-40

Step07 退出沉浸式阅读状态。如果需

要退出沉浸式阅读状态，单击【关闭沉浸式阅读器】按钮即可，如图 7-41 所示。

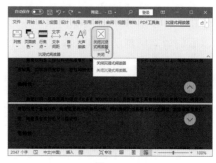

图 7-41

妙招技法

通过前面知识的学习，相信读者已经学会了如何设置分页、分节，如何插入和设置页码，以及如何创建和管理目录了。下面结合本章内容介绍一些实用技巧。

技巧01：从第 N 页开始插入页码

在编辑论文文档时，经常会将第 1 页作为目录页，第 2 页作为摘要页，从第 3 页开始编辑正文内容。因此，就需要从第 3 页开始编排页码。像这样的情况，可通过分节来实现，具体操作步骤如下。

Step01 插入下一页分节符。打开"素材文件\第 7 章\电算会计发展分析 .docx"文档，❶ 将文本插入点定位在第 3 页页首，❷ 切换到【布局】选项卡，❸ 单击【页面设置】组中的【分隔符】按钮 吕，❹ 在弹出的下拉列表中选择【下一页】选项，如图 7-42 所示。

图 7-42

Step02 断开链接。在第 3 页中双击页眉 / 页脚处，进入页眉和页脚编辑状态，❶ 将文本插入点定位在页脚处，❷ 切换到【页眉和页脚】选项卡，❸ 单击【导航】组中的【链接到前一节】按钮 目，断开同前一节的链接，如图 7-43 所示。

图 7-43

Step03 插入页码。❶ 单击【页眉和页脚】组中的【页码】按钮，❷ 在弹出的下拉列表中依次选择【当前位置】→【普通数字】选项，如图 7-44 所示。

Step04 打开【页码格式】对话框。系统自动在当前位置插入所选样式的页码，❶ 单击【页眉和页脚】组中的【页码】按钮，❷ 在弹出的下拉列表中选择【设置页码格式】选项，如图 7-45 所示。

所示。

图 7-44

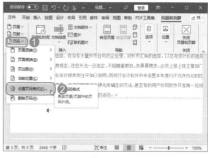

图 7-45

Step05 设置页码编号。❶ 在打开的【页码格式】对话框的【页码编号】栏中选中【起始页码】单选按钮，并设置起始页码为"1"，❷ 单击【确定】按钮，如图 7-46 所示。

图 7-46

技巧 02：创建自定义级别目录

除了使用内置目录样式，用户还可以通过自定义的方式创建目录。自定义创建目录具有很大的灵活性，用户可以根据实际需要设置目录中包含的标题级别、设置目录的页码显示方式，以及设置制表符前导符等。自定义创建目录的具体操作步骤如下。

Step01 打开【目录】对话框。打开"素材文件\第7章\旅游景区项目策划书1.docx"文档，将文本插入点定位在需要插入目录的位置，❶切换到【引用】选项卡，❷单击【目录】组中的【目录】按钮，❸在弹出的下拉列表中选择【自定义目录】选项，如图7-47所示。

Step02 设置目录格式。❶在打开的【目录】对话框的【制表符前导符】下拉列表框中选择需要的前导符样式，❷在【常规】栏的【格式】下拉列表

框中选择目录格式，❸在【显示级别】微调框中设置创建目录的级数，❹完成设置后，单击【确定】按钮，如图7-48所示。

图 7-47

图 7-48

Step03 确认使用新目录。打开提示对话框，单击【是】按钮，确定使用新的自定义目录替换原有的目录，如图7-49所示。

图 7-49

Step04 查看插入的目录。返回文档，在文本插入点所在位置即可插入目录，如图7-50所示。按住【Ctrl】键，再单击某条目录，可快速跳转到对应的目标位置。

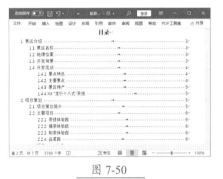

图 7-50

本章小结

本章主要介绍了长文档的处理方法，其中最主要的知识点包括分页符、分节符的插入，以及页码的插入、目录的使用和管理等。通过本章内容的学习，希望读者能够灵活运用这些功能，从而能全面地把控长文档的处理方法。

第 1 篇

第 2 篇

第 3 篇

第 4 篇

第 5 篇

第8章 Word 信封与邮件合并

➡ 如何使单个信封的制作更加快速和符合规范？

➡ 让外部数据作为邮件合并的数据源需要哪些步骤？

➡ 外部哪些数据可作为邮件合并数据源？

通过本章知识的学习，读者不仅能得到上述问题的答案，还能了解邮件合并的知识。

8.1 制作信封

虽然现在许多办公室都配置了打印机，但大部分打印机都不能直接将邮政编码、收件人、寄件人打印至信封的正确位置。Word 提供了信封制作功能，可以帮助用户快速制作和打印信封。

★ 重点 8.1.1 实战：使用向导制作信封

实例门类	软件功能

虽然信封上的内容并不多，但是项目却不少，主要分为收件人信息和发件人信息，这些信息包括姓名、邮政编码和地址。如果手动制作信封，既费时费力，尺寸又不容易符合邮政规范，特别是批量制作的。这时，用户可以使用 Word 提供的信封制作功能。

1. 制作单个信封

使用信封向导制作单个信封非常简单，只需按照【信封制作向导】对话框进行设置即可，具体操作步骤如下。

Step01 创建中文信封。❶在 Word 窗口中切换到【邮件】选项卡，❷单击【创建】组中的【中文信封】按钮，如图 8-1 所示。

Step02 开始制作信封。打开【信封制作向导】对话框，单击【下一步】按钮，如图 8-2 所示。

图 8-1

图 8-2

Step03 设置信封样式。进入【选择信封样式】界面，❶在【信封样式】下拉列表框中选择一种信封样式，❷单击【下一步】按钮，如图 8-3 所示。

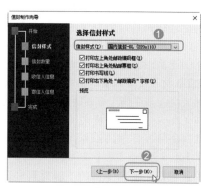

图 8-3

Step04 选择生成信封的方式和数量。进入【选择生成信封的方式和数量】界面，❶选中【键入收信人信息，生成单个信封】单选按钮，❷单击【下一步】按钮，如图 8-4 所示。

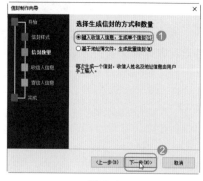

图 8-4

Step05 输入收信人信息。进入【输入收信人信息】界面，❶ 输入收信人的姓名、称谓、单位、地址、邮编等信息，❷ 单击【下一步】按钮，如图 8-5 所示。

图 8-5

Step06 输入寄件人信息。进入【输入寄信人信息】界面，❶ 输入寄信人的姓名、单位、地址、邮编等信息，❷ 单击【下一步】按钮，如图 8-6 所示。

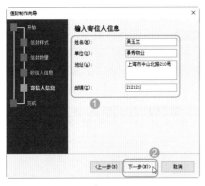

图 8-6

技术看板

根据【信封制作向导】对话框制作信封时，并不是一定要输入收信人信息和寄信人信息，也可以等信封制作好后，再在相应的位置输入对应的信息。

Step07 完成信封制作。进入【信封制作向导】界面，单击【完成】按钮，如图 8-7 所示。

Step08 查看创建的信封。Word 将自动新建一个文档，并根据设置的信息创建一个信封，如图 8-8 所示。

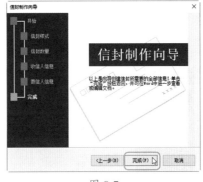

图 8-7

图 8-8

2. 批量制作信封

通过【信封制作向导】对话框，还可以导入通讯录中的联系人地址，批量制作出已经填写好各项信息的多个信封，从而提高工作效率。具体操作步骤如下。

Step01 使用 Excel 制作通讯录。使用 Excel 制作一个通讯录，如图 8-9 所示。

图 8-9

技术看板

在制作通讯录时，对于收信人的职务可以不输入，即留空。

Step02 创建中文信封。❶ 在 Word 窗口中切换到【邮件】选项卡，❷ 单击【创建】组中的【中文信封】按钮，如图 8-10 所示。

图 8-10

Step03 进入信封制作。打开【信封制作向导】对话框，单击【下一步】按钮，如图 8-11 所示。

图 8-11

Step04 选择信封样式。进入【选择信封样式】界面，❶ 在【信封样式】下拉列表框中选择一种信封样式，❷ 单击【下一步】按钮，如图 8-12 所示。

图 8-12

Step05 选择地址簿批量生成信封。进入【选择生成信封的方式和数量】界面，❶选中【基于地址簿文件，生成批量信封】单选按钮，❷单击【下一步】按钮，如图8-13所示。

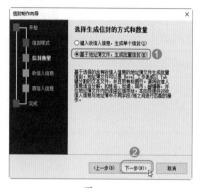

图 8-13

Step 06 打开地址簿。进入【从文件中获取并匹配收信人信息】界面，单击【选择地址簿】按钮，如图8-14所示。

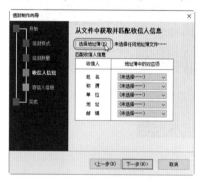

图 8-14

Step 07 选择地址文件。打开【打开】对话框，❶选择纯文本或Excel格式的文档，本例中选择Excel格式的文档，❷单击【打开】按钮，如图8-15所示。

图 8-15

Step 08 为收信人匹配字段。返回【从

文件中获取并匹配收信人信息】界面，❶在【匹配收信人信息】栏中为收信人信息匹配对应的字段，❷单击【下一步】按钮，如图8-16所示。

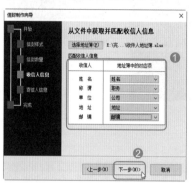

图 8-16

Step 09 输入寄信人信息。进入【输入寄信人信息】界面，❶输入寄信人的姓名、单位、地址、邮编等信息，❷单击【下一步】按钮，如图8-17所示。

图 8-17

Step 10 完成信封制作。进入【信封制作向导】界面，单击【完成】按钮，如图8-18所示。

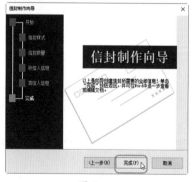

图 8-18

Step 11 查看批量生成的信封。Word将自动新建一篇文档，并根据设置的信息批量生成信封，图8-19所示为其中两个信封。

图 8-19

★ 重点 8.1.2 实战：制作自定义的信封

实例门类	软件功能

根据操作需要，用户还可以自定义制作信封，具体操作步骤如下。

Step 01 创建信封。新建一个名为"制作自定义的信封"的空白文档，❶切换到【邮件】选项卡，❷单击【创建】组中的【信封】按钮，如图8-20所示。

图 8-20

Step 02 输入收信人地址和寄信人地址。打开【信封和标签】对话框，❶在【信封】选项卡的【收信人地址】文本框中输入收信人的信息，❷在【寄信人地址】文本框中输入寄信人的信息，❸单击【选项】按钮，如图8-21所示。

Step 03 设置边距。打开【信封选项】对话框，❶在【信封尺寸】下拉列表框中可以选择信封的尺寸大小，❷ 在【收信人地址】栏中设置收信人地址距页面左边和上边的距离，❸ 在【寄信人地址】栏中设置寄信人地址距页面左边和上边的距离，❹ 在【收信人地址】栏中单击【字体】按钮，如图8-22 所示。

图 8-21

图 8-22

Step04 设置收信人地址的字体格式。❶ 在打开的【收信人地址】对话框中可以设置收信人地址的字体格式，❷ 设置完成后，单击【确定】按钮，如图 8-23 所示。

Step05 打开【寄信人地址】对话框。返回【信封选项】对话框，在【寄信人地址】栏中单击【字体】按钮，如图 8-24 所示。

图 8-23

图 8-24

Step06 设置寄信人地址的字体格式。❶ 在打开的【寄信人地址】对话框中设置寄信人地址的字体格式，❷ 设置完成后，单击【确定】按钮，如图 8-25 所示。

Step07 将信封添加到文档。返回【信封和标签】对话框，单击【添加到文档】按钮，如图 8-26 所示。

图 8-25

图 8-26

Step08 不保存默认的寄信人地址。弹出提示框询问是否要将新的寄信人地址保存为默认的寄信人地址，用户可根据需要自行选择，本例中不需要保存，所以单击【否】按钮，如图 8-27 所示。

图 8-27

Step09 查看自定义的信封效果。返回文档,可看到自定义创建的信封效果,如图 8-28 所示。

图 8-28

8.1.3 实战:制作标签

实例门类	软件功能

在日常工作中,标签是使用较多的元素。例如,当要用简单的几个关键词或一个简短的句子来表明物品的信息时,就需要使用标签。利用 Word,用户可以非常轻松地完成标签的批量制作,具体操作步骤如下。

Step 01 打开【信封和标签】对话框。❶ 在 Word 窗口中切换到【邮件】选项卡,❷ 单击【创建】组中的【标签】按钮,如图 8-29 所示。

图 8-29

Step 02 输入标签地址。在打开的【信封和标签】对话框中默认定位到【标签】选项卡,❶ 在【地址】文本框中

输入要创建的标签的内容,❷ 单击【选项】按钮,如图 8-30 所示。

图 8-30

Step 03 设置标签信息。打开【标签选项】对话框,❶ 在【标签供应商】下拉列表框中选择供应商,❷ 在【产品编号】列表框中选择一种标签样式,❸ 在右侧的【标签信息】栏中可以查看当前标签的尺寸信息,确认无误后单击【确定】按钮,如图 8-31 所示。

图 8-31

Step 04 新建文档。返回【信封和标签】对话框,单击【新建文档】按钮,如图 8-32 所示。

Step 05 查看标签创建效果。Word 将新建一个文档,并根据所设置的信息创

建标签,初始效果如图 8-33 所示。

图 8-32

图 8-33

Step 06 美化标签格式。根据个人需要,对标签设置格式进行美化,最终效果如图 8-34 所示。

图 8-34

8.2 合并邮件

在日常办公中,通常会有许多数据表,如果要根据这些数据信息制作大量文档,如名片、奖状、工资条、通知书、准考证等,就可通过邮件合并功能,轻松、准确、快速地完成这些重复性工作。

8.2.1 实战：在"面试通知书"中创建合并数据

实例门类	软件功能

在邮件合并前，需要预先设定或指定收件人信息，若是没有现成的收件人列表信息，则需要用户手动进行创建。例如，在"面试通知书"文档中输入收件人列表并将其保存为"面试人员信息"的列表文件，具体操作步骤如下。

Step01 打开【新建地址列表】对话框。打开"素材文件\第8章\面试通知书.docx"文档，❶选择【邮件】选项卡，❷单击【选择收件人】下拉按钮，❸在弹出的下拉列表中选择【键入新列表】选项，如图 8-35 所示。

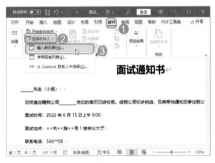

图 8-35

Step02 单击【自定义列】按钮。在打开的【新建地址列表】对话框中单击【自定义列】按钮，如图 8-36 所示。

图 8-36

Step03 重命名字段。打开【自定义地址列表】对话框，❶选择【称呼】字段，❷单击【重命名】按钮，❸输入名称为"职务"，❹单击【确定】按钮，如图 8-37 所示。

图 8-37

Step04 上移字段。返回【自定义地址列表】对话框，❶选择【名字】字段，❷单击【上移】按钮，如图 8-38 所示。

图 8-38

Step05 删除字段。❶选择要删除的字段，如选择【姓氏】字段，❷单击【删除】按钮，❸在弹出的提示框中单击【是】按钮，如图 8-39 所示。

Step06 删除其他字段。以同样的方法删除其他字段，单击【确定】按钮，如图 8-40 所示。

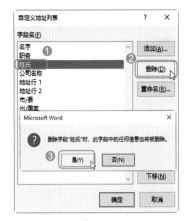

图 8-39

图 8-40

Step07 确定新建地址列表。返回【新建地址列表】对话框，❶输入收信人信息（按【Table】键快速新建新条目），❷单击【确定】按钮，如图 8-41 所示。

图 8-41

Step08 保存通讯录。打开【保存通讯录】对话框，❶选择保存位置，❷在【文件名】文本框中输入保存文件名，❸单击【保存】按钮，如图 8-42 所示。

图 8-42

★ 重点 8.2.2 实战：在"面试通知书"中导入合并数据

实例门类	软件功能

　　在邮件合并过程中，用户可直接调用事先已准备的联系人列表，从而真正实现邮件批量合并的目的。下面将已准备的收件人信息（包含在".txt"文件中）导入面试通知书中作为合并数据，具体操作步骤如下。

Step01 选择现有列表进行邮件合并。在"面试通知书.docx"文档中，❶ 单击【开始邮件合并】组中的【选择收件人】下拉按钮，❷ 在弹出的下拉列表中选择【使用现有列表】选项，如图 8-43 所示。

图 8-43

Step02 选取数据源。打开【选取数据源】对话框，❶ 选择联系人列表文件保存的位置，❷ 选择保存有联系人列表数据的文件，这里选择【收件人信息】选项，❸ 单击【打开】按钮，如图 8-44 所示。

图 8-44

Step03 确定文件信息。打开【文件转换-收件人信息】对话框，直接单击【确定】按钮，如图 8-45 所示。

图 8-45

技术看板

　　作为邮件合并的外部数据，有 3 种文件类型：TXT 文件、Excel 文件和 Access 文件。用户手动创建的收件人信息在保存时系统会自动将其保存为 Access 文件。

★ 重点 8.2.3 实战：在"面试通知书"中插入合并域

实例门类	软件功能

　　数据导入文档中只是将相应的数据信息准备到位，仍然需要用户手动将对应字段数据插入对应位置，也就是插入合并域，具体操作步骤如下。

Step01 插入姓名域。在"面试通知书.docx"文档中，❶ 将文本插入点定位在需要插入姓名的位置，❷ 在【编写和插入域】组中单击【插入合并域】右侧的下拉按钮，❸ 在弹出的下拉

列表中选择【姓名】选项，如图 8-46 所示。

图 8-46

Step02 插入应聘岗位域。❶ 将文本插入点定位在需要插入应聘岗位的位置，❷ 在【编写和插入域】组中单击【插入合并域】右侧的下拉按钮，❸ 在弹出的下拉列表中选择【应聘岗位】选项，如图 8-47 所示。

图 8-47

Step03 编辑单个文档。插入合并域后，就可以生成合并文档了。❶ 在【完成】组中单击【完成并合并】按钮，❷ 在弹出的下拉列表中选择【编辑单个文档】选项，如图 8-48 所示。

图 8-48

Step04 合并全部记录。打开【合并到新文档】对话框，❶ 选中【全部】单

选按钮，❷ 单击【确定】按钮，如图 8-49 所示。

图 8-49

Step05 查看文档合并效果。Word 将新建一个文档显示合并记录，这些合并记录分别独自占用一页，图 8-50 所示为第 1 页的合并记录，显示了其中一位应聘者的面试通知书。

图 8-50

妙招技法

通过前面知识的学习，相信读者已经掌握了信封的制作，以及批量制作各类特色文档的方法。下面结合本章内容介绍一些实用技巧。

技巧 01：设置默认的寄信人

在制作自定义的信封时，如果始终使用同一寄信人，那么可以将其设置为默认寄信人，以方便以后创建信封时自动填写寄信人。

设置默认寄信人的方法：打开【Word 选项】对话框，❶ 切换到【高级】选项卡，❷ 在【常规】栏的【通讯地址】文本框中输入寄信人信息，❸ 单击【确定】按钮即可，如图 8-51 所示。

图 8-51

通过上述设置后，创建自定义的信封时，在打开的【信封和标签】对话框中的【寄信人地址】文本框中将自动添加寄信人信息。

技巧 02：合并指定部分记录

在邮件合并过程中，有时希望合并部分记录而非所有记录，根据实际情况筛选数据记录，具体操作步骤如下。

Step01 打开【邮件合并收件人】对话框。打开"素材文件\第 8 章\工资条 .docx""员工工资表 .xlsx"文档。将员工工资表作为邮件合并的收件人列表，在【开始邮件合并】组中单击【编辑收件人列表】，如图 8-52 所示。

图 8-52

Step02 选择市场部的记录。打开【邮件合并收件人】对话框，此时就可以筛选需要的记录了。❶ 例如，本例中，需要筛选部门为"市场部"的记录，则单击【部门】右侧的下拉按钮 ▼，❷ 在弹出的下拉列表中选择【市场部】选项，如图 8-53 所示。

图 8-53

技能拓展——自定义筛选记录

如果希望更加灵活地设置筛选条件，可在【邮件合并收件人】对话框的【调整收件人列表】栏中单击【筛选】链接，在弹出的【筛选和排序】对话框中自定义筛选条件即可。

Step03 查看筛选出来的结果。此时，列表框中将只显示部门为【市场部】的记录，且【部门】右侧的下拉按钮显示为 ▽，表示该部门为当前筛选依据，单击【确定】按钮，如图 8-54 所示。

图 8-54

图 8-55

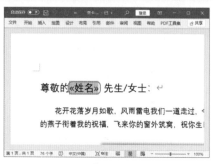

图 8-56

技术看板

筛选记录后，若要清除筛选，即将所有记录显示出来，则单击筛选依据右侧的 ▼ 按钮，在弹出的下拉列表中选择【（全部）】选项即可。

Step 04 将筛选结果生成文档。返回主文档，然后插入合并域并生成合并文档，具体操作参考前面，效果如图 8-55 所示。

技巧 03：将域文字转换成普通文字

通过使用插入域的方法在 Word 文档中插入域文字后，这些域文字内容包括日期、姓名、目录等。域文字的存在可能影响文档的正常编辑。此时可以将域文字转换成普通文字，方便文档编辑，具体操作步骤如下。

Step 01 打开"素材文件\第 8 章\贺卡 .docx"文档，文档中已经在姓名处插入了"贺卡名单 .xlsx"文档中的姓名域。选中域文字，如图 8-56 所示。按【Ctrl+Shift+9】组合键，就可以将选中的域文字转换成普通文字了。

Step 02 将域文字转换成普通文字后，效果如图 8-57 所示。此时插入的姓名域可以用编辑普通文本的方法进行编辑。

图 8-57

本章小结

本章主要介绍了信封与邮件合并的相关操作，并通过一些具体实例来介绍邮件合并功能在实际工作中的应用。希望读者在学习过程中能够举一反三，从而高效地制作出具有各种特色文档。

第9章 Word 文档的审阅、批注与保护

➡ 如何快速统计文档中的页数与字数？

➡ 怎样才能在文档中显示修改痕迹？

➡ 你知道批注有什么作用吗？

➡ 精确比较两个文档的不同之处，你还在手动比较吗？

➡ 对重要文档采取保护措施，你会怎么做？

上述问题看似纷繁复杂，实际其核心只有两点：审阅与保护。通过本章知识的学习，读者一定能够得到清晰的答案，同时会获得一些意想不到的收获。

9.1 文档的检查

对文档完成编辑工作后，根据操作需要，可以进行有效的校对工作，如检查文档中的拼写和语法错误、统计文档的页数与字数等。

9.1.1 实战：检查"公司简介"的拼写和语法错误

实例门类	软件功能

在编辑文档的过程中，难免会发生拼写与语法错误，如果逐一进行检查，不仅枯燥乏味，还会影响工作质量与速度。此时，通过 Word 中的"拼写和语法"功能，可快速完成对文档的检查，具体操作步骤如下。

Step01 进入语法校对状态。打开"素材文件\第9章\公司简介.docx"文档，❶ 将文本插入点定位在文档的开始处，❷ 切换到【审阅】选项卡，❸ 单击【校对】组中的【拼写和语法】按钮，如图 9-1 所示。

图 9-1

Step02 进行语法错误检查。Word 将从文档开始处自动进行检查，当遇到拼写或语法错误时，会在自动打开的【校对】窗格中显示错误原因，同时会在文档中自动选中错误内容，如果认为内容没有错误，就选择【忽略】选项忽略当前的校对，如图 9-2 所示。

图 9-2

Step03 完成检查。Word 将继续进行检查，当遇到拼写或语法错误时，根据实际情况在 Word 文档中进行修改操作，或者进行忽略操作。完成检查后，弹出提示框进行提示，单击【确定】按钮，如图 9-3 所示。

图 9-3

技术看板

当遇到拼写或语法错误时，在 Word 文档中进行修改操作后，需要在【校对】窗格中单击【继续】按钮，Word 才会继续向前进行检查；在【校对】窗格中选择【不检查此问题】选项，可忽略当前错误在文档中出现的所有位置。

9.1.2 实战：统计"公司简介"的页数与字数

实例门类	软件功能

在默认情况下编辑文档时，Word 窗口的状态栏中会实时显示文档页码信息及总字数，如果需要了解更详细的字数信息，可通过字数统计功能进行查看，具体操作步骤如下。

Step01 进行字数统计。在"公司简介.docx"文档中，❶选择【审阅】选项卡，❷单击【校对】组中的【字数统计】按钮，如图9-4所示。

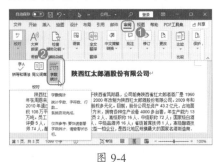

图9-4

Step02 查看字数统计。打开【字数统计】对话框，将显示当前文档的页数、字数、字符数等信息，单击【关闭】按钮，如图9-5所示。

图9-5

> **技能拓展——统计部分内容的页数与字数**
>
> 若要统计文档部分内容的页数与字数信息，只需选择要统计字数信息的文本内容，单击【字数统计】按钮，在打开的【字数统计】对话框中即可看到。

9.2 文档的修订

在编辑会议发言稿等类型的文档时，文档由作者编辑完成后，一般还需要审阅者进行审阅，再由作者根据审阅者提供的修改建议进行修改，通过这样的反复修改，最终才能定稿。下面介绍文档的修订方法。

9.2.1 实战：修订调查报告

实例门类	软件功能

审阅者在审阅文档时，如果需要对文档内容进行修改，建议先打开修订功能。打开修订功能后，文档中将会显示所有修改痕迹，以便文档作者查看审阅者对文档所做的修改。修订文档的具体操作步骤如下。

Step01 进入修订状态。打开"素材文件\第9章\市场调查报告.docx"文档，❶切换到【审阅】选项卡，❷在【修订】组中单击【修订】按钮，如图9-6所示。

图9-6

Step02 在修订状态下编辑文档。系统自动进入修订状态，对文档中进行各种编辑后，系统会在被编辑区域的边缘附近显示一条红线，该红线用于指示修订的位置，如图9-7所示。

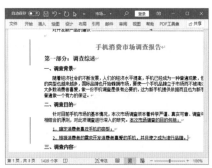

图9-7

> **技能拓展——取消修订状态**
>
> 打开修订功能后，【修订】按钮呈选中状态。若需要关闭修订功能，则单击【修订】下方的下拉按钮，在弹出的下拉列表中选择【修订】选项即可。

9.2.2 实战：设置调查报告的修订显示状态

实例门类	软件功能

Word 2021为修订提供了4种显示状态，分别是简单标记、所有标记、无标记、原始状态。在不同的状态下，修订以不同的形式进行显示。

➡ 简单标记：文档中显示为修改后的状态，会在编辑过的区域左边显示一条红线，这条红线表示附近区域有修订。

➡ 所有标记：在文档中显示所有修改痕迹。

➡ 无标记：文档中将隐藏所有修订标记，并显示为修改后的状态。

➡ 原始版本：文档中没有任何修订标记，并显示为修改前的状态，即以原始形式显示文档。

默认情况下，Word以简单标记显示修订内容，根据操作需要，用户可以随时更改修订的显示状态。为了便于查看文档中的修改情况，一般建议将修订的显示状态设置为所有标记，具体操作步骤如下。

Step01 选择【所有标记】选项。打开"市场调查报告 .docx"文档，在【修订】组中单击【修订】按钮，在弹出的下拉列表中选择【所有标记】选项，如图 9-8 所示。

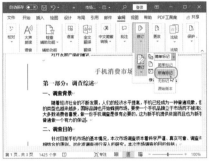

图 9-8

Step02 查看对文档进行的修改。此时，用户可以非常清楚地看到对文档所做的所有修改，如图 9-9 所示。

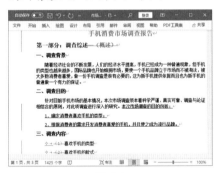

图 9-9

9.2.3 实战：设置修订格式

实例门类	软件功能

当文档处于修订状态时，对文档所做的编辑将以不同的标记或颜色进行区分显示。根据操作需要，用户还可以自定义设置这些标记或颜色，具体操作步骤如下。

Step01 打开【修订选项】对话框。打开任意文档，❶切换到【审阅】选项卡，❷在【修订】组中单击【功能扩展】按钮，如图 9-10 所示。

图 9-10

Step02 打开【高级修订选项】对话框。在打开的【修订选项】对话框中单击【高级选项】按钮，如图 9-11 所示。

图 9-11

Step03 设置修改选项。打开【高级修订选项】对话框，❶在各个选项区域中进行相应的设置，❷完成设置后，单击【确定】按钮即可，如图 9-12 所示。

图 9-12

在【高级修订选项】对话框中，其中【跟踪移动】复选框是针对段落的移动。当移动段落时，Word 会进行跟踪显示；【跟踪格式化】复选框是针对文字或段落格式的更改。当格式发生变化时，会在窗口右侧的标记区中显示格式变化的参数。

★ 重点 9.2.4 实战：对"旅游景区项目策划书"的接受与拒绝修订

实例门类	软件功能

对文档进行修订后，文档作者可对修订做出接受或拒绝操作。若接受修订，则文档会保存为审阅者修改后的状态；若拒绝修订，则文档会保存为修改前的状态。

根据个人操作需要，可以逐条接受或拒绝修订，也可以直接一次性接受或拒绝所有修订。

1. 逐条接受或拒绝修订

如果要逐条接受或拒绝修订，可按下面的操作步骤实现。

Step01 拒绝修订。打开"素材文件\第 9 章\旅游景区项目策划书 .docx"文档，❶将文本插入点定位在某条修订中，❷切换到【审阅】选项卡，❸若要拒绝，则单击【更改】组中【拒绝】下方的下拉按钮 ▼，❹在弹出的下拉列表中选择【拒绝更改】选项，如图 9-13 所示。当前修订即可被拒绝，同时修订标记消失。

第1篇 第2篇 第3篇 第4篇 第5篇

图 9-13

图 9-15

2. 接受或拒绝全部修订

有时文档作者可能不需要逐一接受或拒绝修订，那么可以一次性接受或拒绝文档中的所有修订。

（1）接受所有修订。如果需要接受审阅者的全部修订，❶单击【接受】下方的下拉按钮 ，❷在弹出的下拉列表中选择【接受所有修订】选项即可，如图 9-18 所示。

技术看板

在此下拉列表中，若选择【拒绝并移到下一处】选项，当前修订即可被拒绝，与此同时，文本插入点自动定位到下一条修订中。

技术看板

在此下拉列表中，若单击【接受并移到下一处】选项，当前修订即可被接受，与此同时，文本插入点自动定位到下一条修订中。

图 9-18

Step 02 查看下一条修订。在【更改】组中单击【下一处】按钮，如图 9-14 所示。

Step 04 查看接受修订后的效果。当前修订即可被接受，同时修订标记消失，如图 9-16 所示。

（2）拒绝所有修订。如果需要拒绝审阅者的全部修订，❶单击【拒绝】下方的下拉按钮 ，❷在弹出的下拉列表中选择【拒绝所有修订】选项即可，如图 9-19 所示。

图 9-14

图 9-16

图 9-19

技术看板

在【更改】组中，若单击【上一处】按钮，则 Word 将查找并选中上一条修订。

Step 05 完成文档中其他修订的处理。参照上述操作方法，对文档中的修订进行接受或拒绝操作即可，完成所有修订的接受或拒绝操作后，会弹出提示框，单击【确定】按钮即可，如图 9-17 所示。

技术看板

若要拒绝或接受所有显示的修订，只需在【接受】或【拒绝】下拉列表中选择【接受所有显示修订】或【拒绝所有显示修订】选项（这两个选项只有在存在多个审阅者并进行审阅者筛选后，才会呈现可选择状态，其方法请参考本章的技巧 02）。

Step 03 接受修订。Word 将查找并选中下一条修订，❶若接受，则在【更改】组中单击【接受】下方的下拉按钮 ，❷在弹出的下拉列表中选择【接受此修订】选项，如图 9-15 所示。

图 9-17

9.3 批注的应用

修订是跟踪文档变化最有效的手段，通过该功能，审阅者可以直接对文稿进行修改。但是，当需要对文稿提出建议时，就需要通过批注功能来实现。

★ 重点 9.3.1 实战：在"市场调查报告"中新建批注

实例门类	软件功能

批注是作者与审阅者沟通的渠道，审阅者在修改作者文档时，通过插入批注，可以将自己的建议插入文档中，以供作者参考，具体操作步骤如下。

Step01 新建批注。在"市场调查报告 .docx"文档中，❶ 选择需要添加批注的文本，❷ 切换到【审阅】选项卡，单击【批注】组中的【新建批注】按钮，如图 9-20 所示。

图 9-20

技术看板

需要注意的是，在【阅读】视图中只能显示已创建的批注，无法新建批注。

Step02 输入批注内容。窗口右侧将出现一个批注框，在批注框中输入自己的见解或建议即可，如图 9-21 所示。

图 9-21

9.3.2 设置批注和修订的显示方式

Word 为批注和修订提供了 3 种显示方式，分别是在批注框中显示修订、以嵌入方式显示所有修订、仅在批注框中显示批注和格式。

➡ 在批注框中显示修订：选择此方式时，所有批注和修订将以批注框的形式显示在标记区中，如图 9-22 所示。

图 9-22

➡ 以嵌入方式显示所有修订：所有批注与修订将以嵌入的形式显示，如图 9-23 所示。

➡ 仅在批注框中显示批注和格式：标记区中将以批注框的形式显示批注和格式更改，而其他修订会以嵌入的形式显示在文档中，如图 9-24 所示。

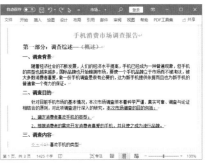

图 9-23

图 9-24

默认情况下，Word 文档中以仅在批注框中显示批注和格式的方式显示批注和修订，用户可自行更改，方法：❶ 切换到【审阅】选项卡，❷ 在【修订】组中单击【显示标记】按钮，❸ 在弹出的下拉列表中选择【批注框】选项，❹ 在弹出的级联菜单中选择需要的方式，如图 9-25 所示。

图 9-25

★ 重点 9.3.3 实战：答复批注

实例门类	软件功能

当审阅者在文档中使用了批注时，作者还可以对批注做出答复，从而使审阅者与作者之间的沟通方便、快捷。具体操作步骤如下。

Step 01 进入批注答复状态。在"市场调查报告.docx"文档中，❶ 将文本插入点定位到需要进行答复的批注内，❷ 单击【答复】按钮，如图9-26所示。

图 9-26

Step 02 输入批注答复内容。在出现的回复栏中直接输入答复内容即可，如图9-27所示。

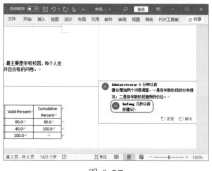

图 9-27

图 9-29

技能拓展——解决批注

当某个批注中提出的问题已经得到解决时，可以在该标注中单击【解决】按钮，将其设置为已解决状态。若要激活该批注，则单击【重新打开】按钮即可。

9.3.4 删除批注

如果不再需要批注内容，可通过下面的方法将其删除。

（1）使用鼠标右击需要删除的批注，在弹出的快捷菜单中选择【删除批注】选项即可，如图9-28所示。

图 9-28

（2）将文本插入点定位在要删除的批注中，切换到【审阅】选项卡，❶ 在【批注】组中单击【删除】下方的下拉按钮，❷ 在弹出的下拉列表中选择【删除】选项即可，如图9-29所示。

技能拓展——删除文档中所有批注

在需要删除批注的文档中，切换到【审阅】选项卡，❶ 在【批注】组中单击【删除】下方的下拉按钮，❷ 在弹出的下拉列表中选择【删除文档中的所有批注】选项，可以一次性删除文档中的所有批注，如图9-30所示。

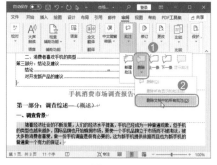

图 9-30

9.4 文档的合并与比较

通过 Word 提供的合并比较功能，用户可以很方便地对两篇文档进行比较，从而快速找到差异之处。下面将进行详细讲解。

9.4.1 实战：合并"公司简介"的多个修订文档

实例门类	软件功能

合并文档并不是将几个不同的文档合并在一起，而是将多个审阅者对同一个文档所做的修订合并在一起。合并文

档的具体操作步骤如下。

Step01 合并文档。打开"素材文件\第9章\公司简介.docx"文档，❶切换到【审阅】选项卡，❷在【比较】组中单击【比较】按钮，❸在弹出的下拉列表中选择【合并】选项，如图 9-31 所示。

图 9-31

Step02 打开原文档。打开【合并文档】对话框，在【原文档】栏中单击【文件】按钮，如图 9-32 所示。

图 9-32

Step03 选择需要合并的第 1 个文件。打开【打开】对话框，❶选择原始文档，❷单击【打开】按钮，如图 9-33 所示。

图 9-33

Step04 打开修订的文档。返回【合并文档】对话框，在【修订的文档】栏中单击【文件】按钮，如图 9-34 所示。

Step05 选择需要合并的第 2 个文件。打开【打开】对话框，❶选择第 1 个修订文档，❷单击【打开】按钮，如图 9-35 所示。

图 9-34

图 9-35

Step06 打开【更多】面板。返回【合并文档】对话框，单击【更多】按钮，如图 9-36 所示。

图 9-36

Step07 确定文件合并。❶展开【合并文档】对话框，根据需要进行相应的设置，本例中在【修订的显示位置】栏中选中【原文档】单选按钮，❷设置完成后单击【确定】按钮，如图 9-37 所示。

图 9-37

Step08 查看文档合并效果。Word 将会对原始文档和第 1 个修订文档进行合并操作，并在原文档窗口中显示合并效果，如图 9-38 所示。

图 9-38

Step09 保存文档合并结果。按【Ctrl+S】组合键保存文档，重复前面的操作，通过【合并文档】对话框依次将其他审阅者的修订文档合并进来。在合并第 2 个及之后的修订文档时，会弹出提示框，询问用户要保留的修订格式，用户根据需要进行选择，然后单击【继续合并】按钮进行合并即可，如图 9-39 所示。

图 9-39

🔖 技术看板

在【合并文档】对话框的【修订的显示位置】栏中，若选中【原文档】单选按钮，则将合并结果显示在原文档中；若选中【修订后文档】单选按钮，则将合并结果显示在修订的文档中；若选中【新文档】单选按钮，则会自动新建一个空白文档，用来保存合并结果。

若选中【新文档】单选按钮，则需要先保存合并结果，并将这个保存的合并结果作为原始文档，再合并下一个审阅者的修订文档。

Step⑩ 查看修订。在合并修订后的文档中，可以看到所有审阅者的修订，将鼠标指针指向某条修订时，还会显示审阅者的信息，如图 9-40 所示。

图 9-40

9.4.2 实战：比较文档

实例门类	软件功能

对于没有启动修订功能的文档，可以通过比较文档功能对原始文档与修改后的文档进行比较，从而自动生成一个修订文档，以实现文档作者与审阅者之间沟通的目的，具体操作步骤如下。

Step① 打开【比较文档】对话框。❶ 在 Word 窗口中切换到【审阅】选项卡，❷ 在【比较】组中单击【比较】按钮，❸ 在弹出的下拉列表中选择【比较】选项，如图 9-41 所示。

图 9-41

Step② 打开【打开】对话框。打开【比较文档】对话框，在【原文档】栏中

单击【文件】按钮，如图 9-42 所示，打开【打开】对话框。

图 9-42

Step⑬ 选择原始文档。打开【打开】对话框，❶ 选择原始文档，❷ 单击【打开】按钮，如图 9-43 所示。

图 9-43

Step⑭ 打开修订的文档。返回【比较文档】对话框，在【修订的文档】栏中单击【文件】按钮，如图 9-44 所示。

图 9-44

Step⑮ 选择要比较的文档。打开【打开】对话框，❶ 选择修改后的文档，❷ 单击【打开】按钮，如图 9-45 所示。

图 9-45

Step⑯ 打开【更多】面板。返回【比

较文档】对话框，单击【更多】按钮，如图 9-46 所示。

图 9-46

Step⑰ 设置文档比较选项。❶ 展开【比较文档】对话框，根据需要进行相应的设置，本例中在【修订的显示位置】栏中选中【新文档】单选按钮，❷ 设置完成后，单击【确定】按钮，如图 9-47 所示。

图 9-47

Step⑱ 查看文档比较结果。Word 将自动新建一个空白文档，并在新建的文档中显示比较结果，如图 9-48 所示。

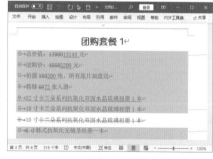

图 9-48

9.5　文档保护

在编辑文档时，对于重要的文档，为了防止他人随意查看或编辑，用户可以对文档设置相应的保护，如设置格式修改权限、编辑权限、打开文档的密码。

★ 重点 9.5.1　实战：设置"财务报表分析报告"的格式修改权限

实例门类	软件功能

如果允许用户对文档的内容进行编辑，但是不允许修改格式，那么可以设置格式修改权限。具体操作步骤如下。

Step01 单击【限制编辑】按钮。打开"素材文件\第9章\财务报表分析报告.docx"文档，❶切换到【审阅】选项卡，❷在【保护】组中单击【限制编辑】按钮，如图9-49所示。

图 9-49

Step02 设置限制编辑格式。打开【限制编辑】窗格，❶在【格式化限制】栏中选中【限制对选定的样式设置格式】复选框，❷在【启动强制保护】栏中单击【是，启动强制保护】按钮，如图9-50所示。

图 9-50

Step03 设置保护密码。打开【启动强制保护】对话框，❶设置保护密码，❷单击【确定】按钮，如图9-51所示。

图 9-51

Step04 查看限制编辑效果。返回文档，此时用户仅仅可以使用部分样式格式化文本，如在【开始】选项卡中可以看到大部分按钮都呈不可使用状态，如图9-52所示。

图 9-52

⚙️ 技能拓展——取消格式修改权限

若要取消格式修改权限，则打开【限制编辑】窗格，单击【停止保护】按钮，在弹出的【取消保护文档】对话框中输入之前设置的密码，然后单击【确定】按钮即可。

★ 重点 9.5.2　实战：设置"污水处理分析报告"的编辑权限

实例门类	软件功能

如果只允许其他用户查看文档，而不允许对文档进行任何编辑操作，就可以设置编辑权限。具体操作步骤如下。

Step01 单击【限制编辑】按钮。打开"素材文件\第9章\污水处理分析报告.docx"文档，❶切换到【审阅】选项卡，❷在【保护】组中单击【限制编辑】按钮，如图9-53所示。

图 9-53

Step02 设置权限。打开【限制编辑】窗格，❶在【编辑限制】栏中选中【仅允许在文档中进行此类型的编辑】复选框，❷在下面的下拉列表框中选择【不允许任何更改（只读）】选项，❸在【启动强制保护】栏中单击【是，启动强制保护】按钮，如图9-54所示。

Step03 输入保护密码。打开【启动强制保护】对话框，❶设置保护密码，❷单击【确定】按钮，如图9-55所示。

图 9-54

图 9-55

Step 04 查看文档保护状态。返回文档，此时无论进行什么操作，状态栏都会出现【由于所选内容已被锁定，您无法进行此更改】的提示信息，如图 9-56 所示。

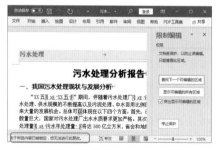

图 9-56

★ 重点 9.5.3 实战：设置"企业信息化建设方案"的修订权限

实例门类	软件功能

如果允许其他用户对文档进行编辑操作，但是又希望查看编辑痕迹，就可以设置修订权限。具体操作步骤如下。

Step 01 单击【限制编辑】按钮。打开"素材文件 \ 第 9 章 \ 企业信息化建设方案.docx"文档，❶ 切换到【审阅】选项卡，❷ 在【保护】组中单击【限制编辑】按钮，如图 9-57 所示。

图 9-57

Step 02 设置限制选项。打开【限制编辑】窗格，❶ 在【编辑限制】栏中选中【仅允许在文档中进行此类型的编辑】复选框，❷ 在下面的下拉列表框中选择【修订】选项，❸ 在【启动强制保护】栏中单击【是，启动强制保护】按钮，如图 9-58 所示。

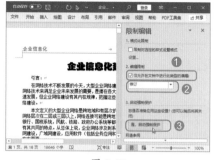

图 9-58

Step 03 输入保护密码。打开【启动强制保护】对话框，❶ 设置保护密码，❷ 单击【确定】按钮，如图 9-59 所示。

图 9-59

Step 04 查看文档修订状态。返回文档，此后若对其进行编辑，文档会自动进入修订状态，即对任何修改都会做出修订标记，如图 9-60 所示。

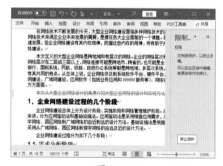

图 9-60

妙招技法

通过前面知识的学习，相信读者已经掌握了如何对文档进行审阅与保护，以及在文档中进行批注的添加与设置等。下面结合本章内容介绍一些实用技巧。

技巧 01：如何防止他人随意关闭修订功能

文档中的修订功能，在默认情况下为所有使用者都可以关闭（方法：单击【修订】下方的下拉按钮，在弹出的下拉列表中选择【修订】选项）。为了防止他人随意关闭修订功能，为审阅工作带来不便，用户可使用锁定修订功能，具体操作步骤如下。

Step01 锁定修订。在"市场调查报告 .docx"文档中，❶切换到【审阅】选项卡，❷在【修订】组中单击【修订】下方的下拉按钮 ，❸在弹出的下拉列表中选择【锁定修订】选项，如图9-61所示。

图 9-61

Step02 输入密码。打开【锁定修订】对话框，❶设置密码，❷单击【确定】按钮即可，如图9-62所示。

图 9-62

技能拓展——解除锁定

设置锁定修订后，若需要关闭修订，则需要先解除锁定。单击【修订】下方的下拉按钮 ，在弹出的下拉列表中选择【锁定修订】选项，在弹出的【解除锁定跟踪】对话框中输入事先设置的密码，然后单击【确定】按钮即可解除锁定。

技巧02：批量删除指定审阅者插入的批注

在审阅文档时，有时会有多个审阅者在文档中插入批注，如果只需要删除某个审阅者插入的批注，可按下面的操作步骤实现。

Step01 选择需要显示的审阅者。打开"素材文件 \ 第9章 \ 档案管理制度 .docx"文档，❶切换到【审阅】选项卡，❷在【修订】组中单击【显示标记】按钮，❸在弹出的下拉列表中选择【特定人员】选项，❹在弹出的级联菜单中设置需要显示的审阅者，本例中由于只需要显示【LAN】的批注，因此选择【yangxue】选项，以取消该选项的选中状态，如图9-63所示。

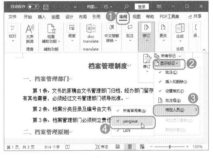

图 9-63

Step02 删除特定人员的批注。此时的文档中将只显示审阅者"LAN"的批注，❶在【批注】组中单击【删除】下方的下拉按钮 ，❷在弹出的下拉列表中选择【删除所有显示的批注】选项，如图9-64所示，即可删除审阅者"LAN"插入的所有批注。

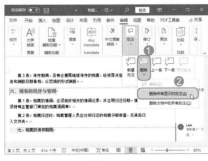

图 9-64

技巧03：使用审阅窗格查看批注和修订

查看文档中的批注和修订，通过审阅窗格也是可以的，具体操作步骤如下。

Step01 选择水平审阅窗格。在"市场调查报告.docx"文档中，❶切换到【审阅】选项卡，❷在【修订】组中单击【审阅窗格】右侧的下拉按钮 ，❸在弹出的下拉列表中提供了【垂直审阅窗格】和【水平审阅窗格】两种形式，用户可自由选择，这里选择【水平审阅窗格】选项，如图9-65所示。

图 9-65

Step02 在水平审阅窗格中查看修订。此时，在窗口下方的审阅窗格中可查看文档中的批注与修订，如图9-66所示。

图 9-66

Step03 定位到特定的批注或修订中。在审阅窗格中，将文本插入点定位到某条批注或修订中，文档也会自动跳转到相应的位置，如图9-67所示。

图 9-67

本章小结

　　本章主要介绍了如何审阅与保护文档，主要包括文档的检查、文档的修订、批注的应用、合并与比较文档、保护文档等内容。通过本章内容的学习，读者不仅能够规范地审阅、修订文档，还能保护自己的重要文档。

第 **3** 篇

Excel 应用篇

Excel 2021 是一款专业的表格制作和数据处理软件。用户可使用它对数据进行计算、管理和统计分析。其中，公式和函数是数据计算的利器，条件规则、排序、分类汇总是数据管理的法宝，迷你图、图表和数据透视图表是分析数据的高效工具。同时，用户还能借助数据验证对普通数据进行限制和拦截。当然，还有很多其他通用操作能够有效地对数据进行高效设置和处理，要想获得更多、更详细和更精彩的 Excel 操作知识，可进入本篇的学习。

第 **10** 章 Excel 表格数据的输入、编辑与格式设置

- ➡ 表格数据的行或列位置输入错了，需要先删除这些数据再重新添加其他数据吗？
- ➡ 部分单元格或单元格区域中的数据相同，有什么办法可以快速输入吗？
- ➡ 想快速找到相应的数据吗？
- ➡ 想一次性将某些相同的数据替换为其他数据吗？
- ➡ 想知道又快又好地美化表格的方法吗？

本章将介绍 Excel 基础操作，数据输入与编辑、单元格格式及表格样式设置。

10.1 输入数据

在 Excel 中，数据是用户保存的重要信息，同时也是体现表格内容的基本元素。用户在编辑 Excel 电子表格时，首先需要设计表格的整体框架，然后根据构思输入各种表格内容。在 Excel 表格中可以输入多种类型的数据内容，如文本、数值、日期和时间、百分数等，不同类型的数据在输入时需要使用不同的方法。本节就介绍如何输入不同类型的数据。

10.1.1 实战：在"医疗费用统计表"中输入文本

实例门类	软件功能

文本是 Excel 中最简单的数据类型，它主要包括字母、汉字和字符串。在表格中输入文本可以用来说明表格中的其他数据。常用方法有以下3种。

（1）选择单元格输入：选择需要输入文本的单元格，然后直接输入文本，完成后按【Enter】键或单击其他单元格即可。

（2）双击单元格输入：双击需要输入文本的单元格，将文本插入点定位在该单元格中，然后在单元格中输入文本，完成后按【Enter】键或单击其他单元格。

（3）通过编辑栏输入：选择需要输入文本的单元格，然后在编辑栏中输入文本，单元格中会自动显示在编辑栏中输入的文本，表示该单元格中输入了文本内容，完成后单击编辑栏中的【输入】按钮或单击其他单元格即可。

例如，要输入"医疗费用统计表"的内容，具体操作步骤如下。

Step01 新建工作簿并输入文本。❶ 新建一个空白工作簿，并以"医疗费用统计表.xlsx"为名进行保存，❷ 在 A1 单元格上双击，将文本插入点定位在 A1 单元格中，切换到合适的输入法并输入文本"日期"，如图 10-1 所示。

图 10-1

Step02 输入第 2 个文本。❶ 按【Tab】

键完成文本的输入，系统将自动选择 B1 单元格，❷ 将文本插入点定位在编辑栏中，并输入文本【员工编号】，❸ 单击编辑栏中的【输入】按钮 ✓，如图 10-2 所示。

图 10-2

技术看板

在单元格中输入文本后，若按【Tab】键，则结束文本的输入并选择单元格右侧的单元格；若按【Enter】键，则结束文本的输入并选择单元格下方的单元格；若按【Ctrl+Enter】组合键，则结束文本的输入并继续选择输入文本的单元格。

Step03 输入其他文本。以同样的方法输入其他的文本数据，如图 10-3 所示。

图 10-3

技能拓展——输入文本型数值

在单元格中输入常规数据的方法与输入普通文本的方法相同。不过，如果要在表格中输入以"0"开头的数据，如 001、002 等，则按照普通的输入方法输入后将得不到需要的结果。例如，直接输入编号"001"，按【Enter】

键后数据将自动变为"1"。

在 Excel 中，当输入数值的位数超过 11 位时，Excel 会自动以科学记数的格式显示输入的数值，如"5.13029E+11"；而且，当输入数值的位数超过 15 位（不含 15 位）时，Excel 会自动将 15 位以后的数字全部转换为"0"。

在输入这类数据时，为了能正确显示输入的数值，用户可以在输入具体的数据前先输入英文状态下的单引号"'"，让 Excel 将其理解为文本格式的数据。

10.1.2 实战：在"医疗费用统计表"中输入日期和时间

实例门类	软件功能

在 Excel 表格中输入日期数据时，需要按"年-月-日"格式或"年/月/日"格式输入。默认情况下，当输入的日期数据包含年、月、日时，都将以"××××年/××月××日"的格式显示；当输入的日期数据只包含月、日时，都将以"××月××日"格式显示。如果需要输入其他格式的日期数据，则需要通过【设置单元格格式】对话框中的【数字】选项卡进行设置。

在工作表中有时还需要输入时间型数据。和日期型数据相同，如果只需要普通的时间格式数据，则直接在单元格中按照"××时:××分:××秒"格式输入即可。如果需要设置为其他的时间格式（如 00:00PM），则需要在【设置单元格格式】对话框中进行格式设置。

例如，要在"医疗费用统计表"中输入日期和时间数据，具体操作步骤如下。

Step01 输入日期。选择 A2 单元格，输入"2022-06-20"，按【Enter】键完成日期数据的输入，如图 10-4 所示。

使用相同的方法继续输入其他单元格中的日期数据。

图 10-4

Step 02 插入工作表行。❶ 选择第 1 行单元格，❷ 单击【开始】选项卡【单元格】组中的【插入】按钮，❸ 选择【插入工作表行】选项，如图 10-5 所示。

图 10-5

Step 03 在插入的行中输入内容。经过上一步操作，可在最上方插入一行空白单元格。❶ 在 A1 单元格中输入"制表时间"文本，❷ 选择 B1 单元格，并输入"8-31 10:51"，如图 10-6 所示。

图 10-6

Step 04 查看时间数据内容。按【Enter】键完成时间数据的输入，可以看到输入的时间自动用了系统当时的年份数

据，显示为"2022/8/31 10:51"，效果如图 10-7 所示。

图 10-7

10.1.3　实战：在"业绩管理"表中输入分数

实例门类	软件功能

在表格中若是直接输入分数样式，系统会自动将其转换为日期。这时，需要用户先将单元格类型转换为分数类型，具体操作步骤如下。

Step 01 选择数据类型。打开"素材文件\第 10 章\业绩管理.docx"文档，❶ 选择目标单元格区域，❷ 单击【数字】组的下拉按钮，❸ 在弹出的列表中选择【分数】选项，然后在表格中输入分数，如图 10-8 所示。

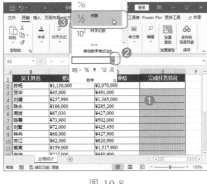

图 10-8

Step 02 查看分数效果。在表格中手动输入分数的效果如图 10-9 所示。

图 10-9

★ 重点 10.1.4　实战：在"医疗费用统计表"中连续的单元格区域内填充相同的数据

实例门类	软件功能

在 Excel 中为单元格填充相同的数据时，如果需要填充相同数据的单元格不相邻，就只能通过 10.1.3 小节介绍的方法来快速输入。若需要填充相同数据的单元格是连续的区域，则可以通过以下 3 种方法进行填充。

（1）通过鼠标左键拖动控制柄填充：在起始单元格中输入需要填充的数据，然后将鼠标指针移至该单元格的右下角，当鼠标指针变为＋形状（常称为填充控制柄）时按住鼠标左键并拖动控制柄到目标单元格，释放鼠标即可快速在起始单元格和目标单元格之间的单元格中填充相应的数据。

（2）通过鼠标右键拖动控制柄填充：在起始单元格中输入需要填充的数据，用鼠标右键拖动控制柄到目标单元格，释放鼠标右键，在弹出的快捷菜单中选择【复制单元格】选项即可。

（3）单击按钮填充：在起始单元格中输入需要填充的数据，然后选择需要填充相同数据的多个单元格（包括起始单元格）。在【开始】选项卡下的【编辑】组中单击【填充】

按钮，在弹出的下拉列表中选择【向下】【向右】【向上】【向左】选项，分别在选择的多个单元格中根据不同方向的第 1 个单元格数据进行填充。

以上 3 种方法，使用控制柄填充数据是最方便、最快捷的方法。下面就用拖动控制柄的方法为"医疗费用统计表"中连续的单元格区域填充部门内容，具体操作步骤如下。

Step01 输入内容。❶ 在 F 列的相关单元格中输入部门内容，❷ 选择 F4 单元格，并将鼠标指针移至该单元格的右下角，此时鼠标指针将变为+形状，如图 10-10 所示。

图 10-10

Step02 向下复制内容。拖动鼠标指针到 F8 单元格，如图 10-11 所示。

图 10-11

Step03 查看复制填充效果。释放鼠标左键后可以看到 F5:F8 单元格区域内都填充了与 F4 单元格相同的内容，效果如图 10-12 所示。

图 10-12

★ **重点 10.1.5 实战：填充有序数据**

实例门类	软件功能

在 Excel 工作表中输入数据时，经常需要输入一些有规律的数据，如等差或等比的有序数据。对于这些数据，可以使用 Excel 提供的快速填充数据功能，将具有规律的数据填充到相应的单元格中。快速填充有序数据主要可以通过以下 3 种方法来实现。

（1）通过鼠标左键拖动控制柄填充：在第 1 个单元格中输入起始值，然后在第 2 个单元格中输入与起始值成等差或等比性质的第 2 个数字（在要填充的前两个单元格内输入数据，目的是让 Excel 识别规律）。再选中这两个单元格，将鼠标指针移到选区右下角的控制柄上，当其变成+形状时，按住鼠标左键并拖动到需要的位置，释放鼠标左键即可填充等差或等比数据。

（2）通过鼠标右键拖动控制柄填充：首先在起始的两个或多个连续单元格中输入与第 1 个单元格成等差或等比性质的数据，然后选择该多个单元格，用鼠标右键拖动控制柄到目标单元格中，释放鼠标右键，在弹出的快捷菜单中选择【填充序列】【等差序列】或【等比序列】选项即可填充需要的有序数据。

（3）通过对话框填充：在起始单元格中输入需要填充的数据，然后

选择需要填充序列数据的多个单元格（包括起始单元格），在【开始】选项卡下的【编辑】组中单击【填充】按钮，在弹出的下拉列表中选择【序列】选项。在打开的对话框中可以设置填充的详细参数，如填充数据的位置、类型、日期单位和步长值等，单击【确定】按钮即可按照设置的参数填充相应的序列。

例如，要使用填充功能在"医疗费用统计表"中填充等差序列编号和日期，具体操作步骤如下。

Step01 复制填充员工编号。❶ 在 B3 单元格中输入英文的单引号后，再输入第一个编号"0016001"，❷ 选择 B3 单元格，将鼠标指针移至该单元格的右下角，当其变为+形状时向下拖动至 B15 单元格，如图 10-13 所示。

图 10-13

Step02 复制填充日期。❶ 释放鼠标左键后可以看到 B4:B15 单元格区域内自动填充了等差为 1 的数据序列，❷ 选择 A5:A15 单元格区域，❸ 单击【开始】选项卡下的【填充】按钮，❹ 在弹出的下拉列表中选择【序列】选项，如图 10-14 所示。

图 10-14

Step⑬ 设置序列格式。打开【序列】对话框，❶ 在【类型】栏中选中【日期】单选按钮，❷ 在【日期单位】栏中选中【工作日】单选按钮，❸ 在【步长值】数值框中输入"4"，❹ 单击【确定】按钮，如图10-15所示。

图 10-15

Step⑭ 查看等差时间序列填充效果。经过以上操作，Excel 会自动在选择的单元格区域中按照设置的参数填充间隔为4个工作日的等差时间序列，如图10-16所示。

图 10-16

技能拓展——通过【自动填充选项】下拉列表中的命令来设置填充数据的方式

默认情况下，通过拖动控制柄填充的数据是根据选择的起始两个单元格中的数据进行填充的等差序列数据，若只选择了一个单元格作为起始单元格，则通过拖动控制柄填充的数据为复制的相同数据。也就是说，通过控制柄填充数据时，有时并不能按照预先设想的规律来填充数据，此时用户可以单击填充数据后单元格区域右下

角出现的【自动填充选项】按钮，在弹出的下拉列表中选中相应的单选按钮来设置数据的填充方式。

（1）选中【复制单元格】单选按钮，可在控制柄拖动填充的单元格中重复填充起始单元格中的内容。

（2）选中【填充序列】单选按钮，可在控制柄拖动填充的单元格中根据起始单元格中的内容填充等差序列数据内容。

（3）选中【仅填充格式】单选按钮，可在控制柄拖动填充的单元格中复制起始单元格中数据的格式，并不填充内容。

（4）选中【不带格式填充】单选按钮，可在控制柄拖动填充的单元格中重复填充起始单元格中不包含格式的数据内容。

（5）这里需要特别说明的是，选中【快速填充】单选按钮，系统会根据你选择的数据识别出相应的填充方式，一次性输入剩余的数据。它是在当工作表中已经输入了参照内容时使用的，能完成更为出色的序列填充方式。

★ 重点 10.1.6 快速填充

实例门类	软件功能

"快速填充"功能主要有以下4种方式。

（1）字段匹配：在单元格中输入相邻数据列表中与当前单元格位于同一行的某个单元格内容，然后在向下快速填充时会自动按照这个对应字段的整列顺序来进行匹配式填充。填充前后的对比效果如图10-17和图10-18所示。

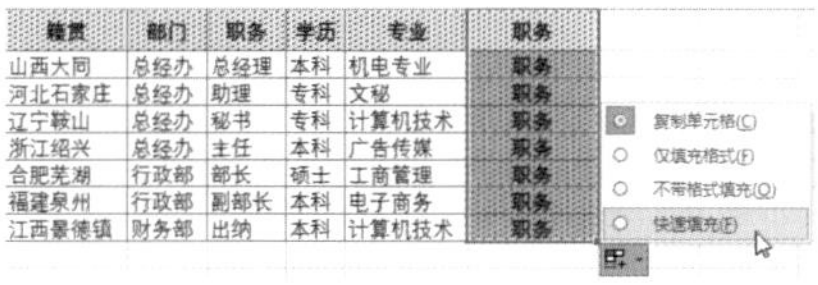

图 10-17

图 10-18

（2）根据字符位置进行拆分：在单元格中输入的不是数据列表中某个单元格的完整内容，而只是其中字符串中的一部分字符，那么 Excel 会依据这部分字符在整个字符串中所处的位置，在向下填充的过程中按照这个位置规律自动拆分其他同列单元格的字符串，生成相应的填充内容，效果如图10-19和图10-20所示。

图 10-19

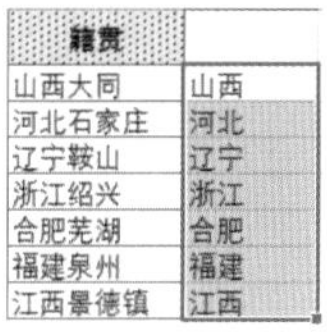

图 10-20

（3）根据日期进行拆分：如果输入的内容只是日期中的某一部分，如只有年份，Excel 也会智能地将其他单元格中的相应组成部分提取出来生成填充内容，效果如图10-21和图10-22所示。

图 10-21

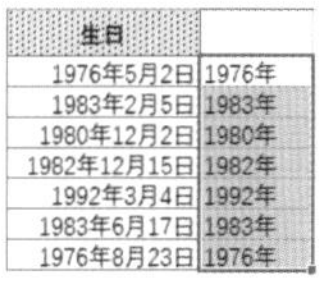

图 10-22

（4）字段合并：单元格中输入的内容如果是相邻数据区域中同一行的多个单元格内容所组成的字符串，在快速填充中也会依照这个规律，合并其他相应单元格来生成填充内容。效果如图 10-23 和图 10-24 所示。

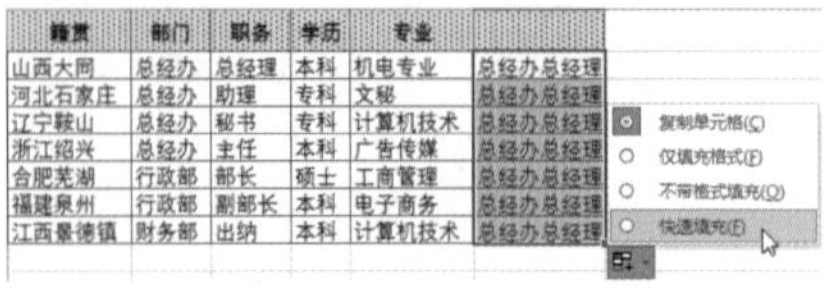

图 10-23

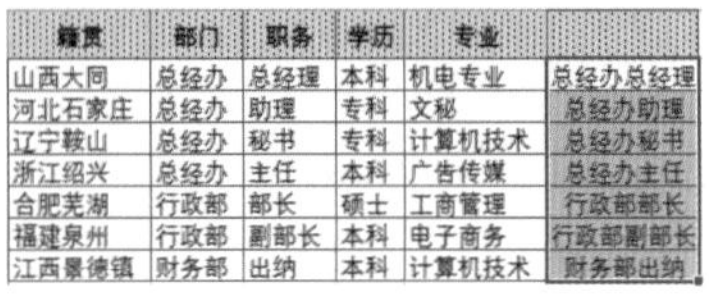

图 10-24

10.1.7 实战：通过 Power Query 编辑器导入外部数据

实例门类	软件功能

Excel 表格中的数据不仅可以手动进行输入，还可以将其他程序中已有的数据，如 Access 文件、文本文件及网页中的数据等导入表格中。

在 Excel 2021 中可以导入 Access 文件或文本文件等外部数据，使用了 Power Query 编辑器来进行外部数据导入，导入方式更加人性化，更能直接地选择、编辑导入方式。

1. 从 Access 获取产品订单数据

Microsoft Office Access 是 Office 软件中常用的一个组件。一般情况下，用户会在 Access 数据库中存储数据，但使用 Excel 来分析数据、绘制图表和分发分析结果。因此，经常需要将 Access 数据库中的数据导入 Excel 中。具体操作步骤如下。

Step 01 打开【导入数据】对话框。新建一个空白工作簿，选择 A1 单元格作为存放 Access 数据库中数据的单元格，❶ 单击【数据】选项卡下的【获取数据】按钮，❷ 在弹出的下拉列表中选择【来自数据库】选项，❸ 并在级联列表中选择【从 Microsoft Access 数据库】选项，如图 10-25 所示。

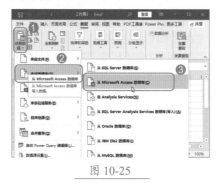

图 10-25

Step 02 选择要导入的数据。打开【导入数据】对话框，❶ 选择目标数据库文件的保存位置，❷ 在中间的列表框中选择需要打开的文件，❸ 单击【导入】按钮，如图 10-26 所示。

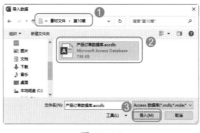

图 10-26

Step 03 加载数据。打开【导航器】对话框，❶ 选择要打开的数据表，这里选择【供应商】选项，❷ 单击【加载】右侧的下拉按钮，❸ 选择【加载到】选项，如图 10-27 所示。

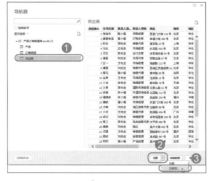

图 10-27

Step 04 确定导入数据。打开【导入数据】对话框，❶ 在【请选择该数据在工作簿中的显示方式。】栏中根据导入数据的类型和需要选择相应的显示方式，选中【数据透视表】单选按钮，❷ 在【数据的放置位置】栏中选中【现有工作表】单选按钮，位置为“$A$1”单元格，❸ 单击【确定】按钮，如图 10-28 所示。

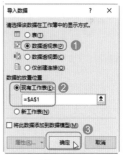

图 10-28

技术看板

在【导入数据】对话框中的【请选择该数据在工作簿中的显示方式。】栏中选中【表】单选按钮，即可将外部数据创建为一张表，方便进行简单排序和筛选；选中【数据透视表】单选按钮，即可创建为数据透视表，方便通过聚合及合计数据来汇总大量数据；选中【数据透视图】单选按钮，可创建为数据透视图，以方便用可视方式汇总数据；若要将所选连接存储在工作簿中以供以后使用，需要选中【仅创建连接】单选按钮。

Step 05 保存导入的数据。返回 Excel 界面中即可看到创建了一个空白数据透视表，❶ 在【数据透视表字段】任务窗格的列表框中选中【城市】【地址】【公司名称】【供应商 ID】和【联系人姓名】复选框，❷ 将【行】列表框中的【城市】选项移动到【筛选】列表框中，即可得到需要的数据透视表，效果如图 10-29 所示。以“产品订单数据透视表”为名保存当前的 Excel 文件。

图 10-29

2. 从文本中获取联系方式数据

在 Excel 2019 之前的版本中，使用【数据】选项卡下的"导入文本数据"功能，会自动打开文本导入向导。但是在 Excel 2021 软件中，使用导入文本数据功能，打开的是 Power Query 编辑器，通过编辑器可以更加方便地导入文本数据。

下面以导入【联系方式】文本中的数据为例，介绍文本的导入方法，具体操作步骤如下。

Step 01 选择从文本中导入数据的方法。❶ 新建一个空白工作簿，选择 A1 单元格，❷ 单击【数据】选项卡下【获取和转换数据】组中的【从文本/CSV】按钮，如图 10-30 所示。

图 10-30

Step 02 选择要导入的文本。打开【导入数据】对话框，❶ 选择文本文件存放的路径，❷ 选择需要导入的文件，这里选择【联系方式】文件，❸ 单击【导入】按钮，如图 10-31 所示。

图 10-31

Step 03 进入数据编辑状态。此时可以初步预览文本数据，并单击【转换数据】按钮，以便对文本数据进一步调整，如图 10-32 所示。

图 10-32

Step 04 调整字段。在第 1 列的第 1 个单元格插入鼠标光标，删除原来的字段名，输入"姓名"字段名，如图 10-33 所示。

图 10-33

Step 05 选择【关闭并上载至】选项。❶ 用同样的方法完成其他列字段名的修改，❷ 单击【关闭并上载】按钮，在弹出的下拉列表中选择【关闭并上载至】选项，如图 10-34 所示。

Step 06 确定数据导入。❶ 在打开的【导入数据】对话框中，选择导入的数据显示方式为【表】，❷ 选择数据的放置位置，❸ 单击【确定】按钮，如图 10-35 所示。

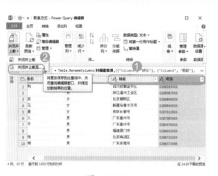

图 10-34

图 10-35

Step 07 查看成功导入的数据。回到 Excel 中，便可以看到成功导入的文本数据，保存为工作簿文件，并命名为"联系方式.xlsx"，如图 10-36 所示。

图 10-36

3. 将公司网站数据导入工作表

如果用户需要将某个网站的数据导入 Excel 工作表中，可以使用【打开】对话框来打开指定的网站，将其数据导入 Excel 工作表中，也可以使用【插入对象】选项将网站数据嵌入表格中，还可以使用【数据】选项卡中的【自网站】选项来实现。

例如，要导入网上的陶瓷材料数

据，具体操作步骤如下。

Step01 ❶ 新建一个空白工作簿，选择 A1 单元格，❷ 单击【数据】选项卡下【获取和转换数据】组中的【自网站】按钮 🔍，如图 10-37 所示。

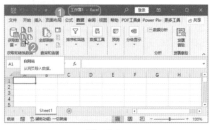

图 10-37

Step02 ❶ 在【URL】地址栏中复制粘贴需要导入数据的网址，如粘贴 "https://baike.baidu.com/item/%E9%99%B6%E7%93%B7%E6%9D%90%E6%96%99/4551332?fr=aladdin"，❷ 单击【确定】按钮，如图 10-38 所示。

图 10-38

Step03 确认访问 Web 内容。❶ 在打开的对话框中选择访问网页内容的方式，这里选择【匿名】选项，❷ 单击【连接】按钮，如图 10-39 所示。

图 10-39

Step04 打开【导航器】对话框。❶ 选择需要的表，❷ 单击【加载】下拉按钮，❸ 选择【加载到】选项，如图 10-40 所示。

图 10-40

Step05 打开【导入数据】对话框。❶ 选中【现有工作表】单选按钮，并选择存放数据的位置，如 A1 单元格，❷ 单击【确定】按钮，如图 10-41 所示。

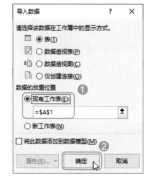

图 10-41

Step06 经过以上操作，即可将当前网页中的数据导入工作表中。以"陶瓷材料数据"为名保存该工作簿，如图 10-42 所示。

图 10-42

技能拓展——通过数据选项卡设置数据导入

考虑到用户的使用习惯，Excel 2021 中通过设置也可以像早期 Excel 版本中的数据导入一样提供导入向导。只需要在【Excel 选项】对话框中 ❶ 选择【数据】选项卡，❷ 在【显示旧数据导入向导】选项区域中选择需要的数据导入方式对应的复选框，❸ 单击【确定】按钮即可，如图 10-43 所示。回到 Excel 中，在【获取数据】下拉列表中就可以使用旧版的导入数据功能了。

图 10-43

10.2 输入有效数据

一般通过工作表中的表头就能确定某列单元格的数据内容大致有哪些，或者数值限定在哪个范围内，为了保证表格中输入的数据都是有效的，可以提前设置单元格的数据验证功能。设置数据有效性后，不仅可以减少输入错误，保证数据的准确性，提高工作效率，还可以圈释无效数据。

★ 重点 10.2.1 实战：为"卫生工作考核表"和"实习申请表"设置数据有效性的条件

实例门类	软件功能

在编辑工作表时，通过数据验证功能，可以建立一定的规则来限制向单元格中输入的内容，从而避免输入的数据

是无效的。这在一些有特殊要求的表格中非常有用，如在共享工作簿中设置数据有效性，可以确保所有人员输入的数据都准确无误且保持一致。下面将对一些常用的和实用的数据验证功能进行介绍。

1. 设置单元格数值（小数）输入范围

在 Excel 工作表中编辑内容时，为了确保数值输入的准确性，可以设置单元格中数值的输入范围。

例如，在"卫生工作考核表"中需要设置各项评判标准的分数取值范围，要求只能输入 –5 ～ 5 的数值，总得分为小于 100 的数值，具体操作步骤如下。

Step01 打开【数据验证】对话框。打开"素材文件\第 10 章\卫生工作考核表 .xlsx"文档，❶ 选择要设置数值输入范围的 C3:C26 单元格区域，❷ 单击【数据】选项卡下【数据工具】组中的【数据验证】按钮，如图 10-44 所示。

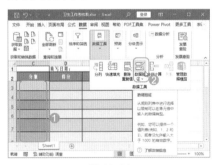

图 10-44

Step02 设置数据验证条件。打开【数据验证】对话框，❶ 在【允许】下拉列表框中选择【小数】选项，❷ 在【数据】下拉列表框中选择【介于】选项，❸ 在【最小值】参数框中输入单元格中允许输入的最小限度值"–5"，❹ 在【最大值】参数框中输入单元格中允许输入的最大限度值"5"，❺ 单击【确定】按钮，如图 10-45 所示。

图 10-45

技术看板

如果在【数据】下拉列表框中选择【等于】选项，则表示输入的内容必须为设置的数据。在列表中同样可以选择【不等于】【大于】【小于】【大于或等于】【小于或等于】等选项，再设置数值的输入范围。

Step03 查看数据验证效果。经过上一步操作后，就完成了对所选区域的数据输入范围的设置。在该区域输入范围外的数据时，将弹出提示对话框，如图 10-46 所示，单击【取消】按钮或【关闭】按钮后输入的不符合范围的数据会自动消失。

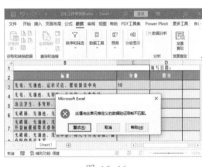

图 10-46

Step04 打开【数据验证】对话框。❶ 选择要设置数值输入范围的 D3:D26 单元格区域，❷ 单击【数据验证】按钮，如图 10-47 所示。

图 10-47

Step05 设置数据验证条件。打开【数据验证】对话框，❶ 在【允许】下拉列表框中选择【小数】选项，❷ 在【数据】下拉列表框中选择【小于或等于】选项，❸ 在【最大值】参数框中输入单元格中允许输入的最大限度值"100"，❹ 单击【确定】按钮，如图 10-48 所示。

图 10-48

2. 设置单元格数值（整数）输入范围

在 Excel 工作表中编辑内容时，某些情况下（如在设置年龄数据时）还需要设置整数的取值范围。设置方法与小数取值范围的设置方法基本相同。

例如，在"实习申请表"中需要设置输入年龄为整数，且始终大于 1，具体操作步骤如下。

Step01 打开【数据验证】对话框。打开"素材文件\第 10 章\实习申请表 .xlsx"文档，❶ 选择要设置数值输入范围的 C25:C27 单元格区域，❷ 单击【数据验证】按钮，如图 10-49 所示。

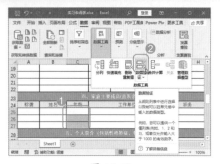

图 10-49

图 10-51

图 10-53

Step02 设置数据验证条件。打开【数据验证】对话框，❶ 在【允许】下拉列表框中选择【整数】选项，❷ 在【数据】下拉列表框中选择【大于或等于】选项，❸ 在【最小值】参数框中输入单元格中允许输入的最小限度值"1"，❹ 单击【确定】按钮，如图 10-50 所示。

Step02 设置数据验证条件。打开【数据验证】对话框，❶ 在【允许】下拉列表框中选择【文本长度】选项，❷ 在【数据】下拉列表框中选择【等于】选项，❸ 在【长度】参数框中输入单元格允许输入的文本长度值"18"，❹ 单击【确定】按钮，如图 10-52 所示。

Step04 设置其他单元格的数据验证条件。以同样的方法设置 B5、D5、A29 单元格的文本限制长度。

4. 设置单元格中准确的日期范围

在 Excel 工作表中输入日期时，为了保证输入的日期是合法且有效的，可以通过设置数据验证的方法对日期的有效性条件进行设置。

例如，通过限制"实习申请表"中填写的出生日期输入范围，确定申请人员的年龄为 25～40 岁，具体操作步骤如下。

Step01 打开【数据验证】对话框。❶ 选择要设置日期范围的 B4 单元格，❷ 单击【数据验证】按钮，如图 10-54 所示。

图 10-50

图 10-52

3. 设置单元格文本的输入长度

在 Excel 工作表中编辑数据时，为了增强数据输入的准确性，可以限制单元格中文本输入的长度，当输入超过或低于设置的长度时，系统将提示无法输入。

例如，限制"实习申请表"中身份证号码的输入长度为 18 个字节，电话号码的输入长度为 8 个字节，手机号码的输入长度为 11 个字节，个人介绍的文本不得超过 200 个字节，具体操作步骤如下。

Step01 打开【数据验证】对话框。在"实习申请表 .xlsx"工作簿中，❶ 选择要设置文本长度的 D4 单元格，❷ 单击【数据验证】按钮，如图 10-51 所示。

技术看板

在设置单元格输入的文本长度时，是以字节为单位统计的。如果需要对文字进行统计，则每个文字要算两个字节。如果在【数据】下拉列表框中选择【等于】选项，则表示输入的内容必须和设置的文本长度相等。还可以在列表框中选择【介于】【不等于】【大于】【小于】【大于或等于】【小于或等于】等选项后，再设置长度值。

Step03 查看数据验证效果。此时如果在 D4 单元格中输入了低于或超出限制范围长度的文本，再按【Enter】键时将弹出提示对话框提示输入错误，如图 10-53 所示。

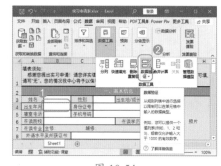

图 10-54

Step02 设置数据验证条件。打开【数据验证】对话框，❶ 在【允许】下拉列表框中选择【日期】选项，❷ 在【数据】下拉列表框中选择【介于】选项，❸ 在【开始日期】参数框中输入单元格中允许输入的最早日期"1982-1-1"，❹ 在【结束日期】参数框中输入单元格中允许输入的最晚日期"1997-1-1"，❺单击【确定】按钮，如图 10-55 所示。

图 10-55

5. 制作单元格选择序列

在 Excel 中，可以通过设置数据有效性的方法为单元格设置选择序列，这样在输入数据时就无须手动输入了。只需单击单元格右侧的下拉按钮，在弹出的下拉列表中选择内容即可快速完成输入。

例如，为"实习申请表.xlsx"工作簿中的多处设置单元格选择序列，具体操作步骤如下。

Step01 打开【数据验证】对话框。❶选择要设置输入序列的 D3 单元格，❷单击【数据验证】按钮，如图10-56 所示。

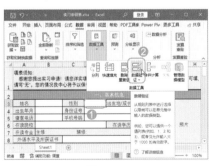

图 10-56

Step02 设置数据验证条件。打开【数据验证】对话框，❶在【允许】下拉列表框中选择【序列】选项，❷在【来源】参数框中输入该单元格中允许输入的各种数据，且各数据之间用半角的逗号","隔开，这里输入"男,女"，❸单击【确定】按钮，如图 10-57 所示。

图 10-57

Step03 使用数据验证选择数据。经过以上操作后，单击工作表中设置了序列的单元格时，单元格右侧将显示一个下拉按钮，单击该按钮，在弹出的下拉列表中提供了该单元格允许输入的序列，如图 10-58 所示，用户从中选择所需的内容即可快速填充数据。

图 10-58

Step04 打开【数据验证】对话框。❶选择要设置输入序列的 F6 单元格，❷单击【数据验证】按钮，如图10-59 所示。

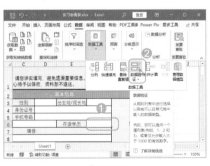

图 10-59

Step05 设置数据验证条件。打开【数据验证】对话框，❶在【允许】下拉列表框中选择【序列】选项，❷在【来

源】参数框中输入【专科,本科,硕士研究生,博士研究生】，❸单击【确定】按钮，如图 10-60 所示。

图 10-60

技术看板

设置序列的数据有效性时，可先在表格中的空白单元格中输入要引用的序列，然后在【数据验证】对话框的【来源】参数框中通过引用单元格来设置序列。

6. 设置只能在单元格中输入数字

遇到复杂的数据有效性设置时，就需要结合公式来进行设置了。例如，在"实习申请表.xlsx"工作簿中输入数据时，为了避免输入错误，要限制在班级成绩排名部分的单元格中只能输入数字而不能输入其他内容，具体操作步骤如下。

Step01 打开【数据验证】对话框。❶选择要设置自定义数据验证的G12:G15 单元格区域，❷单击【数据验证】按钮，如图 10-61 所示。

Step02 设置数据验证条件。打开【数据验证】对话框，❶在【允许】下拉列表框中选择【自定义】选项，❷在【公式】参数框中输入"=ISNUMBER(G12)"，❸单击【确定】按钮，如图 10-62 所示。

图 10-61

图 10-62

技术看板

本例在【公式】参数框中输入 ISNUMBER() 函数的目的是用于测试输入的内容是否为数值，G12 是指选择单元格区域的第 1 个活动单元格。

Step 03 查看数据验证效果。经过以上操作后，在设置了有效性的区域内如果输入除数字外的其他内容就会出现错误提示，如图 10-63 所示。

图 10-63

技术看板

当在设置了数据有效性的单元格中输入无效数据时，在弹出的提示对话框中，单击【重试】按钮可返回工

作表中重新输入，单击【取消】按钮将取消输入内容的操作，单击【帮助】按钮可打开【Excel 帮助】窗口。

★ 重点 10.2.2 实战：为"实习申请表"设置数据输入提示信息

实例门类	软件功能

在工作表中编辑数据时，使用数据验证功能还可以为单元格设置输入提示信息，提醒在输入单元格信息时应该输入的内容，提高数据输入的准确性。例如，为"实习申请表 .xlsx"工作簿中的部分单元格设置提示信息，具体操作步骤如下。

Step 01 打开【数据验证】对话框。❶ 选择要设置数据输入提示信息的 D5 单元格，❷ 单击【数据验证】按钮，如图 10-64 所示。

图 10-64

Step 02 设置提示信息。打开【数据验证】对话框，❶ 选择【输入信息】选项卡，❷ 在【标题】文本框中输入提示信息的标题，❸ 在【输入信息】文本框中输入具体的提示信息，❹ 单击【确定】按钮，如图 10-65 所示。

图 10-65

Step 03 查看数据验证输入信息提示。返回工作表中，当选择设置了提示信息的 D5 单元格时，将在单元格旁显示设置的文字提示信息，效果如图 10-66 所示。

图 10-66

技能拓展——设置出错警告信息

当在设置了数据有效性的单元格中输入了错误的数据时，系统将提示警告信息。方法：选择要设置数据输入出错警告信息的 B4 单元格，打开【数据验证】对话框，❶ 选择【出错警告】选项卡，❷ 在【样式】下拉列表框中选择当单元格数据输入错误时要显示的警告样式，这里选择【停止】选项，❸ 在【标题】文本框中输入警告信息的标题，❹ 在【错误信息】文本框中输入具体的错误原因以作提示，❺ 单击【确定】按钮，如图 10-67 所示。

图 10-67

10.2.3 实战：圈释"康复训练服务登记表"中无效的数据

实例门类	软件功能

在包含大量数据的工作表中，可以通过设置数据有效性区分有效数据和无效数据，对于无效数据还可以通过设置数据验证的方法将其圈释出来。

例如，将"康复训练服务登记表 .xlsx"工作簿中时间较早的那些记录标记出来，具体操作步骤如下。

Step01 打开【数据验证】对话框。打开"素材文件 \ 第 10 章 \ 康复训练服务登记表 .xlsx"文档，❶ 选择要设置数据有效性的 A2:A37 单元格区域，❷ 单击【数据验证】按钮，如图 10-68 所示。

图 10-68

Step02 设置数据验证条件。打开【数据验证】对话框，❶ 选择【设置】选项卡，❷ 在【允许】下拉列表框中选择【日期】选项，❸ 在【数据】下拉列表框中选择【介于】选项，❹ 在【开始日期】和【结束日期】参数框中分别输入单元格区域中允许输入的最早日期"2022/6/1"和允许输入的最晚日期"2022/12/31"，❺ 单击【确定】按钮，如图 10-69 所示。

图 10-69

> ⚙️ **技能拓展——清除表格中的数据验证**
>
> 　　要清除表格中的数据验证，需要先选择要清除数据验证的单元格区域，打开【数据验证】对话框，单击【全部清除】按钮，最后单击【确定】按钮。

Step03 选择【圈释无效数据】选项。❶ 单击【数据验证】下拉按钮，❷ 在弹出的下拉列表中选择【圈释无效数据】选项，如图 10-70 所示。

图 10-70

Step04 查看圈释出来的无效数据。经过以上操作后，系统将用红色标记圈释出表格中的无效数据(要取消圈释，可再次单击【数据验证】下拉按钮，在弹出的下拉列表中选择【清除验证标识圈】选项)，效果如图 10-71 所示。

图 10-71

10.3 编辑数据

在表格数据输入过程中最好适时进行检查，如果发现数据输入有误，或者某些内容不符合要求时，可以再次进行编辑，包括插入、复制、移动、删除、合并单元格，以及修改或删除单元格数据等。单元格的相关操作已经在前面介绍了，下面主要介绍单元格中数据的编辑方法，包括修改、查找 / 替换、复制和移动数据。

10.3.1 修改表格中的数据

表格数据在输入过程中，难免存在输入错误的情况，尤其是在数据量比较大的表格中。此时，用户可以像在日常生活中使用橡皮擦一样将工作表中错误的数据修改正确。修改表格数据主要有以下 3 种方法。

（1）选择单元格修改：选择单元格后，直接在单元格中输入新的数据进行修改。这种方法适合需要对单元格中的数据全部进行修改的情况。

（2）在单元格中定位文本插入点进行修改：双击单元格，将文本插入点定位在该单元格中，然后选择单元格中的数据，并输入新的数据，按【Enter】键后即可修改该单元格的数据。这种方法既适合将单元格中的数据全部进行修改，又适合修改单元格中的部分数据。

（3）在编辑栏中修改：选择单元格后，在编辑栏中输入数据进行修改。这种方法不仅适合将单元格中的数据全部进行修改，也适合修改单元格中的部分数据。

技能拓展——删除数据后重新输入

要修改表格中的数据，还可以先将单元格中的数据全部删除（选择目标单元格，按【Delete】键），然后输入新的数据。

10.3.2 复制和移动数据

对于表格中相同的数据，用户可直接复制（选择目标数据单元格按【Ctrl+C】组合键复制，然后选择目标单元格，按【Ctrl+V】组合键粘贴）；对于要移动位置的数据单元格，用户可按如下方法进行操作。

选择目标单元格，将鼠标指针移到单元格边框上，当鼠标指针变成形状时，按住鼠标左键将其拖动到目标位置，然后释放鼠标，如图10-72所示。

图 10-72

技能拓展——通过剪切进行数据移动

除了通过整个单元格位置的移动来实现数据的移动外，用户还可以选择目标单元格后按【Ctrl+X】组合键剪切数据，然后选择要移动到的单元格，按【Ctrl+V】组合键粘贴。

★ 重点 10.3.3 查找和替换数据

在 Excel 中进行查找和替换数据的方法与在 Word 中进行查找和替换数据的方法基本相同。用户可直接按【Ctrl+F】组合键打开【查找和替换】对话框，系统自动切换到【查找】选项卡，❶ 用户只需在【查找内容】文本框中输入要查找的内容，❷ 单击【查找全部】或【查找下一个】按钮进行全部查找或逐个查找，如图10-73所示。

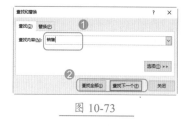

图 10-73

要查找和替换工作簿中的数据，可直接按【Ctrl+H】组合键，打开【查找和替换】对话框（系统自动切换到【替换】选项卡），❶ 分别在【查找内容】和【替换为】文本框中输入查找的内容和被替换的内容，❷ 单击【替换】或【全部替换】按钮，如图10-74所示。

图 10-74

10.4 设置单元格格式

Excel 2021 默认状态下制作的工作表具有相同的文字格式和对齐方式，没有边框和底纹效果。为了让制作的表格更加美观，可以为其设置适当的单元格格式，包括为单元格设置文字格式、数字格式、对齐方式，还可以为其添加边框和底纹。

★ 重点 10.4.1 实战：设置"应付账款分析"中的文字格式

实例门类	软件功能

Excel 2021 中输入的文字字体默认为等线体，字号为 11 号。为了使表格数据更清晰、整体效果更美观，可以为单元格中的文字设置字体格式，包括调整字体、字号、字形和颜色等。

在 Excel 2021 中为单元格设置文字格式，可以在【字体】组中进行设置，也可以通过【设置单元格格式】对话框进行设置。

1. 在【字体】组中设置文字格式

在 Excel 中为单元格数据设置文字格式可以像在 Word 中设置字体格式一样。在【字体】组中就能够方便地设置文字的字体、字号、颜色、加粗、斜体和下划线等常用字体格式，

如图 10-75 所示。通过该方法设置字体也是最常用、最快捷的方法。

图 10-75

首先选择需要设置文字格式的单元格、单元格区域、文本或字符，然后在【开始】选项卡下【字体】组中选择相应的选项或单击相应的按钮即

可执行相应的操作。各选项和按钮的具体功能介绍如下。

- 【字体】下拉列表框 等线 ：单击该下拉列表框右侧的下拉按钮，在弹出的下拉列表中可以选择所需的字体。

- 【字号】下拉列表框 11 ：在该下拉列表框中可以选择所需的字号。

- 【加粗】按钮 B：单击该按钮可将所选的字符加粗显示，再次单击该按钮即可取消字符的加粗显示。

- 【倾斜】按钮 I：单击该按钮可将所选的字符倾斜显示，再次单击该按钮即可取消字符的倾斜显示。

- 【下划线】按钮 U：单击该按钮，可为选择的字符添加下划线效果。单击该按钮右侧的下拉按钮，在弹出的下拉列表中还可选择【双下划线】选项，为所选字符添加双下划线效果。

- 【增大字号】按钮 A：单击该按钮将根据字符列表中排列的字号大小依次增大所选字符的字号。

- 【减小字号】按钮 A：单击该按钮将根据字符列表中排列的字号大小依次减小所选字符的字号。

- 【字体颜色】按钮 A：单击该按钮可自动为所选字符应用当前颜色。若单击该按钮右侧的下拉按钮，将弹出如图 10-76 所示的下拉列表，在其中可以设置字体的颜色。

技术看板

在图 10-76 所示的下拉列表的【主题颜色】栏中可选择主题颜色；在【标准色】栏中可以选择标准色；选择【其他颜色】选项后，将打开如图 10-77 所示的【颜色】对话框，在其中可以自定义需要的颜色。

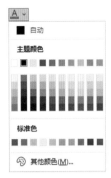

图 10-76

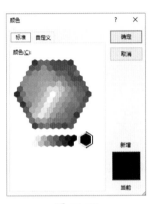

图 10-77

下面通过【字体】组中的选项和按钮为"应付账款分析 .xlsx"工作簿的表头设置合适的文字格式，具体操作步骤如下。

Step01 设置文字格式。打开"素材文件\第 10 章\应付账款分析 .xlsx"文档，❶选择 A1:J2 单元格区域，❷单击【开始】选项卡下【字体】组中的【字体】下拉列表框右侧的下拉按钮，❸在弹出的下拉列表中选择需要的字体，如这里选择【黑体】，如图 10-78 所示。

图 10-78

Step02 设置字体加粗格式。单击【字体】

组中的【加粗】按钮，如图 10-79 所示。

图 10-79

Step03 选择字体颜色。❶单击【字体颜色】下拉按钮，❷在弹出的下拉列表中选择需要的颜色，如【蓝色，个性色 1，深色 25%】，如图 10-80 所示。

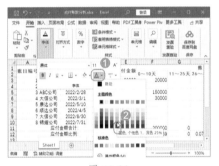

图 10-80

Step04 选择字号。❶选择 F2:J2 单元格区域，❷单击【字号】下拉按钮，❸在弹出的下拉列表中选择【10】选项，如图 10-81 所示。

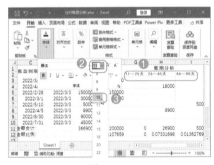

图 10-81

技术看板

对于表格内的数据，原则上来说，不应使用粗体，以免喧宾夺主。但也有特例，如在设置表格标题（表头）的字体格式时，一般使用加粗效果会更好。另外，当数据稀疏时，可以将其设置为【黑体】，起到强调的作用。

2. 通过对话框设置文字格式

用户还可以通过【设置单元格格式】对话框来设置文字格式，只需单击【开始】选项卡下【字体】组右下角的【对话框启动器】按钮，即可打开【设置单元格格式】对话框。在该对话框的【字体】选项卡下可以设置字体、字形、字号、下划线、字体颜色和一些特殊效果等。

通过【设置单元格格式】对话框设置文字格式的方法主要用于设置删除线、上标和下标等文字的特殊效果。

例如，要为"应付账款分析.xlsx"工作簿中的部分单元格设置特殊的文字格式，具体操作步骤如下。

Step01 打开【设置单元格格式】对话框。❶ 选择 A11:D12 单元格区域，❷ 单击【开始】选项卡下的【字体】组右下角的【对话框启动器】按钮，如图10-82所示。

图 10-82

Step02 设置字体格式。打开【设置单元格格式】对话框❶ 在【字体】选项卡下的【字形】列表框中选择【加粗】选项，❷ 在【下划线】下拉列表框中选择【会计用单下划线】选项，❸ 在【颜

色】下拉列表框中选择需要的颜色，❹ 单击【确定】按钮，如图10-83所示。

图 10-83

Step03 查看字体格式设置效果。返回工作表中即可看到为所选单元格设置的字体格式效果，如图10-84所示。

图 10-84

★ 重点 10.4.2 实战：设置"应付账款分析"中的数字格式

实例门类	软件功能

在单元格输入数据后，Excel 会自动识别数据类型并应用相应的数字格式。在实际生活中，常常遇到日期、货币等特殊格式的数据，如要区别输入的货币数据与其他普通数据，需要在货币数字前加上货币符号，如人民币符号"¥"，或者要让输入的当前日期显示为"2022年12月20日"等。在 Excel 2021 中要让数据显示为需要的形式，就需要设置数字格式，如常规格式、货币格式、会计专用格式、

日期格式和分数格式等。

在 Excel 2021 中为单元格设置数字格式，可以在【开始】选项卡下的【数字】组中进行设置，也可以通过【设置单元格格式】对话框进行设置。下面通过一个案例来具体说明。例如，要为"应付账款分析.xlsx"工作簿中的相关数据设置数字格式，具体操作步骤如下。

Step01 打开【设置单元格格式】对话框。❶ 选择 A3:A10 单元格区域，❷ 单击【开始】选项卡下【数字】组右下角的【对话框启动器】按钮，如图 10-85 所示。

图 10-85

Step02 选择数据类型。打开【设置单元格格式】对话框，❶ 在【数字】选项卡下的【分类】列表框中选择【自定义】选项，❷ 在【类型】文本框中输入需要自定义的格式，如"0000"，❸ 单击【确定】按钮，如图 10-86 所示。

图 10-86

技术看板

利用 Excel 提供的自定义数据类型的功能，用户还可自定义各种格式的数据。下面介绍在【类型】文本框中经常输入的各代码的用途。

- "#"：数字占位符。只显示有意义的零而不显示无意义的零。小数点后数字若大于 "#" 的数量，则按 "#" 的位数四舍五入。例如，输入代码 "###.##"，则 12.3 将显示为 12.30；12.3456 显示为 12.35。

- "0"：数字占位符。如果单元格的内容大于占位符，则显示实际数字；如果小于占位符的数量，则用 0 补足。例如，输入代码 "00.000"，则 123.14 显示为 123.140；1.1 显示为 01.100。

- "*"：重复下一字符，直到充满列宽。例如，输入代码 "@*-}。"，则 ABC 显示为 "ABC---------"。

- ","：千位分隔符。例如，输入代码 "#,###"，则 32000 显示为 32,000。

Step03 查看数据显示效果。经过以上操作，即可让所选单元格区域内的数字显示为 0001、0002 等，❶ 选择 C3:C10 单元格区域，❷ 单击【开始】选项卡下【数字】组右下角的【对话框启动器】按钮，如图 10-87 所示。

图 10-87

Step04 设置数据类型。打开【设置单元格格式】对话框，❶ 在【数字】选项卡下【分类】列表框中选择【日期】选项，❷ 选择需要的日期格式，❸ 单击【确定】按钮，如图 10-88 所示。

图 10-88

Step05 选择日期格式。经过以上操作，即可为所选单元格区域设置相应的日期样式，❶ 选择 D3:D10 单元格区域，❷ 在【开始】选项卡下【数字】组中的【数字格式】下拉列表框中选择【长日期】选项，如图 10-89 所示。

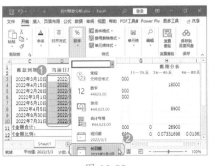

图 10-89

Step06 设置数据的货币格式。也可以为所选单元格区域设置相应的数值样式，❶ 选择 E3:E11 单元格区域，❷ 在【数字】组中的【数字格式】下拉列表框中选择【货币】选项，如图 10-90 所示。

技能拓展——快速设置千位分隔符

单击【数字】组中的【千位分隔样式】按钮，可以为所选单元格区域中的数据添加千位分隔符 ","。

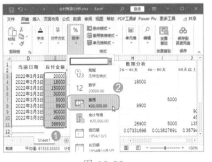

图 10-90

Step07 设置数据小数位数。经过以上操作，即可为所选单元格区域设置货币样式，且每个数据均包含两位小数。连续两次单击【数字】组中的【减少小数位数】按钮，如图 10-91 所示。

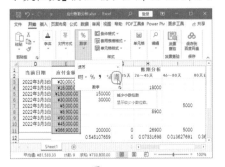

图 10-91

Step08 设置数据的百分比格式。经过以上操作，即可让所选单元格区域中的数据显示为整数，❶ 选择 F12:J12 单元格区域，❷ 单击【数字】组中的【百分比样式】按钮 %，如图 10-92 所示。

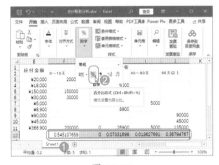

图 10-92

Step09 设置数据小数位数。经过以上操作，即可让所选单元格区域的数据显示为百分比样式，❶ 按【Ctrl+1】组合键快速打开【设置单元格格式】对话框，切换到【数字】选项卡，

② 在右侧的【小数位数】数值框中输入"2"，③ 单击【确定】按钮，如图 10-93 所示。

图 10-93

Step⑩ 查看数据格式设置效果。经过以上操作，即可让所选单元格区域的数据均包含两位小数，如图 10-94 所示。

图 10-94

★ 重点 10.4.3 实战：设置"应付账款分析"中的对齐方式

实例门类	软件功能

默认情况下，在 Excel 中输入的文本显示为左对齐，数据显示为右对齐。为了保证工作表中数据的整齐性，可以为数据重新设置对齐方式。设置对齐方式包括设置文字的对齐方式、文字的方向和自动换行。设置方法和文字格式的设置方法相似，可以在【对齐方式】组中进行设置，也可以在【设置单元格格式】对话框中的【对齐】选项卡下进行设置。下面将分别进行介绍。

1. 在【对齐方式】组中设置

在【开始】选项卡下的【对齐方式】组中能够方便地设置单元格数据的水平对齐方式、垂直对齐方式、文字方向、缩进量和自动换行等。通过该方法设置数据的对齐方式是最常用、最快捷的方法。选择需要设置格式的单元格或单元格区域，在【对齐方式】组中单击相应按钮即可执行相应的操作。

下面通过【对齐方式】组中的选项或按钮为"应付账款分析.xlsx"工作簿设置合适的对齐方式，具体操作步骤如下。

Step⑪ 设置数据居中显示。① 选择 F2:J2 单元格区域，② 单击【开始】选项卡下【对齐方式】组中的【居中】按钮三，如图 10-95 所示。

图 10-95

Step⑫ 设置数据右对齐显示。① 选择 A3:D10 单元格区域，② 单击【对齐方式】组中的【右对齐】按钮，如图 10-96 所示，让选择的单元格区域中的数据靠右对齐。

图 10-96

Step⑬ 设置数据自动换行。① 修改 B5 单元格中的数据，② 单击【对齐方式】组中的【自动换行】按钮，如图 10-97 所示。

图 10-97

2. 通过【设置单元格格式】对话框设置

通过【设置单元格格式】对话框设置数据对齐方式的方法主要用于需要详细设置水平对齐方式、垂直对齐方式、旋转方向和缩小字体进行填充的特殊情况。

如图 10-98 所示，在【设置单元格格式】对话框的【对齐】选项卡下【文本对齐方式】栏中可以设置单元格中数据在水平和垂直方向上的对齐方式，并且能够设置缩进值；在【方向】栏中可以设置具体的旋转角度值，并能在预览框中查看文字旋转后的效果；在【文本控制】栏中选中【自动换行】复选框，可以为单元格中的数据进行自动换行，选中【缩小字体填充】复选框，可以将所选单元格或单元格区域的字体自动缩小以适应单元格的大小。设置完毕后单击【确定】按钮关闭对话框即可。

图 10-98

10.4.4　实战：为"应付账款分析"添加边框和底纹

实例门类	软件功能

Excel 2021 默认状态下，单元格的背景是白色的，边框为无色显示。为了能更好地区分单元格中的数据内容，可以根据需要为其设置适当的边框效果、填充喜欢的底纹。

1. 添加边框

实际上，在打印输出时，默认情况下 Excel 中自带的边框是不会被打印出来的，因此想要打印输出的表格具有边框，就需要在打印前为单元格添加边框。为单元格添加边框，还可以使制作的表格轮廓更加清晰，让每个单元格中的内容有一个明显的划分。

为单元格添加边框有两种方法：一是可以单击【开始】选项卡下【字体】组中的【边框】下拉按钮，在弹出的下拉列表中选择为单元格添加的边框样式；二是需要在【设置单元格格式】对话框中的【边框】选项卡下进行设置。

下面通过设置"应付账款分析 .xlsx"工作簿中的边框效果，说明添加边框的具体操作步骤。

Step01 选择所有框线。❶ 选择 A1:J12 单元格区域，❷ 单击【字体】组中的【边框】下拉按钮，❸ 在弹出的下拉列表中选择【所有框线】选项，如图 10-99 所示。

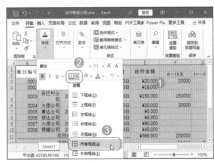

图 10-99

Step02 打开【设置单元格格式】对话框。经过以上操作，系统自动为所选单元格区域设置边框效果，❶ 选择 A1:J2 单元格区域，❷ 单击【字体】组右下角的【对话框启动器】按钮，如图 10-100 所示。

图 10-100

Step03 设置单元格边框格式。打开【设置单元格格式】对话框，❶ 选择【边框】选项卡，❷ 在【颜色】下拉列表框中选择【蓝色】选项，❸ 在【样式】列表框中选择【粗线】选项，❹ 单击【预置】栏中的【外边框】按钮，❺ 单击【确定】按钮，如图 10-101 所示。

图 10-101

Step04 查看单元格边框效果。经过以上操作，即可为所选单元格区域设置外边框效果，如图 10-102 所示。

图 10-102

2. 设置底纹

在编辑表格的过程中，为单元格设置底纹既能使表格更加美观，又能让表格更具整体感和层次感。为包含重要数据的单元格设置底纹，还可以使其更加醒目，起到提醒的作用。这里所说的设置底纹包括为单元格填充纯色、带填充效果的底纹和带图案的底纹 3 种。

为单元格填充底纹一般需要通过【设置单元格格式】对话框中的【填

充】选项卡进行设置。若只为单元格填充纯色底纹，还可以通过单击【开始】选项卡下【字体】组中的【填充颜色】下拉按钮，在弹出的下拉列表中选择需要的颜色。

下面以为"应付账款分析.xlsx"工作簿设置底纹为例，详细讲解为单元格设置底纹的方法。

Step01 打开【设置单元格格式】对话框。❶选择A1:J2单元格区域，❷单击【字体】组右下角的【对话框启动器】按钮，如图10-103所示。

图 10-103

Step02 设置填充格式。打开【设置单元格格式】对话框，❶选择【填充】

选项卡，❷在【背景色】栏中选择需要填充的背景颜色，如选择【橙色】选项，❸在【图案颜色】下拉列表框中选择图案的颜色，如选择【白色】选项，❹在【图案样式】下拉列表框中选择需要填充的背景图案，❺单击【确定】按钮关闭对话框，如图10-104所示。

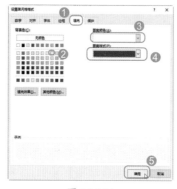
图 10-104

Step03 查看单元格填充效果。返回工作界面中即可看到设置的底纹效果。❶选择隔行的单元格区域，单击【开始】选项卡下【字体】组中的【填充颜色】下拉按钮，❷在弹出的下

拉列表中选择需要填充的颜色，为所选单元格区域填充选择的颜色，如图10-105所示。

图 10-105

技能拓展——删除单元格中设置的底纹

如果要删除单元格中设置的底纹效果，可以在【填充颜色】的下拉列表中选择【无填充】选项，或者在【设置单元格格式】对话框中单击【无颜色】按钮。

10.5 使用单元格样式

Excel 2021 提供了一系列单元格样式，它是一整套已为单元格预定义了不同的文字格式、数字格式、对齐方式、边框和底纹效果等样式的格式模板。使用单元格样式可以快速使每个单元格都具有不同的特点，除此之外，用户还可以根据需要对内置的单元格样式进行修改，或者自定义新单元格样式，创建更具个人特色的表格。

10.5.1 实战：为"办公物品申购单"套用单元格样式

实例门类	软件功能

如果用户希望工作表中的相应单元格格式独具特色，却又不想浪费太多的时间进行单元格格式设置，此时便可利用 Excel 2021 自动套用单元格样式功能，直接调用系统中已经设置好的单元格样式，快速地构建带有相应格式特征的表格。这样不仅可以提高工作效率，还可以保证单元格格式的质量。

单击【开始】选项卡下【样式】组中的【单元格样式】按钮，在弹出的下拉菜单中即可看到 Excel 2021 中提供的多种单元格样式。通常，用户会为表格中的标题单元格套用 Excel 默认提供的【标题】类单元格样式，为文档类的单元格根据情况使用非【标题】类的样式。

例如，要为"办公物品申购单.xlsx"工作簿中的单元格套用单元格样式，具体操作步骤如下。

Step01 选择单元格样式。打开"素材文件\第10章\办公物品申购单.xlsx"文件，❶选择A1:I1单元格区域，

❷单击【开始】选项卡下【样式】组中的【单元格样式】按钮，❸在弹出的下拉列表中选择【标题1】选项，如图10-106所示。

图 10-106

Step02 查看单元格样式选择效果。经过以上操作，即可为所选单元格区域设置【标题1】样式。❶ 选择 A3:I3 单元格区域，❷ 单击【单元格样式】按钮，❸ 在弹出的下拉列表中选择需要的主题单元格样式，如图 10-107 所示。

图 10-107

10.5.2 实战：修改与复制单元格样式

实例门类	软件功能

　　用户在应用单元格样式后，如果对应用样式中的字体、边框或某一部分样式不满意，还可以对应用的单元格样式进行修改。同时，用户还可以对已经存在的单元格样式进行复制。通过修改或复制单元格样式来创建新的单元格样式比完全从头开始自定义单元格样式更加快捷。下面在"办公用品申购单 .xlsx"工作簿中修改【标题1】单元格样式，具体操作步骤如下。

Step01 修改样式。❶ 单击【单元格样式】按钮，❷ 在弹出的下拉列表中找到需要修改的单元格样式并在其上右击，❸ 在弹出的快捷菜单中选择【修改】选项，如图 10-108 所示。

Step02 打开【设置单元格格式】对话框。打开【样式】对话框，单击【格式】按钮，如图 10-109 所示。

图 10-108

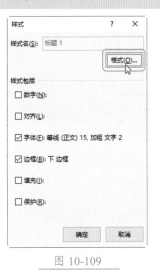

图 10-109

Step03 修改字体格式。打开【设置单元格格式】对话框，❶ 选择【字体】选项卡，❷ 在【颜色】下拉列表框中选择【蓝色，个性色 1，深色 25%】选项，如图 10-110 所示。

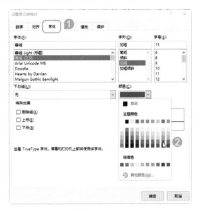

图 10-110

Step04 修改边框格式。❶ 选择【边框】选项卡，❷ 在【颜色】下拉列表框中选择【蓝色，个性色 1，深色 50%】选项，❸ 单击田按钮，❹ 单击【确定】按钮，如图 10-111 所示。

图 10-111

Step05 确定单元格样式修改。返回【样式】对话框中，直接单击【确定】按钮关闭该对话框，如图 10-112 所示。

Step06 查看样式修改效果。返回工作表中即可看到已经应用了【标题1】样式的 A1 单元格的样式，如图 10-113 所示。

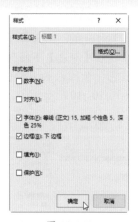

图 10-112

图 10-113

技术看板

修改非 Excel 内置的单元格样式时，用户可以在【样式】对话框的【样式名】文本框中重新输入样式名称。

复制的单元格样式和重命名的单元格样式将添加到【单元格样式】下拉列表中的【自定义】栏中。如果不重命名内置单元格样式，该内置单元格样式将随着所做的样式更改而更新。

10.5.3 实战：合并单元格样式

实例门类 软件功能

创建的或复制到工作簿中的单元格样式只能应用于选择的当前工作簿，如果要使用到其他工作簿中，则可以通过合并样式操作，将一个工作簿中的单元格样式复制到另一个工作簿中。

在 Excel 中合并单元格样式操作需要先打开要合并单元格样式的两个及以上工作簿，然后在【单元格样式】下拉列表中选择【合并样式】选项，再在打开的对话框中根据提示进行操作。

下面将"办公物品申购单.xlsx"工作簿中创建的【多文字格式】单元格样式合并到"参观申请表.xlsx"工作簿中，具体操作步骤如下。

Step01 打开【合并样式】对话框。打开"素材文件\第 10 章\参观申请表.xlsx"文档，❶ 单击【单元格样式】按钮，❷ 查看弹出的下拉列表中并无【自定义】栏，表示没有创建过单元格样式，然后在该下拉列表中选择【合并样式】选项，如图 10-114 所示。

图 10-114

Step02 选择合并样式来源。打开【合并样式】对话框，❶ 在【合并样式来源】列表框中选择包含要复制的单元格样式的工作簿，这里选择【办公物品申购单.xlsx】选项，❷ 单击【确定】按钮关闭对话框，如图 10-115 所示，完成单元格样式的合并操作。

图 10-115

Step03 取消合并具有相同名称的样式。弹出提示对话框，提示是否需要合并相同名称的样式，这里单击【否】按钮，如图 10-116 所示。

图 10-116

Step04 查看应用样式效果。返回"参观申请表.xlsx"工作簿中，❶ 选择 C26:C28 单元格区域，❷ 单击【单元格样式】按钮，❸ 在弹出的下拉列表中即可看到已经将"办公物品申购单.xlsx"工作簿中自定义的单元格样式合并到该工作簿中了，在【自定义】栏中选择【多文字格式】选项，即可为所选单元格区域应用该单元格样式，如图 10-117 所示。

图 10-117

10.5.4 删除单元格样式

实例门类 软件功能

如果不再需要创建的单元格样式，可以进行删除操作。在单元格样式下拉菜单中需要删除的预定义或自定义单元格样式上右击，在弹出的快捷菜单中选择【删除】选项，即可将该单元格样式从下拉列表中删除，并从应用该单元格样式的所有单元格中删除单元格样式。

技术看板

【单元格样式】下拉列表中的【常规】单元格样式，即 Excel 内置的单元格样式，是不能删除的。

10.6 设置表格样式

Excel 2021 中不仅提供了单元格样式，还提供了许多预定义的表格样式。与单元格样式相同，表格样式也是一套已经定义了不同文字格式、数字格式、对齐方式、边框和底纹效果等样式的格式模板，只是模板是作用于整个表格的。这样，使用模板功能就可以快速对整个数据表格进行美化了。套用表格样式后还可以为表元素进行设计，使其更符合实际需要。如果预定义的表格样式不能满足需要，则可以创建并应用自定义的表格样式。下面将逐一介绍其具体操作方法。

★ 重点 10.6.1 实战：为"司机档案表"套用表格样式

实例门类	软件功能

如果需要为整个表格或大部分表格区域设置样式，则可以直接使用【套用表格格式】功能。应用 Excel 预定义的表格样式可以为数据表轻松快速地构建带有特定格式特征的表格。

例如，要为"司机档案表"应用预定义的表格样式，具体操作步骤如下。

Step01 选择表格样式。打开"素材文件\第 10 章\司机档案表 .xlsx"文档，❶ 选择表格中的数据单元格区域，❷ 单击【开始】选项卡下【样式】组中的【套用表格格式】按钮，❸ 在弹出的下拉列表中选择需要的表格样式，这里选择【蓝色，表样式中等深浅 2】选项，如图 10-118 所示。

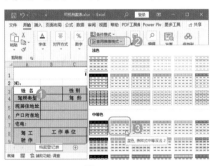

图 10-118

Step02 确定需要设置样式的数据区域。打开【创建表】对话框，❶ 确认设置单元格区域并取消选中【表包含标题】复选框，❷ 单击【确定】按钮关闭对话框，如图 10-119 所示。
Step03 查看样式套用效果。返回工作

表中即可看到已经为所选单元格区域套用了选定的表格样式，效果如图 10-120 所示。

图 10-119

图 10-120

技术看板

一般情况下，可以为表格套用颜色间隔的表格格式，如果为表格中的部分单元格设置了填充颜色，或者设置了条件格式，继续套用表格格式时则选择没有颜色间隔的表格格式。

★ 重点 10.6.2 实战：为"司机档案表"设计表格样式

实例门类	软件功能

套用表格格式后，表格区域将变为一个特殊的整体区域，且选择该区域中的任意单元格时，将激活【表设计】选项卡。在该选项卡中可以设置表格区域的名称和大小，在【表格样

式选项】组中还可以对表元素（如标题行、汇总行、第一列、最后一列、镶边行和镶边列）设置快速样式……从而对整个表格样式进行细节处理，进一步完善表格样式。

下面为套用表格样式后的"司机档案表 .xlsx"工作簿设计适合的表格样式，具体操作步骤如下。

Step01 取消标题行样式。❶ 选择套用表格格式区域中的任意单元格，激活【表设计】选项卡，❷ 在【表格样式选项】组中取消选中【标题行】复选框，如图 10-121 所示。

图 10-121

Step02 选择镶边列样式。经过以上操作后，将隐藏因为套用表格格式而生成的标题行。选中【镶边列】复选框，即可赋予间隔列以不同的填充色，如图 10-122 所示。

图 10-122

Step03 将表格转换为普通区域。设置镶边列效果后，将更容易发现套用表格样式，之前合并过的单元格都拆开了，需要重新进行合并。单击【工具】组中的【转换为区域】按钮，如图10-123所示。

图 10-123

技术看板

套用表格样式后，表格区域将成为一个特殊的整体区域，当在表格中添加新的数据时，单元格上会自动应用相应的表格样式。如果要将该区域转换成普通区域，可单击【表设计】选项卡下【工具】组中的【转换为区域】按钮，当表格转换为区域后，其表格样式仍然保留。

Step04 确定将表格转换为普通区域。弹出提示对话框，单击【是】按钮，如图10-124所示。

图 10-124

Step05 合并单元格。返回工作表中，❶选择需要合并的E5:F5单元格区域，❷单击【开始】选项卡下【对齐方式】组中的【合并后居中】按钮，如图10-125所示。

Step06 继续合并单元格，并调整行高。使用相同的方法继续合并表格中的其他单元格，并更改部分单元格的填充颜色，完成后拖动鼠标指针调整第3

行的高度，最终效果如图10-126所示。

图 10-125

图 10-126

10.6.3 修改与删除"住宿登记表"中的表格样式

实例门类	软件功能

如果对自定义套用的表格样式不满意，除了可以在【表设计】选项卡中进行深层次设计外，还可以返回创建的基础设计中进行修改。

若对套用的表格样式彻底不满意或不需要进行修饰了，可将应用的表格样式清除。例如，要修改"住宿登记表.xlsx"工作簿中的表格样式，然后将其删除，具体操作步骤如下。

Step01 修改表格样式。打开"素材文件\第10章\住宿登记表.xlsx"文档，❶单击【套用表格格式】按钮，❷在弹出的下拉列表中找到当前表格所用的表格样式，这里在【自定义】栏中的第2种样式上右击，❸在弹出的快捷菜单中选择【修改】选项，如图10-127所示。

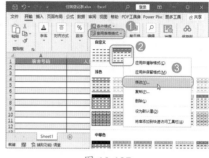

图 10-127

Step02 打开【设置单元格格式】对话框。打开【修改表样式】对话框，❶在【表元素】列表框中选择需要修改的表元素，这里选择【标题行】选项，❷单击【格式】按钮，如图10-128所示。

图 10-128

技能拓展——清除表格样式

在【修改表样式】对话框中单击【清除】按钮，即可去除表元素的现有格式。

如果要清除套用的自定义表格样式，还可以在【套用表格格式】下拉列表中找到套用的表样式，然后在其上右击，在弹出的快捷菜单中选择【删除】选项。

Step03 设置字体格式。打开【设置单元格格式】对话框，❶选择【字体】选项卡，❷在【字形】列表框中选择【加粗】选项，如图10-129所示。

图 10-129

单击【审阅】选项卡中的【检查辅助功能】按钮，将显示出【辅助功能】选项卡，使用其中的工具可以帮助审阅表格内容，进行简单的拼写检查，快速改变填充颜色和字体颜色，设置单元格、表格、透视表、形状、图表

和数字的样式，设置表格格式，取消合并单元格，控制文本换行，替换文字等。

Step04 设置边框格式。❶ 选择【边框】选项卡，❷ 在【颜色】下拉列表框中选择【深蓝】选项，❸ 在【样式】列表框中选择【粗线】选项，❹ 单击【下边框】按钮，❺ 单击【确定】按钮，如图 10-130 所示。

图 10-130

Step05 确定样式修改。返回【修改表样式】对话框，单击【确定】按钮，如图 10-131 所示。

图 10-131

妙招技法

通过前面知识的学习，相信读者已经掌握了数据输入、限制输入、编辑，以及单元格和表格的美化操作。下面结合本章内容，给大家介绍一些实用技巧。

技巧 01：如何让输入的小写数字变成中文大写数字

在表格中输入的数字默认的都是阿拉伯数字，在一些关于财务金额单据中经常使用到中文大写数字。

例如，在"费用报销单"表格中的 C12 单元格中输入金额数字，以中文大写方式显示，具体操作步骤如下。

Step01 选择数据类型。打开"素材文件\第 10 章\费用报销单 .xlsx"文档，选择目标单元格，这里选择 C12 单元格，按【Ctrl+1】组合键，打开【设置单元格格式】对话框，❶ 选择【数字】选项卡，❷ 在【分类】列表框中选择【特

殊】选项，❸ 在【类型】列表框中选择【中文大写数字】选项，❹ 单击【确定】按钮，如图 10-132 所示。

图 10-132

Step02 输入数字。返回工作表中，在目标单元格中输入阿拉伯数字，按【Enter】键，系统自动将其转换为中文大写，如图 10-133 所示。

图 10-133

技巧 02：对单元格区域进行行列转置

在编辑工作表数据时，有时会根据需要对单元格区域进行行列转置设置。转置的意思即将原来的行变为列，将原来的列变为行。例如，需要将销售分析表中的数据区域进行行列转置，具体操作步骤如下。

Step01 复制数据。打开"素材文件\第 10 章\销售分析表.xlsx"文档，❶ 选择要进行转置的 A1:F8 单元格区域，❷ 单击【开始】选项卡下【剪贴板】组中的【复制】按钮，如图 10-134 所示。

图 10-134

Step02 选择粘贴方式。❶ 选择转置后数据保存的目标位置，这里选择 A11 单元格，❷ 单击【剪贴板】组中的【粘贴】下拉按钮，❸ 在弹出的下拉列表中单击【转置】按钮，如图 10-135 所示。

图 10-135

Step03 查看转置粘贴的效果。经过上步操作后，即可看到转置后的单元格区域，效果如图 10-136 所示。

图 10-136

技术看板

复制数据后，直接单击【粘贴】按钮，会将复制的数据内容和数据格式等全部粘贴到新位置中。

技巧 03：使用文本导入向导导入文本数据

在 Excel 中，用户可以打开文本文件，通过复制粘贴的方式，将文本中的数据导入 Excel 表中。这类文本内容的每个数据项之间一般会以【空格】【逗号】【分号】【Tab 键】等作为分隔符，然后根据文本文件的分隔符将数据导入相应的单元格。通过导入数据的方法可以很方便地使用外部文本数据，避免了手动输入文本的麻烦。具体操作步骤如下。

Step01 复制文本数据。打开"素材文件\第 10 章\客户资料.txt"文档，按住【Ctrl+A】组合键，选中所有内容后右击，在弹出的快捷菜单中选择【复制】选项，如图 10-137 所示。

图 10-137

Step02 选择用文本导入向导导入数据。新建一张空白工作簿，选中 A1 单元格，表示要将数据导入以这个单元格为开始区域的位置，❶ 单击【开始】选项卡下的【粘贴】按钮，❷ 在弹出的下拉列表中选择【使用文本导入向导】选项，如图 10-138 所示。

图 10-138

Step03 选择分隔方式。❶ 在【文本导入向导 - 第 1 步】对话框中，选中【分隔符号】单选按钮，因为在记事本中，数据之间是用空格符号进行分隔的，❷ 单击【下一步】按钮，如图 10-139 所示。

图 10-139

Step04 选择分隔符。❶ 在【文本导入向导 - 第 2 步】对话框中，选中【空格】复选框，❷ 单击【下一步】按钮，如图 10-140 所示。

图 10-140

技术看板

在导入文本时，选择分隔符号需要根据文本文件中的符号类型进行选择。在【文本导入向导 - 第 2 步】对话框中提供了【Tab 键】【分号】【逗号】【空格】等分隔符号，如果在提供的类型中没有相应的符号，则可以在【其他】文本框中输入，然后再进行导入操作。用户可以在【数据预览】列表框中查看分隔的效果。

Step 05 完成导入向导。在【文本导入向导 - 第 3 步】对话框中，单击【完成】按钮，如图 10-141 所示。

图 10-141

技术看板

默认情况下，所有数据都会设置为【常规】格式，该数据格式可以将数值转换为数字格式，日期值转换为日期格式，其余数据转换为文本格式。当导入的数据长度大于或等于 11 位时，为了数据的准确性，要选择导入为【文本】类型。

Step 06 查看数据导入效果。此时就完成了文本数据的导入，效果如图 10-142 所示，记事本的数据成功导入表格中，并且根据空格自动分列显示，保存并命名为"客户资料表 .xlsx"。

图 10-142

本章小结

通过本章知识的学习和案例练习，相信读者已经掌握了常规表格数据的输入、限制输入与编辑及单元格和表格样式的设置。本章首先介绍了数据的输入与限制输入；其次是表格数据编辑的常见操作；再次介绍了单元格格式的手动设置；最后介绍了单元格和表格套用样式等相关操作。在实际制作 Excel 表格的过程中输入、编辑和格式设置操作经常是交错进行的，读者只有对每个功能的操作步骤都烂熟于心，才能在实际工作中根据具体情况合理地进行操作，从而提高工作效率。

第11章 单元格、行列与工作表的管理

➡ 单元格或单元格区域及工作表的选择方式，你知道几种？

➡ 要制作特殊单元格，你知道该怎样合并单元格吗？

➡ 指定行列数据不需要显示，该怎样快速实现呢？

➡ 在 Excel 2021 中插入工作表，实际需要的常用方法有几种？

➡ 如何对工作表进行指定保护？

本章将学习单元格的制作及行列的管理等方面的知识，通过本章的学习，读者不仅会得到这些问题的答案，还会学到更多工作表的基本操作知识。

11.1 单元格的管理操作

单元格作为工作表中存放数据的最小单位，在 Excel 中编辑数据时经常需要对单元格进行相关的操作，包括单元格的选择、插入、删除、合并单元格等，下面就分别进行介绍。

11.1.1 单元格的选择方法

在制作工作表的过程中，对单元格的操作是必不可少的，因为单元格是工作表中最重要的组成元素。选择单元格和单元格区域的方法有很多种，用户可以根据实际需要选择最合适、最有效的操作方法。

1. 选择一个单元格

在 Excel 中，当前选中的单元格被称为"活动单元格"。将鼠标指针移动到需要选择的单元格上，单击即可选择该单元格。

在名称框中输入需要选择的单元格的行号和列号，然后按【Enter】键，也可选择对应的单元格。

选择一个单元格后，该单元格将被一个绿色的方框包围，在名称框中也会显示该单元格的名称，该单元格的行号和列标都成突出显示状态，如图 11-1 所示。

图 11-1

2. 选择相邻的多个单元格（单元格区域）

先选择第 1 个单元格（所需选择的相邻多个单元格范围左上角的单元格），然后按住鼠标左键并拖动到目标单元格（所需选择的相邻多个单元格范围右下角的单元格）。

在选择第 1 个单元格后，按住【Shift】键的同时选择目标单元格，即可选择单元格区域。

选择的单元格区域被一个大的绿色方框包围，但在名称框中只会显示出该单元格区域左上侧单元格的名称，如图 11-2 所示。

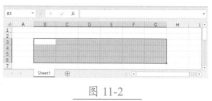

图 11-2

3. 选择不相邻的多个单元格

按住【Ctrl】键的同时，依次单击需要选择的单元格或单元格区域，即可选择多个不相邻的单元格或单元格区域，效果如图 11-3 所示。

图 11-3

4. 选择多个工作表中的单元格

在 Excel 中，使用【Ctrl】键不仅可以选择同一张工作表中不相邻的多个单元格，还可以在不同的工作表中选择单元格。先在一张工作表中选

择需要的单个或多个单元格，然后按住【Ctrl】键切换到其他工作表中继续选择需要的单元格即可。

企业制作的一个工作簿中常常包含多张数据结构大致或完全相同的工作表，又经常需要对这些工作表进行同样的操作，此时就可以先选择多个工作表中的相同单元格区域，然后对它们统一进行操作来提高工作效率。

要快速选择多个工作表的相同单元格区域，可以先按住【Ctrl】键再选择多个工作表，形成工作组；然后在其中一张工作表中选择需要的单元格区域，这样就同时选择了工作组中每张工作表的该位置单元格区域，如图 11-4 所示。

图 11-4

11.1.2 实战：插入与删除单元格

实例门类	软件功能

表格中的单元格是相对独立存在的，用户可根据实际需要进行插入和删除，特别是在编辑工作表的过程中。

1. 插入单元格

在编辑工作表的过程中，有时可能会因为各种原因输漏了数据，如果要在已有数据的单元格中插入新的数据，建议根据情况使用插入单元格的方法使表格内容满足需求。

例如，在"实习申请表"中将原来单元格位置的内容输入附近的单元格中，需要通过插入单元格的方法来调整位置，具体操作步骤如下。

Step01 插入单元格。打开"素材文件\第 11 章\实习申请表.xlsx"文档，

❶ 选择 D6 单元格，❷ 单击【开始】选项卡下【单元格】组中的【插入】按钮，❸ 在弹出的下拉列表中选择【插入单元格】选项，如图 11-5 所示。

图 11-5

Step02 选择单元格的移动方式。打开【插入】对话框，❶ 在其中根据插入单元格后当前活动单元格需要移动的方向进行选择，这里选中【活动单元格右移】单选按钮，❷ 单击【确定】按钮，如图 11-6 所示。

图 11-6

技能拓展——打开【插入】对话框的其他方法

选择单元格或单元格区域后右击，在弹出的快捷菜单中选择【插入】选项，也可以打开【插入】对话框

Step03 查看成功插入的单元格。经过以上操作，即可在选择的单元格位置前插入一个新的单元格，并将同一行中的其他单元格右移，效果如图 11-7 所示。

图 11-7

Step04 插入单元格。❶ 选择 D10:G10 单元格区域，❷ 单击【插入】按钮，❸ 在弹出的下拉列表中选择【插入单元格】选项，如图 11-8 所示。

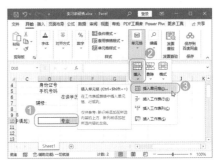

图 11-8

Step05 选择单元格的移动方式。打开【插入】对话框，❶ 选中【活动单元格下移】单选按钮，❷ 单击【确定】按钮，如图 11-9 所示。

图 11-9

Step06 查看成功插入的单元格。经过以上操作，即可在选择的单元格区域上方插入 4 个新的单元格，并将所选单元格区域下方的单元格下移，效果如图 11-10 所示。

图 11-10

2. 删除单元格

在编辑工作表的过程中，有时不仅需要清除单元格中的部分数据，还希望在删除单元格数据的同时删除对应的单元格位置。例如，要使用删除单元格功能将"实习申请表"中的无用单元格删除，具体操作步骤如下。

Step01 删除单元格。❶ 选择 C4:C5 单元格区域，❷ 单击【开始】选项卡下【单元格】组中的【删除】按钮，❸ 在弹出的下拉列表中选择【删除单元格】选项，如图 11-11 所示。

图 11-11

Step02 选择单元格的移动方式。打开【删除文档】对话框，❶ 在其中根据删除单元格后需要移动的是行还是列来选择方向，这里选中【右侧单元格左移】单选按钮，❷ 单击【确定】按钮，如图 11-12 所示。

图 11-12

Step03 查看单元格删除效果。经过以上操作，即可删除所选的单元格区域，同时右侧的单元格会向左移动，效果如图 11-13 所示。

图 11-13

技能拓展——打开【删除文档】对话框的其他方法

选择单元格或单元格区域后右击，在弹出的快捷菜单中选择【删除】选项，也可以打开【删除文档】对话框，如图 11-14 所示。

图 11-14

★ 重点 11.1.3 实战：合并"实习申请表"中的单元格

实例门类	软件功能

在制作表格的过程中，为了满足不同的需求，有时候也需要将多个连续的单元格通过合并单元格操作将其合并为一个单元格，如表头。

下面在"实习申请表"中根据需要合并相应的单元格，具体操作步骤如下。

Step01 合并单元格。❶ 选择需要合并的 A1:H1 单元格区域，❷ 单击【开始】选项卡下【对齐方式】组中的【合并后居中】按钮，❸ 在弹出的下拉列表中选择【合并单元格】选项，如图 11-15 所示。

Step02 继续合并单元格。经过以上操作，即可将原来的 A1:H1 单元格区域合并为一个单元格，且不会改变数据在合并后单元格中的对齐方式。❶ 选择需要合并的 A2:H2 单元格区

域，❷ 单击【合并后居中】按钮，如图 11-16 所示。

图 11-15

图 11-16

Step03 查看单元格合并效果。经过以上操作，即可将原来的 A2:H2 单元格区域合并为一个单元格，且其中的内容会显示在合并后单元格的中部。使用相同的方法继续合并表格中的其他单元格并调整列宽（具体方法参照 11.2.3 小节），效果如图 11-17 所示。

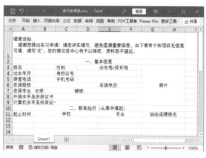

图 11-17

Step04 跨越合并单元格。❶ 选择需要合并的 B34:H37 单元格区域，❷ 单击【合并后居中】按钮，❸ 在弹出的下拉菜单中选择【跨越合并】选项，如图 11-18 所示。

图 11-18

Step 05 设置对齐方式。经过以上操作，即可将原来的 B34:H37 单元格区域按行的方式进行合并，❶ 使用相同的方法继续跨行合并 B40:H42 单元格区域，❷ 单击【段落】组中的【居中】按钮≡，如图 11-19 所示。

图 11-19

11.2　行与列的管理操作

在制表时，可以通过选择行列来对行、列中的单元格进行操作。为了满足制表需求，还可能需要增加和删除行、列。为了让表格美观，还需要调整行、列的尺寸参数。为了调整数据，还需要移动、复制、显示和隐藏行、列。下面分别进行介绍。

11.2.1　行或列的选择方法

实例门类	软件功能

要对行或列进行相应的操作，首先选择需要操作的行或列。在 Excel 中选择行或列主要可分为如下 4 种情况。

1. 选择单行或单列

将鼠标指针移动到某一行单元格的行号标签上，当鼠标指针变成➡形状时，单击即可选择该行单元格。此时，该行的行号标签会改变颜色，该行的所有单元格也会突出显示，以此来表示此行当前处于选中状态，如图 11-20 所示。

图 11-20

将鼠标指针移动到某一列单元格的列标签上，当鼠标指针变成⬇形状时，单击即可选择该列单元格，如图 11-21 所示。

2. 选择相邻连续的多行或多列

单击某行的标签后，按住鼠标左键向上或向下拖动，即可选择与此行相邻的连续多行。

选择相邻连续多列的方法与此类似，就是在选择某列标签后按住鼠标左键并向左或向右拖动即可。拖动鼠标时，行或列标签旁会出现一个带数字和字母内容的提示框，显示当前选中的区域中包含了多少行或多少列。

3. 选择不相邻的多行或多列

要选择不相邻的多行，可以在选择某行后，按住【Ctrl】键的同时依次单击其他需要选择的行所对应的行标签，直到选择完毕后再松开【Ctrl】键。选择不相邻的多列，方法与此类似，效果如图 11-22 所示。

图 11-21

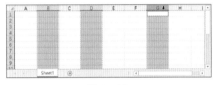

图 11-22

4. 选择表格中所有的行和列

在行标记和列标记的交叉处有一个【全选】按钮，单击该按钮可选择工作表中的所有行和列，如图 11-23 所示。按【Ctrl+A】组合键也可以选择全部的行和列。

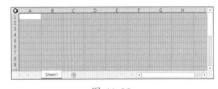

图 11-23

11.2.2　实战：在"员工档案表"中插入和删除行和列

实例门类	软件功能

插入和删除行和列是表格编辑中最常见的两个操作，用户可在表格中进行指定位置行和列的添加和删除。

1. 插入行和列

Excel 中创建的表格一般是横向上或竖向上为同一个类别的数据，即同一行或同一列属于相同的字段。因此，如果在编辑工作表的过程中出现漏输数据的情况，一般需要在已经有数据的表格中插入一行或一列相同属性的内容。此时就需要掌握插入行或列的方法了。例如，要在员工档案表中插入行和列，具体操作步骤如下。

Step01 插入工作表列。打开"素材文件\第 11 章\员工档案表.xlsx"文档，❶ 选择 G 列单元格，❷ 单击【开始】选项卡下【单元格】组中的【插入】下方的下拉按钮，❸ 在弹出的下拉菜单中选择【插入工作表列】选项，如图 11-24 所示。

图 11-24

Step02 查看插入的空白列。经过以上操作，即可在原来的 G 列单元格左侧插入一列空白单元格，效果如图 11-25 所示。

图 11-25

Step03 插入工作表行。❶ 选择第 22 ～ 27 行单元格，❷ 单击【插入】下方的下拉按钮，❸ 在弹出的下拉菜单中选择【插入工作表行】选项，如图 11-26 所示。

图 11-26

Step04 查看插入的空白行。经过以上操作，即可在所选单元格的上方插入 6 行空白单元格，效果如图 11-27 所示。

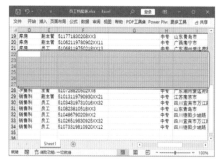
图 11-27

2. 删除行和列

如果工作表中有多余的行或列，可以将这些行或列直接删除。选择的行或列被删除后，工作表会自动填补删除的行或列的位置，不需要进行额外的操作。删除行和列的具体操作步骤如下。

Step01 删除列。❶ 选择要删除的 G 列单元格，❷ 单击【开始】选项卡下【单元格】组中的【删除】按钮，如图 11-28 所示。

图 11-28

Step02 删除工作表行。经过以上操作，即可删除所选的列，❶ 选择要删除的行，❷ 单击【开始】选项卡下【单元格】组中的【删除】下方的下拉按钮，❸ 在弹出的下拉菜单中选择【删除工作表行】选项，如图 11-29 所示。

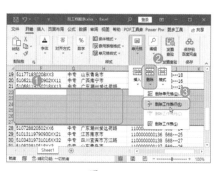
图 11-29

Step03 查看行删除效果。经过以上操作，即可删除所选的行，效果如图 11-30 所示。

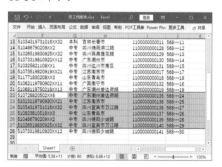
图 11-30

★ 重点 11.2.3 实战：调整"员工档案表"中的行高和列宽

实例门类	软件功能

默认情况下，每个单元格的行高与列宽是固定的，但在实际编辑过程中，有时会在单元格中输入较多内容，导致文本或数据不能完全显示出来。这时就需要适当调整单元格的行高或列宽了，具体操作步骤如下。

Step01 调整列宽。❶ 选择 F 列单元格，❷ 将鼠标指针移至 F 列列标和 G 列列标之间的分隔线处，当鼠标指针变为 ✛ 形状时，按住鼠标左键进行拖动，如图 11-31 所示。此时，鼠标指针右上侧将显示正在调整列宽的具体数值，拖动鼠标指针至需要的列宽后释放鼠标即可。

图 11-31

Step02 调整行高。❶ 选择第 2 ～ 28 行，❷ 将鼠标指针移至任意两行的行号之间的分隔线处，当鼠标指针变为 ✛ 形状时，按住鼠标左键向下拖动，此时鼠标指针右上侧将显示正在调整的行高的具体数值，拖动鼠标指针至需要的行高后释放鼠标，如图 11-32 所示。

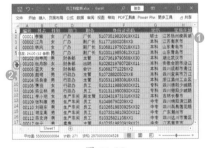

图 11-32

Step03 打开【行高】对话框。经过以上操作，即可调整所选各行的行高。❶ 选择第 1 行单元格，❷ 单击【开始】选项卡下【单元格】组中的【格式】按钮，❸ 在弹出的下拉列表中选择【行高】选项，如图 11-33 所示。

Step04 输入行高参数。打开【行高】对话框，❶ 在【行高】文本框中输入精确的数值，❷ 单击【确定】按钮，如图 11-34 所示。

图 11-33

图 11-34

Step05 自动调整列宽。经过以上操作，即可将第 1 行单元格调整为设置的行高，这种方法适用于精确地调整单元格行高，❶ 选择 A ～ J 列单元格，❷ 单击【格式】按钮，❸ 在弹出的下拉列表中选择【自动调整列宽】选项，如图 11-35 所示。

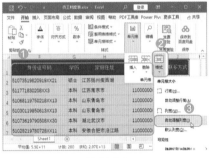

图 11-35

Step06 查看行高和列宽调整效果。经过以上操作，Excel 将根据单元格中的内容自动调整列宽，使单元格列宽刚好将其中的内容显示完整，效果如图 11-36 所示。

技术看板

拖动鼠标指针调整行高和列宽是最常用的调整单元格行高和列宽的方法，也是最快捷的方法，但该方法只适用于对行高进行大概调整。

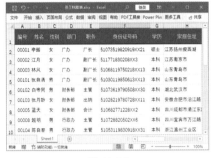

图 11-36

11.2.4 实战：移动"员工档案表"中的行和列

实例门类	软件功能

在工作表中输入数据时，如果发现数据的位置输入错误，不必再重复输入，只需使用 Excel 提供的移动数据功能来移动单元格中的内容即可。例如，要移动部分员工档案数据在档案表中的位置，具体操作步骤如下。

Step01 移动数据位置。❶ 选择需要移动的第 26 行记录数据，❷ 按住鼠标左键并向下拖动，直到将该行单元格拖动到第 33 行单元格上，如图 11-37 所示。

图 11-37

Step02 剪切数据。释放鼠标左键后，即可看到将第 26 行记录数据移动到第 33 行单元格上的效果。❶ 选择需要移动的第 28 行记录数据，❷ 单击【开始】选项卡下【剪贴板】组中的【剪切】按钮，如图 11-38 所示。

图 11-38

Step03 插入剪切的单元格。❶ 选择第27 行单元格并右击，❷ 在弹出的快捷菜单中选择【插入剪切的单元格】选项，如图 11-39 所示。

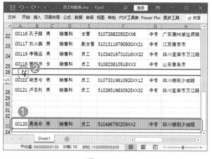

图 11-39

Step04 查看数据位置对换效果。经过以上操作，即可将第 27 条和第 28 条记录数据对换位置，如图 11-40 所示。

图 11-40

11.2.5 实战：复制"员工档案表"中的行和列

实例门类	软件功能

如果表格中需要输入相同的数据，或者表格中需要的原始数据事先已经存在其他表格中，为了避免重复劳动，减少二次输入数据可能产生的错误，可以通过复制行和列的方法来进行操作。例如，要在同一个表格中复制某个员工的档案数据，并将所有档案数据复制到其他工作表中，具体操作步骤如下。

Step01 移动数据位置。❶ 选择需要复制的第 33 行单元格，❷ 按住【Ctrl】键向上拖动鼠标指针，直到将其移动到第 26 行单元格上，如图 11-41 所示。

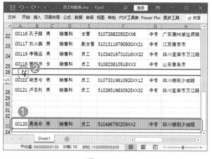

图 11-41

Step02 新建工作表。❶ 释放鼠标左键后再释放【Ctrl】键，即可看到将第33 行记录数据复制到第 26 行单元格的效果，❷ 全选整个表格，❸ 单击【开始】选项卡下【剪贴板】组中的【复制】按钮，❹ 单击【Sheet1】工作表标签右侧的【新工作表】按钮，如图 11-42 所示。

图 11-42

Step03 粘贴数据。选择【Sheet2】工作表中的 A1 单元格，单击【剪贴板】组中的【粘贴】按钮，即可将刚刚复制的【Sheet1】工作表中的数据粘贴到【Sheet2】工作表中，如图11-43 所示。

图 11-43

★ 重点 11.2.6 实战：显示与隐藏"员工档案表"中的行和列

实例门类	软件功能

如果在工作表中有一些重要的数据不想让别人查看，除了前面介绍的方法外，还可以通过隐藏行或列的方法来解决这一问题。当需要查看已经被隐藏的工作表数据时，再将其重新显示出来即可。

隐藏单元格与隐藏工作表的方法相同，都需要在【格式】下拉列表中进行设置，要将隐藏的单元格显示出来，也需要在【格式】下拉列表中进行选择。例如，要对"员工档案表"中的部分行和列进行隐藏和显示操作，具体操作步骤如下。

Step01 隐藏列。❶ 选择 I 列中的任意一个单元格，❷ 单击【开始】选项卡下【单元格】组中的【格式】按钮，❸ 在弹出的下拉列表中选择【隐藏和取消隐藏】→【隐藏列】选项，如图 11-44 所示。

Step02 隐藏行。经过以上操作后，I 列单元格隐藏起来，同时 I 列标记上和隐藏的单元格上都会显示为一条直线。❶ 选择第 2 ～ 4 行中的任意 3 个竖向连续单元格，❷ 单击【格式】按钮，❸ 在弹出的下拉列表中选择【隐藏和取消隐藏】→【隐藏行】选项，如图 11-45 所示。

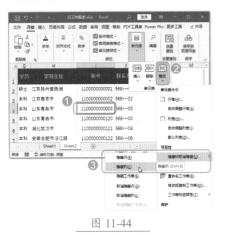

图 11-44

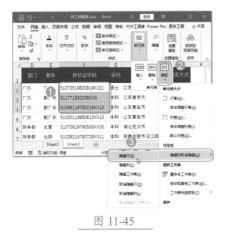

图 11-45

Step03 查看行和列隐藏效果。经过以上操作后，第 2 ～ 4 行单元格隐藏了起来，同时会在其行标记上显示为一条直线，且在隐藏的单元格上也会显示出一条直线，如图 11-46 所示。

图 11-46

技能拓展——显示隐藏的行或列

选择目标包含隐藏行和列的单元格区域，❶ 单击【格式】按钮，❷ 在弹出的下拉列表中选择【隐藏和取消隐藏】选项，❸ 在弹出的子列表中选择相应的取消行或列隐藏的选项，如图 11-47 所示（若表格中有多处需要重新显示出来的行和列，可将整张表选择后再执行显示隐藏的操作）。

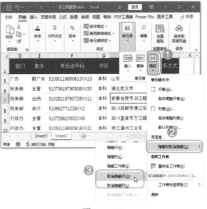

图 11-47

11.3 工作表的操作

Excel 中对工作表的操作也就是对工作表标签的操作，用户可以根据实际需要重命名、插入、选择、删除、移动和复制工作表。

11.3.1 选择工作表

一个 Excel 工作簿中可以包含多张工作表，如果需要同时在几张工作表中进行输入、编辑或设置工作表的格式等操作，首先需要选择相应的工作表。通过单击 Excel 工作界面底部的工作表标签可以快速选择不同的工作表，选择工作表主要分为 4 种方式。

（1）选择一张工作表：移动鼠标指针到需要选择的工作表标签上，单击即可选择该工作表，使之成为当前工作表。被选择的工作表标签以白色为底色显示。如果看不到所需工作表标签，可以单击工作表标签滚动显示按钮以显示出所需的工作表标签。

（2）选择多张相邻的工作表：选择需要的第 1 张工作表后，按住【Shift】键的同时单击需要选择的多张相邻工作表的最后一个工作表标签，即可选择这两张工作表和其之间的所有工作表，如图 11-48 所示。

图 11-48

（3）选择多张不相邻的工作表：选择需要的第 1 张工作表后，按住【Ctrl】键的同时单击其他需要选择的工作表标签，如图 11-49 所示。

图 11-49

（4）选择工作簿中的所有工作表：在任意一个工作表标签上右击，在弹出的快捷菜单中选择【选定全部工作表】选项，如图 11-50 所示，即可选择工作簿中的所有工作表。

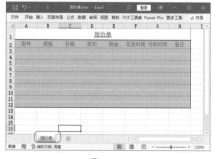

图 11-50

★ 重点 11.3.2 实战：重命名工作表

实例门类	软件功能

默认情况下，新建的空白工作簿中包含一个名为"Sheet1"的工作表，后期插入的新工作表将自动以"Sheet2""Sheet3"……进行命名。

实际上，Excel 是允许用户为工作表命名的。为工作表重命名时，最好命名为与工作表中内容相符的名称，这样只通过工作表名称即可判定其中的数据内容，从而方便对数据表进行有效管理。重命名工作表的具体操作步骤如下。

Step01 让工作表名称进入可编辑状态。打开"素材文件\第11章\报价单.xlsx"文档，在要重命名的【Sheet1】工作表标签上双击，让其名称变为可编辑状态，如图 11-51 所示。

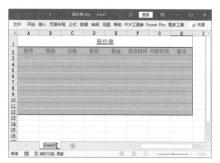

图 11-51

技能拓展——重命名工作表

在要命名的工作表标签上右击，在弹出的快捷菜单中选择【重命名】

选项，也可以让工作表标签名称变为可编辑状态。

Step02 重命名工作表。❶ 直接输入工作表的新名称，如"报价单"，❷ 按【Enter】键或单击其他位置完成重命名操作，如图 11-52 所示。

图 11-52

11.3.3 实战：改变工作表标签的颜色

实例门类	软件功能

在 Excel 中，除了可以用重命名的方式来区分同一个工作簿中的工作表外，还可以通过设置工作表标签颜色来区分。例如，要修改"报价单"工作表的标签颜色，具体操作步骤如下。

Step01 设置工作表标签颜色。❶ 在"报价单"工作表标签上右击，❷ 在弹出的快捷菜单中选择【工作表标签颜色】→【绿色，个性色6，深色50%】选项，如图 11-53 所示。

图 11-53

Step02 查看标签颜色改变效果。返回

工作表中可以看到"报价单"工作表标签的颜色已变成深绿色，如图 11-54 所示。

图 11-54

技能拓展——设置工作表标签颜色的其他方法

单击【开始】选项卡下【单元格】组中的【格式】按钮，在弹出的下拉列表中选择【工作表标签颜色】选项也可以设置工作表标签颜色。

在选择颜色的列表中分为【主题颜色】【标准色】【无颜色】【其他颜色】4栏，其中【主题颜色】栏中的第1行为基本色，之后的5行颜色由第1行变化而来。

★ 重点 11.3.4 实战：插入和删除工作表

实例门类	软件功能

工作表是工作簿的重要对象，用户可对其进行插入和删除操作。下面分别进行介绍。

1. 插入工作表

默认情况下，在 Excel 2021 中新建的工作簿中只包含一张工作表。若在编辑数据时发现工作表数量不够，可以根据需要增加新工作表。

在 Excel 2021 中，单击工作表标签右侧的【新工作表】按钮⊕，即可在当前所选工作表标签的右侧插入一张空白工作表，插入的新工作表将以"Sheet2""Sheet3"……的顺序进行命名。除此之外，还可以利用插入功能来插入工作表，具体操作步骤如下。

Step01 插入工作表。❶ 单击【开始】选项卡下【单元格】组中的【插入】下方的下拉按钮，❷ 在弹出的下拉列表中选择【插入工作表】选项，如图 11-55 所示。

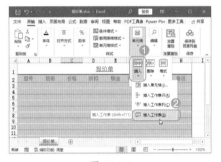

图 11-55

Step02 查看成功插入的空白工作表。经过以上操作后，在"报价单"工作表之前插入了一个空白工作表，效果如图 11-56 所示。

图 11-56

2. 删除工作表

在一个工作簿中，如果有多余的或不需要的工作表，可将其删除。删除工作表主要有以下两种方法。

（1）通过菜单选项：❶ 选择需要删除的工作表，❷ 单击【开始】选项卡下【单元格】组中的【删除】下方的下拉按钮，❸ 在弹出的下拉列表中选择【删除工作表】选项，如图 11-57 所示。

（2）通过快捷菜单选项：在需要删除的工作表标签上右击，在弹出的快捷菜单中选择【删除】选项，如图 11-58 所示。

图 11-57

图 11-58

技术看板

删除有数据的工作表时，将弹出提示对话框，询问是否删除工作表中的数据，单击【删除】按钮。

★ 重点 11.3.5　移动或复制工作表

实例门类　软件功能

在表格制作过程中，有时需要将一个工作表移动到另一个位置，用户可以根据需要使用 Excel 提供的移动工作表功能进行调整。对于制作相同工作表结构的表格，或者多个工作簿之间需要相同工作表中的数据时，可以使用复制工作表功能来提高工作效率。

工作表的移动和复制有两种实现方法：一种是通过鼠标拖动进行同一个工作簿的移动或复制；另一种是通过快捷菜单选项实现不同工作簿之间的移动和复制。

1. 利用拖动法移动或复制工作表

在同一工作簿中移动和复制工作表主要通过鼠标拖动来完成，这种方法是最常用、最简单的方法，具体操作步骤如下。

Step01 移动工作表位置。打开"素材文件\第 11 章\工资管理系统 .xlsx"文档，❶ 选择需要移动位置的工作表，如"补贴记录表"，❷ 按住鼠标左键并拖动到该工作表要移动到的位置，如"考勤表"工作表标签的右侧，如图 11-59 所示。

图 11-59

Step02 复制工作表。释放鼠标后，即可将"补贴记录表"工作表移动到"考勤表"工作表的右侧。❶ 选择需要复制的目标工作表，如"工资条"，❷ 按住【Ctrl】键的同时拖动鼠标指针到该工作表的右侧，如图 11-60 所示。

图 11-60

Step03 查看工作表复制效果。释放鼠标后，即可在指定位置复制得到"工资条（2）"工作表，如图 11-61 所示。

图 11-61

2. 通过菜单选项移动或复制工作表

通过拖动鼠标指针的方法在同一工作簿中移动或复制工作表是最快捷的，如果需要在不同的工作簿中移动或复制工作表，则需要使用【开始】选项卡下【单元格】组中的选项来完成，具体操作步骤如下。

Step 01 移动或复制工作表。❶ 选择需要移动位置的工作表，如"工资条（2）"，❷ 单击【开始】选项卡下【单元格】组中的【格式】按钮，❸ 在弹出的下拉列表中选择【移动或复制工作表】选项，如图 11-62 所示。

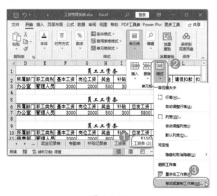

图 11-62

Step 02 选择工作表移动位置。打开【移动或复制工作表】对话框，❶ 在【将选定工作表移至工作簿】下拉列表框中选择要移动到的工作簿名称，这里选择【（新工作簿）】选项，❷ 单击【确定】按钮，如图 11-63 所示。

Step 03 查看工作表移动效果。经过以上操作，即可创建一个新工作簿，并将"工资管理系统.xlsx"工作簿中

的"工资条（2）"工作表移动到新工作簿中，效果如图 11-64 所示。

图 11-63

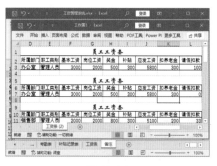

图 11-64

技术看板

在【移动或复制工作表】对话框中，选中【建立副本】复选框，可将选择的工作表复制到目标工作簿中。在【下列选定工作表之前】列表框中还可以选择移动或复制工作表在工作簿中的位置。

★ 重点 11.3.6 实战：保护工作表

实例门类	软件功能

为了防止其他人员对工作表中的部分数据进行编辑，可以对工作表进行保护。在 Excel 中，对当前工作表设置保护，主要是通过【保护工作表】对话框来设置的，具体操作步骤如下。

Step 01 打开【保护工作表】对话框。

❶ 选择需要进行保护的工作表，如"考勤表"工作表，❷ 单击【审阅】选项卡下【保护】组中的【保护工作表】按钮，打开【保护工作表】对话框，如图 11-65 所示。

图 11-65

Step 02 输入保护密码。❶ 在【取消工作表保护时使用的密码】文本框中输入密码，如输入"123"，❷ 在【允许此工作表的所有用户进行】列表框中选择允许所有用户对工作表进行的操作，这里选中【选定锁定的单元格】和【选定解除锁定的单元格】复选框，❸ 单击【确定】按钮，如图 11-66 所示。

图 11-66

技能拓展——用其他方式打开【保护工作表】对话框

在需要保护的工作表标签上右击，在弹出的快捷菜单中选择【保护工作表】选项，也可以打开【保护工作表】对话框。

Step 03 确认保护密码。打开【确认密

码】对话框，❶ 在【重新输入密码】文本框中再次输入设置的密码"123"，❷ 单击【确定】按钮，如图 11-67 所示。

图 11-67

11.3.7 实战：隐藏工作表

实例门类	软件功能

在完成表格制作后，如果想保护工作簿中的某些表格不被他人看到，或者是想将表格隐藏起来，防止数据被误改，可以使用隐藏工作表的功能。具体操作步骤如下。

Step01 打开"素材文件 \ 第 11 章 \ 销售数据表 .xlsx"文档，❶ 在需要隐藏的工作表标签上右击，如在"上海店"工作表上，❷ 在弹出的快捷菜单中选择【隐藏】选项，如图 11-68 所示。

图 11-68

Step02 此时"上海店"工作表就被隐藏了。效果如图 11-69 所示，在工作簿中看不到这张隐藏的工作表了。

图 11-69

妙招技法

通过前面知识的学习，相信读者已经掌握了 Excel 2021 单元格、行/列和工作表的基本操作了。下面结合本章内容，给大家介绍一些实用技巧。

技巧 01：如何指定单元格区域为可编辑区域

在表格中要将指定单元格区域设置为可编辑区域，只需借助于【设置单元格格式】对话框和"保护工作表"功能。例如，在"模拟运算表 .xlsx"工作簿中将 A6:A9 单元格区域设置为可编辑区域，具体操作步骤如下。

Step01 打开【设置单元格格式】对话框。打开"素材文件 \ 第 11 章 \ 模拟运算表 .xlsx"文档，按【Ctrl+A】组合键选择整张表格，如图 11-70 所示。

图 11-70

Step02 锁定单元格。按【Ctrl+1】组合键打开【设置单元格格式】对话框。❶ 切换到【保护】选项卡，❷ 选中【锁定】复选框，❸ 单击【确定】按钮，如图 11-71 所示。

图 11-71

Step03 打开【设置单元格格式】对话框。返回工作表中选择要设置为可编辑的目标单元格区域，这里选择 A6:A9 单元格区域，如图 11-72 所示。

图 11-72

Step 04 取消单元格锁定。按【Ctrl+1】组合键打开【设置单元格格式】对话框。❶取消选中【锁定】复选框，❷单击【确定】按钮，如图 11-73 所示。

图 11-73

Step 05 打开【保护工作表】对话框。单击【审阅】选项卡下【保护】组中的【保护工作表】按钮，如图 11-74 所示。

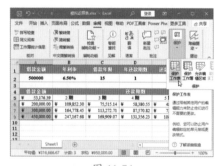

图 11-74

Step 06 设置无密码保护。在打开的【保护工作表】对话框中直接单击【确定】按钮，进行无密码保护，如图 11-75 所示。

图 11-75

Step 07 查看单元格保护效果。在工作表中对可编辑单元格区域以外的单元格进行操作，系统会立即弹出单元格受到保护的提示对话框，如图 11-76 所示。

图 11-76

技巧 02：轻松将一张表格拆分为多个窗格进行数据的横纵对照

当一个工作表中包含的数据太多时，对比查看其中的内容就比较麻烦，此时可以通过拆分工作表的方法将当前的工作表拆分为多个窗格，每个窗格中的工作表都是相同的，并且是完整的。这样，在数据量比较大的工作表中，用户也可以很方便地在多个不同的窗格中单独查看同一表格中的数据，有利于在数据量比较大的工作表中查看数据的前后对照关系。

下面将"员工档案表 2"拆分为 4 个窗格，具体操作步骤如下。

Step 01 拆分窗格。打开"素材文件\第 11 章\员工档案表 2.xlsx"文档，❶选择作为窗口拆分中心的单元格，这里选择 C2 单元格，❷单击【视图】选项卡下【窗口】组中的【拆分】按钮，如图 11-77 所示。

图 11-77

Step 02 查看窗格拆分效果。系统自动以 C2 单元格为中心，将工作表拆分为 4 个窗格，拖动水平滚动条或垂直滚动条就可以对比查看工作表中的数据了，如图 11-78 所示。

图 11-78

技能拓展——调整拆分窗格的大小

将鼠标指针移动到拆分标志横线上，当其变为 ÷ 形状时，按住鼠标左键进行拖动可以调整窗格高度；将鼠标指针移动到拆分标志竖线上，当其变为 ╫ 形状时，按住鼠标左键进行拖动可以调整窗格宽度。要取消窗口的拆分方式，可以再次单击【拆分】按钮。

技巧 03：如何让表头和标题行固定显示

一般表格的最上方数据和最左侧的数据都是用于说明表格数据的一种属性的。当数据量比较大的时候，为了方便用户查看表格的这些特定属性区域，可以通过 Excel 提供的"冻结工作表"功能来冻结需要固定的区域，方便用户在不移动固定区域的情况下，随时查看工作表中距离固定区域较远的数据。

下面将员工档案表中已经拆分的窗格进行冻结，具体操作步骤如下。

Step01 冻结窗格。❶ 单击【窗口】组中的【冻结窗格】按钮，❷ 在弹出的下拉列表中选择【冻结窗格】选项，如图 11-79 所示。

图 11-79

Step02 查看窗格冻结效果。经过以上操作，系统自动将拆分工作表的表头部分和左侧两列单元格冻结，拖动垂直滚动条和水平滚动条查看工作表中的数据，如图 11-80 所示。

图 11-80

本章小结

通过本章知识的学习和案例练习，相信读者已经掌握了单元格和行/列的管理，以及工作表的基本操作。在实际工作中，用户在 Excel 中存储和分析数据都是在工作表中进行的，所以掌握工作表的基本操作尤其重要。要掌握插入新工作表的方法，能根据内容重命名工作表，学会通过移动和复制工作表来快速转移数据位置或得到数据的副本；对于重要数据要有保护意识，能通过隐藏工作表、保护工作表、加密工作簿等方式来实施保护措施；要掌握对单元格和行/列的管理操作，如其中必不可少的选择单元格、插入行/列、设置行高和列宽，以及重命名等。

第 **12** 章 **Excel 公式的应用**

➡ 你知道公式都有哪些运算方式吗？它们又是怎样进行计算的？

➡ 公式的输入与编辑方法和普通数据的相关操作有什么不同？

➡ 你会使用数组公式实现高级计算吗？

➡ 如何使用名称简化公式中的引用，并且代入公式简化计算呢？

本章将对 Excel 公式运用的基本知识进行学习，以上这些问题都是公式及运算中的一些基础知识。

12.1 公式简介

在 Excel 中，除对数据进行存储和管理外，还有最主要的功能是对数据进行计算与分析。使用公式是 Excel 实现数据计算的重要方式。运用公式可以使各类数据处理工作变得更方便。使用 Excel 计算数据之前，下面先来介绍公式的组成、公式中的常用运算符和优先级等知识。

12.1.1 认识公式

Excel 中的公式是存在于单元格中的一种特殊数据，它以等号"="开头，表示单元格输入的是公式，而 Excel 会自动对公式内容进行解析和计算，并显示出最终的结果。

要输入公式计算数据，首先应了解公式的组成部分和意义。Excel 中的公式是对工作表中的数据执行计算的等式。它以等号"="开始，运用各种运算符将常量或单元格引用组合起来，形成公式的表达式，如"=A1+B2+C3"，该公式表示将 A1、B2 和 C3 这 3 个单元格中的数据相加求和。

使用公式计算实际上就是使用数据运算符，通过等式的方式对工作表中的数值、文本、函数等执行计算。公式中的数据可以是直接的数据，称为常量，也可以是间接的数据，如单元格的引用、函数等。具体来说，输入单元格中的公式可以包含以下 5 种元素中的部分内容，也可以是全部内容。

（1）运算符：是 Excel 公式中的基本元素，它用于指定表达式内执行的计算类型，不同的运算符进行不同的运算。

（2）常量数值：直接输入公式中的数字或文本等各类数据，即不用通过计算的值，如"加班""2010-1-1""16：25"等。

（3）括号：控制着公式中各表达式的计算顺序。

（4）单元格引用：指定要进行运算的单元格地址，从而方便引用单元格中的数据。

（5）函数：是预先编写的公式，它们利用参数按特定的顺序或结构进行计算，可以对一个或多个值进行计算，并返回一个或多个值。

★ 重点 12.1.2 认识公式中的运算符

Excel 中的公式等号"="后面的内容就是要计算的各元素（操作数），各操作数之间由运算符分隔。运算符是公式中不可缺少的组成元素，它决定了公式中的元素执行的计算类型。

Excel 中除了支持普通的数学运算外，还支持多种比较运算和字符串运算等。下面分别为大家介绍在不同类型的运算中可使用的运算符。

1. 算术运算符

算术运算是最常见的运算方式，也就是使用加、减、乘、除等运算符完成基本的数学运算、合并数字及生成数值结果等，是所有类型运算符中使用频率最高的。在 Excel 2021 中可以使用的算术运算符如表 12-1 所示。

表 12-1 算术运算符

算术运算符符号	具体含义	应用示例	运算结果
＋（加号）	加法	6+3	9
－（减号）	减法或负数	6−3	3
*（乘号）	乘法	6×3	18
/（除号）	除法	6÷3	2
%（百分号）	百分比	6%	0.06
^（求幂）	求幂（乘方）	6^3	216

2. 比较运算符

在了解比较运算时，首先需要了解两个特殊类型的值：一个是【TRUE】，另一个是【FALSE】。它们分别表示逻辑值"真"和"假"或者理解为"对"和"错"，也称为"布尔值"。例如，如果我们说 1 是大于 2 的，那么这个说法是错误的，我们可以使用逻辑值【FALSE】表示。

Excel 中的比较运算主要用于判断和比较值的大小，而比较运算得到的结果就是逻辑值【TRUE】或【FALSE】。要进行比较运算，通常需要运用【大于号】【小于号】【等号】之类的比较运算符，Excel 2021 中的比较运算符如表 12-2 所示。

表 12-2　比较运算符

比较运算符符号	具体含义	应用示例	运算结果
＝（等号）	等于	A1=B1	若单元格 A1 的值等于 B1 的值，则结果为 TRUE，否则为 FALSE
＞（大于号）	大于	18＞10	TRUE
＜（小于号）	小于	3.1415＜3.15	TRUE
＞＝（大于等于号）	大于或等于	3.1415＞＝3.15	FALSE
＜＝（小于等于号）	小于或等于	PI( )＜＝3.14	FALSE
＜＞（不等于号）	不等于	PI( )＜＞3.1416	TRUE

技术看板

【＝】符号应用在公式开头，用于表示该单元格内存储的是一个公式，是需要进行计算的，当其应用于公式中时，通常用于表示比较运算，判断【＝】左右两侧的数据是否相等。需要注意的是，任意非 0 的数值转换为逻辑值后结果为【TRUE】；数值 0 转换为逻辑值后结果为【FALSE】。

技术看板

比较运算符也适用于文本。如果 A1 单元格中包含 Alpha，A2 单元格中包含 Gamma，则【A1＜A2】公式将返回【TRUE】，因为 Alpha 在字母顺序上排在 Gamma 的前面。

3. 文本连接运算符

在 Excel 中，文本内容也可以进行公式运算，使用【&】符号可以连接一个或多个文本字符串，以生成一个新的文本字符串。需要注意的是，在公式中使用文本内容时，需要为文本内容加上引号（英文状态下的），以表示该内容为文本。例如，要将两组文字"北京"和"水立方"连接为一组文字，可以输入公式"=" 北京 "&" 水立方 ""，最后得到的结果为"北京水立方"。

使用文本运算符也可以连接数值，数值可以直接输入，不用再添加引号。例如，要将两组文字"北京"和"2021"连接为一组文字，可以输入公式"=" 北京 "&2021"，最后得到的结果为"北京 2021"。

使用文本运算符还可以连接单元格中的数据。例如，A1 单元格中包含 123，A2 单元格中包含 456，则输入"=A1&A2"，Excel 会默认将 A1 和 A2 单元格中的内容连接在一起，即等同于输入"123456"。

技术看板

从表面上看，使用文本运算符连接数字得到的结果是文本字符串，但是如果在数学公式中使用这个文本字符串，Excel 会把它看作数值。

4. 引用运算符

引用运算符是与单元格引用一起使用的运算符，用于对单元格进行操作，从而确定用于公式或函数中进行计算的单元格区域。引用运算符主要包括范围运算符、联合运算符和交集运算符，如表 12-3 所示。

表 12-3　引用运算符

引用运算符符号	具体含义	应用示例	运算结果
：（冒号）	范围运算符，生成指向两个引用之间所有单元格的引用（包括这两个引用）	A1:B3	引用 A1、A2、A3、B1、B2、B3 共 6 个单元格中的数据
，（逗号）	联合运算符，将多个单元格或范围引用合并为一个引用	A1，B3:E3	引用 A1、B3、C3、D3、E3 共 5 个单元格中的数据
空格	交集运算符，生成对两个引用中共有的单元格的引用	B3:E4 C1:C5	引用两个单元格区域的交叉单元格，即引用 C3 和 C4 单元格中的数据

5. 括号运算符

除了以上用到的运算符外，Excel 公式中通常还会用到括号。在公式中，括号运算符用于改变 Excel 内置的运算符优先次序，从而改变公式的计算顺序。每个括号运算符都由一个左括号搭配一个右括号组成。

在公式中，会优先计算括号运算符中的内容。因此，当需要改变公式求值的顺序时，可以像我们熟悉的日常数学计算一样，使用括号来提升运算级别。例如，需要先计算加法再计算除法时，可以利用括号来实现，将先计算的部分用括号括起来。例如，在公式"=(A1+1)/3"中，将先执行"A1+1"运算，再将得到的和除以 3 得出最终结果。

也可以在公式中嵌套括号，嵌套就是把括号放在括号中。如果公式包含嵌套的括号，则会先计算最内层的括号，逐级向外。Excel 计算公式中使用的括号与人们平时使用的数学计算式不一样，无论公式多复杂，凡是需要提升运算级别均使用小括号"（）"。

例如，数学公式"=(4+5)×[2+(10−8)÷3]+3"，在 Excel 中的表达式为"=(4+5)*(2+(10−8)/3)+3"。如果在 Excel 中使用了很多层嵌套括号，相匹配的括号会使用相同的颜色。

技术看板

在 Excel 公式中要习惯使用括号，即使并不需要括号，也可以添加。因为使用括号可以明确运算次序，使公式更容易阅读。

12.1.3 熟悉公式中运算的优先级

运算的优先级就是运算符的先后使用顺序。为了保证公式结果的单一性，Excel 中内置了运算符的优先次序，从而使公式按照特定的顺序从左到右计算公式中的各操作数，并得出计算结果。

公式的计算顺序与运算符优先级有关。运算符的优先级决定了当公式中包含多个运算符时，先计算哪一部分，后计算哪一部分。如果一个公式中包含了多个运算符，Excel 将按表 12-4 所示的次序进行计算。如果一个公式中的多个运算符具有相同的优先顺序（例如，如果一个公式中既有乘号又有除号），Excel 将从左到右进行计算。

表 12-4 Excel 运算符的优先级

优先顺序	运算符	说明
1	：,	引用运算符：冒号、单个空格和逗号
2	−	算术运算符：负号（取得与原值正负号相反的值）
3	%	算术运算符：百分比
4	^	算术运算符：乘幂

续表

优先顺序	运算符	说明
5	* 和 /	算术运算符：乘和除
6	＋和−	算术运算符：加和减
7	&	文本运算符：连接文本
8	=,<,>,<=,>=,<>	比较运算符：比较两个值

技术看板

Excel 中的计算公式与日常使用的数学计算式相比，运算符号有所不同，其中算术运算符中的乘号和除号分别用"*"和"/"符号表示，请注意区别数学中的×和÷，比较运算符中的大于等于号、小于等于号、不等于号分别用">=""<=""<>"符号表示，请注意区别数学中的≥、≤和≠。

12.2 公式的输入和编辑

在 Excel 中对数据进行计算时，用户可以根据表格的需要来自定义公式进行数据的运算。输入公式后，用户还可以进一步编辑公式，如对输入错误的公式进行修改；通过复制公式，让其他单元格应用相同的公式；还可以删除公式。

★ 重点 12.2.1 实战：在"产品折扣单"中输入公式

实例门类	软件功能

在工作表中进行数据的计算，首先要输入相应的公式。输入公式的方法与输入文本的方法类似，只需将公式输入相应的单元格中，即可计算出数据结果。可以在单元格中输入，也可以在编辑栏中输入。但是在输入公式时首先要输入"="作为开头，然后才是公式的表达式。下面在"产品折扣单 .xlsx"工作簿中，通过使用公式计算出普通包装的产品价格，具体操作步骤如下。

Step01 输入等号选择单元格。打开"素材文件\第 12 章\产品折扣单 .xlsx"文档，❶选择需要放置计算结果的 G2 单元格，❷在编辑栏中输入"="，❸选择 C2 单元格，如图 12-1 所示。

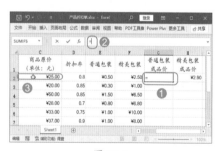

图 12-1

Step02 继续进行单元格引用。经过以上操作，即可引用 C2 单元格中的数据。继续在编辑栏中输入运算符并选择相应的单元格进行引用，输入完成后的表达式效果如图 12-2 所示。

图 12-2

Step03 确认公式输入。按【Enter】键确认输入公式，即可在 G2 单元格中计算出公式结果，如图 12-3 所示。

图 12-3

技术看板

输入公式时，被输入单元格地址的单元格将以彩色的边框显示，方便确认输入是否有误，在得出结果后，彩色的边框将消失。而且，在输入公式时可以不区分单元格地址字母的大小写。

★ 重点 12.2.2 实战：修改"产品折扣单"中的公式

实例门类	软件功能

输入公式时难免出现错误，这时可以重新编辑公式，直接修改公式出错的地方。首先选择需要修改公式的单元格，然后使用修改文本的方法对公式进行修改即可。修改公式需要进入单元格编辑状态进行修改，具体修改方法有两种：一种是直接在单元格中进行修改，另一种是在编辑栏中进行修改。

1. 在单元格中修改公式

双击要修改公式的单元格，让其显示出公式，然后将文本插入点定位在出错的数据处。删除错误的数据并输入正确的数据，再按【Enter】键确认输入。例如，在为"产品折扣单"中输入公式为第 1 种产品计算成品价时引用了错误的单元格，修改公式的具体操作步骤如下。

Step01 删除公式中错误的内容。❶ 双击错误公式所在的 H2 单元格，❷ 显示出公式，选择公式中需要修改的【D2】文本，按【Delete】键将其删除，如图 12-4 所示。

图 12-4

Step02 重新引用单元格。重新选择 C2 单元格，即可引用 C2 单元格中的数据，如图 12-5 所示。

图 12-5

Step03 继续进行公式修改。经过以上操作，即可将公式中原来的【D2】修改为【C2】，继续将公式中的【E2】修改为【D2】，如图 12-6 所示。

Step04 查看新公式计算结果。按【Enter】键确认公式的修改，即可在 H2 单元格中计算出新公式的结果，如图 12-7 所示。

图 12-6

图 12-7

2. 在编辑栏中修改公式

选择要修改公式的单元格，然后在编辑栏中定位文本插入点至需要修改的数据处。删除编辑栏中错误的数据并输入正确的数据，再按【Enter】键确认输入。例如，同样修改前面的错误，具体操作步骤如下。

Step01 删除公式中错误的部分。❶ 选择错误公式所在的 H2 单元格，❷ 在编辑栏中选择公式中需要修改的【D2】文本，按【Delete】键将其删除，如图 12-8 所示。

图 12-8

Step02 重新引用单元格。重新选择 C2 单元格，即可引用 C2 单元格中的数据，如图 12-9 所示。

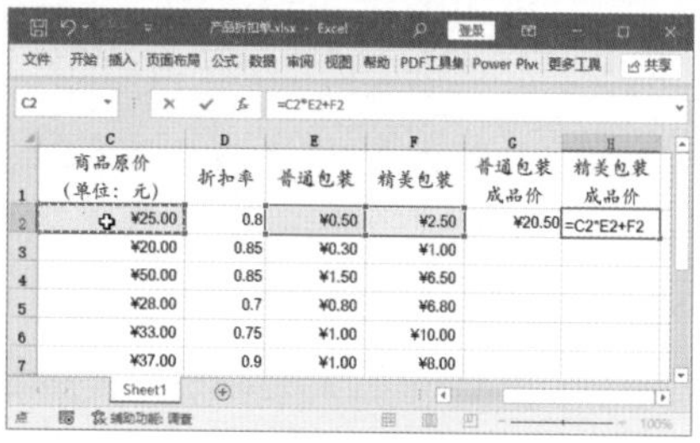

图 12-9

Step03 完成公式修改。使用相同的方法将公式中的【E2】修改为【D2】，如图 12-10 所示。按【Enter】键确认公式的修改，即可在 H2 单元格中计算出新公式的结果。

图 12-10

★ 重点 12.2.3 复制"产品折扣单"中的公式

有时候需要在一个工作表中使用公式进行一些类似数据的计算，如果在单元格中逐个输入公式进行计算，则会增加工作量。此时复制公式是快速计算数据的最佳方法，因为在将公式复制到新的位置后，公式中的相对引用单元格将会自动适应新的位置并计算出新的结果。避免了手动输入公式内容的麻烦，提高了工作效率。

复制公式的方法与复制或填充数据的方法完全相同，最常用的有如下这两种方法。

（1）按快捷键复制：选择需要被复制公式的单元格，按【Ctrl+C】组合键复制单元格，然后选择需要复制相同公式的目标单元格，再按【Ctrl+V】组合键进行粘贴即可。

（2）拖动控制柄复制：选择需要被复制公式的单元格，移动鼠标指针到该单元格的右下角，待鼠标指针变成+形状时，按住鼠标左键拖动到目标单元格后释放鼠标，即可复制公式到鼠标指针经过的单元格区域。

12.2.4 实战：删除公式

实例门类	软件功能

在 Excel 2021 中，删除单元格中的公式有两种情况：一种情况是不需要单元格中的所有数据了，选择单元格后直接按【Delete】键删除即可；另一种情况只是为了删除单元格中的公式，而需要保留公式的计算结果。此时，可利用"选择性粘贴"功能将公式结果转化为数值，这样即使改变被引用公式单元格中的数据，其结果也不会发生变化。

例如，要将"产品折扣单.xlsx"工作簿中计算数据的公式删除，只保留其计算结果，具体操作步骤如下。

Step01 复制单元格。❶ 选择 G2:H2 单元格区域，并通过拖动控制柄复制公式到 G2:H10 单元格区域。保持 G2:H10 单元格区域的选择状态并右击，❷ 在弹出的快捷菜单中选择【复制】选项，如图 12-11 所示。

Step02 以值的方式粘贴数据。❶ 单击【剪贴板】组中的【粘贴】按钮下方的下拉按钮，❷ 在弹出的下拉列表中的【粘贴数值】栏中选择【值】选项，如图 12-12 所示。

图 12-11

图 12-12

Step03 查看公式删除效果。经过以上操作后，G2:H10 单元格区域中的公式已被删除。选择该单元格区域中的某个单元格后，在编辑栏中只显示对应的数值，如图 12-13 所示。

图 12-13

12.3 使用单元格引用

在 Excel 中，单元格是工作表的最小组成元素，以左上角第 1 个单元格为原点，向右向下分别为行、列坐标的正方向，由此构成单元格在工作表上所处位置的坐标集合。在公式中使用坐标方式，表示单元格在工作表中的"地址"，实现对存储于单元格中的数据的调用，这种方法称为单元格引用，可以说明 Excel 在何处查找公式中所使用的值或数据。

★ 重点 12.3.1 相对引用、绝对引用和混合引用

公式中的引用具有以下关系：如果 A1 单元格中输入了公式"=B1"，那么 B1 就是 A1 的引用单元格，A1 就是 B1 的从属单元格。从属单元格和引用单元格之间的位置关系称为单元格引用的相对性。

根据表述位置相对性的不同方法，可分为 3 种不同的单元格引用方式，即相对引用、绝对引用和混合引用。它们各自具有不同的含义和作用。下面用 A1 单元格引用样式为例分别介绍相对引用、绝对引用和混合引用的使用方法。

1. 相对引用

相对引用，是指引用单元格的相对地址，即从属单元格与引用单元格之间的位置关系是相对的。默认情况下，新公式使用相对引用。

使用 A1 单元格引用样式时，相对引用样式用数字 1、2、3 等表示行号，用字母 A、B、C 等表示列标，采用【列字母＋行数字】的格式表示，如 A1、E12 等。如果引用整行或整列，可省去列标或行号，如 1:1 表示第 1 行；A:A 表示 A 列。

采用相对引用后，当复制公式到其他单元格时，Excel 会保持从属单元格与引用单元格的相对位置不变，即引用的单元格位置会随着单元格复制后的位置发生改变。例如，在 G2 单元格中输入公式"=E2*F2"，如图 12-14 所示。

图 12-14

然后将公式复制到下方的 G3 单元格中，则 G3 单元格中的公式会变为【=E3*F3】。这是因为 E2 单元格相对于 G2 单元格来说，是其向左移动了两个单元格的位置，而 F2 单元格相对于 G2 单元格来说，是其向左移动了一个单元格的位置。因此，在将公式复制到 G3 单元格时，始终保持引用公式所在的单元格向左移动两个单元格位置的 E3 单元格和其向左一个单元格位置的 F3 单元格，如图 12-15 所示。

图 12-15

2. 绝对引用

绝对引用是和相对引用相对而言的，是指引用单元格的实际地址，即从属单元格与引用单元格之间的位置关系是绝对的。当复制公式到其他单元格时，Excel 会保持公式中所引用单元格的绝对位置不变，结果与包含公式的单元格位置无关。

使用 A1 单元格引用样式时，在相对引用的单元格的列标和行号前分别添加冻结符号"$"便可成为绝对引用。例如，在"水费收取表"中要计算出每户的应缴水费，可以在 C3 单元格中输入公式【=B3*$B$1】，如图 12-16 所示。

图 12-16

然后将公式复制到下方的 C4 单元格中，则 C4 单元格中的公式会变为【=B4*$B$1】，公式中采用绝对引用的 B1 单元格仍然保持不变，如图 12-17 所示。

图 12-17

3. 混合引用

混合引用是指相对引用与绝对引用同时存在于一个单元格的地址引用中。混合引用具有两种形式，即绝对列和相对行、绝对行和相对列。绝对引用列采用 $A1、$B1 等形式，绝对引用行采用 A$1、B$1 等形式。

在混合引用中，如果公式所在单元格的位置改变，则绝对引用的部分保持绝对引用的性质，地址保持不变；而相对引用的部分同样保留相对引用的性质，随着单元格的变化而变化。具体应用到绝对引用列中，也就是说，改变位置后的公式行部分会调整，但是列不会改变；绝对引用行中，则改变位置后的公式列部分会调整，但是行不会改变。

例如，在 C3 单元格中输入公式"=$A5"，则公式向右复制时始终保持为【=$A5】不变，向下复制时行号将发生变化，即行相对列绝对引用。

12.3.2 快速切换不同的单元格引用类型

在 Excel 中创建公式时，可能需要在公式中使用不同的单元格引用方式。如果需要在各种引用方式间不断切换来确定需要的单元格引用方式，则可按【F4】键快速在相对引用、绝

对引用和混合引用之间进行切换。例如，在公式编辑栏中选择需要更改的单元格引用【A1】，然后反复按【F4】键，就会在【$A$1】【A$1】【$A1】和【A1】之间切换。

12.4 使用数组公式

Excel 中数组公式非常有用，可建立产生多值或对一组值而不是单个值进行操作的公式。掌握数组公式的相关技能技巧，当不能使用工作表函数直接得到结果，又需要对一组或多组数据进行多重计算时，可大显身手。本节将介绍在 Excel 2021 中数组公式的使用方法，包括输入数组、编辑数组和数组的计算方式等。

★ 重点 12.4.1 输入数组公式

在 Excel 中数组公式的显示是用大括号"{}"括住以区分普通 Excel 公式。要使用数组公式进行批量数据的处理，首先要学会建立数组公式的方法，具体操作步骤如下。

Step01 选择目标单元格或单元格区域，输入数组的计算公式。

Step02 按【Ctrl+Shift+Enter】组合键锁定输入的数组公式并确认输入。

其中，按【Ctrl+Shift+Enter】组合键结束公式的输入是最关键的，这相当于用户在提示 Excel "输入的不是普通公式，是数组公式，需要特殊处理"，此时 Excel 就不会用常规的逻辑来处理公式了。

如果用户在输入公式后，只按【Enter】键，则输入的只是一个简单的公式，Excel 只在选择的单元格区域的第 1 个单元格位置（选择区域的左上角单元格）显示一个计算结果。

12.4.2 使用数组公式的规则

在输入数组公式时，必须遵循相应的规则；否则，公式将会出错，无法计算出数据的结果。

（1）输入数组公式时，应先选择用来保存计算结果的单元格或区域。如果计算公式将产生多个计算结果，则必须选择一个与完成计算时所用区域大小和形状都相同的区域。

（2）数组公式输入完成后，按【Ctrl+Shift+Enter】组合键，这时在公式编辑栏中可以看到 Excel 在公式的两边加上了"{}"符号，表示该公式是一个数组公式。需要注意的是，

"{}"符号是由 Excel 自动加上去的，不用手动输入"{}"；否则，Excel 会认为输入的是一个正文标签，但若想在公式里直接表示一个数组，就需要输入"{}"符号将数组的元素引起来。例如，"=IF({1,1},D2:D6,C2:C6)"公式中的数组"{1,1}"的"{}"符号就是手动输入的。

（3）在数组公式涉及的区域中，不能编辑、清除或移动单个单元格，也不能插入或删除其中的任何一个单元格。这是因为数组公式涉及的单元格区域是一个整体，只能作为一个整体进行操作。例如，只能把整个区域同时删除、清除，而不能只删除或清除其中的一个单元格。

（4）要编辑或清除数组公式，需要选择整个数组公式涵盖的单元格区域，并激活编辑栏（也可单击数组公式包括的任一单元格，这时数组公式会出现在编辑栏中，它的两边有"{}"符号，单击编辑栏中的数组公式，它两边的"{}"符号就会消失），然后在编辑栏中修改数组公式或删除数组公式，操作完成后按【Ctrl+Shift+Enter】组合键计算出新的数据结果。

（5）如需将数组公式移动至其他位置，需要先选中整个数组公式涵盖的单元格范围，然后把整个区域拖放到目标位置，也可通过【剪切】和【粘贴】命令进行数组公式的移动。

（6）对于数组公式的范畴应引起注意，输入数值公式或函数的范围，其大小及外形应该与作为输入数据的范围的大小和外形相同。如果存放结果的范围太小，就看不到所有的运算

结果；如果范围太大，有些单元格就会出现错误信息"#N/A"。

★ 重点 12.4.3 实战：数组公式的计算方式

实例门类	软件功能

为了以后能更好地运用数组公式，还需要了解数组公式的计算方式。下面根据数组运算结果的多少，将数组计算分为多单元格联合数组公式的计算和单个单元格数组公式计算两种。

1. 多单元格联合数组公式

在 Excel 中使用数组公式可建立产生多值或对应一组值而不是单个值进行操作的公式，其中能产生多个计算结果并在多个单元格中显示出来的单一数组公式，称为多单元格数组公式。在数据输入过程中出现统计模式相同，而引用单元格不同的情况时，就可以使用多单元格数组公式来简化计算。需要联合多单元格数组的情况主要有以下几种。

（1）数组与单一数据的运算。

一个数组与一个单一数据进行运算，等同于将数组中的每个元素均与这个单一数据进行计算，并返回同样大小的数组。

例如，在"年度优秀员工评选表"工作簿中，要为所有员工的当前平均分上累加一个印象分，通过输入数组公式快速计算出员工评选累计分的具体操作步骤如下。

Step01 输入公式。打开"素材文件\第

12 章 \ 年度优秀员工评选表 .xlsx" 文档，❶ 选择 I2:I12 单元格区域，❷ 在编辑栏中输入公式 "=H2:H12+B14"，如图 12-18 所示。

图 12-18

Step02 按下数组公式组合键。按【Ctrl+Shift+Enter】组合键后，可看到编辑栏中的公式变为【{=H2:H12+B14}】，同时会在 I2:I12 单元格区域中显示出计算的数组公式结果，如图 12-19 所示。

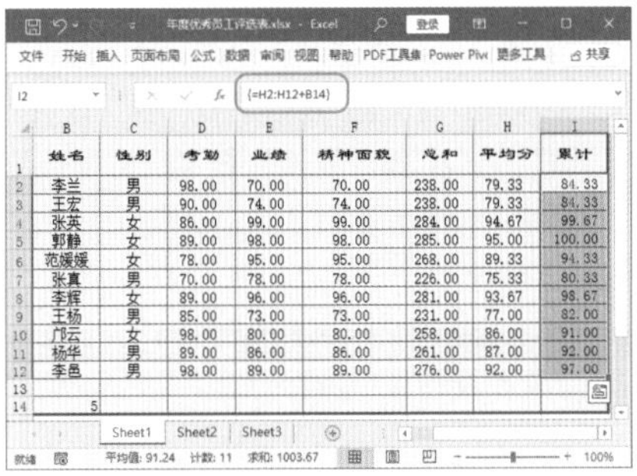

图 12-19

（2）一维横向数组或一维纵向数组之间的运算。

一维横向数组或一维纵向数组之间的运算，也就是单列与单列数组或单行与单行数组之间的运算。

相比数组与单一数据的运算，只是参与运算的数据都会随时变动而已。其实质是两个一维数组对应元素间进行运算，即第一个数组的第 1 个元素与第二个数组的第 1 个元素进行运算，结果作为数组公式结果的第 1 个元素；然后第 1 个数组的第 2 个元素与第 2 个数组的第 2 个元素进行运算，结果作为数组公式结果的第 2 个元素，接着是第 3 个元素直到第 N

个元素。一维数组之间进行运算后，返回的仍然是一个一维数组，其行、列数与参与运算的数组的行、列数相同。

例如，在"销售统计表"工作簿中，需要计算出各产品的销售额，即让各产品的销售量乘以其销售单价。通过输入数组公式可以快速计算出各产品的销售额，具体操作步骤如下。

Step01 输入数组函数。打开"素材文件 \ 第 12 章 \ 销售统计表 .xlsx"文档，❶ 选择 H3:H11 单元格区域，❷ 在编辑栏中输入数组函数公式"=F3:F11*G3:G11"，如图 12-20 所示。

图 12-20

Step02 按下数组公式组合键。按【Ctrl+Shift+Enter】组合键，可看到编辑栏中的公式变为【{=F3:F11*G3:G11}】，在 H3:H11 单元格区域中同时显示计算的数组公式结果，如图 12-21 所示。

图 12-21

技术看板

该案例中的公式【F3:F11*G3:G11】是两个一维数组相乘，返回一个新的

一维数组。该案例如果使用普通公式进行计算，通过复制公式也可以得到需要的结果，但若需要对 100 行甚至更多行数据进行计算，光复制公式也是比较麻烦的。

（3）一维横向数组与一维纵向数组的运算。

一维横向数组与一维纵向数组进行运算后，将返回一个二维数组，且返回数组的行数同一维纵向数组的行数相同、列数同一维横向数组的列数相同。返回数组中第 M 行第 N 列的元素是一维纵向数组的第 M 个元素和一维横向数组的第 N 个元素运算的结果。具体的计算过程可以通过查看一维横向数组与一维纵向数组进行运算后的结果来进行分析。

例如，在"产品合格量统计 .xlsx"工作簿中已经将生产的产品数量输入成一维横向数组，并将预计的可能合格率输入成一维纵向数组，需要通过输入数组公式计算每种合格率可能性下不同产品的合格量，具体操作步骤如下。

Step01 输入公式。打开"素材文件 \ 第 12 章 \ 产品合格量统计 .xlsx"文档，❶ 选择 B2:G11 单元格区域，❷ 在编辑栏中输入公式"=B1:G1*A2:A11"，如图 12-22 所示。

图 12-22

Step02 按下数组公式组合键。按【Ctrl+Shift+Enter】组合键后，可看到编辑栏中的公式变为【{=B1:G1*A2:A11}】，在 B2:G11 单元格区

域中同时显示出计算的数组公式结果，如图 12-23 所示。

图 12-23

（4）行数（或列数）相同的单列（或单行）数组与多行多列数组的运算。

单列数组的行数与多行多列数组的行数相同时，或者单行数组的列数与多行多列数组的列数相同时，计算规律与一维横向数组或一维纵向数组之间的运算规律大同小异，计算结果将返回一个多行多列的数组，其行、列数与参与运算的多行多列数组的行、列数相同。单列数组与多行多列数组计算时，返回的数组的第 M 行第 N 列的数据等于单列数组的第 M 行的数据与多行多列数组的第 M 行第 N 列的数据的计算结果；单行数组与多行多列数组计算时，返回的数组的第 M 行第 N 列的数据等于单行数组的第 N 列的数据与多行多列数组的第 M 行第 N 列的数据的计算结果。

例如，在"生产完成率统计"工作簿中已经将某一周预计要达到的生产量输入成一维纵向数组，并将各产品的实际生产数量输入成一个二维数组，需要通过输入数组公式计算每种产品每天的实际完成率，具体操作步骤如下。

Step01 输入公式。打开"素材文件\第12章\生产完成率统计.xlsx"文档，❶ 合并 B11:G11 单元格区域，并输入相应的文本，❷ 选择 B12:G18 单元格区域，❸ 在编辑栏中输入公式"=B3:G9/A3:A9"，如图 12-24 所示。

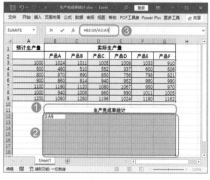

图 12-24

Step02 按下数据公式组合键。按【Ctrl+Shift+Enter】组合键后，可看到编辑栏中的公式变为【{=B3:G9/A3:A9}】，在 B12:G18 单元格区域中同时显示出计算的数组公式结果，如图 12-25 所示。

图 12-25

Step03 设置数据格式。❶ 为整个结果区域设置边框线，❷ 在第 11 行单元格的下方插入一行单元格，并输入相应的文本，❸ 选择 B13:G19 单元格区域，❹ 单击【开始】选项卡下【数字】组中的【百分比样式】按钮%，让计算结果显示为百分比样式，如图12-26 所示。

（5）行列数相同的二维数组间的运算。

行列数相同的二维数组之间的运算，将生成一个新的同样大小的二维数组。其计算过程等同于第 1 个数组的第 1 行的第 1 个元素与第 2 个数组的第 1 行的第 1 个元素进行运算，结果为数组公式的结果数组的第 1 行的

第 1 个元素，接着是第 2 个元素，第 3 个元素直到第 N 个元素。

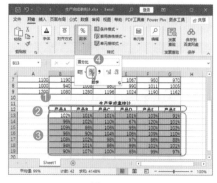

图 12-26

例如，在"月考平均分统计.xlsx"工作簿中已经将某些同学前 3 次月考的成绩分别统计为一个二维数组，需要通过输入数组公式计算这些同学 3 次考试的每科成绩平均分，具体操作步骤如下。

Step01 输入公式。打开"素材文件\第 12 章\月考平均分统计.xlsx"文档，❶ 选择 B13:D18 单元格区域，❷ 在编辑栏中输入公式"=(B3:D8+G3:I8+L3:N8)/3"，如图12-27 所示。

图 12-27

Step02 按下数组公式组合键。按【Ctrl+Shift+Enter】组合键后，可看到编辑栏中的公式变为【{=(B3:D8+G3:I8+L3:N8)/3}】，在 B13:D18 单元格区域中同时显示出计算的数组公式结果，如图 12-28 所示。

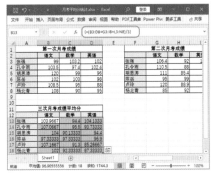

图 12-28

2. 单个单元格数组公式

通过前面对数组公式的计算规律的讲解和案例分析后，不难发现一维数组公式经过运算后，得到的结果可能是一维的，也可能是多维的，存放在不同的单元格区域中。有二维数组参与的公式计算，其结果也是一个二维数组。总之，数组与数组的计算，返回的将是一个新的数组，其行数与参与计算的数组中行数较大的数组的行数相同，列数与参与计算的数组中列数较大的数组的列数相同。

有一个共同点，前面讲解的数组运算都是普通的公式计算，如果将数组公式运用到函数中，结果又会如何？实际上，上面得出的两个结论都会被颠覆。将数组用于函数计算中，计算的结果可能是一个值也可能是一个一维数组或二维数组。

函数的内容将在后面的章节中进行介绍，这里先举一个简单的例子进行说明。例如，沿用"销售统计表.xlsx"工作簿中的数据，下面使用一个函数来完成对所有产品的总销售利润进行统计，具体操作步骤如下。

Step01 输入公式。打开"素材文件 \ 第 12 章 \ 销售统计表 .xlsx"文档，❶ 合并 F13:G13 单元格区域，并输入相应文本，❷ 选择 H13 单元格，❸ 在编辑栏中输入公式"=SUM(F3:F11*G3:G11)*H1"，如图 12-29 所示。

图 12-29

Step02 按下数组公式组合键。按【Ctrl+Shift+Enter】组合键后，可看到编辑栏中的公式变为【{=SUM(F3:F11*G3:G11)*H1}】，在 H13 单元格中同时显示出计算的数组公式结果，如图 12-30 所示。

图 12-30

★ 重点 12.4.4 数组的扩充功能

在公式或函数中使用数组时，参与运算的对象或参数应该和第 1 个数组的维数匹配，也就是说，要注意数组行、列数的匹配。对于行、列数不匹配的数组，在必要时，Excel 会自动将运算对象进行扩展，以符合计算需要的维数。每个参与运算的数组的行数必须与行数最大的数组的行数相同，列数必须与列数最大的数组的列数相同。当数组与单一数据进行运算时，如公式【{=H3:H6+15}】中的第 1 个数组为 1 列 4 行，而第 2 个数据并不是数组，而是一个数值，为了让第 2 个数值能与第 1 个数组进行匹配，Excel 会自动将数值扩充成 1 列

4 行的数组 {15;15;15;15;15;15}。因此，最后是使用公式【{=H3:H6+{15;15;15;15;15;15}}】进行计算的。

例如，一维横向数组与一维纵向数组的计算，如公式【{={10;20;30;40}+{50,60}}】的第 1 个数组 {10;20;30;40} 为 4 行 1 列，第 2 个数组 {50,60} 为 1 行 2 列，在计算时，Excel 会自动将第 1 个数组扩充为一个 4 行 2 列的数组 {10,10;20,20;30,30;40,40}，也会将第 2 个数组扩充为一个 4 行 2 列的数组 {50,60;50,60;50,60;50,60}，所以，最后是使用公式【{={10,10;20,20;30,30;40,40}+{50,60;50,60;50,60;50,60}}】进行计算的。公式最后返回的数组也是一个 4 行 2 列的数组，数组的第 M 行第 N 列的元素等于扩充后的两个数组的第 M 行第 N 列的元素的计算结果。

如果行、列数均不相同的两个数组进行计算，Excel 仍然会将数组进行扩展，只是在将区域扩展到可以填入比该数组公式大的区域时，已经没有扩大值可以填入单元格内了，这样就会出现【#N/A】错误值。例如，公式【{={1,2;3,4}+{1,2,3}}】的第 1 个数组为一个 2 行 2 列的数组，第 2 个数组 {1,2,3} 为 1 行 3 列。在计算时，Excel 会自动将第 1 个数组扩充为一个 2 行 3 列的数组 {1,2,#N/A;3,4,#N/A}，也会将第 2 个数组扩充为一个 2 行 3 列的数组 {1,2,#N/A;1,2,#N/A}，所以最后是使用公式【{={1,2,#N/A;3,4,#N/A}+{1,2,#N/A;1,2,#N/A}}】进行计算。

由此可见，行、列数不相同的数组在进行运算后，将返回一个多行多列数组，行数与参与计算的两个数组中行数较大的数组的行数相同，列数与较大的列数的数组相同。且行数大于较小行数数组行数、大于较大列数数组列数的区域的元素均为【#N/A】。有效元素为两个数组中对应数组的计算结果。

12.4.5 编辑数组公式

数组公式的编辑方法与公式基本相同，只是数组包含数个单元格，这些单元格形成一个整体，所以数组里的任何单元格都不能被单独编辑。如果对数组公式结果中的其中一个单元格的公式进行编辑，系统会提示不能更改数组的某一部分，如图12-31所示。

图 12-31

如果需要修改多单元格数组公式，必须先选择整个数组区域。要选择数组公式所占的全部单元格区域，可以先选择单元格区域中的任意一个单元格，然后按【Ctrl+/】组合键。

编辑数组公式时，在选择数组区域后，将文本插入点定位在编辑栏中，此时数组公式两边的大括号"{}"将消失，表示公式进入编辑状态，在编辑公式后同样需要按【Ctrl+Shift+Enter】组合键锁定数组公式的修改。这样，数组区域中的数组公式将同时被修改。

若要删除原有的多单元格数组公式，则可以先选择整个数组区域，然后按【Delete】键删除数组公式的计算结果；或者在编辑栏中删除数组公式，然后按【Ctrl+Shift+Enter】组合键完成编辑；还可以单击【开始】选项卡下【编辑】组中的【清除】按钮◇，在弹出的下拉列表中选择【全部清除】选项。

12.5 使用名称

Excel 中使用列标加行号的方式虽然能准确定位各单元格或单元格区域的位置，但是并没有体现单元格中数据的相关信息。为了直观表达一个单元格、一组单元格、数值或公式的引用与用途，可以为其定义一个名称。下面介绍名称的概念，以及各种与名称相关的基本操作。

12.5.1 定义名称的作用

在 Excel 中，名称是我们建立的一个易于记忆的标识符，它可以引用单元格、范围、值或公式。使用名称有下列优点。

（1）名称可以增强公式的可读性，使用名称的公式比使用单元格引用位置的公式易于阅读和记忆。例如，公式"=销量*单价"比公式"=F6*D6"更直观，特别适合于提供给非工作表制作者的其他人查看。

（2）一旦定义名称后，其使用范围通常是在工作簿级的，即可以在同一个工作簿中的任何位置使用。不仅减少了公式出错的可能性，还可以让系统在计算寻址时，能精确到更小的范围而不必用相对的位置来搜寻源及目标单元格。

（3）当改变工作表结构后，可以直接更新某处的引用位置，使所有使用这个名称的公式都自动更新。

（4）用名称方式定义动态数据列表，可以避免使用很多辅助列，跨表链接时能让公式更清晰。

12.5.2 名称的命名规则

在 Excel 中定义名称时，不是任意字符都可以作为名称的，有的时候也会出现弹出提示对话框，提示"输入的名称无效"，这说明定义没有成功。

名称的定义有一定的规则，具体需要注意以下几点。

（1）名称可以是任意字符与数字的组合，但名称中的第 1 个字符必须是字母、下划线"_"或反斜线"/"，如"_1HF"。

（2）名称不能与单元格引用相同，如不能定义为"B5"或"C$6"等。也不能以字母"C""c""R"或"r"作为名称，因为"R""C"在 R1C1 单元格引用样式中表示工作表的行、列。

（3）名称中不能包含空格，如果需要由多个部分组成，则可以使用下划线或句点代替。

（4）不能使用除下划线、句点和反斜线以外的其他符号，允许用问号"？"，但不能作为名称的开头。例如，定义为"Hjing?"可以，但定义为"?Hjing"则不可以。

（5）名称中的字母不区分大小写。

（6）不能将单元格名称定义为"Print_Titles"和"Print_Area"。因为被定义为"Print_Titles"的区域将成为当前工作表打印的顶端标题行和左端标题行；被定义为"Print_Area"的区域将被设置为工作表的打印区域。

12.5.3 名称的适用范围

Excel 中定义的名称具有一定的适用范围，名称的适用范围定义了使用名称的场所，一般包括当前工作表和当前工作簿。

默认情况下，定义的名称都是工作簿级的，能在工作簿中的任何一张工作表中使用。例如，创建一个叫作"Name"的名称，引用"Sheet1"工作表中的 A1:B7 单元格区域，然后在当前工作簿的所有工作表中都可以直接使用这一名称，这种能够作用于整个工作簿的名称被称为工作簿级名称。

定义的名称在其适用范围内必须

是唯一的，在不同的适用范围内，可以定义相同的名称。若在没有限定的情况下，在适用范围内可以直接应用名称，而超出了范围就需要加上一些元素对名称进行限定。例如，在工作簿中创建一个仅能作用于一张工作表的名称，即工作表级名称，就只能在该工作表中直接使用它，若要在工作簿中的其他工作表中使用，就必须在该名称的前面加上工作表的名称，表达格式为"工作表名称＋感叹号＋名称"，如"Sheet2! 姓名"。若需要引用其他工作簿中的名称，原则与前面介绍的链接引用其他工作簿中的单元格相同。

★ 重点 12.5.4 实战：在"现金日记账"记录表中定义单元格名称

实例门类	软件功能

在公式中引用单元格或单元格区域时，为了让公式更容易理解，便于对公式和数据进行维护，可以为单元格或单元格区域定义名称。这样就可以在公式中直接通过该名称引用相应的单元格或单元格区域。

例如，在"现金日记账 .xlsx"工作簿中要统计所有存款的总金额，可以先为这些不连续的单元格区域定义名称为"存款"，然后在公式中直接运用名称来引用单元格，具体操作步骤如下。

Step01 打开【新建名称】对话框。打开"素材文件 \ 第 12 章 \ 现金日记账 .xlsx"文档，❶ 按住【Ctrl】键的同时，选择所有包含存款数额的不连续单元格，❷ 单击【公式】选项卡下【定义的名称】组中的【定义名称】按钮 ◎，如图 12-32 所示。

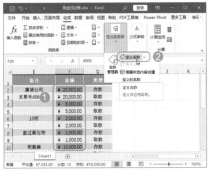

图 12-32

Step02 定义名称。打开【新建名称】对话框，❶ 在【名称】文本框中为选择的单元格区域命名，这里输入"存款"，❷ 在【范围】下拉列表框中选择该名称的适用范围，默认选择【工作簿】选项，❸ 单击【确定】按钮，如图 12-33 所示，即可完成对单元格区域的命名。

图 12-33

Step03 使用名称进行公式计算。❶ 在 E23 单元格中输入相关文本，❷ 选择 F23 单元格，❸ 在编辑栏中输入公式 "＝ SUM（存款）"，可以看到公式自动引用了定义名称时包含的那些单元格，如图 12-34 所示。

Step04 完成公式计算。按【Enter】键即可快速计算出定义名称为【存款】的不连续单元格中数据的总和，如图 12-35 所示。

图 12-34

图 12-35

★ 重点 12.5.5 实战：在"销售提成表"中将公式定义为名称

实例门类	软件功能

Excel 中的名称，并不仅是为单元格或单元格区域提供一个易于阅读的名字这么简单，还可以为公式定义名称。

例如，在"销售提成表 .xlsx"工作簿中将提成公式定义为"提成率"，具体操作步骤如下。

Step01 打开【新建名称】对话框。打开"素材文件 \ 第 12 章 \ 销售提成表 .xlsx"文档，单击【公式】选项卡下【定义的名称】组中的【定义名称】按钮 ◎，如图 12-36 所示。

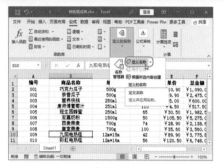

图 12-36

Step02 输入公式定义名称。打开【新建名称】对话框，❶ 在【名称】文本框中输入"提成率"，❷ 在【引用位置】文本框中输入公式"=1%"，❸ 单击【确定】按钮即可完成公式名称的定义，如图 12-37 所示。

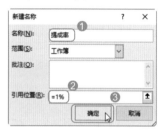

图 12-37

Step03 使用名称计算数据。在 G2 单元格中输入公式"= 提成率 *F2"，按【Enter】键即可计算出单元格的值，如图 12-38 所示。

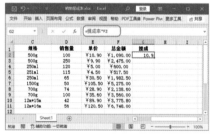

图 12-38

Step04 复制公式。选择 G2 单元格，拖动填充控制柄至 G11 单元格，计算出所有产品可以提取的获益金额，效果如图 12-39 所示。

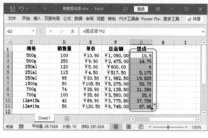

图 12-39

★ 重点 12.5.6 实战：在"销售提成表"中管理名称

实例门类	软件功能

单元格名称是用户创建的，当然也可对其进行管理，如名称和作用范围的更改、名称的删除等。

1. 修改名称的引用位置

在 Excel 中，如果需要重新编辑已定义名称的引用位置、适用范围和输入的注释等，可以通过【名称管理器】对话框进行修改。例如，要通过修改名称中定义的公式，按照 2% 的比例重新计算销售表中的提成数据，具体操作步骤如下。

Step01 打开【名称管理器】对话框。单击【公式】选项卡下【定义的名称】组中的【名称管理器】按钮，如图 12-40 所示。

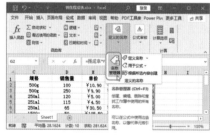

图 12-40

Step02 编辑名称。打开【名称管理器】对话框，❶ 选择需要修改的名称选项，这里选择【提成率】选项，❷ 单击【编辑】按钮，如图 12-41 所示。

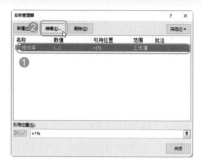

图 12-41

Step03 修改名称。打开【编辑名称】对话框，❶ 修改【引用位置】参数框中的文本为"=2%"，❷ 单击【确定】按钮，如图 12-42 所示。返回【名称管理器】对话框后，单击【关闭】按钮关闭对话框。

图 12-42

技能拓展——快速修改名称

如果需要修改名称，除了可以在【编辑名称】对话框中进行修改外，有些名称还可以在名称框中直接进行修改。

Step04 查看名称修改后的计算结果。经过以上操作后，所有引用了该名称的公式都将改变计算结果，效果如图 12-43 所示。

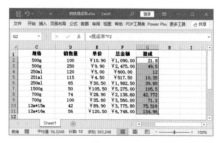

图 12-43

2. 删除名称

对于不需要、多余及错误的单元格名称，用户可将其删除。方法：在【名称管理器】对话框中选择需要删除的名称，单击【删除】按钮即可将其删除。如果一次性需要删除多个名称，只需按住【Ctrl】键的同时依次选择多个名称，再进行删除即可。

12.6 审核公式

公式不仅可能会出现错误值，而且还会产生某些意外结果。为确保计算的结果正确，减小公式出错的可能性，审核公式是非常重要的一项工作。下面介绍一些常用的审核技巧。

12.6.1 实战：显示"水费收取表"中应用的公式

实例门类	软件功能

默认情况下，在单元格中输入公式确认后，单元格会直接显示出计算结果。只有在选择单元格后，在编辑栏中才能看到公式的内容。用户在一些特定的情况下，在单元格中显示公式比显示数值更加有利于快速输入数据的实际应用。

例如，需要查看"水费收取表 .xlsx"工作簿中的公式是否引用出错，具体操作步骤如下。

Step 01 显示公式。打开"素材文件 \ 第12章\水费收取表.xlsx"文档，单击【公式】选项卡下【公式审核】组中的【显示公式】按钮，如图 12-44 所示。

图 12-44

Step 02 查看显示的公式。经过以上操作后，工作表中所有的公式都会显示出来（再次单击【显示公式】按钮将显示公式计算结果），如图 12-45 所示。

图 12-45

12.6.2 实战：查看"工资发放明细表"中公式的求值过程

实例门类	软件功能

Excel 2021 中提供了分步查看公式计算结果的功能，当公式中的计算步骤比较多时，使用此功能可以在审核过程中按公式计算的顺序逐步查看公式的计算过程，具体操作步骤如下。

Step 01 打开【公式求值】对话框。打开"素材文件 \ 第 12 章 \ 工资发放明细表 .xlsx"文档，❶ 选择要查看求值过程公式所在的 L3 单元格，❷ 单击【公式】选项卡下【公式审核】组中的【公式求值】按钮，如图12-46 所示。

图 12-46

Step 02 进行公式求值。打开【公式求值】对话框，在【求值】列表框中显示出该单元格中的公式，并用下划线标记出第 1 步要计算的内容，即引用I3 单元格中的数值，依次单击【求值】按钮，系统会自动显示函数每步的计算过程，如图 12-47 所示。

图 12-47

技能拓展——使用快捷键查看公式的部分计算结果

在审核公式时，可以选择性地查看公式某些部分的计算结果。首先选择公式中需要显示计算结果的部分，然后按【F9】键就可以查看选中公式的计算结果了。

12.6.3 实战：公式错误检查

实例门类	软件功能

在 Excel 2021 中进行公式的输入时，有时可能由于用户的错误操作或公式函数应用不当，导致公式结果返回错误值，如【#NAME?】【#N/A】

等，用户可借助于错误检查公式功能来检查错误。

例如，要检查"销售表"中是否出现公式错误，具体操作步骤如下。

Step01 打开【错误检查】对话框。打开"素材文件\第12章\销售表.xlsx"文档，单击【公式】选项卡下【公式审核】组中的【错误检查】按钮 ，如图12-48所示。

图 12-48

Step02 显示公式计算步骤。打开【错误检查】对话框，在其中显示了检查到的第1处错误，单击【显示计算步骤】按钮，如图12-49所示。

图 12-49

Step03 查看公式的错误。打开【公式求值】对话框，在【求值】列表框中查看该错误运用的计算公式及出错位置，单击【关闭】按钮，如图12-50所示。

图 12-50

Step04 进入公式编辑状态。返回【错误检查】对话框，单击【在编辑栏中编辑】按钮，如图12-51所示。

图 12-51

Step05 修改公式。经过以上操作后，❶返回工作表中选择原公式中的【A6】，❷单击重新选择参与计算的B6单元格，如图12-52所示。

图 12-52

Step06 继续进行错误检查。本例由于设置了表格样式，因此系统自动为套用样式的区域定义了名称，所以公式中的"D6"显示为"[@单价]"。在【错误检查】对话框中单击【继续】按钮，如图12-53所示。

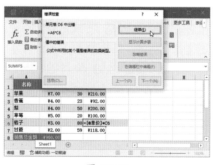

图 12-53

Step07 完成公式错误检查。同时可以看到出错的单元格运用修改后的公式

得出了新结果。继续检查其他错误，检查完成后会弹出提示对话框，提示已经完成错误检查。单击【确定】按钮关闭对话框，如图12-54所示。

图 12-54

12.6.4 实战：追踪"销售表"中的单元格引用情况

实例门类	软件功能

在检查公式是否正确时，通常需要查看公式中引用单元格的位置是否正确，使用 Excel 2021 中的"追踪引用单元格"和"追踪从属单元格"功能，就可以检查公式错误或分析公式中单元格的引用关系了。

例如，要查看"销售表.xlsx"工作簿中计算销售总额的公式引用了哪些单元格，具体操作步骤如下。

Step01 追踪引用的单元格。❶选择计算销售总额的B8单元格，❷单击【公式】选项卡下【公式审核】组中的【追踪引用单元格】按钮 ，如图12-55所示。

图 12-55

技能拓展——追踪从属单元格

在检查公式时，如果要显示出某个单元格被引用于哪个公式单元格，可以使用“追踪从属单元格”功能，先选择目标单元格，然后单击【公式】选项卡下【公式审核】组中的【追踪从属单元格】按钮。

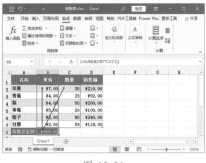

Step 02 查看单元格引用。经过以上操作，即可以蓝色箭头符号标识出所选单元格中公式的引用源，如图 12-56 所示。

图 12-56

技能拓展——清除追踪箭头

要清除表格中追踪引用箭头和从属箭头，可单击【公式】选项卡下【公式审核】组中的【删除箭头】按钮，如图 12-57 所示。

图 12-57

12.7 合并计算数据

在 Excel 2021 中，合并计算就是把两个或两个以上的表格中具有相同区域或相同类型的数据运用相关函数（求和、计算平均值等）进行运算后，再将结果存放到另一个区域中，其核心是公式的简单计算。

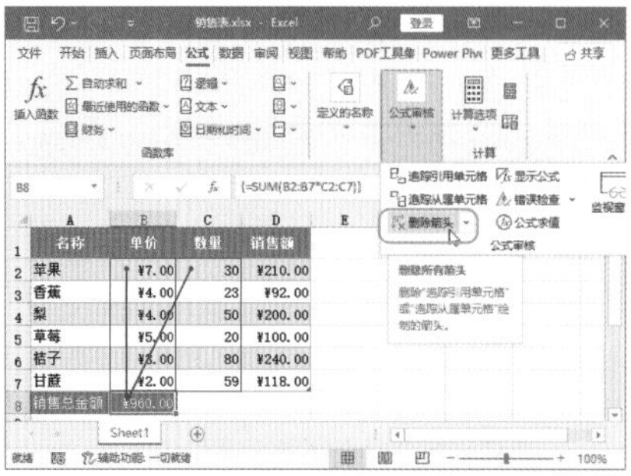

★ 重点 12.7.1 实战：在当前工作表中对业绩数据合并计算

实例门类	软件功能

在合并计算时，如果所有数据在同一张工作表中，那么可以在同一张工作表中进行合并计算。例如，要将“汽车销售表”中的数据根据地区和品牌合并各季度的销量总和，具体操作步骤如下。

Step 01 打开【合并计算】对话框。打开“素材文件\第 12 章\汽车销售表.xlsx”文档，❶ 在表格空白位置选择一处作为存放汇总结果的单元格区域，并输入相应的表头名称，选择该单元格区域，❷ 单击【数据】选项卡下【数据工具】组中的【合并计算】按钮，如图 12-58 所示。

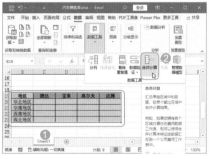

图 12-58

图 12-59

Step 02 选择引用位置。打开【合并计算】对话框，❶ 在【引用位置】参数框中引用原数据表中需要求和的区域，这里选择 B1:F15 单元格区域，❷ 单击【添加】按钮，添加到下方的【所有引用位置】列表框中，❸ 选中【首行】和【最左列】复选框，❹ 单击【确定】按钮，如图 12-59 所示。

技能拓展——更改合并计算的汇总方式

在对数据进行合并计算时，除了可以用默认的【求和】汇总方式外，还可以将汇总方式更改为其他汇总方式，如【平均值】【计数】等。只需在对话框的【函数】下拉列表框中选择汇总方式即可。

Step 03 查看合并计算结果。经过以上

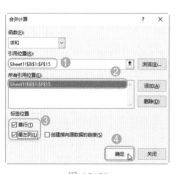

操作，即可计算出不同地区各产品的汇总结果，如图 12-60 所示。

图 12-60

★ 重点 12.7.2 实战：将多张工作表中业绩数据进行合并计算

实例门类	软件功能

在合并计算时，如果所有数据分布在多张工作表中，用户只需在放置计算结果的工作表中选择目标位置，然后进行合并计算的操作。

例如，在"季度销量分析.xlsx"工作簿中将"1 月""2 月""3 月"工作表中的销量数据和对应的销售人员数据合并计算到"一季度"工作表中，具体操作步骤如下。

Step01 打开【合并计算】对话框。打开"素材文件\第 12 章\季度销量分析.xlsx"文档，① 切换到"一季度"工作表中，② 选择放置合并计算数据的起始单元格，③ 单击【合并计算】按钮，如图 12-61 所示。

图 12-61

Step02 选择标签位置。打开【合并计算】对话框，① 选中【首行】和【最左列】复选框，② 单击【引用位置】参数框后的【折叠】按钮折叠对话框，如图 12-62 所示。

图 12-62

Step03 引用 1 月份数据。① 单击"1 月"工作表标签，② 选择整个数据表格区域，③ 单击【展开】按钮，如图 12-63 所示。

Step04 引用其他月份的数据。① 单击【添加】按钮，② 以同样的方法将其他要参与合并计算的数据添加到【所有引用位置】列表框中，③ 单击【确定】按钮，如图 12-64 所示。

图 12-63

图 12-64

Step05 查看合并计算结果。系统自动切换到"一季度"工作表中合并计算出结果，如图 12-65 所示。

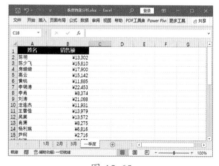

图 12-65

妙招技法

通过前面知识的学习，相信读者已经掌握了公式输入、编辑、审核，以及与之相关的单元格名称和合并计算的基本操作。下面结合本章内容，给大家介绍一些实用技巧。

技巧 01：快速对单元格数据统一进行数据的简单运算

在编辑工作表数据时，可以利用"选择性粘贴"功能在粘贴数据的同时对数据区域进行计算。例如，要将"销售表"中的各产品的销售单价乘以 2，具体操作步骤如下。

Step01 剪切数据。① 选择一个空白单元格作为辅助单元格，这里选择 F2 单元格，并输入"2"，② 单击【开始】选项卡下【剪贴板】组中的【复制】按钮，将单元格区域数据放入剪贴板中，如图 12-66 所示。

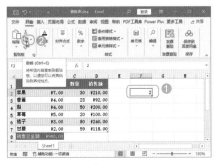

图 12-66

Step02 打开【选择性粘贴】对话框。
❶ 选择要修改数据的 B2:B7 单元格区域，❷ 单击【剪贴板】组中的【粘贴】按钮🗐下方的下拉按钮，❸ 在弹出的下拉列表中选择【选择性粘贴】选项，如图 12-67 所示。

图 12-67

Step03 设置运算粘贴。打开【选择性粘贴】对话框，❶ 在【运算】栏中选中相应的简单计算单选按钮，这里选中【乘】单选按钮，❷ 单击【确定】按钮，如图 12-68 所示。

图 12-68

Step04 查看粘贴效果。经过以上操作，表格中选择区域的数字都增加了一倍，效果如图 12-69 所示。

图 12-69

技巧02：如何隐藏编辑栏中的公式

在制作某些表格时，如果不希望让其他人看见表格中包含的公式内容，可以直接将公式计算结果通过复制的方式粘贴为数字，但若还需要利用这些公式来进行计算，就需要对编辑栏中的公式进行隐藏操作了，即要求选择包含公式的单元格时，在公式编辑栏中不显示公式。例如，要隐藏"工资表"中所得税的计算公式，具体操作步骤如下。

Step01 打开【设置单元格格式】对话框。❶ 选择包含要隐藏公式的单元格区域，这里选择 L3:L14 单元格区域，❷ 单击【开始】选项卡下【单元格】组中的【格式】按钮🗐，❸ 在弹出的下拉列表中选择【设置单元格格式】选项，如图 12-70 所示。

图 12-70

Step02 隐藏单元格。打开【设置单元格格式】对话框，❶ 选择【保护】选项卡，❷ 选中【隐藏】复选框，❸ 单击【确定】按钮，如图 12-71 所示。

图 12-71

Step03 打开【保护工作表】对话框。返回 Excel 表格，❶ 单击【格式】按钮🗐，❷ 在弹出的下拉列表中选择【保护工作表】选项，如图 12-72 所示。

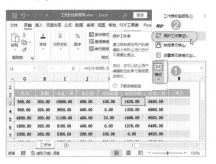

图 12-72

Step04 保护工作表。打开【保护工作表】对话框，❶ 选中【保护工作表及锁定的单元格内容】复选框，❷ 单击【确定】按钮对单元格进行保护，如图 12-73 所示。

图 12-73

Step 05 查看公式隐藏效果。返回工作表，选择 L3:L14 单元格区域中的任意一个单元格，编辑栏中公式被隐藏了，效果如图 12-74 所示。

图 12-74

技巧 03：快速指定单元格以列标题为名称

在定义单元格名称过程中，若要直接将单元格名称定义为当前单元格区域对应的表头名称，可使用"根据所选内容创建"功能快速实现。

例如，在"汽车销售表"中要指定每列单元格以列标题为名称，具体操作步骤如下。

Step 01 根据内容创建名称。打开"素材文件 \ 第 12 章 \ 汽车销售表.xlsx"文档，① 选择需要定义名称的单元格区域（包含表头），这里选择 A1:F15 单元格区域，② 单击【公式】选项卡下【定义的名称】组中的【根据所选内容创建】按钮，如图 12-75 所示。

图 12-75

Step 02 设置【根据所选内容创建名称】对话框。打开【根据所选内容创建名称】对话框，① 选择要作为名称的单元格位置，这里选中【首行】复选框，即 A1:F1 单元格区域中的内容，② 单击【确定】按钮即可完成区域的名称设置，如图 12-76 所示，即可将 A2:A15 单元格区域定义为【季度】，将 B2:B15 单元格区域定义为【地区】。

图 12-76

本章小结

通过本章知识的学习和案例练习，相信读者已经掌握了公式的基础应用。本章首先介绍了公式的概念，公式中的运算符号有哪些，它们是怎样进行计算的；其次举例介绍了公式的输入与编辑操作；再次重点介绍了单元格的引用、数组公式和名称的使用；最后讲解了公式的审核，以及与公式相关的合并计算。若读者熟练掌握这些知识，不仅可以解决实际工作中的问题，还会为后面的函数应用打下基础。

第13章 Excel 函数的应用

➡ 如何快速对表格数据进行求和、求平均值、最大值和最小值？

➡ 怎样准确无误地查找和返回指定表格数据？

➡ 想快速统计指定条件的数据吗？

➡ 如何快速获取日期和时间部分？

本章将从 Excel 中的 400 多个函数中提取出使用频率较高的办公应用函数进行讲解，认真学习和掌握本章知识后，相信读者能轻松解决以上问题。

13.1 函数简介

Excel 深受用户青睐的最主要原因就是它强大的计算功能，而数据计算的依据就是公式和函数。在 Excel 中运用函数可以摆脱烦琐的计算。

13.1.1 函数的结构

Excel 中的函数实际上是一些预先编写好的公式，每个函数就是一组特定的公式，代表着一个复杂的运算过程。不同的函数有着不同的功能，但不论函数有何功能及作用，所有函数均具有相同的特征及特定的格式。

函数作为公式的一种特殊形式存在，是由 "=" 符号开始的，右侧是表达式。不过函数是通过使用一些称为参数的数值以特定的顺序或结构进行计算，不涉及运算符的使用。在 Excel 中，所有函数的语法结构都是相同的，其基本结构为 "= 函数名 (参数 1, 参数 2,…)"，如图 13-1 所示。其中各组成部分的含义如下。

图 13-1

1. "=" 符号

函数的结构以 "=" 符号开始，后面是函数名称和参数。

2. 函数名

函数名即函数的名称，代表了函数的计算功能，每个函数都有唯一的函数名，如 SUM 函数表示求和计算、MAX 函数表示求最大值计算。因此，要使用不同的方式进行计算应使用不同的函数名。函数名输入时不区分大小写，也就是说，函数名中的大小写字母等效。

3. "()" 符号

所有函数都需要使用英文半角状态下的括号 "()"，括号中的内容就是函数的参数。与公式一样，在创建函数时，所有左括号和右括号都必须成对出现。括号的配对让一个函数成为完整的个体。

4. 函数参数

在函数中用来执行操作或计算的值，可以是数字、文本、TRUE 或 FALSE 等逻辑值、数组、错误值或单元格引用，还可以是公式或其他函数，但指定的参数都必须为有效参数值。

不同的函数，由于其计算方式不同，因此需要参数的个数、类型也均有不同。有些可以不带参数，如 NOW()、TODAY()、RAND() 等，有些只有一个参数，有些有固定数量的参数，有些函数又有数量不确定的参数，还有些函数中的参数是可选的。

若函数需要的参数有多个，则各参数间使用英文字符逗号 ","进行分隔。因此，逗号是解读函数的关键。

> **技术看板**
>
> 学习函数的时候，可以将每个函数理解为一种封装定义好的系统，只要知道它需要输入些什么，根据哪种规律进行输入，最终可以得到什么结果就行。不必再像公式一样分析是怎样的一个运算过程。

13.1.2 函数的分类

Excel 2021 中提供了大量的内置函数，这些函数涉及财务、工程、统计、时间、数学等领域。要熟练地对这些函数进行运用，首先必须了解函数的总体情况。

根据函数的功能，主要可将函数划分为 11 种类型。函数在使用过程中，一般也是依据这个分类进行定位的，然后再选择合适的函数。这 11 种函数类型的具体介绍如下。

1. 财务函数

Excel 中提供了非常丰富的财务函数，使用这些函数可以完成大部分的财务统计和计算。例如，DB 函数可返回固定资产的折旧值，IPMT 函数可返回投资回报的利息部分等。财务人员若能够正确、灵活地使用 Excel 进行财务函数的计算，则能大大减轻日常工作中有关指标计算的工作量。

2. 逻辑函数

该类型的函数有 7 个，用于测试某个条件，总是返回逻辑值 TRUE 或 FALSE。它们与数值的关系为：在数值运算中，TRUE=1，FALSE=0；在逻辑判断中，0=FALSE，所有非 0 数值 =TRUE。

3. 文本函数

在公式中处理文本字符串的函数，主要功能包括截取、查找或搜索文本中的某个特殊字符，或者提取某些字符，也可以改变文本的编写状态。例如，TEXT 函数可将数值转换为文本，LOWER 函数可将文本字符串的所有字母转换成小写形式等。

4. 日期和时间函数

该类型的函数用于分析或处理公式中的日期和时间值。例如，TODAY 函数可以返回当前日期。

5. 查找与引用函数

该类型的函数用于在数据清单或工作表中查询特定的数值，或者某个单元格引用的函数。常见的示例是税率表。使用 VLOOKUP 函数可以确定某一收入水平的税率。

6. 数学和三角函数

该类型的函数有很多，主要运用于各种数学计算和三角计算。例如，RADIANS 函数可以把角度转换为弧度等。

7. 统计函数

这类函数可以对一定范围内的数据进行统计学分析。例如，可以计算统计数据，如平均值、模数、标准偏差等。

8. 工程函数

这类函数常用于工程应用中，它们可以处理复杂的数字，在不同的计数体系和测量体系之间转换。例如，可以将十进制数转换为二进制数。

9. 多维数据集函数

这类函数用于返回多维数据集中的相关信息。例如，返回多维数据集中成员属性的值。

10. 信息函数

这类函数有助于确定单元格中数据的类型，还可以使单元格在满足一定的条件时返回逻辑值。

11. 数据库函数

这类函数用于对存储在数据清单或数据库中的数据进行分析，判断其是否符合某些特定的条件。这类函数在需要汇总符合某一条件的列表中的数据时十分有用。

★ 重点 13.1.3 实战：函数常用调用方法

实例门类	软件功能

使用函数计算数据时，必须正确输入相关函数名及其参数，才能得到正确的运算结果。若用户对所使用的函数很熟悉且对函数所使用的参数类型也比较了解，则可像输入公式一样直接输入函数；若不是特别熟悉，则可通过使用【函数库】组中的功能按钮，或者使用 Excel 中的向导功能来创建函数。

1. 使用【函数库】组中的功能按钮插入函数

在 Excel 2021 的【公式】选项卡下【函数库】组中分类放置了一些常用函数类别的对应功能按钮，如图 13-2 所示。单击某个函数分类下拉按钮，在弹出的下拉列表中即可选择相应类型的函数，可快速插入函数后进行计算。

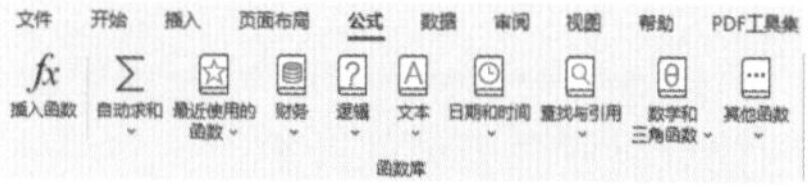

图 13-2

> **技能拓展——快速选择最近使用的函数**
>
> 如果要快速插入最近使用的函数，可单击【函数库】组中的【最近使用的函数】按钮 ，在弹出的下拉菜单中显示了最近使用过的函数，选择相应的函数即可。

2. 使用插入函数向导功能输入函数

Excel 2021 中提供了 400 多个函数，这些函数覆盖了许多应用领域，每个函数又允许使用多个参数。要记住所有函数的名称、参数及其用法是不太可能的。当用户对函数并不是很了解，如只知道函数的类别，或者只知道函数的名称，但不知道函数所需的参数，甚至只知道大概要做的计算目的时，就可以通过【插入函数】对话框并根据向导一步步输入需要的函数。

下面在"销售业绩表"中，通过使用插入函数向导功能输入函数，并计算出第 2 位员工的年销售总额，具体操作步骤如下。

Step01 打开【插入函数】对话框。打开"素材文件\第13章\销售业绩表.xlsx"文档，❶选择G3单元格，❷单击【函数库】组中的【插入函数】按钮 *fx*，如图13-3所示。

图 13-3

Step02 选择函数。打开【插入函数】对话框，❶在【搜索函数】文本框中输入需要搜索的关键字，这里需要寻找求和函数，所以输入"求和"，❷单击【转到】按钮，即可搜索与关键字相符的函数，❸在【选择函数】列表框中选择【SUM】选项，❹单击【确定】按钮，如图13-4所示。

图 13-4

技能拓展——打开【插入函数】对话框

单击编辑栏中的【插入函数】按钮 *fx*，或者在【函数库】组的函数类别下拉列表中选择【其他函数】选项。也可以打开【插入函数】对话框，在对话框的【或选择类别】下拉列表框中可以选择函数类别。

Step03 单击【折叠】按钮。打开【函数参数】对话框，单击【Number1】参数框右侧的【折叠】按钮，如图13-5所示。

图 13-5

Step04 引用单元格区域。经过以上操作，将折叠【函数参数】对话框，同时鼠标指针变为形状。❶在工作簿中拖动鼠标指针选择需要作为函数参数的单元格，即可引用这些单元格的地址，这里选择C3:F3单元格区域，❷单击折叠对话框右侧的【展开】按钮，如图13-6所示。

图 13-6

Step05 确定函数参数设置。返回【函数参数】对话框，单击【确定】按钮，如图13-7所示。

图 13-7

技术看板

本案例系统自动引用的单元格区域与手动设置的区域相同，这里只是介绍一下手动设置的方法，后面的函数应用不再详细介绍。

Step06 查看函数插入效果。经过以上操作，即可在G3单元格中输入函数公式"=SUM(C3:F3)"并计算出结果，如图13-8所示。

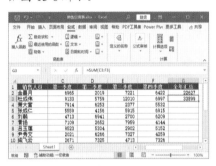

图 13-8

3. 手动输入函数

对Excel 2021中常用的函数熟悉后，再输入这些函数时便可以直接在单元格或编辑栏中手动输入函数，这是最常用的一种输入函数的方法，也是最快的输入方法。

手动输入函数的方法与输入公式的方法基本相同，输入相应的函数名和函数参数，完成后按【Enter】键即可。由于Excel 2021具有输入记忆功能，当输入"="和函数名称开头的几个字母后，Excel会在单元格或编辑栏的下方出现一个下拉列表框，如图13-9所示。其中，包含了与输入的几个字母相匹配的有效函数、参数和函数说明信息，双击需要的函数即可快速输入该函数，这样不仅可以节省时间，还可以避免因记错函数而出现的错误。

图 13-9

下面通过手动输入函数并填充的方法计算出其他员工的年销售总额，具体操作步骤如下。

Step01 输入公式。❶ 选择 G4 单元格，❷ 在编辑栏中输入公式"=SUM(C4:F4)"，如图 13-10 所示。

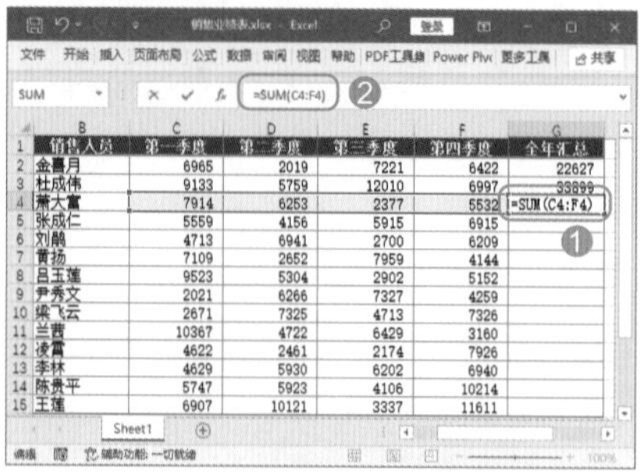

图 13-10

柄至 G15 单元格，即可计算出其他员工的年销售总额，如图 13-11 所示。

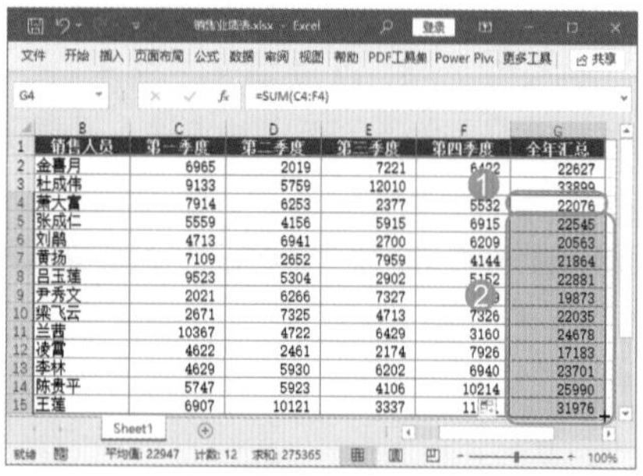

图 13-11

Step02 复制函数。❶ 按【Enter】键确认函数的输入，即可在 G4 单元格中计算出函数的结果，❷ 向下拖动控制

13.2 常用函数的使用

Excel 2021 中提供了很多函数，但常用的函数只有几种。下面介绍几种日常使用比较频繁的函数，如 SUM 函数、AVERAGE 函数、COUNT 函数、MAX 函数、MIN 函数和 IF 函数等。

13.2.1 实战：使用 SUM 函数对数据进行快速求和

实例门类	软件功能

在进行数据计算处理中，经常会对一些数据进行求和汇总，此时就需要使用 SUM 函数来完成。

语法结构：
SUM(number1,[number2],…)
参 数
- number1：必需的参数，表示需要相加的第一个数值参数。
- number2：可选参数，表示需要相加的 2 ～ 255 个数值参数。

使用 SUM 函数可以对所选单元格或单元格区域进行求和计算。SUM 函数的参数可以是数值，如 SUM(18,20) 表示计算"18+20"；也可以是一个单元格的引用或一个单元格区域的引用，如 SUM(A1:A5) 表示将 A1 ～ A5 单元格中的所有数字相加；SUM(A1,A3,A5) 表示将 A1、A3 和 A5 单元格中的数字相加。

SUM 函数实际就是对多个参数求和，简化了大家使用"+"符号来完成求和的过程。

下面在"销售业绩表 1"中，通过【函数库】组中的功能按钮输入函数并计算出第 1 位员工的年销售总额，具体操作步骤如下。

Step01 选择【自动求和】函数。打开"素材文件\第 13 章\销售业绩表 1.xlsx"文档，❶ 选择 G3:G15 单元格区域，❷ 单击【公式】选项卡下【函数库】组中的【自动求和】按钮∑右侧的下拉按钮，❸ 在弹出的下拉列表中选择【求和】选项，如图 13-12 所示。

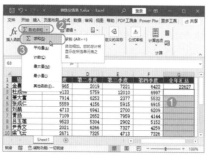

图 13-12

Step02 查看插入的求和函数。经过以上操作，系统会根据放置计算结果的单元格选择相邻有数值的单元格区域进行计算，同时，在单元格

和编辑栏中可看到插入的函数为【=SUM(C3:F3)】，如图 13-13 所示。

图 13-13

13.2.2 实战：使用 AVERAGE 函数求取一组数据的平均值

实例门类	软件功能

在进行数据计算处理时，对一部分数据求平均值也是很常用的，此时就可以使用 AVERAGE 函数来完成。

AVERAGE 函数用于返回所选单元格或单元格区域中数据的平均值。

例如，在"销售业绩表"中要使用 AVERAGE 函数计算各员工的平均销售额，具体操作步骤如下。

Step01 打开【插入函数】对话框。打开"素材文件\第 13 章\销售业绩表 .xlsx"文档，❶ 在 H1 单元格中输入相应的文本，❷ 选择 H2 单元格，❸ 单击【公式】选项卡下【函数库】组中的【插入函数】按钮，如图 13-14 所示。

图 13-14

Step 02 选择求平均值函数。打开【插入函数】对话框，❶ 在【搜索函数】文本框中输入需要搜索的关键字，如输入"求平均值"，❷ 单击【转到】按钮，即可搜索与关键字相符的函数，❸ 在【选择函数】列表框中选择【AVERAGE】选项，❹ 单击【确定】按钮，如图 13-15 所示。

图 13-15

Step 03 设置函数参数。打开【函数参数】对话框，❶ 在【Value1】参数框中选择需要求和的 C2:F2 单元格区域，❷ 单击【确定】按钮，如图 13-16 所示。

Step 04 复制函数。经过上述操作，即可在 H2 单元格中插入 AVERAGE 函数并计算出该员工当年的平均销售额，向下拖动控制柄至 H15 单元格，

即可计算出其他人的平均销售额，如图 13-17 所示。

图 13-16

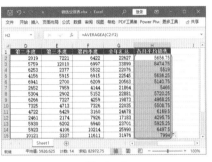

图 13-17

13.2.3 实战：使用 COUNT 函数统计参数中包含数字的个数

实例门类	软件功能

在统计表格中的数据时，经常需要统计单元格区域或数字数组中包含某个数值数据的单元格及参数列表中数字的个数，此时就可以使用 COUNT 函数来完成。

语法结构：
COUNT(value1,[value2],…)
参　数

- value1: 必需的参数，表示要计算其中数字的个数的第 1 个项、单元格引用或区域。
- value2: 可选参数，表示要计算其中数字的个数的其他项、单元格引用或区域，最多可包含 255 个。

技术看板

COUNT 函数中的参数可以包含或引用各种类型的数据，但只有数字类型的数据（包括数字、日期、代表数字的文本，如用引号引起来的数字"1"、逻辑值、直接输入参数列表中代表数字的文本）才会被计算在结果中。若参数为数组或引用，则只计算数组或引用中数字的个数。不会计算数组或引用中的空单元格、逻辑值、文本或错误值。

例如，要在"销售业绩表"中使用 COUNT 函数统计出当前销售人员的数量，具体操作步骤如下。

Step 01 选择【计数】函数。❶ 在 A17 单元格中输入相应的文本，❷ 选择 B17 单元格，❸ 单击【函数库】组中的【自动求和】按钮 ∑ 右侧的下拉按钮，❹ 在弹出的下拉列表中选择【计数】选项，如图 13-18 所示。

图 13-18

Step 02 选择函数引用的单元格区域。经过上述操作，即可在单元格中插入 COUNT 函数，❶ 将文本插入点定位在公式的括号内，❷ 拖动鼠标指针选择 C2:C15 单元格区域作为函数参数引用位置，如图 13-19 所示。

Step 03 查看计数结果。按【Enter】键确认函数的输入，即可在该单元格中计算出函数的结果，如图 13-20 所示。

图 13-19

图 13-20

技术看板

在表格中使用 COUNT 函数只能计算出含数据的单元格个数，如果需要计算出数据和文本的单元格，需要使用 COUNTA 函数。

13.2.4 实战：使用 MAX 函数返回一组数据中的最大值

实例门类	软件功能

在处理数据时若需要返回某一组数据中的最大值，如计算公司中最高的销量、班级中成绩最好的分数等，就可以使用 MAX 函数来完成。

语法结构：
- MAX(number1,[number2],...)
- 参　数
- number1：必需的参数，表示需要计算最大值的第 1 个参数。

- number2：可选参数，表示需要计算最大值的 2～255 个参数。

例如，要在"销售业绩表"中使用 MAX 函数计算出季度销售额的最大值，具体操作步骤如下。

Step01 选择【最大值】函数。❶ 在 A18 单元格中输入相应的文本，❷ 选择 B18 单元格，❸ 单击【函数库】组中的【自动求和】按钮∑右侧的下拉按钮，❹ 在弹出的下拉列表中选择【最大值】选项，如图 13-21 所示。

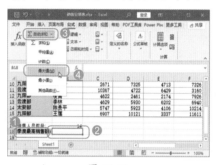

图 13-21

Step02 选择单元格引用区域。经过上述操作，即可在单元格中插入 MAX 函数，拖动鼠标指针重新选择 C2:F15 单元格区域作为函数参数引用位置，如图 13-22 所示。

图 13-22

Step03 查看求最大值的结果。按【Enter】键确认函数的输入，即可在该单元格中计算出函数的结果，如图 13-23 所示。

图 13-23

13.2.5 实战：使用 MIN 函数返回一组数据中的最小值

实例门类	软件功能

与 MAX 函数的功能相反，MIN 函数用于计算一组数据中的最小值。

MIN 函数的使用方法与 MAX 相同，函数参数为要求最小值的数据或单元格引用，多个参数间使用逗号分隔，如果是计算连续单元格区域之和，参数中可直接引用单元格区域。

例如，要在"销售业绩表"中统计出年度最低的销售额，具体操作步骤如下。

Step01 输入函数公式。❶ 在 A19 单元格中输入相应的文本，❷ 选择 B19 单元格，❸ 在编辑栏中输入函数公式"=MIN(G2:G15)"，如图 13-24 所示。

图 13-24

Step02 查看函数计算结果。按【Enter】键确认函数的输入，即可在该单元格中计算出函数的结果，如图 13-25 所示。

...

认函数的输入，即可在 G2 单元格中计算出函数的结果，❷ 选择 E2:G2 单元格区域，❸ 向下拖动控制柄至 G9 单元格，即可计算出其他数据，效果如图 13-32 所示。

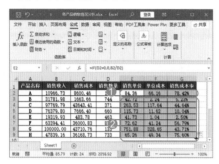

图 13-32

13.2.7 实战：使用 SUMIF 函数按给定条件对指定单元格求和

实例门类	软件功能

如果需要对工作表中满足某一个条件的单元格数据求和，可以结合使用 SUM 函数和 IF 函数，但使用 SUMIF 函数可更快完成计算。

语法结构：
● SUMIF (range,criteria,[sum_range])
参　数
● range：必需的参数，代表用于条件计算的单元格区域。每个区域中的单元格都必须是数字或名称、数组或包含数字的引用。空值和文本值将被忽略。
● criteria：必需的参数，代表用于确定对哪些单元格求和的条件，其形式可以为数字、表达式、单元格引用、文本或函数。
● sum_range：可选参数，代表要求和的实际单元格。当求和区域为 range 参数所指定的区域时，可省略 sum_range 参数。当参数指定的求和区域与条件判断区域不一致时，求和的实际单元格区域将以 sum_range

参数中左上角的单元格作为起始单元格进行扩展，最终成为包括与 range 参数大小和形状相对应的单元格区域。列举如表 13-1 所示。

表 13-1　sum_range 可选参数

区域	sum_range	需要求和的实际单元格
A1:A5	B1:B5	B1:B5
A1:A5	B1:B3	B1:B5
A1:B4	C1:D4	C1:D4
A1:B4	C1:C2	C1:D4

下面在"员工加班记录表 .xlsx"工作簿中分别计算出各部门需要结算的加班费用总和，具体操作步骤如下。

Step01 选择函数。打开"素材文件 \ 第 13 章 \ 员工加班记录表 .xlsx"文档，❶ 新建一个工作表并命名为"部门加班费统计"，❷ 在 A1:B7 单元格区域输入如图 13-33 所示的文本，并进行简单的表格设计，❸ 选择 B3 单元格，❹ 单击【公式】选项卡下【函数库】组中的【数学和三角函数】按钮 ⊡，❺ 在弹出的下拉列表中选择【SUMIF】选项。

图 13-33

Step02 进入单元格区域引用状态。打开【函数参数】对话框，单击【Range】参数框右侧的【折叠】按钮 ⬆，如图 13-34 所示。

Step03 确定函数区域引用。返回工作簿中，❶ 单击"加班记录表"工作表标签，❷ 选择 D3:D28 单元格区域，❸ 单击折叠对话框右侧的【展开】按

钮 ⬇，如图 13-35 所示。

图 13-34

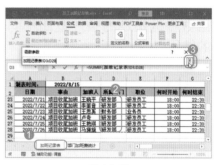

图 13-35

Step04 继续引用单元格区域。返回【函数参数】对话框，❶ 使用相同的方法继续设置【Criteria】参数框中的内容为【加班记录表 !A3】，【Sum_range】参数框中的内容为【加班记录表 !I3:I28】，❷ 单击【确定】按钮，如图 13-36 所示。

图 13-36

Step05 查看函数计算结果。返回工作簿中，在编辑栏中即可看到输入的公式"=SUMIF(加班记录表 !D3:D28,部门加班费统计 !A3,加班记录表 !I3:I28)"，❶ 修改公式中的部分单元格的引用方式为绝对引用，让公式最终显示为【=SUMIF(加班记录表 !$D$3:$D$28,部门加班费统计 !A3,

加班记录表 !\$I\$3:\$I\$28)】，❷ 向下拖动控制柄至 B7 单元格，即可统计出各部门需要支付的加班费的总和，如图 13-37 所示。

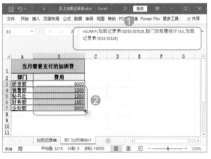

图 13-37

针在工作表中重新选择需要的单元格引用。

13.3 财务函数的应用

Excel 中提供了丰富的财务函数，可以将原本复杂的计算过程变得简单，为财务分析提供了极大的便利。本节为用户介绍一些常用的财务类函数，达到举一反三的目的。

★ 重点 13.3.1 实战：使用 FV 函数计算投资的未来值

FV 函数可以在基于固定利率及等额分期付款方式的情况下，计算某项投资的未来值。

语法结构：
FV (rate,nper,pmt,[pv],[type])
参　数
- rate：必需的参数，表示各期利率。通常用年利率表示利率，若按月利率，则利率应为 11%/12；若指定为负数，则返回错误值【#NUM!】。
- nper：必需的参数，表示付款期总数。若每月支付一次，则 30 年期为 30×12；若每半年支付一次，则 30 年期为 30×2；若指定为负数，则返回错误值【#NUM!】。
- pmt：必需的参数，各期所应支付的金额，其数值在整个年金期间保持不变。通常，pmt 包括本金和利息，但不包括其他费用或税款。若省略 pmt，则必须包括 pv 参数。

- pv：可选参数，表示投资的现值（未来付款现值的累积和），若省略 pv，则假设其值为 0（零），并且必须包括 pmt 参数。
- type：可选参数，表示期初或期末，0 为期末，1 为期初。

例如，A 公司将 50 万元投资于一个项目，年利率为 8%，投资 10 年后，该公司可获得的资金总额是多少？下面使用 FV 函数来计算这个普通复利下的终值，具体操作方法如下。

❶ 新建一个空白工作簿，输入如图 13-38 所示的内容，❷ 在 B5 单元格中输入公式"=FV(B3,B4,,-B2)"，即可计算出该项目投资 10 年后的未来值。

图 13-38

★ 重点 13.3.2 实战：使用 PV 函数计算投资的现值

PV 函数用于计算投资项目的现值。在财务管理中，现值为一系列未来付款的当前值的累积和，在财务概念中，表示的是考虑风险特性后的投资价值。

语法结构：
PV (rate,nper,pmt,[fv],[type])
参　数
- rate：必需的参数，表示投资各期的利率。做项目投资时，如果不确定利率，会假设一个值。
- nper：必需的参数，表示投资的总期限，即该项投资的付款期总数。
- pmt：必需的参数，表示投资期限内各期所应支付的金额，其数值在整个年金期间保持不变。若忽略 pmt，则必须包含 fv 参数。

- fv：可选参数，表示投资项目的未来值，或在最后一次支付后希望得到的现金余额。若省略 fv，则假设其值为零；若忽略 fv，则必须包含 pmt 参数。
- type：可选参数，是数字 0 或 1，用以指定投资各期的付款时间是在期初还是期末。

在投资评价中，若要计算一项投资的现金，则可以使用 PV 函数来计算。

例如，小陈出国 3 年，请人代付房租，每年租金 10 万元，假设银行存款利率为 1.5%，他现在应该存入银行多少钱？具体计算方法如下。

新建一张工作表，输入如图 13-39 所示的内容，在 B5 单元格中输入公式"=PV(B3,B4,-B2,,)"，即可计算出小陈在出国前应该存入银行的金额。

图 13-39

技术看板

未来资金与当前资金有不同的价值，使用 PV 函数可指定未来资金在当前的价值。在该案例中，计算的结果本来为负值，表示这是一笔付款，即支出现金流。为了得到正数结果，所以将公式中的付款数前方添加了"-"符号。

13.3.3 实战：使用 RATE 函数计算年金各期利率

使用 RATE 函数可以计算出年金的各期利率，如未来现金流的利率或贴现率，在利率不明确的情况下可计算出隐含的利率。

语法结构：
RATE (nper,pmt,pv,[fv],[type],[guess])
参　数

- nper：必需的参数，表示投资的付款期总数。通常用年利率表示利率，若按月利率，则利率应为 11%/12；若指定为负数，则返回错误值【#NUM!】。
- pmt：必需的参数，表示各期所应支付的金额，其数值在整个年金期间保持不变。通常，pmt 包括本金和利息，但不包括其他费用或税款。若省略 pmt，则必须包含 fv 参数。
- pv：必需的参数，为投资的现值（未来付款现值的累积和）。
- fv：可选参数，表示未来值，或在最后一次支付后希望得到的现金余额。若省略 fv，则假设其值为零；若忽略 fv，则必须包含 pmt 参数。
- type：可选参数，表示期初或期末，0 为期末，1 为期初。
- guess：可选参数，表示预期利率（估计值），若省略预期利率，则假设该值为 10%。

例如，C 公司为某个项目投资了 80 000 元，按照每月支付 5 000 元的方式，16 个月支付完，需要分别计算其中的月投资利率和年投资利率。

Step01 输入公式。新建一张工作表，输入如图 13-40 所示的内容，在 B5 单元格中输入公式"=RATE(B4*12,-B3,B2)"，即可计算出该项目的月投资利率。

图 13-40

Step02 查看计算结果。在 B6 单元格中输入公式"=RATE(B4*12,-B3,B2)*12"，即可计算出该项目的年投资利率，如图 13-41 所示。

图 13-41

★ 重点 13.3.4 实战：使用 PMT 函数计算贷款的每期付款额

PMT 函数用于计算基于固定利率及等额分期付款方式返回贷款的每期付款额。

语法结构：
- PMT(rate,nper,pv,[fv],[type])
参　数
- rate：必需的参数，代表投资或贷款的各期利率。通常用年利率表示利率，若按月利率，则利率应为 11%/12；若指定为负数，则返回错误值【#NUM!】。
- nper：必需的参数，代表总投资期或贷款期，即该项投资或贷款的付款期总数。
- pv：必需的参数，代表从该项投资（或贷款）开始计算时已经入账的款项，或一系列未来付款当前值的累积和。

- fv：可选参数，表示未来值，或在最后一次支付后希望得到的现金余额。若省略 fv，则假设其值为零；若忽略 fv，则必须包含 pmt 参数。
- type 可选参数，是一个逻辑值 0 或 1，用以指定付款时间在期初还是期末，0 为期末，1 为期初。

在财务计算中，了解贷款项目的分期付款额，是计算公司项目是否盈利的重要手段。例如，D 公司投资某个项目，向银行贷款 60 万元，贷款年利率为 4.9%，考虑 20 年或 30 年还清。请分析一下这两种还款期限中按月偿还和按年偿还的项目还款金额，具体操作步骤如下。

Step01 输入公式。新建一个工作簿，输入如图 13-42 所示的内容，在 B8 单元格中输入公式 "=PMT(E3/12, C3*12,A3)"，即可计算出该项目贷款 20 年时每月应偿还的金额。

图 13-42

Step02 查看计算结果。在 E8 单元格中输入公式 "=PMT(E3,C3,A3)"，即可计算出该项目贷款 20 年时每年应偿还的金额，如图 13-43 所示。

图 13-43

> **技术看板**
>
> 使用 PMT 函数返回的支付款项包括本金和利息，但不包括税款、保留支付或某些与贷款有关的费用。

Step03 输入公式。在 B9 单元格中输入公式 "=PMT(E3/12,C4*12,A3)"，即可计算出该项目贷款 30 年时每月应偿还的金额，如图 13-44 所示。

图 13-44

Step04 查看计算结果。在 E9 单元格中输入公式 "=PMT(E3,C4,A3)"，即可计算出该项目贷款 30 年时每年应偿还的金额，如图 13-45 所示。

图 13-45

13.4 逻辑函数的应用

Excel 2021 中提供了 5 个用于进行逻辑判断的函数，应用十分广泛，能够将烦琐的公式简单化，不仅利于系统识别、判断和返回准确结果，同时也便于用户理解和修改，下面介绍最常用的 3 个逻辑函数。

★ 重点 13.4.1 实战：使用 AND 函数判断指定的多个条件是否同时成立

当两个或多个条件必须同时成立才判定为真时，称判定与条件的关系为逻辑与关系。AND 函数常用于逻辑与关系运算。

例如，某市规定市民家庭在同时满足下面 3 个条件的情况下，可以购买经济适用住房：①具有市区城市常住户口满 3 年；②无房户或人均住房面积低于 15 平方米的住房困难户；

③家庭收入低于当年市政府公布的家庭低收入标准（35 200 元）。现需要根据上述条件判断填写了申请表的用户中哪些是真正符合购买条件的，具体操作步骤如下。

Step01 判断第 1 个申请者的条件。打开 "素材文件 \ 第 13 章 \ 审核购买资格 .xlsx" 文档，选择 F2 单元格，输入公式 "=IF(AND(C2>3,D2<15, E2<35200)," 可申请 ","")"，按【Enter】键判断第 1 个申请者是否符合购买条件，如图 13-46 所示。

图 13-46

Step02 判断其他申请者的条件。使用 Excel 中的自动填充功能，判断出其他申请者是否符合购买条件，如图

13-47 所示。

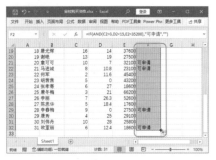

图 13-47

> **技术看板**
>
> 在使用 AND 函数时，需要注意 3 点：参数（或作为参数的计算结果）必须是逻辑值 TRUE 或 FALSE，或者是结果为包含逻辑值的数组或引用；若数组或引用参数中包含文本或空白单元格，则这些值将被忽略；若指定的单元格区域未包含逻辑值，则 AND 函数将返回错误值【#VALUE!】。

★ 重点 13.4.2 实战：使用 OR 函数判断指定的任意一条件为真，即返回真

当两个或多个条件中只要有一个成立就判定为真时，称判定与条件的关系为逻辑或关系。OR 函数常用于逻辑或关系运算，具体操作步骤如下。

Step01 判断第 1 个参与者的级别。打开"素材文件\第 13 章\体育成绩登记 .xlsx"文档，合并 H1:I1 单元格

区域，并输入"记录标准"文本，❶ 在 H2、I2、H3、I3 单元格中分别输入"优秀""85""及格""60"文本，❷ 选择 F2 单元格，输入公式"=IF(OR(C2>=$I$2,D2>=$I$2,E2>=$I$2),"优秀",IF(OR(C2>=$I$3,D2=$I$3,E2>=$I$3))," 及格 "," 不及格 "))"，按【Enter】键判断第 1 个参与者成绩的级别，如图 13-48 所示。

图 13-48

Step02 判断其他参与者的级别。使用 Excel 中的自动填充功能，判断出其他参与者成绩对应的级别，如图 13-49 所示。

图 13-49

13.4.3 实战：使用 NOT 函数对逻辑值取反

条件只要成立就判定为假时，称判定与条件的关系为逻辑非关系。NOT 函数常用于将逻辑值取反。

例如，在解上一案例时，有些人的解题思路可能会有所不同，如有的人是通过实际的最高成绩与各级别的要求进行判断的。当实际最高成绩不小于优秀标准时，就记录为"优秀"；否则再次判断最高成绩。如果不小于及格标准，就记录为"及格"；否则记为"不及格"。首先利用 MAX 函数取得最高成绩，再将最高成绩与优秀标准和及格标准进行比较判断，具体操作步骤如下。

选择 F2 单元格，输入公式"=IF(NOT(MAX(C2:E2)<$I$2)," 优秀 ",IF(NOT(MAX(C2:E2)<$I$3)," 及格 "," 不及格 "))"，按【Enter】键判断第 1 个参与者成绩的级别，如图 13-50 所示。

图 13-50

13.5 文本函数的应用

文本函数，顾名思义，就是处理文本字符串的函数，主要功能包括提取、查找或搜索文本中的某个特殊字符，转换文本格式，也可以获取关于文本的其他信息。

13.5.1 实战：使用 LEN 函数计算文本中的字符个数

LEN 函数用于计算文本字符串中的字符数。例如，要设计一个文本发布窗口，要求用户只能在该窗口中

输入不超过 60 个字符，并在输入的同时，提示用户还可以输入的字符个数，具体操作步骤如下。

Step01 输入函数公式。新建一个空白工作簿，并设置展示窗口的布局和格式，❶ 合并 A1:F1 单元格区域，并输

入"信息框"文本，❷ 合并 A2:F10单元格区域，并填充为白色，❸ 合并 A11:F11 单元格区域，输入公式"=" 还可以输入 " & (60-LEN(A2)&" 个字符 ")"，如图 13-51 所示。

图 13-51

Step02 查看文本显示效果。在 A2 单元格中输入需要发布的信息，即可在 A11 单元格中显示出还可以输入的字符个数，如图 13-52 所示。

图 13-52

★ 重点 13.5.2 实战：使用 LEFT 函数从文本左侧起提取指定个数的字符

LEFT 函数能够从文本左侧起提取文本中的第 1 个或前几个字符。

语法结构：
LEFT (text,[num_chars])
参　数

- text：必需的参数，包含要提取的字符的文本字符串。
- num_chars：可选参数，用于指定要由 LEFT 提取的字符的数量。因此，该参数的值必须大于或等于零。若省略该参数，则假设其值为 1。

例如，在"员工档案表"中包含了员工姓名和家庭住址信息，现在要把员工的姓氏重新保存在一列单元格中。使用 LEFT 函数即可快速完成这项任务，具体操作步骤如下。

Step01 输入公式。打开"素材文件\第 13 章\员工档案表 .xlsx"文档，❶ 在 B 列单元格右侧插入一列空白单元格，并输入表头"姓氏"，❷ 选择C2单元格，输入公式"=LEFT(B2)"，如图 13-53 所示。

图 13-53

Step02 提取其他员工的姓。按【Enter】键即可提取该员工的姓到单元格中，使用 Excel 中的自动填充功能，提取其他员工的姓，如图 13-54 所示。

图 13-54

★ 重点 13.5.3 实战：使用 RIGHT 函数从文本右侧起提取指定个数的字符

RIGHT 函数能够从文本右侧起提取文本字符串中最后一个或多个字符。

语法结构：
RIGHT (text,[num_chars])
参　数：

- text：必需的参数，包含要提取字符的文本字符串。
- num_chars：可选参数，指定要由 RIGHT 函数提取的字符的数量。

例如，在"产品价目表"中的

产品型号数据中包含了产品规格的信息，而且这些信息位于产品型号数据的倒数 4 位，通过 RIGHT 函数进行提取的具体操作步骤如下。

Step01 提取第 1 个产品的规格。打开"素材文件\第 13 章\产品价目表 .xlsx"文档，❶ 在 C 列单元格右侧插入一列空白单元格，并输入表头"规格（g/ 支）"，❷ 在 D2 单元格中输入公式"=RIGHT(C2,4)"，按【Enter】键即可提取该产品的规格，如图 13-55 所示。

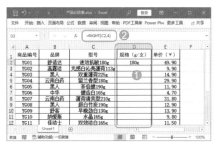

图 13-55

Step02 提取其他产品的规格。使用 Excel 中的自动填充功能，继续提取其他产品的规格，如图 13-56 所示。

图 13-56

★ 重点 13.5.4 实战：使用 MID 函数从文本指定位置起提取指定个数的字符

MID 函数能够从文本指定位置起提取指定个数的字符。

语法结构：
MID (text,start_num,num_chars)
参　数

- text：必需的参数，包含要提取字符的文本字符串。

- start_num：必需的参数，代表文本中要提取的第 1 个字符的位置。文本中第 1 个字符的 start_num 为 1，依此类推。
- num_chars：必需的参数，用于指定希望 MID 函数从文本中返回字符的个数。

例如，在"员工档案表"中提供了身份证号码，但没有生日信息，可以根据身份证号码自行得到出生月份。

Step01 提取第 1 个员工的出生月份。选择 H2 单元格，输入公式"=IF(LEN(G2)=15,MID(G2,9,2),MID(G2,11,2))"，按【Enter】键即可提取该员工的出生月份，如图 13-57 所示。

图 13-57

Step02 提取其他员工的出生月份。使用 Excel 中的自动填充功能，提取其他员工的出生月份，如图 13-58 所示。

图 13-58

13.5.5 实战：使用 TEXT 函数将数字转换为文本

货币格式有很多种，其小数位数也要根据需要设定。如果能像在【设置单元格格式】对话框中自定义单元格格式那样，可以自定义各种货币的格式，将会方便很多。

Excel 中的 TEXT 函数可以将数值转换为文本，并可使用户通过使用特殊格式字符串来指定显示格式。这个函数的价值比较模糊，但在需要以可读性更高的格式显示数字或需要合并数字、文本或符号时，此函数非常有用。

语法结构：
TEXT(value,format_text)
参　数
- value：必需的参数，表示数值、计算结果为数值的公式，或对包含数值的单元格的引用。
- format_text：必需的参数，表示使用半角双引号引起来作为文本字符串的数字格式。例如，"#,##0.00"。如果需要设置为分数或含有小数点的数字格式，就需要在 format_text 参数中包含占位符、小数点和千位分隔符。

用"0"（零）作为小数位数的占位符，如果数字的位数少于格式中零的数量，则显示非有效零；"#"占位符与"0"占位符的作用基本相同，但是，如果输入的数字在小数点任意一侧的位数均少于格式中"#"符号的数量时，Excel 中不会显示多余的零。例如，格式仅在小数点左侧含有数字符号"#"，则小于 1 的数字会以小数点开头；"?"占位符与"0"占位符的作用也基本相同，但是，对于小数点任意一侧的非有效零，Excel 会加上空格，使小数点在列中对齐；"."（句点）占位符在数字中显示代表小数点；","（逗号）占位符在数字中显示代表千位分隔符。例如，在表格中输入公式"=TEXT(45.2345,"#.00")"，则可返回【45.23】。

技术看板

TEXT 函数的参数中如果包含有关于货币的符号时，即可替换 DOLLAR 函数。而且 TEXT 函数会更灵活，因为它不限制具体的数字格式。TEXT 函数还可以将数字转换为日期和时间数据类型的文本，如将 format_text 参数设置为""m/d/yyyy""，即输入公式【=TEXT(NOW(),"m/d/yyyy")】，可返回"1/24/2022"。

★ 新功能 13.5.6 实战：使用 LET 函数为计算结果分配名称

LET 函数会向计算结果分配名称。这样就可存储中间计算、值或定义公式中的名称。这些名称仅可在 LET 函数范围内使用。与编程中的变量类似，LET 是通过 Excel 的本机公式语法实现的。

若要在 Excel 中使用 LET 函数，需定义名称/关联值对，再定义一个使用所有这些项的计算。必须至少定义一个名称/值对（变量），LET 最多支持 126 对。

语法结构
LET (name,name value,calculation)
参　数：
- name：必需的参数，代表变量名称。
- name value：必需的参数，表示名为 name 的变量的值。
- calculation：必需的参数，表示要计算的变量值。

如果在某公式中需要多次编写同一表达式，Excel 之前会多次计算出结果。而借助 LET 函数，就可按名称调用表达式，Excel 也只进行一次计算了。所以，使用 LET 函数可以解决重复计算问题，提升公式运行效率。此外，用户不用再记住特定范围/单元格引用是指什么，不用再复制/

粘贴相同的表达式，阅读和撰写公式都变得轻松了。

例如，某年统计的"销售业绩表2"，要求按以下标准计算提成：如果销量大于25000，则销量*3；如果销量大小30000，则销量*5；如果销量小于等于25000，则销量*2。下面通过使用常规函数和LET函数两种方法来解决问题，了解LET函数是如何简化公式编写的，具体操作步骤如下。

Step01 输入常规公式。打开"素材文件 \ 第13章 \ 销售业绩表2.xlsx"文档，❶ 分别在I1和J1单元格中输入标题名称，并在I2单元格中输入某个销售人员的姓名，❷ 在J2单元格中输入公式"=IF(VLOOKUP(I2,B:G,6,0)>25000,VLOOKUP(I2,B:G,6,0)*3,IF(VLOOKUP(I2,B:G,6,0)>30000,VLOOKUP(I2,B:G,6,0)*5,VLOOKUP(I2,B:G,6,0)*2))"，按【Enter】键即可计算出该员工的销售提成，如图13-59所示。

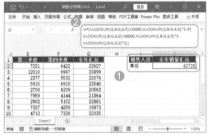

图 13-59

Step02 使用LET函数。在J3单元格中输入公式"=LET(x,VLOOKUP(I2,B:G,6,0),IF(x>25000,x*3,IF(x>30000,x*5,x*2)))"，按【Enter】键同样可以计算出该员工的销售提成，可以看到计

算结果是相同的，公式也变得简单和容易理解了，如图13-60所示。

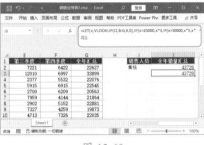

图 13-60

★ 重点 13.5.7 实战：使用FIND函数以字符为单位并区分大小写地查找指定字符的位置

FIND函数可以在第2个文本串中定位第1个文本串，并返回第1个文本串的起始位置的值，该值从第2个文本串的第1个字符算起。

语法结构：
FIND (find_text,within_text,[start_num])
参　数
- find_text：必需的参数，表示要查找的文本。
- within_text：必需的参数，表示要在其中查找fint_text的文本。
- start_num：可选参数，表示在within_text中开始查找的字符位置，首字符的位置是1。如果省略start_num，默认其值为1。

例如，某大型会议举办前，需要为每位邀请者发送邀请函，公司客服经理在向邀请者发出邀请函后，都会在工作表中做记录，方便后期核实邀

请函是否都发送到了邀请者手中。现在需要通过使用FIND函数检查受邀请的人员名单是否都包含在统计的人员信息中，具体操作步骤如下。

Step01 输入公式。打开"素材文件 \ 第13章 \ 会议邀请函发送记录.xlsx"文档，❶ 分别合并G2:L2和G3:L20单元格区域，并输入标题和已经发送邀请函的相关数据，❷ 在F3单元格中输入公式"=IF(ISERROR(FIND(B3,$G$3)),"未邀请","已经邀请")"，按【Enter】键即可判断是否已经为该邀请者发送了邀请函，如图13-61所示。

图 13-61

Step02 判断是否为其他邀请者发送了邀请函。使用Excel中的自动填充功能，继续判断是否为其他邀请者发送了邀请函，如图13-62所示。

图 13-62

13.6 日期和时间函数的应用

在表格中处理日期和时间时，初学者可能经常遇到处理失败的情况。为了避免出现错误，除需要掌握为日期和时间设置单元格格式外，还需要掌握日期和时间函数的应用方法。

13.6.1 实战：使用TODAY函数返回当前日期

Excel中的日期就是一个数字，更准确地说，是以序列号进行存储的。在默认情况下，1900年1月1日的序列号是1，

而其他日期的序列号是通过计算自1900年1月1日以来的天数而得到的。例如，2023年1月1日距1900年1月1日有44927天，因此这一天的序列号是44927。正因为Excel中采用了这个计算日期的系统，所以要把日期序列号表示为日期，可以使用函数来进行转换处理。例如，对日期数据进行计算后，再结合TEXT函数来处理日期显示方式。

例如，要制作一个"项目进度跟踪表"，其中需要计算各项目完成的倒计时天数，具体操作步骤如下。

Step01 输入公式查看返回的天数。打开"素材文件\第13章\项目进度跟踪表.xlsx"文档，在C2单元格中输入公式"=TEXT(B2-TODAY(),0)"，计算出A项目距离计划完成的天数，默认情况下返回日期格式，如图13-63所示。

图 13-63

Step02 填充公式。使用Excel中的自动填充功能，判断出后续项目距离计划完成的天数，如图13-64所示。

图 13-64

★ 重点 13.6.2 实战：使用YEAR 函数返回某日期对应的年份

YEAR函数可以返回某日期对应的年份，返回值的范围为1900～9999的整数。

例如，在"员工档案表"中记录了员工入职的日期数据，需要结合使用YEAR函数和TODAY函数，根据当前系统时间计算出各员工当前的工龄，具体操作步骤如下。

Step01 输入公式。打开"素材文件\第13章\员工档案表.xlsx"文档，❶在J列单元格左侧插入一列空白单元格，输入数据，再在K列单元格左侧插入一列空白单元格。❷选择K2单元格，输入公式"=YEAR(TODAY())-YEAR(J2)"，按【Enter】键计算出结果，如图13-65所示。

图 13-65

Step02 填充公式。❶使用Excel中的自动填充功能，填充K2单元格中的公式到K3:K31单元格区域，❷设置K2:K31单元格区域的单元格格式为【常规】后，即可得到各员工的当前工龄，如图13-66所示。

图 13-66

13.6.3 实战：使用 MONTH 函数返回某日期对应的月份

MONTH函数可以返回以序列号表示的日期中的月份，返回值的范围为1（一月）～12（十二月）的整数。

例如，要判断某年是否为闰年，只要判断该年份中2月的最后一天是不是29日即可。因此，首先使用DATE函数获取该年份中2月第29天的日期值，然后使用MONTH函数进行判断，具体操作方法如下。

打开"素材文件\第13章\判断闰年.xlsx"文档，选择B3单元格，输入公式"=IF(MONTH(DATE(年份,2,29))=2," 闰年"," 平年")"，按【Enter】键判断出该年份是否为闰年，同时将该公式自动溢出到相邻的单元格，判断出其他年份是否为闰年，如图13-67所示。

图 13-67

技术看板

Excel返回一组值（也称为数组）的公式将这些值返回到相邻单元格，这种行为称为"溢出"。可以返回可变大小的数组的公式称为动态数组公式。当前返回成功溢出的数组的公式可称为溢出数组公式。溢出表示公式已生成多个值，并且这些值已放置在相邻的单元格中。在溢出区域中选择任何单元格时，Excel将在该区域周围放置突出显示的边框。选择区域外的单元格时，边框将消失。但是，只有溢出区域中的第一个单元格可编辑，其他的单元格内容无法更改。

★ 重点 13.6.4 使用 DAY 函数返回某日期对应当月的天数

在 Excel 中，不仅能返回某日期对应的年份和月份，还能返回某日期对应的天数。

DAY 函数可以返回以序列号表示的某日期的天数，返回值的范围为 1 ~ 31 的整数。

例如，若 A2 单元格中的数据为【2023-2-28】，则通过公式【=DAY(A2)】，即可返回 A2 单元格中的天数【28】。

13.6.5 实战：使用 DAYS360 函数以 360 天为准计算两个日期间的天数

使用 DAYS360 函数可以按照一年 360 天的算法（每个月按 30 天计，一年共计 12 个月）计算出两个日期之间相差的天数。

语法结构：
DAYS360(start_date,end_date,[method])

参　数

● start_date：必需的参数，表示时间段开始的日期。

● end_date：必需的参数，表示时间段结束的日期。

● method：可选参数，是一个逻辑值，用于设置采用哪一种计算方法。当其值为 TRUE 时，采用欧洲算法。当其值为 FALSE 或省略时，则采用美国算法。

例如，小胡于 2020 年 8 月 5 日在银行存入了一笔活期存款，假设存款的年利息是 0.15%，在 2022 年 10 月 25 日将其取出，按照每年 360 天计算，要通过 DAYS360 函数计算存款时间和可获得的利息，具体操作步骤如下。

Step 01 输入公式计算存款时间。新建一个空白工作簿，❶ 输入如图 13-68 所示的相关内容，❷ 在 C6 单元格中输入公式 "=DAYS360(B3,C3)"，即可计算出存款时间。

图 13-68

Step 02 输入公式计算利息。在 D6 单元格中输入公式 "=A3*(C6/360)*D3"，即可计算出小胡的存款 800 天后应获得的利息，如图 13-69 所示。

图 13-69

13.7 查找与引用函数的应用

查找与引用是 Excel 提供的一项重要功能，可以帮助用户进行数据精确定位、应用和整理。本节将介绍在办公中使用频率较高的几个查找和引用函数，帮助用户快速、精确地对数据进行查找或引用。

13.7.1 实战：使用 HLOOKUP 函数在区域或数组的行中查找数据

HLOOKUP 函数可以在表格或数值数组的首行沿水平方向查找指定的数值，并由此返回表格或数组中指定行的同一列中的其他数值。

语法结构：
HLOOKUP(lookup_value,table_array,row_index_num,[range_lookup])

参　数

● lookup_value：必需的参数，用于设定需要在表的第 1 行中进行查找的值，可以是数值，也可以是文本字符串或引用。

● table_array：必需的参数，用于设置要在其中查找数据的数据表，可以使用区域或区域名称的引用。

● row_index_num：必需的参数，在查找之后要返回的匹配值的行序号。

● range_lookup：可选参数，是一个逻辑值，用于指明函数在查找时是精确匹配，还是近似匹配。若该参数为 TRUE 或被忽略，则返回一个近似的匹配值（如果没有找到精确匹配值，就返回一个小于查找值的最大值）。如果该参数是 FALSE，函数就查找精确的匹配值。如果这个函数没有找到精确的匹配值，就会返回错误值【#N/A】。0 表示精确匹配值，1 表示近似匹配值。

例如，某公司的上班类型分为几种，不同的类型对应的工资标准不一样，所以在计算工资时，需要根据上班类型来统计，可以先使用 HLOOKUP 函数将员工的上班类型对应的工资标准查找出来，具体操作步骤如下。

Step 01 输入公式计算工资。打开"素材文件\第13章\工资计算表.xlsx"文档，选择"8月"工作表中的 E2 单元格，输入公式"=HLOOKUP(C2,工资标准!$A$2:$E$3,2,0)*D2"，按【Enter】键计算出该员工当月的工资，如图 13-70 所示。

图 13-70

Step 02 填充公式。使用 Excel 中的自动填充功能，计算出其他员工当月的工资，如图 13-71 所示。

图 13-71

技术看板

对于文本的查找，该函数不区分大小写。如果 lookup_value 参数是文本，就可以包含通配符"*"和"?"，从而进行模糊查找。若 row_index_num 参数值小于 1，则返回错误值【#VALUE!】；若大于 table_array 的行数，则返回错误值【#REF!】。若 range_lookup 的值为 TRUE，则 table_array 的第 1 行的数值必须按升序排列，即从左到右为…，-2, -1, 0, 1, 2, …，A-Z, FALSE, TRUE；否则，函数将

无法给出正确的数值。若 range_lookup 为 FALSE，则 table_array 不必进行排序。

★ 新功能 13.7.2 实战：使用 XLOOKUP 函数按行查找表格或区域内容

XLOOKUP 函数可以搜索区域或数组，然后返回对应于它找到的第一个匹配项的项。若不存在匹配项，则 XLOOKUP 可以返回最接近（匹配）值。

语法结构：
XLOOKUP(lookup_value,lookup_array,return_array,[if_not_found],[match_mode], [search_mode])

参 数

- lookup_value：必需的参数，用于设定需要搜索的值。
- lookup_array：必需的参数，表示要搜索的数组或区域。
- return_array：必需的参数，表示要返回的数组或区域。
- [if_not_found]：可选参数，若未找到有效的匹配项，则返回 if_not_found 的 [if_not_found] 文本。如果未找到有效的匹配项，并且缺少 [if_not_found]，则返回"#N/A"。
- [match_mode]：可选参数，用于指定匹配类型。0，表示完全匹配。若未找到，则返回"#N/A"，这是默认选项；-1，表示完全匹配。若没有找到，则返回下一个较小的项；1，表示完全匹配。若没有找到，则返回下一个较大的项；2，表示通配符匹配，其中"*,?"和"~"有特殊含义。

- [search_mode]：可选参数，用于指定要使用的搜索模式。1，表示从第一项开始执行搜索，这是默认选项；-1，表示从最后一项开始执行反向搜索；2，表示执行依赖于 lookup_array 按升序排序的二进制搜索。如果未排序，将返回无效结果。

例如，要在"员工档案表 1"中根据姓名查找工龄数据，可以建立一个简单的查询表，再使用 XLOOKUP 函数来查询，具体操作步骤如下。

打开"素材文件\第13章\员工档案表 1.xlsx"文档，在 O1 和 P1 单元格中输入标题，在 O2 单元格中输入任意一个员工姓名，在 P2 单元格中输入公式"=XLOOKUP(O2,B2:B31,K2:K31)"，按【Enter】键返回该员工的工龄，如图 13-72 所示。

图 13-72

★ 重点 13.7.3 使用 INDEX 函数以数组或引用形式返回指定位置中的内容

INDEX 函数有两种查找形式：数组和引用。用户可根据数据源来选择查找方式。下面分别进行简单介绍。

INDEX 函数的数组形式可以返回表格或数组中的元素值，此元素由行序号和列序号的索引值给定。一般情况下，当函数 INDEX 的第 1 个参数为数组常量时，就使用数组形式。

语法结构：

INDEX (array,row_num,[column_num]);(reference,row_num,[column_num],[area_num])

参　数

- array：必需的参数，单元格区域或数组常量。
- row_num：必需的参数，代表数组中某行的行号，函数从该行返回数值。若省略row_num，则必须有column_num。
- column_num：可选参数，代表数组中某列的列标，函数从该列返回数值。若省略column_num，则必须有row_num。
- reference：必需的参数，为一个或多个单元格区域的引用，如果为引用输入一个不连续的区域，必须将其用括号括起来。
- area_num：可选参数，用于选择引用中的一个区域。以从引用区域中返回row_num和column_num的交叉区域。选中或输入的第1个区域序号为1，第二个区域序号为2，依此类推。若省略该参数，则函数INDEX使用区域1。

INDEX 函数的引用形式还可以返回指定的行与列交叉处的单元格引用。

语法结构：

INDEX(reference, row_num, [column_num], [area_num])

参　数

- reference：必需的参数，对一个或多个单元格区域的引用。

如果为引用输入一个不连续的区域，必须用括号括起来。

- row_num：必需的参数。引用中某行的行号，函数从该行返回一个引用。
- column_num：可选参数。引用中某列的列标，函数从该列返回一个引用。
- area_num：可选参数。选择引用中的一个区域，以从中返回row_num和column_num的交叉区域。选中或输入的第1个区域序号为1，第二个区域序号为2，依此类推。若省略area_num，则INDEX使用区域1。

例如，输入公式"=INDEX((A1:C3,A5:C12),2,4,2)"，则表示从第2个单元格区域【A5:C12】中选择第4行和第2列的交叉处，即B8单元格的内容。

★ 重点 13.7.4　使用 OFFSET 函数根据给定的偏移量返回新的引用区域

OFFSET 函数以指定的引用为参照系，通过给定偏移量得到新的引用，并可以指定返回的行数或列数。返回的引用可以为一个单元格或单元格区域。实际上，函数并不移动任何单元格或更改选定区域，而只是返回一个引用，可用于任何需要将引用作为参数的函数。

语法结构：

OFFSET (reference,rows,cols,[height],[width])

参　数

- reference：必需的参数，代表偏移量参照系的引用区域。reference 必须为对单元格或相连单元格区域的引用；否则，OFFSET 返回错误值#VALUE!。
- rows：必需的参数，相对于偏移量参照系的左上角单元格，上（下）偏移的行数。如果rows 为 5，则说明目标引用区域的左上角单元格比 reference 低 5 行。行数可为正数（代表在起始引用的下方)或负数（代表在起始引用的上方）。
- cols：必需的参数，相对于偏移量参照系的左上角单元格，左（右）偏移的列数。如果 cols 为 5，则说明目标引用区域的左上角的单元格比 reference 靠右 5 列。列数可为正数（代表在起始引用的右边）或负数（代表在起始引用的左边）。
- height：可选参数，表示高度，即要返回的引用区域的行数。height 必须为正数。
- width：可选参数，表示宽度，即要返回的引用区域的列数。width 必须为正数。

在通过拖动填充控制柄复制公式时，如果采用了绝对单元格引用的形式，很多时候是需要偏移公式中的引用区域的；否则将出现错误。例如，公式【=SUM(OFFSET(C3:E5,-1,0,3,3))】的含义是对 C3:E5 单元格区域求和。

13.8　统计函数的应用

统计函数是 Excel 中使用频率最高的一类函数，绝大多数报表都离不开它们。从简单的计数与求和到多区域中多种条件下的计数与求和，此类函数总是能帮助用户解决问题。根据函数的功能，主要可将统计函数分为数理统计函数、分布趋势函数、线性拟合和预测函数、假设检验函数和排位函数。本节将主要介绍一些最常用且有代表性的函数。

★ 重点 13.8.1 实战：使用 COUNTA 函数计算参数中包含非空值的个数

COUNTA 函数用于计算区域中所有不为空的单元格的个数。

例如，要在"员工奖金表"中统计出获奖人数，因为没有奖金的人员对应的单元格为空，有奖金的人员对应的单元格为获得的具体奖金金额，所以可以通过 COUNTA 函数统计相应列中的非空单元格个数来得到获奖人数，具体操作步骤如下。

打开"素材文件 \ 第 13 章 \ 员工奖金表 .xlsx"文档，❶ 在 A21 单元格中输入相应的文本，❷ 在 B21 单元格中输入公式"=COUNTA(D2:D19)"，返回结果为"14"，如图 13-73 所示，即该单元格区域中有 14 个单元格为非空，也就是说，有 14 人获奖。

图 13-73

★ 重点 13.8.2 实战：使用 COUNTIF 函数计算满足给定条件的单元格的个数

COUNTIF 函数用于对单元格区域中满足单个指定条件的单元格进行计数。

语法结构：
COUNTIF (range,criteria)
参　数
- range：必需的参数，要对其进行计数的一个或多个单元格，其中包括数字或名称、数组或包含数字的引用。空值和文本值将被忽略。
- criteria：必需的参数，表示统计的条件，可以是数字、表达式、单元格引用或文本字符串。

例如，要在"员工奖金表"中为行政部的每位人员补发奖励，首先要统计出该部门的员工数，进行统一规划。此时，就需要使用 COUNTIF 函数进行统计了，具体操作步骤如下。

打开"素材文件 \ 第 13 章 \ 员工奖金表 .xlsx，❶ 在 A23 单元格中输入相应的文本，❷ 在 B23 单元格中输入公式"=COUNTIF(C2:C19," 行政部 ")"，按【Enter】键，Excel 将自动统计出 C2:C19 单元格区域中所有符合条件的数据个数，并将最后结果显示出来，如图 13-74 所示。

图 13-74

本章小结

本章对 Excel 中常用函数的应用进行了介绍，帮助用户掌握在办公中会经常使用到的 Excel 中的函数，轻松解决实际工作中遇到的数据计算问题。

第14章 Excel 表格数据的基本分析与统计汇总

- → 如何让表格中的数据变得井然有序、条理分明？
- → 希望完全按自己意愿对表格数据进行筛选吗？
- → 希望快速对表格数据进行同类数据的指定汇总吗？
- → 需要将指定数据按照指定方式突出显示吗？
- → 想用最简单的符号图示化各单元格的值？

上面这些其实是一些非常实用和常见的数据管理问题，通过本章内容的学习，相信读者会得到以上问题的答案。

14.1 数据的排序

在表格中，常常需要展示大量的数据和信息，这些信息通常按照一定的顺序排列，如从高到低、从小到大等，从而符合阅读者的习惯，也让整个表格数据更加有条理、更加整洁。

14.1.1 实战：对"员工业绩管理表"数据进行单列排序

实例门类	软件功能

Excel 中最简单的排序就是按照一个条件将数据进行升序或降序排列，即让工作表中的各项数据根据某一列单元格中的数据大小进行排列。

例如，要让"员工业绩管理表"中的数据按当年累计销售总额从高到低的顺序排列，具体操作步骤如下。

Step 01 降序排序。打开"素材文件\第14章\员工业绩管理表.xlsx"文档，❶ 将【Sheet1】工作表重命名为"数据表"，❷ 复制工作表，并重命名为"累计业绩排名"，❸ 选择要进行排序的列（D 列）中的任一单元格，❹ 单击【数据】选项卡下【排序和筛选】组中的【降序】按钮，如图 14-1 所示。

Step 02 查看降序排序结果。经过以上操作，D 列单元格区域中的数据便按照从大到小进行排列了。并且，在排序后会保持同一记录的完整性，如图 14-2 所示。

图 14-1

图 14-2

技能拓展——让数据升序排列

单击【数据】选项卡下【排序和筛选】组中的【升序】按钮，可以让数据以升序排列。

★ 重点 14.1.2 实战：对"员工业绩管理表"数据进行多列排序

实例门类	软件功能

在对数据进行排序时，经常会遇到多条数据的值相同的情况，此时可以为排序设置次要排序条件，这样就可以在排序过程中，让在主要排序条件下数据相同的值再次根据次要排序条件进行指定排序。

技术看板

排序时需要以某个数据进行排列，该数据称为关键字。

例如，要在"员工业绩管理表.xlsx"工作簿中，以累计业绩额为主要关键字，以员工编号为次要关键字，对业绩数据进行排列，具体操作步骤如下。

Step 01 打开【排序】对话框。❶ 复制【数据表】，并重命名为"累计业绩排名(2)"，❷ 选择要进行排序的 A1:H22 单元格区域中任意一个单元格，❸ 单击【数据】选项卡下【排序和筛选】组中的【排序】按钮，如图 14-3 所示。

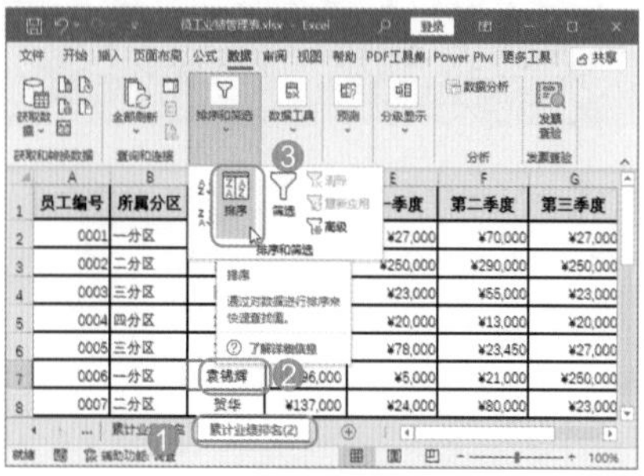

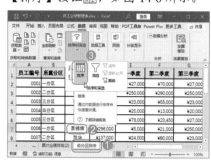

图 14-3

Step02 设置排序条件。打开【排序】对话框，❶ 在【主要关键字】栏中设置主要关键字为【累计业绩】，排序方式为【降序】，❷ 单击【添加条件】按钮，❸ 在【次要关键字】栏中设置次要关键字为【员工编号】，排序方式为【降序】，❹ 单击【确定】按钮，如图 14-4 所示。

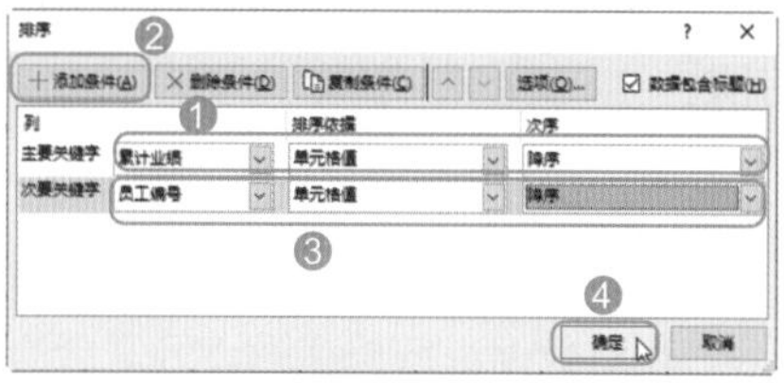

图 14-4

技术看板

在【排序】对话框中的【排序依据】栏的下拉列表框中，用户可以选择数值、单元格颜色、字体颜色和单元格图标等作为对数据进行排序的依据；单击【删除条件】按钮，可删除添加的关键字；单击【复制条件】按钮，可复制在【排序】对话框下部列表框中选择的已经设置的排序条件，只是通过复制产生的条件都隶属于次要关键字。

Step03 查看排序结果。经过上面的操作，表格中的数据会按照累计业绩从大到小进行排列，并且在遇到累计业绩额为相同值时再次根据员工编号从高到低进行排列，排序后的效果如图 14-5 所示。

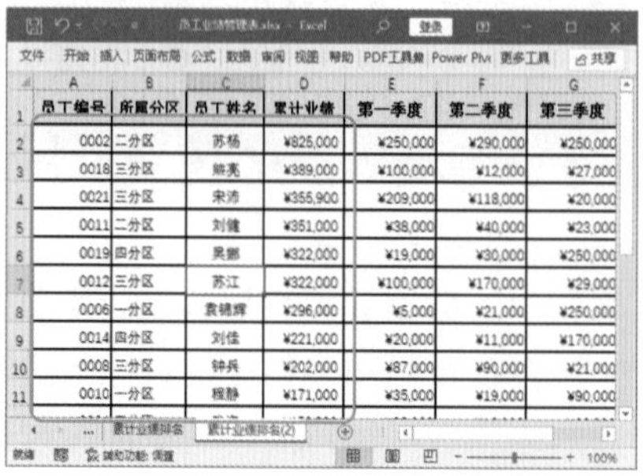

图 14-5

★ 重点 14.1.3 实战：对“员工业绩管理表”数据进行自定义排序

实例门类	软件功能

除了在表格中对数据进行直接大小或类别进行排序外，用户还可以自定义排序条件，使表格数据完全按照用户的意愿进行排列。

例如，要在“员工业绩管理表”中自定义分区顺序，并根据自定义的顺序排列表格数据，具体操作步骤如下。

Step01 打开【排序】对话框。❶ 复制【数据表】，并重命名为“各分区排序”，❷ 选择要进行排序的 A1:H22 单元格区域中任意一个单元格，❸ 单击【数据】选项卡下【排序和筛选】组中的【排序】按钮，如图 14-6 所示。

图 14-6

Step02 打开【自定义序列】对话框。打开【排序】对话框，❶ 在【主要关键字】栏中设置主要关键字为【所属分区】选项，❷ 在其后的【次序】下拉列表框中选择【自定义序列】选项，如图 14-7 所示。

技能拓展——实现数据排序的其他方法

单击【开始】选项卡下【编辑】组中的【排序和筛选】按钮，在弹出的下拉菜单中选择【升序】【降序】或【自定义排序】选项，也可进行数据排序。

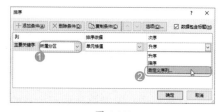

图 14-7

Step03 设置自定义序列。打开【自定义序列】对话框，❶ 在右侧的【输入序列】文本框中输入需要定义的序列，这里输入“一分区，二分区，三分区，四分区”文本，❷ 单击【添加】按钮，将新序列添加到【自定义序列】列表框中，❸ 单击【确定】按钮，如图 14-8 所示。

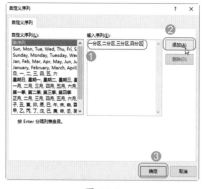

图 14-8

技术看板

对于【自定义序列】对话框中已有的自定义序列项，用户可直接在【自定义序列】列表框中进行选择调用，而无须手动再次输入。

Step04 增加次要排序条件。返回【排序】

对话框，即可看到【次序】下拉列表框中自动选择了刚刚自定义的排序序列顺序，❶将累积业绩添加为次要排序条件，❷单击【确定】按钮，如图14-9所示。

图 14-9

Step05 查看自定义排序结果。经过以上操作，即可让表格中的数据以所属分区为主要关键字，以自定义的【一分区，二分区，三分区，四分区】顺序进行排列，并且该列中相同值的单元格数据会再次根据累积业绩额的大小进行从大到小的排列，排序后的效果如图14-10所示。

图 14-10

14.2 数据的筛选

在大量数据中，有时只有一部分数据可以供用户分析和参考，此时用户可以利用数据筛选功能筛选出有用的数据，然后在这些数据范围内进行进一步的统计或分析。在 Excel 中，为用户提供了【自动筛选】【自定义筛选】【高级筛选】3 种筛选方式。下面就来介绍各功能的具体实现方法。

★ 重点 14.2.1 实战：对"员工业绩管理表"数据进行自动筛选

实例门类	软件功能

要快速在众多数据中查找某个或某组符合指定条件的数据，并隐藏其他不符合条件的数据，可以使用 Excel 2021 中的数据筛选功能。

例如，要在"员工业绩管理表"中筛选出【二分区】的数据记录，具体操作步骤如下。

Step01 添加筛选按钮。❶复制【数据表】工作表，并重命名为"二分区数据"，❷选择要进行筛选的 A1:H22 单元格区域中的任意一个单元格，❸单击【数据】选项卡下【排序和筛选】组中的【筛选】按钮▽，如图14-11所示。

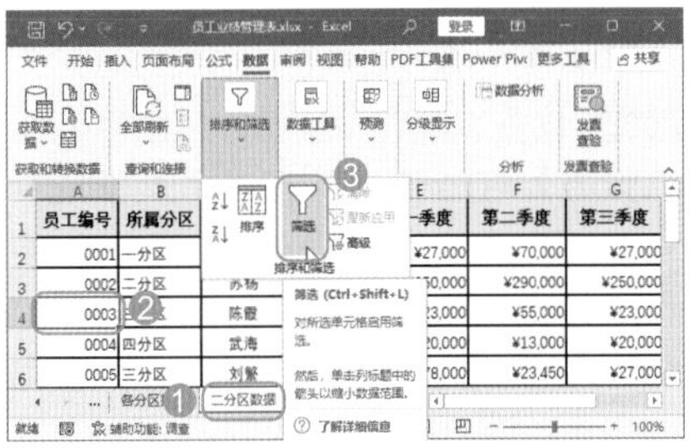

图 14-11

Step02 进行条件筛选。经过以上操作，工作表表头字段的右侧会出现一个下拉按钮▽。❶单击【所属分区】字段右侧的下拉按钮，❷在弹出的下拉列表框中仅选中【二分区】复选框，❸单击【确定】按钮，如图14-12所示。

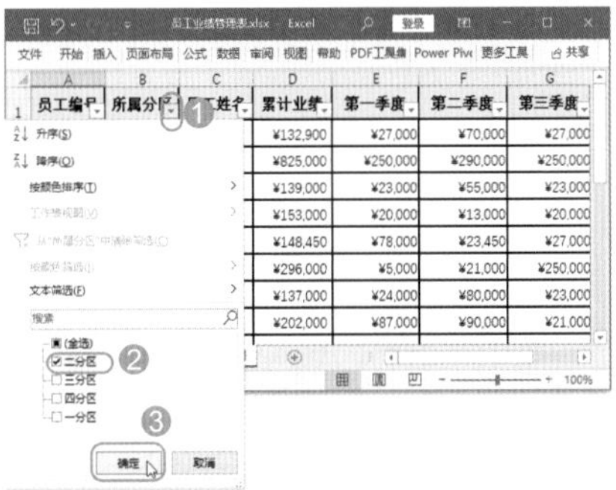

图 14-12

Step03 查看筛选结果。经过上述操作，工作表中将只显示所属分区为【二分区】的相关记录，且【所属分区】字段右侧的下拉按钮将变成▼形状，如图14-13所示。

图 14-13

14.2.2 实战：筛选出符合多个条件的数据

实例门类	软件功能

利用自动筛选功能不仅可以根据单个条件进行自动筛选，还可以根据多个条件进行筛选。例如，要在前面筛选结果的基础上再筛选出某些员工的数据，具体操作步骤如下。

Step01 进行条件筛选。复制【二分区数据】工作表，并重命名为"二分区部分数据"，❶单击【员工姓名】字段右侧的下拉按钮，❷在弹出的下拉列表框中选中【陈永】【刘健】和【周波】复选框，❸单击【确定】按钮，如图14-14所示。

图 14-14

Step02 查看筛选结果。经过上述操作，系统筛选出陈永、刘健和周波 3 个人的相关记录，且【员工姓名】字段右侧的下拉按钮也将变成 形状，如图 14-15 所示。

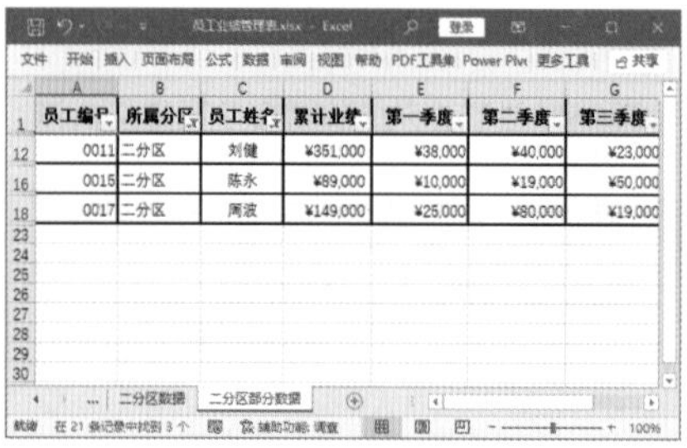

图 14-15

★ 重点 14.2.3 实战：自定义筛选条件

实例门类	软件功能

简单筛选数据具有一定的局限性，只能满足简单的数据筛选操作，所以，很多时候还需要自定义筛选条件。相比简单筛选，自定义筛选更灵活，自主性也更强。

在 Excel 2021 中，可以对文本、数字、颜色、日期或时间等数据进行自定义筛选。在【筛选】下拉列表中会根据所选择的需要筛选的单元格数据显示出相应的自定义筛选选项。虽然自定义的筛选类型很多，不过它们的使用方法基本相同。下面以自定义筛选出姓"刘"的员工数据信息为例进行讲解。

Step01 打开【自定义自动筛选方式】对话框。❶ 复制【数据表】工作表，并重命名为"刘氏销售数据"，选择要进行筛选的 A1:H22 单元格区域中的任意一个单元格，❷ 单击【数据】选项卡下【排序和筛选】组中的【筛选】按钮，单击【员工姓名】字段右侧的下拉按钮 ，❸ 在弹出的下拉列表中选择【文本筛选】选项，❹ 在弹出的级联列表中选择【开头是】选项，如图 14-16 所示。

图 14-16

Step02 设置筛选条件。打开【自定义自动筛选方式】对话框，❶ 在【开头是】右侧的下拉列表框中根据需要输入筛选条件，这里输入文本"刘"，❷ 单击【确定】按钮，如图 14-17 所示。

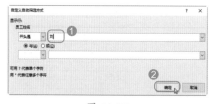

图 14-17

技术看板

【自定义自动筛选方式】对话框中的左侧两个下拉列表框用于选择赋值运算符，右侧两个下拉列表框用于对筛选范围进行约束，选择或输入具体的数值。【与】和【或】单选按钮用于设置相应的运算公式，其中，选中【与】单选按钮后，必须同时满足第 1 个和第 2 个条件才能在筛选数据后被保留；选中【或】单选按钮，表示满足第 1 个条件或第 2 个条件中的任意一个就可以在筛选数据后被保留。

在【自定义自动筛选方式】对话

框中输入筛选条件时，可以使用通配符代替字符或字符串，如可以用"？"符号代表任意单个字符，用"*"符号代表任意多个字符。

Step03 查看筛选结果。经过以上操作，在工作表中将只显示姓名中以"刘"开头的所有记录，如图 14-18 所示。

图 14-18

★ 重点 14.2.4 实战：对"员工业绩管理表"数据进行高级筛选

实例门类	软件功能

虽然前面讲解的自定义筛选具有一定的灵活性，但是仍然是针对单列单元格中的数据进行的筛选。如果需要对多列单元格数据进行同时筛选，则需要借助 Excel 的高级筛选功能。

例如，要在"员工业绩管理表"中筛选出累计业绩超过 200 000，且各季度业绩超过 20 000 的记录，具体操作步骤如下。

Step01 打开【高级筛选】对话框。❶ 复制【数据表】工作表，并重命名为"稳定表现者"，❷ 在 K1:O2 单元格区域中输入高级筛选的条件，❸ 单击【排序和筛选】组中的【高级】按钮 ，如图 14-19 所示。

Step02 设置高级筛选条件。打开【高级筛选】对话框，❶ 在【列表区域】文本框中引用数据筛选的 A1:H22 单元格区域，❷ 在【条件区域】文本框中引用筛选条件所在的 K1:O2 单元格区域，❸ 单击【确定】按钮，如图 14-20 所示。

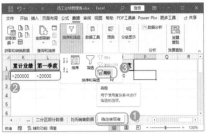

图 14-19

图 14-20

Step 03 查看高级筛选结果。经过上述操作，即可筛选出符合条件的数据，如图 14-21 所示。

图 14-21

技术看板

进行高级筛选时，作为条件筛选的列标题文本必须放在同一行中，且其中的数据与数据表格中的列标题文本应完全相同。在列标题下列举条件文本，有多个条件时，各条件为"与"关系的将条件文本并排放在同一行中，为"或"关系的放在不同行中。

技术看板

在【高级筛选】对话框中选中【在原有区域显示筛选结果】单选按钮，可以在数据原有区域中显示筛选结果；选中【将筛选结果复制到其他位置】单选按钮，可以在激活的【复制到】文本框中设置准备存放筛选结果的单元格区域。

14.3　数据的分类汇总

要让表格中的数据记录按照指定关键字和指定计算方式进行汇总，最快速、有效的方法就是使用分类汇总，从而便于阅读者快速获取数据类的汇总信息。

★ 重点 14.3.1　实战：在"销售情况分析表"中创建单一分类汇总

实例门类	软件功能

单一分类汇总是只对数据表格中的字段进行一种计算方式的汇总。

例如，要在"销售情况分析表 .xlsx"工作簿中统计出不同部门的总销售额，具体操作步骤如下。

Step 01 对数据进行升序排序。打开"素材文件\第 14 章\销售情况分析表 .xlsx"文档，❶ 复制【数据表】工作表，并重命名为"部门汇总"，❷ 选择作为分类字段【部门】列中的任意一个单元格，❸ 单击【数据】选项卡下【排序和筛选】组中的【升序】按钮，如图 14-22 所示。

图 14-22

Step 02 打开【分类汇总】对话框。单击【分级显示】组中的【分类汇总】按钮，如图 14-23 所示。

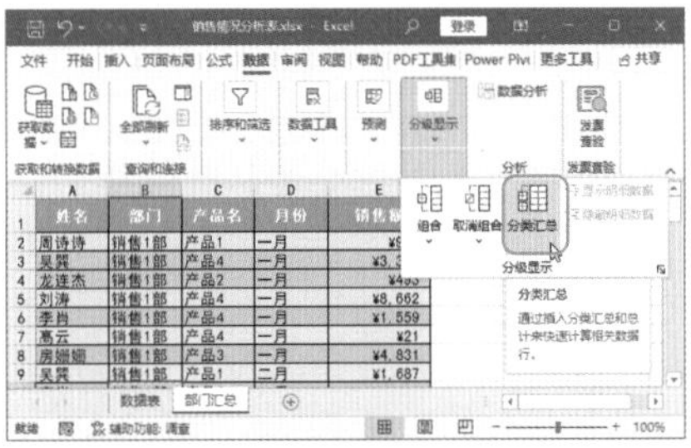

图 14-23

技术看板

在创建分类汇总之前，首先应对数据进行排序，其作用是将具有相同关键字的记录表集中在一起，然后再进行分类汇总的操作。

Step 03 设置汇总条件。打开【分类汇总】对话框，❶ 在【分类字段】下拉列表框中选择要进行分类汇总的字段名称，这里选择【部门】选项，❷ 在【汇总方式】下拉列表框中选择计算分类汇总的汇总方式，这里选择【求和】选项，❸ 在【选定汇总项】列表框中选择要进行汇总计算的列，这里选中【销售额】复选框，❹ 选中【替换当前分类汇总】和【汇总结果显示在数据下方】复选框，❺ 单击【确定】按钮，如图 14-24 所示。

图 14-24

技术看板

如果要让每个分类汇总自动分页，可在【分类汇总】对话框中选中【每组数据分页】复选框；若要指定汇总行位于明细行的下方，可选中【汇总结果显示在数据下方】复选框。

Step**04** 查看汇总结果。经过以上操作，即可创建分类汇总，如图 14-25 所示。可以看到表格中相同部门的销售额总和汇总结果将显示在相应的名称下方，最后还将所有部门的销售额总和进行统计并显示在工作表的最后一行。

图 14-25

★ 重点 14.3.2 实战：在"销售情况分析表"中创建多重分类汇总

实例门类	软件功能

进行简单分类汇总后，若需要对数据进行进一步的细化分析，可以在

原有汇总结果的基础上，再次进行分类汇总，形成多重分类汇总（可以对同一字段进行多种方式的汇总，也可以对不同字段进行汇总）。

例如，要在"销售情况分析表 .xlsx"工作簿中统计出每个月不同部门的总销售额，具体操作步骤如下。

Step**01** 打开【排序】对话框。❶ 复制【数据表】工作表，并重命名为"每月各部门汇总"，❷ 选择包含数据的任意一个单元格，❸ 单击【数据】选项卡下【排序和筛选】组中的【排序】按钮，如图 14-26 所示。

图 14-26

Step**02** 设置排序条件。打开【排序】对话框，❶ 在【主要关键字】栏中设置分类汇总的主要关键字为【月份】，排序方式为【升序】，❷ 单击【添加条件】按钮，❸ 在【次要关键字】栏中设置分类汇总的次要关键字为【部门】，排序方式为【升序】，❹ 单击【确定】按钮，如图 14-27 所示。

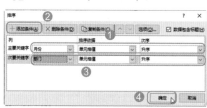

图 14-27

Step**03** 打开【分类汇总】对话框。经过以上操作，即可根据要创建分类汇总的主要关键字和次要关键字进行排序。单击【分级显示】组中的【分类汇总】按钮，如图 14-28 所示。

Step**04** 设置分类汇总条件。打开【分类汇总】对话框，❶ 在【分类字段】下拉列表框中选择要进行分类汇总的

主要关键字，如选择【月份】选项，❷ 在【汇总方式】下拉列表框中选择【求和】选项，❸ 在【选定汇总项】列表框中选中【销售额】复选框，❹ 选中【替换当前分类汇总】和【汇总结果显示在数据下方】复选框，❺ 单击【确定】按钮，如图 14-29 所示。

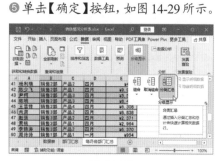

图 14-28

图 14-29

Step**05** 再次打开【分类汇总】对话框。经过以上操作，即可创建一级分类汇总。单击【分级显示】组中的【分类汇总】按钮，如图 14-30 所示。

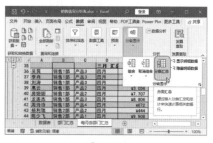

图 14-30

Step**06** 设置分类汇总条件。打开【分类汇总】对话框，❶ 在【分类字段】下拉列表框中选择要进行分类汇总的

次要关键字，如选择【部门】选项，❷ 在【汇总方式】下拉列表框中选择【求和】选项，❸ 在【选定汇总项】列表框中选中【销售额】复选框，❹ 取消选中【替换当前分类汇总】复选框，❺ 单击【确定】按钮，如图 14-31 所示。

图 14-31

Step07 查看多重分类汇总结果。经过以上操作，即可创建二级分类汇总。可以看到表格中相同级别的相应汇总项的结果将显示在相应的级别后面，同时隶属于一级分类汇总的内部，效果如图 14-32 所示。

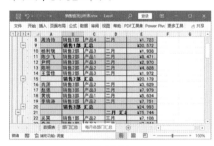

图 14-32

14.3.3 实战：分级显示"销售情况分析表"中的分类汇总数据

实例门类	软件功能

进行分类汇总后，工作表中的数据将以分级方式显示汇总数据和明细数据，并在工作表的左侧出现 ⊡、

❷、❸……用于显示不同级别分类汇总的按钮，单击它们可以显示不同级别的分类汇总。要更详细地查看分类汇总数据，还可以单击工作表左侧的 ⊞ 按钮。例如，要查看分类汇总的数据，具体操作步骤如下。

Step01 查看二级分类汇总。单击窗口左侧分级显示栏中的 ❷ 按钮，如图 14-33 所示。

图 14-33

Step02 折叠分类汇总结果。经过以上操作，将折叠二级分类汇总下的所有分类明细数据。单击工作表左侧需要查看明细数据对应分类的 ⊞ 按钮，如图 14-34 所示。

图 14-34

Step03 展开分类汇总结果。经过以上操作，即可展开该分类下的明细数据，同时该按钮变为 ⊟ 形状，如图 14-35 所示。

图 14-35

14.3.4 实战：清除"销售情况分析表"中的分类汇总

实例门类	软件功能

分类汇总查看完毕后，有时还需要删除分类汇总，使数据恢复到分类汇总前的状态，具体操作步骤如下。

Step01 打开【分类汇总】对话框。❶ 复制得到"每月各部门汇总（2）"工作表，❷ 单击【数据】选项卡下【分级显示】组中的【分类汇总】按钮，如图 14-36 所示。

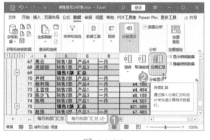

图 14-36

Step02 删除分类汇总。打开【分类汇总】对话框，单击【全部删除】按钮，如图 14-37 所示。

图 14-37

14.4 数据的突出显示

在编辑表格时，用户可以为单元格区域、表格或数据透视表设置条件格式。Excel 2021 提供了非常丰富的条件格式，该功能可以基于设置的条件，并根据单元格内容有选择地自动应用格式，让指定数据单元格以特有方式突出显示。

★ 重点 14.4.1 实战：突出显示超过某个值的销售额数据

实例门类	软件功能

在对数据表进行统计时，如果要突出显示表格中的一些数据，如大于某个值的数据、小于某个值的数据、等于某个值的数据等，可以使用【条件格式】中的【突出显示单元格规则】选项，基于比较运算符设置特定单元格的格式。

在【突出显示单元格规则】选项的级联列表中选择不同选项，可以实现不同的突出效果，具体介绍如下。

→ 【大于】：表示将大于某个值的单元格突出显示。

→ 【小于】：表示将小于某个值的单元格突出显示。

→ 【介于】：表示将单元格中数据在某个数值范围内的单元格突出显示。

→ 【等于】：表示将等于某个值的单元格突出显示。

→ 【文本包含】：将单元格中符合设置的文本信息突出显示。

→ 【发生日期】：将单元格中符合设置的日期信息突出显示。

→ 【重复值】：将单元格中重复出现的数据突出显示。

在"员工业绩管理表 1.xlsx"工作簿的"累计业绩排名"工作表中，在累计业绩排序基础上，对各季度销售额超过 200 000 的单元格进行突出显示，具体操作步骤如下。

Step01 选择【大于】条件格式。打开"素材文件\第 14 章\员工业绩管理表 1.xlsx"文档，① 选择"累计业绩排名"工作表，② 选择 E2:H22 单元格区域，③ 单击【开始】选项卡下【样

式】组中的【条件格式】按钮，④ 在弹出的下拉列表中选择【突出显示单元格规则】选项，⑤ 在弹出的级联菜单中选择【大于】选项，如图 14-38 所示。

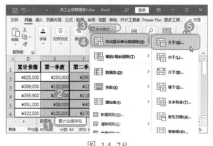

图 14-38

Step02 设置【大于】参数。打开【大于】对话框，① 在参数框中输入要作为判断条件的最小数值"¥200,000"，② 在【设置为】下拉列表框中选择要为符合条件的单元格设置的格式样式，这里选择【浅红填充色深红色文本】选项，③ 单击【确定】按钮，如图 14-39 所示。

图 14-39

Step03 查看条件格式结果。经过上述操作，即可看到所选单元格区域中值大于 200 000 的单元格格式发生了变化，如图 14-40 所示。

图 14-40

★ 重点 14.4.2 实战：使用数据条显示销售额数据

实例门类	软件功能

使用数据条可以查看某个单元格相对于其他单元格的值。数据条的长度代表单元格中的值，数据条越长，表示值越高；反之，则表示值越低。要在大量数据中分析较高值和较低值时，使用数据条尤为重要。

下面在"员工业绩管理表 1.xlsx"工作簿的"二分区数据"工作表中，使用数据条来显示二分区各季度的销售额数据，具体操作步骤如下。

Step01 选择【数据条】条件格式。① 选择"二分区数据"工作表，② 选择 E3:H18 单元格区域，③ 单击【条件格式】按钮，④ 在弹出的下拉列表中选择【数据条】选项，⑤ 在弹出的级联菜单中的【渐变填充】栏中选择【橙色数据条】选项，如图 14-41 所示。

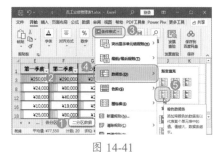

图 14-41

Step02 查看数据条效果。返回工作簿中即可看到在 E3:H18 单元格区域中根据数值大小填充了不同长短的橙色渐变数据条，如图 14-42 所示。

图 14-42

★ 重点 14.4.3 实战：使用色阶显示销售额数据

实例门类	软件功能

对数据进行直观分析时，除了使用数据条外，还可以使用色阶按阈值将单元格数据分为多个类别，其中每种颜色代表一个数值范围。

色阶作为一种直观的指示，可以帮助用户了解数据的分布和变化。Excel 中默认使用双色刻度和三色刻度两种色阶方式来设置条件格式。

双色刻度使用两种颜色的渐变来比较某个区域的单元格，颜色的深浅表示值的高低。例如，在绿色和红色的双色刻度中，可以指定较高值单元格的颜色更绿，而较低值单元格的颜色更红。三色刻度使用 3 种颜色的渐变来比较某个区域的单元格。颜色的深浅表示值的高、中、低。例如，在绿色、黄色和红色的三色刻度中，可以指定较高值单元格的颜色为绿色，中间值单元格的颜色为黄色，而较低值单元格的颜色为红色。

下面在"员工业绩管理表 1.xlsx"工作簿的"销售较高数据分析"工作表中，使用一种三色刻度颜色来显示累计销售额较高的员工的各季度销售额数据，具体操作步骤如下。

Step01 选择【色阶】条件格式。❶ 选择"销售较高数据分析"工作表，❷ 选择 E3:H22 单元格区域，❸ 单击【条件格式】按钮，❹ 在弹出的下拉列表中选择【色阶】选项，❺ 在弹出

的级联列表中选择【绿 - 黄 - 红色阶】选项，如图 14-43 所示。

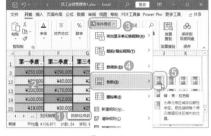

图 14-43

📌 技术看板

在【条件格式】下拉列表的各级联列表中选择【其他规则】选项，将打开【新建格式规则】对话框，用户可以根据数据需要进行条件格式的自定义设置。

Step02 查看色阶效果。返回工作簿中即可看到在 E3:H22 单元格区域中根据数值大小填充了不同深浅度的红、黄、绿颜色，如图 14-44 所示。

图 14-44

★ 重点 14.4.4 实战：使用图标集显示季度销售额状态

实例门类	软件功能

在 Excel 2021 中对数据进行格式设置和美化时，为了表现出一组数据中的等级范围，还可以使用图标集对数据进行标识。

图标集中的图标是以不同的形状或颜色来表示数据大小的。使用图标集可以按阈值将数据分为 3 ～ 5 个类

别，每个图标代表一个数值范围。例如，在【三向箭头】图标集中，绿色的上箭头代表较高值，黄色的横向箭头代表中间值，红色的下箭头代表较低值。

下面在"员工业绩管理表 1.xlsx"工作簿的"稳定表现者"工作表中，使用图标集中的【四等级】来标识相应员工的各季度销售额数据的相对大小，具体操作步骤如下。

Step01 选择【图标集】条件格式。选择"稳定表现者"工作表，选择 E3:H13 单元格区域，❶ 单击【条件格式】按钮，❷ 在弹出的下拉列表中选择【图标集】选项，❸ 在弹出的级联列表的【等级】栏中选择【四等级】选项，如图 14-45 所示。

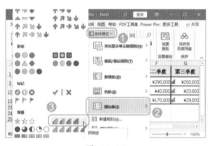

图 14-45

Step02 查看添加的图标集。经过上述操作，即可看到 E3:H13 单元格区域中根据数值大小分了 4 个等级，并在不同等级的单元格数据前添加了不同等级的图标，如图 14-46 所示。

图 14-46

14.4.5 实战：管理"员工业绩管理表"中的条件格式

实例门类	软件功能

Excel 2021 表格中可以设置的条件格式数量没有限制，可以指定的条件格式数量只受到计算机内存的限制。为了帮助追踪和管理拥有大量条件格式规则的表格，Excel 2021 提供了"条件格式规则管理器"功能，使用该功能可以新建、编辑、清除规则及控制规则的优先级。

1. 新建规则

Excel 2021 中的条件格式功能允许用户定制条件格式，定义自己的规则或格式。新建条件格式规则需要在【新建格式规则】对话框中进行。

在【新建格式规则】对话框中的【选择规则类型】列表框中，用户可选择基于不同的筛选条件设置新的规则，打开的【新建格式规则】对话框中的设置参数也会随之发生改变。

（1）基于值设置单元格格式。

默认打开的【新建格式规则】对话框中的【选择规则类型】列表框中选择的是【基于各自值设置所有单元格的格式】选项。选择该选项可以根据所选单元格区域中的具体值设置单元格格式，要设置哪种单元格格式，还需要在【格式样式】下拉列表框中进行选择。

➥ 设置色阶：如果需要设置个性的双色或三色刻度的色阶条件格式，可在【格式样式】下拉列表框中选择【双色刻度】或【三色刻度】选项，如图 14-47 所示。然后在下方的【最小值】和【最大值】栏中分别设置数据划分的类型、值或颜色。

➥ 设置数据条：在基于值设置单元格格式时，如果需要设置个性的数据条，可以在【格式样式】下拉列表框中选择【数据条】选项，

如图 14-48 所示。该对话框的具体设置和图 14-47 的方法相同，只是在【条形图外观】栏中需要设置条形图的填充效果和颜色、边框的填充效果和颜色，以及条形图的方向。

图 14-47

图 14-48

➥ 设置图标集：如果需要设置个性的图标形状和颜色，可以在【格式样式】下拉列表框中选择【图标集】选项，然后在【图标样式】下拉列表框中选择需要的图标集样式，并在下方分别设置各图标代表的数据范围，如图 14-49 所示。

图 14-49

（2）对包含相应内容的单元格设置单元格格式。

如果要为文本数据的单元格区域设置条件格式，可在【新建格式规则】对话框中的【选择规则类型】列表框中选择【只为包含以下内容的单元格设置格式】选项，如图 14-50 所示。

图 14-50

在【编辑规则说明】栏的左侧下拉列表框中可选择按单元格值、特定文本、发生日期、空值和无空值、错误和无错误来设置格式。选择不同选

项的具体设置说明如下。

➡ 【单元格值】：选择该选项，表示要按数字、日期或时间设置格式，然后在中间的下拉列表框中选择比较运算符，在右侧的下拉列表框中输入数字、日期或时间。例如，依次在后面 3 个下拉列表框中设置【介于】【10】和【200】。

➡ 【特定文本】：选择该选项，表示要按文本设置格式，然后在中间的下拉列表框中选择比较运算符，在右侧的下拉列表框中输入文本。例如，依次在后面两个下拉列表框中设置【包含】和【Sil】。

➡ 【发生日期】：选择该选项，表示要按日期设置格式，然后在后面的下拉列表框中选择比较的日期，如【昨天】或【下周】。

➡ 【空值】和【无空值】：空值即单元格中不包含任何数据，选择这两个选项，表示要为空值或无空值单元格设置格式。

➡ 【错误】和【无错误】：错误值包括【#####】【#VALUE!】【#DIV/0!】【#NAME?】【#N/A】【#REF!】【#NUM!】和【#NULL!】。选择这两个选项，表示要为包含错误值或无错误值的单元格设置格式。

（3）根据单元格内容排序位置设置单元格格式。

想要扩展项目选取规则，对单元格区域中的数据按照排序方式设置条件格式，可以在【新建格式规则】对话框中的【选择规则类型】列表框中选择【仅对排名靠前或靠后的数值设置格式】选项，如图 14-51 所示。

在【编辑规则说明】栏左侧的下拉列表框中可以设置排名靠前或靠后的单元格，而具体的单元格数量则需要在其后的文本框中输入，若选中【所选范围的百分比】复选框，则会根据所选择的单元格总数的百分比进行单元格数量的选择。

图 14-51

（4）根据单元格数据相对于平均值的大小设置单元格格式。

如果需要根据所选单元格区域的平均值来设置条件格式，可以在【新建格式规则】对话框中的【选择规则类型】列表框中选择【仅对高于或低于平均值的数值设置格式】选项，如图 14-52 所示。

图 14-52

在【编辑规则说明】栏的下拉列表框中可以设置相对于平均值的具体条件是高于、低于、等于，以及各种常见标准偏差。

（5）根据单元格数据是否唯一设置单元格格式。

如果需要根据数据在所选单元格区域中是否唯一来设置条件格式，可以在【新建格式规则】对话框中的【选择规则类型】列表框中选择【仅对唯一值或重复值设置格式】选项，如图 14-53 所示。

图 14-53

在【编辑规则说明】栏的下拉列表框中可以设置具体是对唯一值还是对重复值进行格式设置。

（6）通过公式完成较复杂条件格式的设置。

其实前面的这些选项都是对 Excel 提供的条件格式进行扩充设置，如果这些自定义条件格式都不能满足需要，那么就需要在【新建格式规则】对话框中的【选择规则类型】列表框中选择【使用公式确定要设置格式的单元格】选项来完成较复杂的条件设置了，如图 14-54 所示。

图 14-54

在【编辑规则说明】栏的参数框中输入需要的公式即可。要注意：

①与普通公式一样,以等号开始输入公式;②系统默认是以选择单元格区域的第 1 个单元格进行相对引用计算的,也就是说,只需要设置好所选单元格区域的第 1 个单元格的条件,其后的其他单元格系统会自动计算。

通过公式来扩展条件格式的功能很强大,也比较复杂。例如,在"员工业绩管理表 1.xlsx"工作簿的"累计业绩排名 (2)"工作表中,需要为属于二分区的数据行填充颜色,具体操作步骤如下。

Step 01 打开【新建格式规则】对话框。选择"累计业绩排名 (2)"工作表,❶ 选择 A2:H22 单元格区域,❷ 单击【条件格式】按钮,❸ 在弹出的下拉列表中选择【新建规则】选项,如图 14-55 所示。

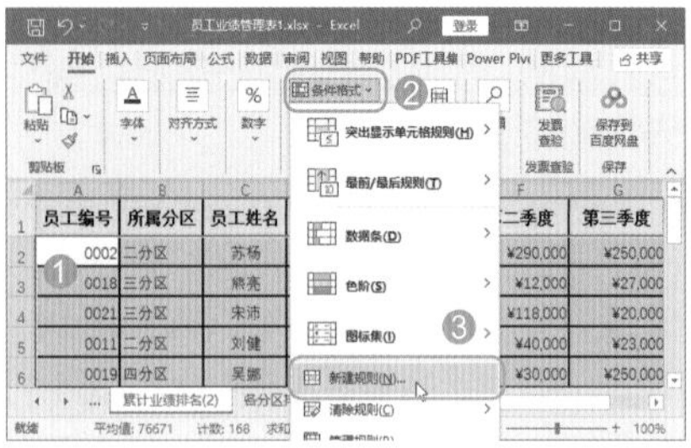

图 14-56

图 14-58

Step 05 查看单元格突出显示效果。经过以上操作后,A2:H22 单元格区域中属于二分区的数据行将会以设置的格式突出显示,如图 14-59 所示。

图 14-55

Step 02 设置公式规则。打开【新建格式规则】对话框,❶ 在【选择规则类型】列表框中选择【使用公式确定要设置格式的单元格】选项,❷ 在【编辑规则说明】栏中的【为符合此公式的值设置格式】文本框中输入公式"=$B2=" 二分区 "",❸ 单击【格式】按钮,如图 14-56 所示。

Step 03 设置填充效果。打开【设置单元格格式】对话框,❶ 选择【填充】选项卡,❷ 在【背景色】栏中选择需要填充的单元格颜色,这里选择【浅黄色】,❸ 单击【确定】按钮,如图 14-57 所示。

图 14-57

技能拓展——打开【新建格式规则】对话框的其他方法

"条件格式规则管理器"功能综合体现在【条件格式规则管理器】对话框中。在【条件格式】下拉列表中选择【管理规则】选项即可打开【条件格式规则管理器】对话框。单击其中的【新建规则】按钮,可以打开【新建格式规则】对话框。

Step 04 确定规则。返回【新建格式规则】对话框,在【预览】栏中可以查看设置的单元格格式,单击【确定】按钮,如图 14-58 所示。

图 14-59

2. 编辑规则

为单元格应用条件格式后,如果感觉不满意,还可以在【条件格式规则管理器】对话框中对其进行编辑。

在【条件格式规则管理器】对话框中可以查看当前所选单元格或当前工作表中应用的条件规则。在【显示其格式规则】下拉列表框中可以选择相应的工作表、表或数据透视表,以显示出需要进行编辑的条件格式。单击【编辑规则】按钮,可以在打开的【编辑格式规则】对话框中对选择的条件格式进行编辑,编辑方法与新建规则的方法相同。

下面为"新员工成绩"工作表中的数据添加图标集格式,并通过编辑让格式更贴合这里的数据显示，具体操作步骤如下。

Step01 选择图标集样式。选择"新员工成绩"工作表中的E4:H21单元格区域，❶ 单击【条件格式】按钮，❷ 在弹出的下拉列表中选择【图标集】选项，❸ 在弹出的级联列表的【等级】栏中选择【五象限图】选项，如图14-60所示。

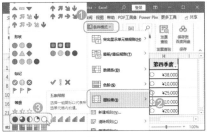

图 14-60

Step02 打开【条件格式规则管理】对话框。经过以上操作，即可根据数值大小在所选单元格区域的数值前添加不同等级的图标，但是由于该区域的数值非常接近，默认的等级区分效果并不明显，因此需要编辑等级的划分。❶ 再次单击【条件格式】按钮，❷ 在弹出的下拉列表中选择【管理规则】选项，如图14-61所示。

图 14-61

Step03 打开【编辑格式规则】对话框。打开【条件格式规则管理器】对话框，由于设置条件格式前没有取消单元格区域的选择状态，因此在【显示其格式规则】下拉列表框中自动显示为【当前选择】选项，❶ 在下方的列表框中

选择需要编辑的条件格式选项，❷ 单击【编辑规则】按钮，如图14-62所示。

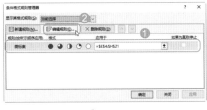

图 14-62

技术看板

若要更改条件格式应用的单元格区域，可以先在【条件格式规则管理器】对话框的列表框中选择该条件格式选项，然后在【应用于】文本框中输入新的单元格区域地址，或者单击其后的折叠按钮，返回工作簿中选择新的单元格区域。

Step04 编辑规则。打开【编辑格式规则】对话框，❶ 在【编辑规则说明】栏中的各图标后设置类型为【数字】，❷ 在各图标后对应的【值】参数框中输入需要作为等级划分界限的数值，❸ 单击【确定】按钮，如图14-63所示。

图 14-63

Step05 确定规则。返回【条件格式规则管理器】对话框，单击【确定】按钮，如图14-64所示。

图 14-64

Step06 查看图标集效果。经过以上操作后，返回工作表中即可看到E4:H21单元格区域中的图标根据新定义的等级划分区间进行了重新显示，效果如图14-65所示。

图 14-65

3. 清除规则

如果不需要用条件格式显示数据值，那么用户也可以清除格式。只要单击【开始】选项卡下【样式】组中的【条件格式】按钮，在弹出的下拉列表中选择【清除规则】选项，然后在弹出的级联列表中选择【清除所选单元格的规则】选项，清除所选单元格区域中包含的所有条件规则；或者选择【清除整个工作表的规则】选项，清除该工作表中的所有条件规则；或者选择【清除此数据透视表的规则】选项，清除该数据透视表中设置的条件规则。

也可以在【条件格式规则管理器】对话框中的【显示其格式规则】下拉列表框中设置需要清除条件格式的范围，然后单击【删除规则】按钮清除相应的条件规则。

清除条件规则后，原来设置了对应条件格式的单元格都会显示为默认单元格设置。

妙招技法

下面结合本章内容，给大家介绍一些数据分析与管理相关的实用技巧。

技巧 01：如何一次性筛选出多个"或"关系的数据

要利用高级筛选功能实现"或"关系的条件筛选，关键在于条件区域的设置上，也就是"或"关系的设置。通常情况下是将"或"关系字段进行重复，同时，条件关系进行分行放置，然后进行高级筛选操作。图 14-66 所示为三分区或四分区的 1、2、3 月销售量大于 10 000、12 000 和 23 000。

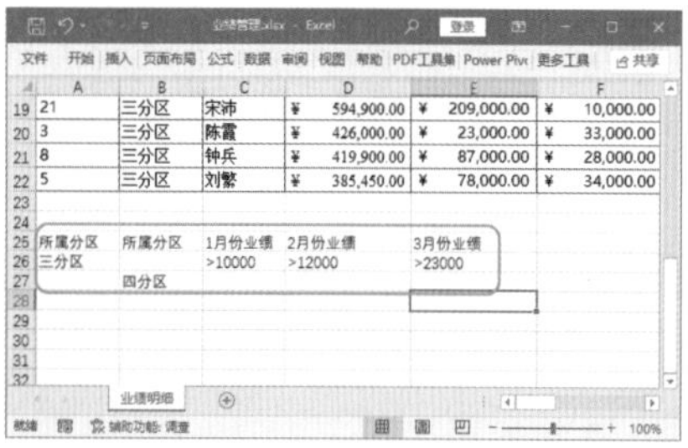

图 14-66

技巧 02：只复制分类汇总的结果

只复制分类汇总的结果数据，不能直接复制，即使是切换到只有汇总项的显示级别中，因为系统会将汇总结果数据和汇总明细数据一起复制，不能达到目的。此时，可通过对可见单元格进行复制。例如，对"业绩管理 1.xlsx"工作簿中的汇总结果进行复制。

Step01 查看二级分类汇总。打开"素材文件\第 14 章\业绩管理 1.xlsx"文档，单击二级列表按钮[2]，如图 14-67 所示。

Step02 打开【定位条件】对话框。❶ 在【开始】选项卡下【编辑】组中单击【查找和选择】下拉按钮，❷ 在弹出的下拉列表中选择【定位条件】选项，如图 14-68 所示。

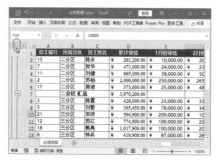

图 14-67

图 14-68

Step03 空位可见单元格。❶ 打开【定位条件】对话框，选中【可见单元格】单选按钮，❷ 单击【确定】按钮，如图 14-69 所示。

图 14-69

Step04 复制粘贴可见单元格。系统自动将所有可见单元格选中，按【Ctrl+C】组合键复制，在新建工作表（或是目标工作表）中按【Ctrl+V】组合键粘贴，如图 14-70 所示。

图 14-70

技巧 03：手动对数据进行分组

分类汇总是对同类数据进行指定方式汇总，所以它要求汇总数据项必须有多个同项。对于没有同类项，而要将一些指定数据记录合并到一起的，分类汇总就无法实现了。这时，用户可手动进行分组。

例如，在"业绩管理 2.xlsx"工作簿中手动创建分组，具体操作步骤如下。

Step01 打开【组合】对话框。打开"素材文件\第 14 章\业绩管理 2.xlsx"文档，❶ 选择要进行分组的数据单元格，❷ 切换到【数据】选项卡，❸ 单击【分级显示】组中的【组合】按钮，如图 14-71 所示。

图 14-71

Step02 选择创建行组合。打开【组合】对话框，❶ 选中【行】单选按钮，

❷单击【确定】按钮，如图 14-72 所示。 14-73 所示。

图 14-72

Step(03) 查看分组结果。返回工作簿中即可查看手动分组的效果，如图

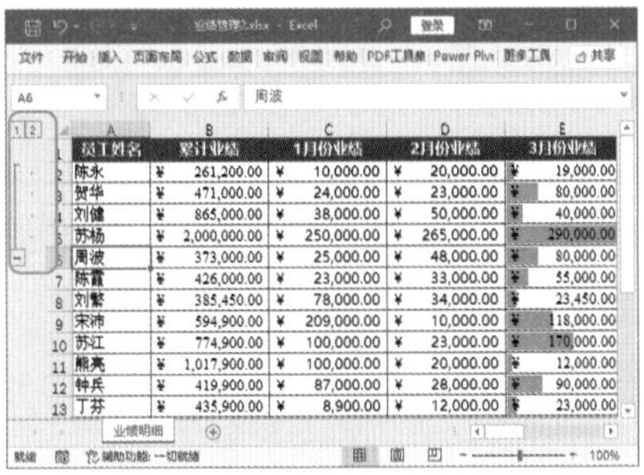

图 14-73

本章小结

学完本章知识，读者应该掌握了数据管理的几种高效方法：排序、筛选、分类汇总和条件规则。其中的难点在于多条件排序和高级排序及数据高级筛选。其他的知识点相对容易学习和掌握，同时操作也较为简单。希望通过本章内容的学习，读者能够熟练地使用这些知识对表格数据进行高效、专业和规范的管理。

第15章 Excel 数据的图表展示和分析

➡ 表格数据太多，难于理解，可以做成图表。

➡ 默认图表元素过多或不够，需要再加工。

➡ 图表效果不太好，不会美化，怎么办？

➡ 你会使用辅助线分析图表数据吗？

➡ 你知道单元格中的微型图表如何制作吗？

➡ 想让你的迷你图更出彩，可以为其设置样式和颜色。

本章将介绍图表和迷你图的创建、编辑与修改等基本操作，使读者掌握如何制作出专业、有效的图表。

15.1 图表的创建和编辑

图表是在数据的基础上制作出来的，一般数据表中的数据很详细，但是不利于直观地分析问题。因此，如果要针对某一问题进行研究，就要在数据表的基础上创建相应的图表。同时，为了让图表能更直观地展示和分析数据，用户需对其进行相应的编辑。

★ 重点 15.1.1 实战：在"销售表"中创建图表

实例门类	软件功能

在 Excel 中创建图表有两种常用方法：使用推荐功能创建和通过插入功能选项创建。下面分别进行介绍。

1. 使用推荐功能创建图表

在创建图表时，用户若不清楚使用哪种类型的图表合适，则可使用 Excel 推荐图表功能进行创建。

例如，要为"销售表"中的数据创建推荐的图表，具体操作步骤如下。

Step 01 打开【插入图表】对话框。打开"素材文件\第15章\销售表.xlsx"文档，❶ 选择 A1:A7 和 C1:C7 单元格区域，❷ 单击【插入】选项卡下【图表】组中的【推荐的图表】按钮，如图 15-1 所示。

Step 02 选择图表类型。在打开的【插入图表】对话框中，❶ 选择【推荐的图表】选项卡，在左侧显示了系统根据所选数据推荐的图表类型，选择需要的图表类型，这里选择【饼图】选项，❷ 在右侧即可预览图表效果，单击【确定】按钮，如图 15-2 所示。

图 15-1

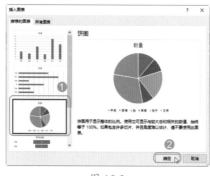

图 15-2

2. 通过插入功能选项创建图表

清楚使用什么类型的图表时，可以直接选择相应的图表类型进行创建。在 Excel 中，在【插入】选项卡的【图表】组中提供了常用的几种类型。用户只需要选择图表类型就可以创建完成。

例如，要为"销售表"中的数据创建推荐的图表，具体操作步骤如下。

Step 01 选择图表类型。❶ 选择 A1:A7 和 D1:D7 单元格区域，❷ 在【插入】选项卡下【图表】组中单击相应的图表按钮，这里单击【插入饼图】按钮，❸ 在弹出的下拉列表中选择需要的图表类型选项，这里选择【饼图】选项，如图 15-3 所示。

图 15-3

Step02 查看成功创建的图表。经过以上操作，即可看到根据选择的数据源和图表样式生成的对应图表，如图15-4 所示。

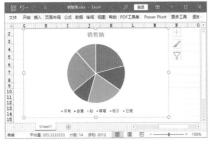

图 15-4

15.1.2 实战：调整"月考平均分统计"中图表的大小

实例门类	软件功能

有时因为图表中的内容较多，会导致图表中的内容不能完全显示或显示不清楚所要表达的意义，此时可适当地调整图表的大小，具体操作步骤如下。

Step01 调整图表大小。打开"素材文件\第15章\月考平均分统计.xlsx"文档，❶ 选择要调整大小的图表，❷ 将鼠标指针移到图表右下角，按住鼠标左键并拖动，即可缩放图表大小，如图 15-5 所示。

技能拓展——精确调整图表大小

在【格式】选项卡下【大小】组中的【形状高度】或【形状宽度】数值框中输入数值，可以精确设置图表的大小。

Step02 查看调整大小后的图表。将图表调整合适大小后释放鼠标左键即可，本案例改变图表大小后的效果如图 15-6 所示。

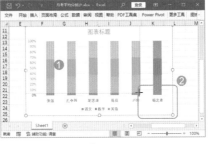

图 15-5

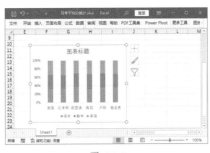

图 15-6

技术看板

在调整图表大小时，图的各组成部分也会随之调整大小。若不满意图表中某个组成部分的大小，则可以选择对应的图表对象，用相同的方法对其大小单独进行调整。

15.1.3 实战：移动"月考平均分统计"中的图表位置

实例门类	软件功能

默认情况下，创建的图表会显示在其数据源的附近，然而这样的设置通常会遮挡工作表中的数据。这时可以将图表移到工作表中的空白位置。在同一张工作表中移动图表位置可先选择要移动的图表，然后直接通过鼠标进行拖动，将图表拖到适当位置后释放鼠标即可，如图 15-7 所示。

某些时候，为了表达图表数据的重要性或为了能清楚分析图表中的数据，需要将图表放大并单独制作为一张工作表。针对这个需求，Excel 2021 提供了"移动图表"功能。

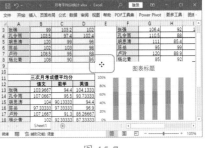

图 15-7

下面将图表单独制成一张工作表，具体操作步骤如下。

Step01 打开【移动图表】对话框。❶ 选择图表，❷ 单击【图表设计】选项卡下【位置】组中的【移动图表】按钮，如图 15-8 所示。

图 15-8

Step02 选择图表移动的位置。打开【移动图表】对话框，❶ 选中【新工作表】单选按钮，❷ 在其后的文本框中输入移动图表后新建的工作表名称，这里输入"第一次月考成绩图表"，❸ 单击【确定】按钮，如图 15-9 所示。

图 15-9

Step03 查看成功移动的图表。经过以上操作后，返回工作簿中即可看到新建的"第一次月考成绩图表"工作表，而且该图表的大小会根据当前窗口中编辑区的大小自动以全屏显示进行调节，如图 15-10 所示。

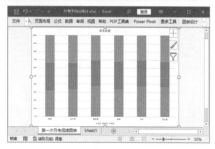

图 15-10

图 15-11

技术看板

当再次通过"移动图表"功能将图表移动到其他普通工作表中时,图表将还原为最初的大小。

★ 重点 15.1.4 实战:更改"月考平均分统计"中图表的数据源

实例门类	软件功能

在创建了图表的表格中,图表中的数据与工作表中的数据源是保持动态联系的。当修改工作表中的数据源时,图表中的相关数据系列也会发生相应的变化。如果要像转置表格数据一样交换图表中的纵横坐标,则可以使用【切换行/列】选项;如果需要重新选择作为图表数据源的表格数据,则可通过【选择数据源】对话框进行修改。

例如,要通过复制工作表并修改图表数据源的方法来制作其他成绩统计图表效果,具体操作步骤如下。

Step 01 切换图表的行/列。❶复制"第一次月考成绩图表"工作表,并重命名为"第一次月考各科成绩图表",❷选择复制得到的图表,❸单击【图表设计】选项卡下【数据】组中的【切换行/列】按钮,如图 15-11 所示。

Step 02 查看行/列切换的效果。经过以上操作,即可改变图表中的数据分类和系列的方向,如图 15-12 所示。

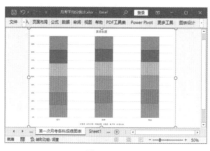

图 15-12

技术看板

默认情况下创建的图表,Excel 会自动以每行作为一个分类,按每列作为一个系列。

Step 03 打开【选择数据源】对话框。❶复制"第一次月考成绩图表"工作表,并重命名为"第二次月考成绩图表",❷选择复制得到的图表,❸单击【数据】组中的【选择数据】按钮,如图 15-13 所示。

图 15-13

Step 04 进入数据选择状态。打开【选择数据源】对话框,单击【图表数据区域】参数框后的【折叠】按钮,如图 15-14 所示。

Step 05 选择数据区域。返回工作簿中,

❶选择"Sheet1"工作表中的 F2:I8 单元格区域,❷单击折叠对话框中的【展开】按钮,如图 15-15 所示。

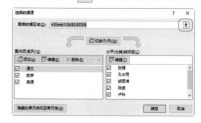

图 15-14

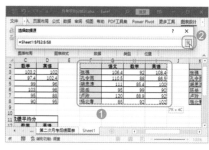

图 15-15

Step 06 确定数据源选择。返回【选择数据源】对话框,单击【确定】按钮,如图 15-16 所示。

图 15-16

Step 07 查看选择数据源后的图表。经过上述操作,即可在工作簿中查看修改数据源后的图表效果,如图 15-17 所示,注意观察图表中数据的变化。

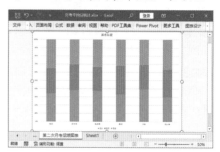

图 15-17

单击【选择数据源】对话框中的【隐藏的单元格和空单元格】按钮，打开如图 15-18 所示的【隐藏和空单元格设置】对话框，在其中选中或取消选中【显示隐藏行列中的数据】复选框，即可在图表中显示或隐藏工作表中隐藏行列中的数据。

图 15-18

★ 重点 15.1.5 实战：更改"半年销售额汇总"中的图表类型

实例门类	软件功能

若对图表各类型的使用情况不是很清楚，则有可能创建的图表不能够表达出数据的含义。创建好的图表依然可以方便地更改图表类型，用户也可以只修改图表中某个或某些数据系列的图表类型，从而自定义出组合图表。

例如，要通过更改图表类型让"半年销售额汇总"中的各产品数据用柱形图表示，将汇总数据用折线图表示，具体操作步骤如下。

Step01 打开【更改图表类型】对话框。打开"素材文件\第 15 章\半年销售额汇总 .xlsx"文档，❶ 选择需要更改图表类型的图表，❷ 单击【图表设计】选项卡下【类型】组中的【更改图表类型】按钮，如图 15-19 所示。

Step02 选择需要的图表类型。打开【更改图表类型】对话框，❶ 选择【所有图表】选项卡，❷ 在左侧列表框中选

择【柱形图】选项，❸ 在右侧选择合适的柱形图样式，❹ 单击【确定】按钮，如图 15-20 所示。

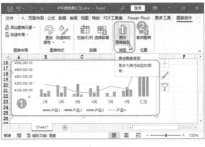

图 15-19

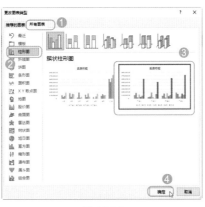

图 15-20

Step03 选择【更改系列图表类型】选项。经过上述操作，即可将原来的组合图表更改为柱形图表。❶ 选择图表中的【汇总】数据系列并右击，❷ 在弹出的快捷菜单中选择【更改系列图表类型】选项，如图 15-21 所示。

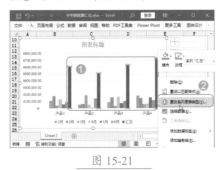

图 15-21

Step04 设置组合图表。打开【更改图表类型】对话框，❶ 选择【所有图表】选项卡，❷ 在左侧列表框中选择【组合图】选项，❸ 在右侧上方单击【自定义组合】按钮，❹ 在下方的列

表框中设置【汇总】数据系列的图表类型为【折线图】，❺ 选中【汇总】数据系列后的复选框，为该数据系列添加次坐标轴，❻ 单击【确定】按钮，如图 15-22 所示。

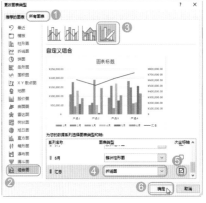

图 15-22

Step05 查看组合图表的效果。返回工作表中，即可看到已经将【汇总】数据系列从原来的柱形图更改为折线图，效果如图 15-23 所示。

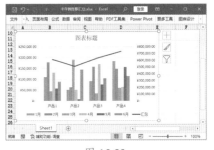

图 15-23

★ 重点 15.1.6 实战：设置"半年销售额汇总"中的图表样式

实例门类	软件功能

创建图表后，可以快速将一个预定义的图表样式应用到图表中，让图表外观更加专业；还可以更改图表的颜色方案，快速更改数据系列采用的颜色。若需要设置图表中各组成元素的样式，则可以在【格式】选项卡中进行自定义设置，包括对图表区中文字的格式、填充颜色、边框颜色、边

框样式、阴影及三维格式等进行设置。

例如，要为"半年销售额汇总"中的图表设置样式，具体操作步骤如下。

Step 01 选择一种图表样式。❶ 选择图表，❷ 单击【图表设计】选项卡下【图表样式】组中的【快速样式】按钮，❸ 在弹出的下拉列表中选择需要应用的图表样式，即可为图表应用所选的图表样式，如图15-24所示。

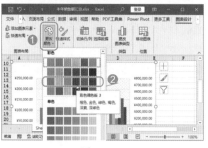
图 15-25

图 15-24

Step 02 选择一种图表配色。❶ 单击【图表样式】组中的【更改颜色】按钮，❷ 在弹出的下拉列表中选择要应用的色彩方案，即可改变图表中数据系列的配色，如图15-25所示。

15.1.7 实战：快速调整"半年销售额汇总"中的图表布局

实例门类	软件功能

对创建的图表进行合理的布局可以使图表效果更加美观。在 Excel 2021 中创建的图表会采用系统默认的图表布局，实质上，Excel 2021 中提供了 11 种预定义的布局样式，使用这些预定义的布局样式可以快速更改图表的布局效果。

例如，要使用预定义的布局样式快速改变"半年销售额汇总"中图表的布局效果，具体操作步骤如下。

Step 01 选择图表布局。❶ 选择图表，❷ 单击【图表设计】选项卡下【图表布局】组中的【快速布局】按钮，❸ 在弹出的下拉列表中选择需要的布局样式，这里选择【布局11】选项，

如图15-26所示。

图 15-26

Step 02 查看图表布局的效果。经过以上操作，即可看到应用新布局样式后的图表效果，如图15-27所示。

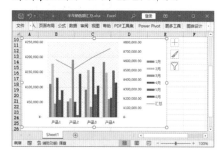
图 15-27

技术看板

自定义的图表布局和图表格式是不能保存的，但可以将图表另存为图表模板，这样就可以再次使用自定义的布局或图表格式了。

15.2 图表的自定义布局

图表制作需要有创意，展现出不同的风格，才能吸引更多人的眼球。在 Excel 2021 中，图表中可以显示和隐藏一些图表元素，同时可对图表中的元素位置进行调整，以使图表内容结构更加合理、美观。本节介绍修改图表布局的方法，包括设置图表和坐标轴标题、设置数据标签、设置图表的图例、显示数据表，以及添加趋势线、误差线等。

15.2.1 实战：设置"半年销售额汇总"图表的标题

实例门类	软件功能

在创建图表时，默认会添加一个图表标题，标题的内容是系统根据图表数据源自动添加的，或者是数据源所在的工作表标题，或者是数据源对应的表头名称。如果系统没有识别到合适的名称，就会显示为"图表标题"字样。

设置合适的图表标题，有利于说明整个图表的主要内容。若系统默认的图表标题不合适，则用户可以通过自定义为图表添加适当的图表标题，使其他用户在只看到图表标题时就能了解该图表所要表达的大致信息。当然，根据图表的显示效果需要，也可以调整标题在图表中的位置，或者取消标题的显示。

例如，要为使用快速布局样式后的"半年销售额汇总"中的图表添加图表标题，具体操作步骤如下。

Step01 添加图表标题。❶选择图表，❷单击【图表设计】选项卡下【图表布局】组中的【添加图表元素】按钮，❸在弹出的下拉列表中选择【图表标题】选项，❹在弹出的级联列表中选择【居中覆盖】选项，即可在图表中的上部显示出图表标题，如图15-28所示。

图 15-28

Step02 输入标题内容。选择图表标题文本框中出现的默认内容，重新输入合适的图表标题文本，如图15-29所示。

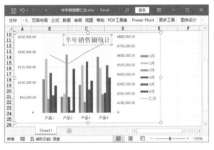

图 15-29

Step03 调整标题位置。选择图表标题文本框，将鼠标指针移动到图表标题文本框上，当其变为形状时，按住鼠标左键并拖动，即可调整标题在图表中的位置，如图15-30所示。

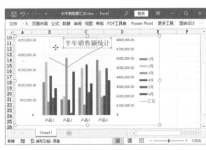

图 15-30

技术看板

在【图表标题】下拉列表中选择【无】选项，将隐藏图表标题；选择【图表上方】选项，将在图表区的顶部显示图表标题，并调整图表的大小；选择【居中覆盖】选项，将居中标题覆盖在图表上方，但不调整图表的大小；选择【更多标题选项】选项，将显示出【设置图表标题格式】任务窗格，在其中可以设置图表标题的填充、边框颜色、边框样式、阴影和三维格式等。

15.2.2 实战：设置"饮料销售统计表"的坐标轴标题

实例门类	软件功能

在 Excel 2021 中，为了更好地说明图表中的坐标轴所代表的内容，可以为每个坐标轴添加相应的坐标轴标题，具体操作步骤如下。

Step01 添加主要纵坐标轴标题。打开"素材文件\第15章\饮料销售统计表.xlsx"文档，❶选择图表，❷单击【添加图表元素】按钮，❸在弹出的下拉列表中选择【坐标轴标题】选项，❹在弹出的级联列表中选择【主要纵坐标轴】选项，如图15-31所示。

Step02 输入坐标轴标题内容。经过以上操作，将在图表中主要纵坐标轴的左侧显示坐标轴标题文本框，输入相应的内容，如"销售额"，如图15-32所示。

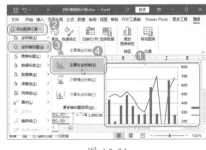

图 15-31

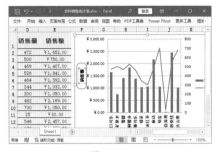

图 15-32

Step03 打开【设置坐标轴标题格式】窗格。❶单击【添加图表元素】按钮，❷在弹出的下拉列表中选择【坐标轴标题】选项，❸在弹出的级联列表中选择【更多轴标题选项】选项，如图15-33所示。

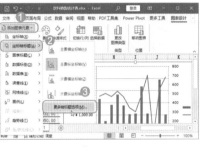

图 15-33

Step04 调整标题文字方向。显示【设置坐标轴标题格式】任务窗格，❶选择【文本选项】选项卡，❷单击【大小与属性】按钮，❸在【文本框】栏中单击【文字方向】列表框右侧的下拉按钮，❹在弹出的下拉列表中选择【竖排】选项，如图15-34所示。

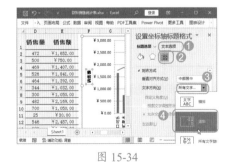

图 15-34

Step05 添加次要纵坐标轴标题。经过以上操作后，将改变坐标轴标题文字的排版方向。❶单击【添加图表元素】按钮，❷在弹出的下拉列表中选择【坐标轴标题】选项，❸在弹出的级联列表中选择【次要纵坐标轴】选项，即可在图表中次要纵坐标轴的右侧显示坐标轴标题文本框，如图15-35所示。

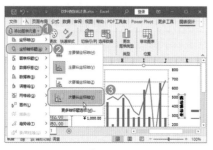

图 15-35

Step06 打开【设置坐标轴标题格式】任务窗格。❶在坐标轴标题文本框中输入需要的标题文本，如"销量"，❷单击【格式】选项卡下【当前所选内容】组中的【设置所选内容格式】按钮，如图15-36所示。

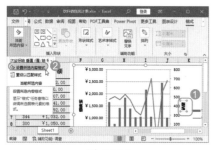

图 15-36

Step07 设置标题文字格式。显示【设置坐标轴标题格式】任务窗格，❶选择【文本选项】选项卡，❷单击【大小与属性】按钮，❸在【文本框】栏中的【文字方向】下拉列表框中选择【竖排】选项，如图15-37所示。

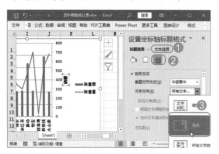

图 15-37

技能拓展——快速删除图表中的坐标轴标题

选择图表中的坐标轴标题，按【Delete】键可以快速将其删除。

★ **重点 15.2.3 实战：设置"销售表"的数据标签**

实例门类	软件功能

数据标签是图表中用于显示数据点中具体数值的元素，添加数据标签后可以使图表更清楚地表现数据的含义。在图表中可以为一个或多个数据系列设置数据标签。例如，要为销售图表添加数据标签，并设置数据格式为百分比类型，具体操作步骤如下。

Step01 添加图表数据标签。打开"素材文件\第15章\销售表.xlsx"文档，❶选择图表，❷单击【添加图表元素】按钮，❸在弹出的下拉列表中选择【数据标签】选项，❹在弹出的级联列表中选择【最佳匹配】选项，即可在各数据系列的内侧显示数据标签，如图15-38所示。

图 15-38

Step02 打开【设置数据标签格式】任务窗格。❶单击图表右侧的【图表元素】按钮，❷在弹出的下拉列表中选中【数据标签】复选框，并单击其右侧的下拉按钮，❸在弹出的级联列表中选择【更多选项】选项，如图15-39所示。

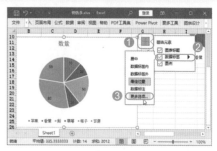

图 15-39

技能拓展——快速添加和删除图表中的数据标签

选择图表中的数据系列后右击，在弹出的快捷菜单中选择【添加数据标签】选项，也可为图表添加数据标签。若要删除添加的数据标签，则可以先选中数据标签，然后按【Delete】键进行删除。

Step03 设置标签格式。显示【设置数据标签格式】任务窗格，❶选择【文本选项】选项卡，❷单击【标签选项】按钮，❸在【标签包括】栏中选中【类别名称】【百分比】【显示引导线】复选框，即可即时改变图表中数据标签的格式，如图15-40所示。

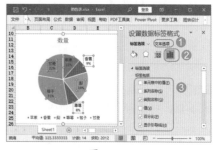

图 15-40

★ **重点 15.2.4 实战：设置"饮料销售统计表"的图例**

实例门类	软件功能

创建一个统计图表后，图表中的图例都会根据该图表模板自动地放置在图表的右侧或顶部。当然，图例在

图表中的位置也可根据需要随时进行调整。例如，要将"饮料销售统计表"中原来位于右侧的图例放置到图表的顶部，具体操作方法如下。

打开"素材文件\第15章\饮料销售统计表.xlsx"文档，❶ 选择图表，❷ 单击【添加图表元素】按钮，❸ 在弹出的下拉列表中选择【图例】选项，❹ 在弹出的级联列表中选择【顶部】选项，即可看到将图例移动到图表顶部的效果，同时图表中的其他组成部分也会重新进行排列，效果如图15-41所示。

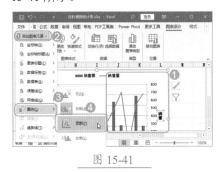

图 15-41

15.2.5 实战：显示"月考平均分统计"的数据表

实例门类	软件功能

当图表单独置于一张工作表中时，若将图表打印出来，则只会得到图表区域，而没有具体的数据源。若在图表中显示数据表格，则可以在查看图表的同时查看详细的表格数据。例如，要在"月考平均分统计"中添加数据表，具体操作步骤如下。

Step01 为图表添加图例。❶ 选择图表，❷ 单击【添加图表元素】按钮，❸ 在弹出的下拉列表中选择【数据表】选项，❹ 在弹出的级联列表中选择【显示图例项标示】选项，即可在图表的下方显示带图例项标示的数据表效果，如图15-42所示。

Step02 为图表添加数据表。❶ 选择"第二次月考成绩图表"工作表，❷ 选择工作表中的图表，❸ 单击图表右侧的

【图表元素】按钮⊞，❹ 在弹出的下拉列表中选中【数据表】复选框，即可在图表的下方显示出带图例项标示的数据表效果，如图15-43所示。

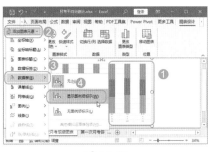

图 15-42

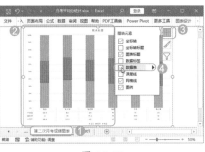

图 15-43

★ 重点 15.2.6 实战：为"半年销售额汇总"添加趋势线

实例门类	软件功能

趋势线用于问题预测研究，又称为回归分析。在图表中，趋势线是以图形的方式表示数据系列的趋势。Excel中趋势线的类型有线性、指数、对数、多项式、乘幂和移动平均6种。用户可以根据需要选择趋势线，从而查看数据的动向。各类趋势线的功能如下。

➥ 线性趋势线：适用于简单线性数据集的最佳拟合直线。若数据点构成的图案类似于一条直线，则表明数据是线性的。

➥ 指数趋势线：一种曲线，适用于速度增减越来越快的数据值。如果数据值中含有零或负值，就不能使用指数趋势线。

➥ 对数趋势线：如果数据的增加或减小速度很快，但又迅速趋近于平稳，那么对数趋势线是最佳的拟合曲线。对数趋势线可以使用正值和负值。

➥ 多项式趋势线：数据波动较大时适用的曲线，可用于分析大量数据的偏差。多项式的阶数可由数据波动的次数或曲线中拐点（峰和谷）的个数确定。二阶多项式趋势线通常仅有一个峰或谷。三阶多项式趋势线通常有一个或两个峰或谷。四阶多项式趋势线通常多达3个。

➥ 乘幂趋势线：一种适用于以特定速度增加的数据集的曲线。如果数据中含有零或负数值，就不能创建乘幂趋势线。

➥ 移动平均趋势线：平滑处理了数据中的微小波动，从而更清晰地显示了图案和趋势。移动平均使用特定数目的数据点（由【周期】选项设置），取其平均值，然后将该平均值作为趋势线中的一个点。

例如，为了更加明确产品的销售情况，需要为"半年销售额汇总"中的【产品1】数据系列添加趋势线，以便能够直观地观察到该系列前6个月销售数据的变化趋势，对未来工作的开展进行分析和预测。添加趋势线的具体操作步骤如下。

Step01 打开【插入图表】对话框。打开"素材文件\第15章\半年销售额汇总.xlsx"文档，❶ 选择表格中的A1:D7单元格区域，❷ 单击【插入】选项卡下【图表】组中的【推荐的图表】按钮，如图15-44所示。

Step02 选择需要的图表。打开【插入图表】对话框，❶ 选择【推荐的图表】选项卡，并在左侧选择需要的图表类型，这里选择【簇状柱形图】选项，❷ 单击【确定】按钮，如图15-45所示。

图 15-44

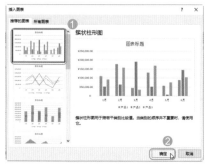

图 15-45

Step03 打开【移动图表】对话框。经过上述操作，即可根据选择的数据重新创建一个图表。单击【图表设计】选项卡下【位置】组中的【移动图表】按钮，如图 15-46 所示。

图 15-46

Step04 设置图表移动的位置。打开【移动图表】对话框，① 选中【新工作表】单选按钮，② 在其后的文本框中输入移动图表后新建的工作表名称，这里输入"销售总体趋势"，③ 单击【确定】按钮，如图 15-47 所示。

Step05 添加移动平均趋势线。① 选择图表中需要添加趋势线的【产品 1】数据系列，② 单击【添加图表元素】按钮，③ 在弹出的下拉列表中选择【趋势线】选项，④ 在弹出的级联列表中

选择【移动平均】选项，如图 15-48 所示。

图 15-47

图 15-48

Step06 打开【设置趋势线格式】任务窗格。经过以上操作，即可为【产品 1】数据系列添加默认的移动平均趋势线效果。① 再次单击【添加图表元素】按钮，② 在弹出的下拉列表中选择【趋势线】选项，③ 在弹出的级联列表中选择【其他趋势线选项】选项，如图 15-49 所示。

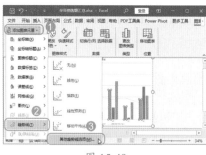

图 15-49

Step07 设置趋势线参数。打开【设置趋势线格式】任务窗格，选中【移动平均】单选按钮，并在【周期】数值框中设置数值为【3】，调整为使用 3 个数据点进行数据的平均计算，然后将该平均值作为趋势线中的一个点进行标记，如图 15-50 所示。

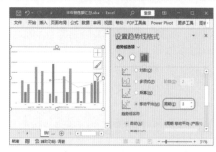

图 15-50

技术看板

为图表添加趋势线必须是基于某个数据系列来完成的。如果在没有选择数据系列的情况下直接执行添加趋势线的操作，系统将打开【添加趋势线】对话框，在其中的【添加基于系列的趋势线】列表框中可以选择要添加趋势线基于的数据系列。

Step08 完成图表制作。经过以上操作，改变图表的趋势线效果，选择【图表标题】文本框，按【Delete】键将其删除，如图 15-51 所示。

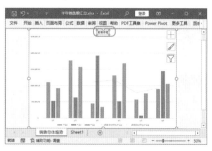

图 15-51

★ **重点** 15.2.7 实战：为"半年销售额汇总"添加误差线

实例门类	软件功能

误差线通常运用在统计或科学记数法数据中，误差线显示了相对序列中的每个数据标记的潜在误差或不确定度。通过误差线来表达数据的有效区域是非常直观的。在 Excel 2021 图表中，误差线可形象地表现所观察数据的随机波动。任何抽样数据的观察值都具有偶然性，误差线是代表数据

系列中每组数据标记中的潜在误差的图形线条。

Excel 2021 中误差线的类型有标准误差、百分比、标准偏差 3 种。

➜ 标准误差：是各测量值误差的平方和的平均值的平方根。标准误差用于估计参数的可信区间，进行假设检验等。

➜ 百分比：与标准误差基本相同，也用于估计参数的可信区间，进行假设检验等，只是它使用百分比的方式来估算参数的可信范围。

➜ 标准偏差：标准偏差可以与平均数结合估计参考值范围、计算变异系数、计算标准误差等。

例如，要为"半年销售额汇总"中的数据系列添加百分比误差线，具体操作步骤如下。

Step 01 添加误差线。❶ 选择图表，❷ 单击【添加图表元素】按钮，❸ 在弹出的下拉列表中选择【误差线】选项，❹ 在弹出的级联列表中选择【百分比】选项，如图 15-52 所示，即可看到为图表中的数据系列添加该类误差线的效果。

Step 02 打开【设置误差线格式】任务窗格。❶ 选择图表中的【产品 2】数据系列，❷ 单击右侧的【图表元素】按钮，❸ 在弹出的下拉列表中选中【误差线】复选框，并单击其右侧的下拉按钮，❹ 在弹出的级联列表中选择【更多选项】选项，如图 15-53 所示。

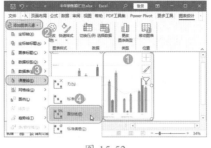

图 15-52

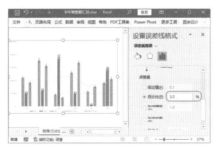

图 15-53

Step 03 设置误差线参数。显示【设置误差线格式】任务窗格，在【误差量】栏中选中【百分比】单选按钮，并在其后的文本框中输入"3.0"，即可调整误差线的百分比，如图 15-54 所示。

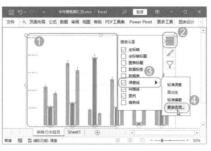

图 15-54

15.2.8 实战：为"月考平均分统计"添加系列线

为了帮助用户分析图表中显示的数据，Excel 2021 中还为某些图表类型提供了添加系列线的功能。例如，要为堆积柱形图的"月考平均分统计"添加系列线，以便分析各系列的数据，具体操作步骤如下。

打开"素材文件 \ 第 15 章 \ 月考平均分统计 .xlsx"文档，❶ 选择图表，❷ 单击【添加图表元素】按钮，❸ 在弹出的下拉列表中选择【线条】选项，❹ 在弹出的级联列表中选择【系列线】选项，如图 15-55 所示，即可看到为图表中的数据系列添加系列线的效果。

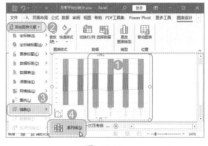

图 15-55

15.3 图表格式的设置

将数据创建为需要的图表后，为使图表更美观、数据更清晰，还可以对图表进行适当的美化，即为图表的相应部分设置适当的格式，如更改图表样式、形状样式、形状填充、形状轮廓、形状效果等。在图表中，用户可以设置图表区、绘图区、图例、标题等多种对象的格式。每种对象的格式设置方法基本大同小异，本节将举例说明部分图表元素的格式设置方法。

15.3.1 实战：为"半年销售额汇总"应用样式

实例门类	软件功能

通过前面的方法使用系统预设的图表样式可以快速设置图表样式，其中主要设置了图表区和数据系列的样式。如

果需要单独设置图表样式，则必须手动设置，即在【格式】选项卡中进行设置。

例如，要更改"半年销售额汇总"的图表样式，具体操作步骤如下。

Step01 选择形状样式。打开"素材文件\第15章\半年销售额汇总.xlsx"文档，❶选择图表，❷在【格式】选项卡下【形状样式】组中的列表框中选择需要的预定义形状样式，这里选择【细微效果 - 蓝色，强调颜色1】选项，如图15-56所示。

图 15-56

Step02 查看图表效果。经过以上操作，即可更改图表形状样式的效果，如图15-57所示。

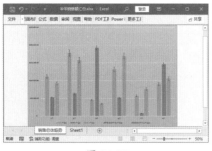
图 15-57

15.3.2 实战：设置图表数据系列填充颜色

实例门类	软件功能

如果对图表中形状的颜色不满意，则可以在【格式】选项卡中重新进行填充。例如，要更改"半年销售额汇总"中数据系列的形状填充颜色，具体操作步骤如下。

Step01 选择【产品3】的填充颜色。❶选择需要修改填充颜色的【产品3】数据系列，❷单击【格式】选项卡下【形状样式】组中的【形状填充】按钮右侧的下拉按钮，❸在弹出的下拉列表中选择【绿色】选项，如图15-58所示。

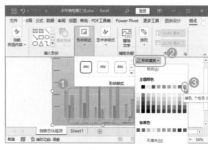
图 15-58

技术看板

在【形状填充】下拉列表中选择【无填充】选项，将让选择的形状保持透明色；选择【其他填充颜色】选项，可以在打开的对话框中自定义各种颜色；选择【图片】选项，可以设置形状填充为图片；选择【渐变】选项，可以设置形状填充为渐变色，渐变色也可以自定义设置；选择【纹理】选项，可以为形状填充纹理效果。

Step02 选择【产品2】的填充颜色。经过以上操作，即可更改【产品3】数据系列形状的填充颜色为绿色。使用相同的方法为【产品2】数据系列设置形状填充颜色为橙色，如图15-59所示。

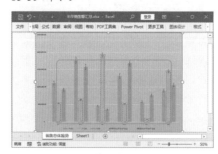
图 15-59

15.3.3 实战：更改趋势线的形状效果

实例门类	软件功能

在 Excel 2021 中为了加强图表中各部分的修饰效果，可以使用【形状效果】选项为图表加上特殊效果。例如，要突出显示"半年销售额汇总"中的趋势线，为其设置发光效果的具体操作步骤如下。

Step01 设置发光效果。❶选择图表中的趋势线，❷单击【格式】选项卡【形状样式】组中的【形状效果】按钮，❸在弹出的下拉列表中选择【发光】选项，❹在弹出的级联列表中选择需要的发光效果，如图15-60所示。

图 15-60

Step02 查看设置发光效果的趋势线。经过以上操作，即可看到为趋势线应用设置的发光效果，如图15-61所示。

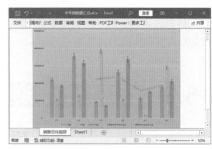
图 15-61

技能拓展——将图表变成图片

图表是根据数据源来绘制显示图形的，一旦数据源发生任何变化，图表的绘制显示也会发生变化。因此，一些定型或最终确定的图表，为了防止变化，可将其转换为图片，特别是在被动态控制的图表中。首先复制图表，然后单击【粘贴】下拉按钮，在弹出的下拉列表中选择【图片】选项即可。

15.4 迷你图的使用

Excel 2021 中可以快速制作折线迷你图、柱形迷你图和盈亏迷你图，每种类型的迷你图的创建方法基本相同。下面通过一个实例来介绍迷你图的使用方法。

★ 重点 15.4.1 实战：为"产品销售表"创建迷你图

实例门类	软件功能

在工作表中插入迷你图的方法与插入图表的方法基本相似，下面为"产品销售表 .xlsx"工作簿中的第一季度数据创建一个迷你图，具体操作步骤如下。

Step01 打开【创建迷你图】对话框。打开"素材文件 \ 第 15 章 \ 产品销售表 .xlsx"文档，❶ 选择存放迷你图的目标单元格或单元格区域，这里选择 G2 单元格，❷ 在【插入】选项卡下【迷你图】组中选择迷你图类型，这里单击【柱形】按钮，如图 15-62 所示。

Step02 创建迷你图。打开【创建迷你图】对话框，❶ 在【数据范围】文本框中引用需要创建迷你图的源数据区域，这里选择 B2:F2 单元格区域，❷ 单击【确定】按钮，如图 15-63 所示。

图 15-62

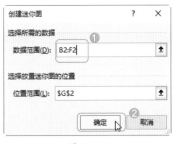

图 15-63

Step03 查看成功创建的迷你图。经过上述操作，即可为所选单元格区域创建对应的迷你图，效果如图 15-64 所示。

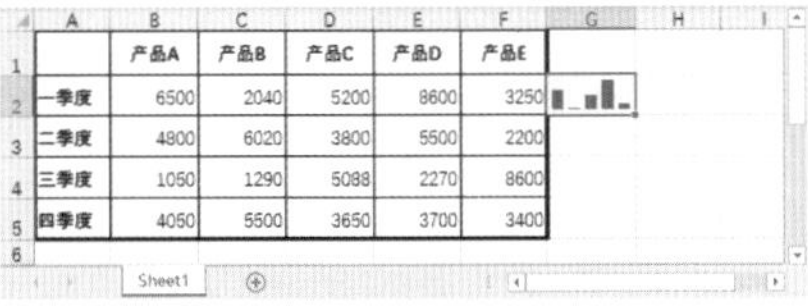

图 15-64

技术看板

单个迷你图只能使用一行或一列数据作为源数据，如果使用多行或多列数据创建单个迷你图，则 Excel 会弹出提示对话框，提示数据引用出错。

★ 重点 15.4.2 实战：更改"产品销售表"中迷你图的类型

实例门类	软件功能

如果创建的迷你图类型不能体现数据的走势，可以更改现有迷你图的类型。根据要改变图表类型的迷你图多少，可以分为更改一组和一个迷你图两种方式。

1. 更改一组迷你图的类型

如果要统一将某组迷你图类型更改为其他图表类型，操作很简单。

例如，要将"产品销售表 1.xlsx"工作簿中的迷你图更改为柱形迷你图，具体操作步骤如下。

Step01 重新选择迷你图类型。打开"素材文件 \ 第 15 章 \ 产品销售表 1.xlsx"文档，❶ 选择迷你图所在的任意一个单元格，此时相同组的迷你图会被关联选择，❷ 单击【迷你图】选项卡下【类型】组中的【柱形】按钮，如图 15-65 所示。

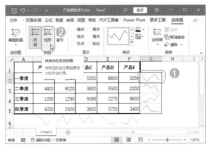

图 15-65

Step02 查看迷你图更换效果。经过以上操作，即可将该组迷你图全部更换为柱形迷你图，效果如图 15-66 所示。

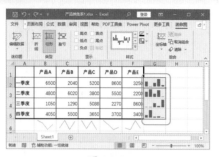

图 15-66

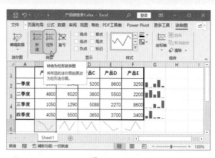

图 15-68

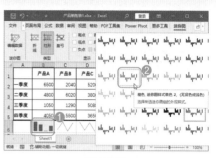

图 15-70

2. 更改一个迷你图的类型

当对一组迷你图中的某个迷你图进行设置时，该组其他迷你图也会进行相同的设置。若要单独设置某个迷你图效果，必须先取消该迷你图与原有迷你图组的关联关系。

例如，当只需要更改一组迷你图中某个迷你图的图表类型时，应该先将该迷你图独立出来，再修改图表类型。

例如，要将"产品销售表 1.xlsx"工作簿中的某个迷你图更改为柱形迷你图，具体操作步骤如下。

Step01 取消迷你图组合。❶选择需要单独修改的迷你图所在的单元格，这里选择 B6 单元格，❷单击【迷你图】选项卡下【组合】组中的【取消组合】按钮哈，如图 15-67 所示。

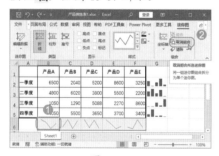

图 15-67

Step02 单独调整某个迷你图的类型。经过以上操作，即可将选择的迷你图与原有迷你图组的关系断开，变成单个迷你图。保存单元格的选择状态，单击【类型】组中的【柱形】按钮，如图 15-68 所示。

Step03 查看迷你图更换效果。经过以上操作，即可将选择的单个迷你图更换为柱形图类型的迷你图，效果如图 15-69 所示。

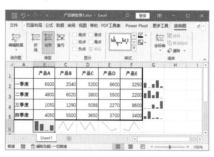

图 15-69

15.4.3 实战：为"产品销售表"中的迷你图设置样式

实例门类	软件功能

在工作表中插入的迷你图样式并不是一成不变的，用户可以对其进行样式的应用或颜色的更改。

1. 应用内置样式

迷你图提供了多种常用的预定义内置样式，在库中选择相应选项即可使迷你图快速应用选择的预定义样式。例如，要为"产品销售表"中的折线迷你图设置预定义的样式，具体操作步骤如下。

Step01 选择迷你图样式。❶选择 B6 单元格中的迷你图，❷在【迷你图】选项卡下【样式】组的列表框中选择需要的迷你图样式，如图 15-70 所示。

Step02 查看应用样式的迷你图效果。经过上述操作，即可为所选迷你图应用内置样式，效果如图 15-71 所示。

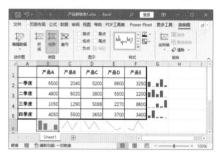

图 15-71

2. 手动设置样式

如果对预设的迷你图样式的颜色不满意，则用户可以根据需要自定义迷你图颜色。例如，要将"产品销售表"中的柱形迷你图的线条颜色设置为绿色，具体操作步骤如下。

Step01 设置迷你图颜色。❶选择工作表中的一组迷你图，❷单击【样式】组中的【迷你图颜色】按钮，❸在弹出的下拉列表中选择【绿色】选项，如图 15-72 所示。

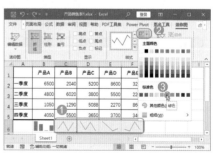

图 15-72

Step02 查看设置颜色后的迷你图效

果。经过上述操作，即可修改该组迷你图的线条颜色，如图 15-73 所示。

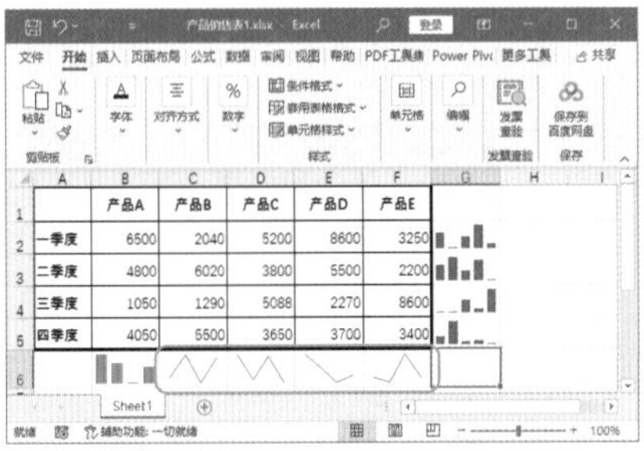

图 15-73

★ 重点 15.4.4 实战：**突出显示销量的高点和低点**

实例门类	软件功能

除了可以设置迷你图的线条颜色外，用户还可以为迷你图的各种数据点自定义配色方案。例如，为"产品销售表"中的柱形迷你图设置高点为浅绿色，低点为红色，具体操作步骤如下。

Step01 设置高点标记颜色。❶ 选择工作表中的一组迷你图，❷ 单击【样式】组中的【标记颜色】按钮 ，❸ 在弹出的下拉列表中选择【高点】选项，❹ 在弹出的级联列表中选择高点需要设置的颜色，这里选择【浅绿】选项，如图 15-74 所示。

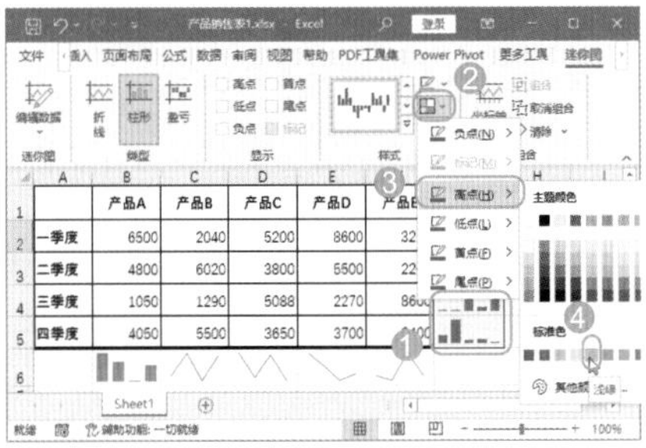

图 15-74

Step02 设置低点标记颜色。经过以上操作，即可设置高点的颜色为浅绿色。❶ 单击【标记颜色】按钮 ，❷ 在弹出的下拉菜单中选择【低点】选项，❸ 在弹出的级联列表中选择低点需要设置的颜色，这里选择【红色】，如图 15-75 所示。

Step03 查看迷你图标记设置效果。经过以上操作，即可设置低点的颜色为红色，如图 15-76 所示。

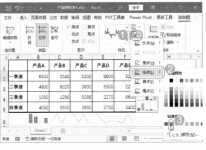
图 15-75

图 15-76

技术看板

在【标记颜色】下拉列表中还可以设置迷你图中各种数据点的颜色，操作方法与高点和低点颜色的设置方法相同。

妙招技法

下面结合本章内容，给大家介绍一些实用技巧。

技巧 01：快速添加和减少图表数据系列

图表中的数据系列是根据数据源生成、绘制的。因此，要快速添加和减少图表的数据系列，一般不需要重新选择数据源（更换的数据列较多或是较为特殊的除外）。

➡ 添加数据系列：要在图表中添加数据系列，可在表格中复制相应的数据（带有表头的单列数据或带有行标题的单行数据），然后选择图表，按【Ctrl+V】组合键将复制的数据粘贴到图表中即可，图表会自动生成对应的数据系列。

➡ 删除数据系列：要删除图表中的指定数据系列，只需选择该数据系列，按【Delete】键即可。

技巧 02：通过自定义格式为纵坐标数值添加指定单位

前面在介绍专业图表布局时，为纵坐标数值添加单位的方法没有具体说明，下面依然用当时的案例进行设置，具体操作步骤如下。

Step01 打开【设置坐标轴格式】任务窗格。打开"素材文件 \ 第 15 章 \ 半年销售额汇总 .xlsx"文档，❶ 选择图表中的垂直坐标轴，❷ 单击图表右侧的【图表元素】按钮 ，❸ 在弹出的下拉列表中单击【坐标轴】右侧的下拉按钮，❹ 在弹出的级联列表中选择【更多选项】选项，如图 15-77 所示。

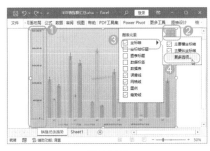
图 15-77

Step02 设置坐标轴数字格式。显示【设置坐标轴格式】任务窗格，❶选择【坐标轴选项】选项卡，❷单击下方的【坐标轴选项】按钮📊，❸在【数字】栏的【类别】下拉列表框中选择【数字】选项，❹在【小数位数】文本框中输入"0"，如图 15-78 所示。

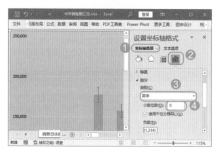

图 15-78

Step03 设置显示单位。经过上述操作，即可让坐标轴中的数字不显示小数部分。❶单击【坐标轴选项】选项卡下【显示单位】列表框右侧的下拉按钮，❷在弹出的下拉列表中选择【千】选项，即可让坐标轴中的刻度数据以千为单位进行缩写显示，如图 15-79 所示。

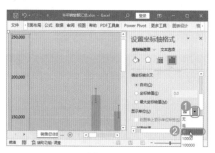

图 15-79

Step04 设置在图表上显示刻度单位标签。选中【坐标轴选项】选项卡下的【在图表上显示刻度单位标签】复选框，即可在坐标轴顶端左侧显示单位标签，如图 15-80 所示。

Step05 设置标签文字方向。❶在【设置显示刻度单位标签格式】任务窗格中，选择【标签选项】选项卡，❷单击下方的【大小与属性】按钮📊，❸在【对齐方式】栏中的【文字方向】下拉列表框中选择【横排】选项，如图 15-81 所示。

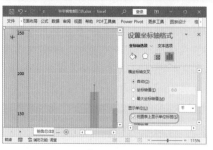

图 15-80

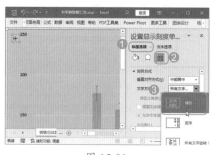

图 15-81

Step06 查看标签设置效果。经过以上操作，即可让竖向的单位标签横向显示。❶将文本插入点定位在单位标签文本框中，修改单位内容，❷通过拖动鼠标指针调整图表中绘图区的大小和位置，然后将单位标签移动到坐标轴的上方，效果如图 15-82 所示。

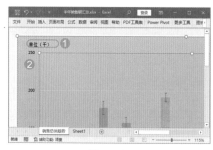

图 15-82

技巧 03：使用"预测工作表"功能预测数据

预测工作表是 Excel 2021 新增的功能，根据前面提供的数据，可以预测出后面一段时间的数据。例如，根据近期的温度，预测出未来 10 天的温度，具体操作步骤如下。

Step01 打开【创建预测工作表】对话框。打开"素材文件\第 15 章\气象

预测 .xlsx"文档，❶选择 A1:B11 单元格区域，❷单击【数据】选项卡下【预测】组中的【预测工作表】按钮📊，如图 15-83 所示。

图 15-83

Step02 创建预测工作表。打开【创建预测工作表】对话框，❶单击【选项】按钮，显示整个对话框内容，❷在【预测结束】参数框中输入要预测的结束日期，❸在【使用以下方式聚合重复项】下拉列表框中选择【AVERAGE】选项，❹单击【创建】按钮，如图 15-84 所示。

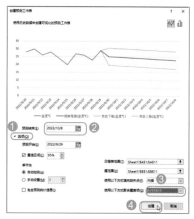

图 15-84

Step03 查看成功创建的预测工作表。经过上述操作，即可制作出预测数据走势的图表，同时会自动在 Excel 原表格中填充预测的数据，效果如图 15-85 所示。

图 15-85

本章小结

图表是 Excel 重要的数据分析工具之一。工作中不管是做销售业绩报表，还是进行年度数据汇总，抑或是制作研究报告，都会用到 Excel 图表。一张漂亮的 Excel 图表往往会为报告增色不少。本章首先介绍了创建图表的方法和编辑图表的常用操作，但是通过系统默认制作的图表可能不尽完美；其次介绍了图表布局的方法，让用户掌握了对图表中各组成部分的设置；最后将迷你图作为图表创建的一种拓展和补充。希望读者在学习本章知识后，能够突破常规的制图思路，制作出专业的图表。

第16章 Excel 数据的透视分析

➡ 如何利用现有的数据透视表进行数据的多维透视？

➡ 数据透视图表化常用的方法有几种？

➡ 透视过程中还可以实现排序和筛选吗？

➡ 切片器该如何使用？

本章将通过数据透视表和数据透视图及切片器的创建与设置来学习如何对数据进行透视分析。相信读者在学习的过程中会找到以上问题的答案。

16.1 使用数据透视表

数据透视表是一种交互式表格，对数据进行多维度立体的数据透视分析，帮助用户发现数据的潜在规律和问题，从而找到应对方法。

16.1.1 实战：创建销售数据透视表

实例门类	软件功能

在 Excel 2021 中，用户既可以通过"推荐的数据透视表"功能快速创建相应的数据透视表，又可以根据需要手动创建数据透视表。

1. 使用"推荐的数据透视表"功能创建销售数据透视表

Excel 2021 中提供的"推荐的数据透视表"功能，可以汇总选择的数据并提供各种数据透视表选项的预览，让用户直接选择某种最能体现其观点的数据透视表效果，即可生成相应的数据透视表，不必重新编辑字段列表，非常方便。

例如，要在"汽车销售表"中为某个品牌的销售数据创建推荐的数据透视表，具体操作步骤如下。

Step01 插入推荐的数据透视表。打开"素材文件\第16章\汽车销售表.xlsx"文档，❶选择任意一个包含数据的单元格，❷单击【插入】选项卡下【表格】组中的【推荐的数据

透视表】按钮 ，如图 16-1 所示。

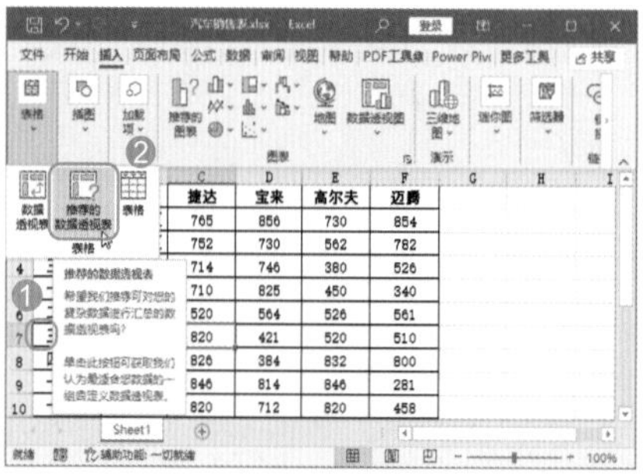

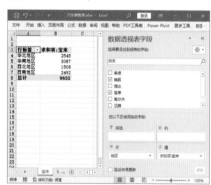

图 16-1

Step02 选择数据透视表类型。打开【推荐的数据透视表】对话框，❶在左侧选择需要的数据透视表效果，❷在右侧预览相应的透视表字段数据，满意后单击【确定】按钮，如图 16-2 所示。

图 16-2

Step03 查看成功创建的透视表。经过上述操作，即可在新工作表中创建对应的数据透视表，同时可以在右侧显示的【数据透视表字段】任务窗格中查看当前数据透视表的透视设置参数，如图 16-3 所示，修改该工作表的名称为"宝来"。

图 16-3

2. 手动创建数据透视表

由于数据透视表的创建要根据用户想查看数据的某个方面的信息而存在，这要求用户的主观能动性很强，能根据需要做出恰当的字段形式判断，从而得到大量数据关联后在某方面的关系。因此，掌握手动创建数据透视表的方法是学习数据透视表的最

基本操作。

通过前面的介绍，用户知道数据透视表包括 4 类字段，分别为报表筛选字段、列字段、行字段和值字段。手动创建数据透视表就是要连接到数据源，在指定位置创建一个空白数据透视表，然后在【数据透视表字段】任务窗格的列表框中添加数据透视表需要的数据字段。此时，系统会将这些字段放置在数据透视表的默认区域中，用户还需要手动调整字段在数据透视表中的区域。

例如，要创建数据透视表分析"产品库存表"中的数据，具体操作步骤如下。

Step01 打开【创建数据透视表】对话框。打开"素材文件 \ 第 16 章 \ 产品库存表 .xlsx"文档，❶ 选择任意一个包含数据的单元格，❷ 单击【插入】选项卡下【表格】组中的【数据透视表】按钮，如图 16-4 所示。

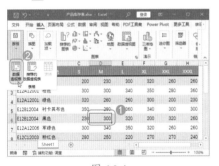

图 16-4

Step02 设置透视表创建参数。打开【创建数据透视表】对话框，❶ 选中【选择一个表或区域】单选按钮，在【表 / 区域】参数框中会自动引用表格中所有包含数据的单元格区域（本例因为数据源设置了表格样式，自动定义样式所在区域的名称为【表1】），❷ 在【选择放置数据透视表的位置】栏中选中【新工作表】单选按钮，❸ 单击【确定】按钮，如图 16-5 所示。

Step03 选择和设置透视表字段。经过上述操作，即可在新工作表中创建一个空白数据透视表，并显示【数据透视表字段】任务窗格。在任务窗格的

列表框中选中需要添加到数据透视表中的字段对应的复选框，这里选中所有复选框，系统会根据默认规则自动将选择的字段显示在数据透视表的各区域中，效果如图 16-6 所示。

图 16-5

> **技术看板**
>
> 如果要将创建的数据透视表存放到源数据所在的工作表中，可以在【创建数据透视表】对话框的【选择放置数据透视表的位置】栏中选中【现有工作表】单选按钮，并在下方的【位置】文本框中选择要以哪个单元格作为起始位置存放数据透视表。

图 16-6

★ 重点 16.1.2 实战：对库存数据透视表进行设置

实例门类	软件功能

创建数据透视表后，用户可根据实际分析数据需要对透视表进行字段位置、汇总方式、显示方式及排序方式进行设置，从而灵活地对数据进行多维度透视分析。

1. 手动调整透视表字段

创建数据透视表时，用户只是将相应的数据字段添加到数据透视表的默认区域中进行具体数据分析，还需要调整字段在数据透视表的区域，主要可以通过以下 3 种方法进行调整。

（1）通过拖动鼠标指针进行调整：在【数据透视表字段】任务窗格中直接通过鼠标指针将需要调整的字段名称拖动到相应的列表框中，即可更改数据透视表的布局。

（2）通过菜单进行调整：在【数据透视表字段】任务窗格下方的 4 个列表框中选择并单击需要调整的字段名称按钮，在弹出的下拉列表中选择需要移动到其他区域的选项，如【移动到行标签】【移动到列标签】等选项，即可在不同的区域之间移动字段。

（3）通过快捷菜单进行调整：在【数据透视表字段】任务窗格的列表框中需要调整的字段名称上右击，在弹出的快捷菜单中选择【添加到报表筛选】【添加到列标签】【添加到行标签】或【添加到值】选项，即可将该字段放置在数据透视表中的某个特定区域中。

此外，在同一个字段属性中，还可以调整各数据项的顺序。此时，可以在【数据透视表字段】任务窗格下方的【筛选】【列】【行】或【值】列表框中，通过拖动鼠标指针或单击需要进行调整的字段名称按钮，在弹出的下拉列表中选择【上移】【下移】【移至开头】或【移至末尾】选项来

完成。

下面为刚刚手动创建的库存数据透视表进行透视设置，使其符合实际分析需要，具体操作步骤如下。

Step01 将字段拖动到【筛选】列表框中。❶ 在【行】列表框中选择【款号】字段名称，❷ 按住鼠标左键将其拖动到【筛选】列表框中，如图16-7所示。

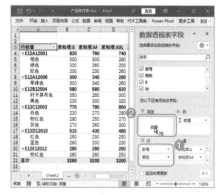

图 16-7

Step02 将字段移动到开头。经过上述操作，可将【款号】字段移动到【筛选】列表框中，作为整个数据透视表的筛选项目，当然数据透视表的透视方式也发生了改变。❶ 单击【值】列表框中【求和项：M】字段名称右侧的下拉按钮，❷ 在弹出的下拉列表中选择【移至开头】选项，如图16-8所示。

图 16-8

Step03 查看字段移动效果。经过上述操作，即可将【求和项：M】字段移动到【值】列表框的最顶层，同时数据透视表的透视方式也发生了改变，完成后的效果如图16-9所示。

图 16-9

2. 更改透视表汇总方式

在 Excel 2021 中，数据透视表中的汇总数据默认按照"求和"的方式进行运算。如果用户不想使用这样的方式，则可以对汇总方式进行更改，如可以设置为计数、平均值、最大值、最小值、乘积、偏差和方差等，不同的汇总方式会使创建的数据透视表显示出不同的数据结果。

例如，要更改库存数据透视表中【XXXL】字段的汇总方式为计数，【XXL】字段的汇总方式为求最大值，具体操作步骤如下。

Step01 打开【值字段设置】对话框。❶ 单击【数据透视表字段】任务窗格中的【值】列表框中【求和项：XXXL】字段名称右侧的下拉按钮，❷ 在弹出的下拉列表中选择【值字段设置】选项，如图16-10所示。

图 16-10

Step02 选择计算类型为计数。打开【值字段设置】对话框，❶ 选择【值汇总

方式】选项卡，❷ 在【计算类型】列表框中选择需要的汇总方式，这里选择【计数】选项，❸ 单击【确定】按钮，如图16-11所示。

图 16-11

Step03 打开【值字段设置】对话框。经过上述操作，在工作表中即可看到【求和项：XXXL】字段的汇总方式已修改为计数，统计出 XXXL 型号的衣服有 12 款。❶ 选择需要修改汇总方式的【XXL】字段中的任意一个单元格，❷ 单击【数据透视表分析】选项卡下【活动字段】组中的【字段设置】按钮，如图16-12所示。

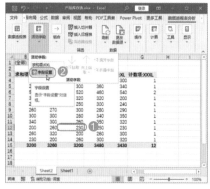

图 16-12

Step04 选择值汇总方式为最大值。打开【值字段设置】对话框，❶ 选择【值汇总方式】选项卡，❷ 在【计算类型】列表框中选择【最大值】选项，❸ 单击【确定】按钮，如图16-13所示。

图 16-13

直接在数据透视表中值字段的名称单元格上双击，也可以打开【值字段设置】对话框。在【值字段设置】对话框的【自定义名称】文本框中可以对字段的名称进行重命名。

Step05 查看经过设置的透视表。经过上述操作后，在工作表中即可看到【求和项：XXL】字段的汇总方式已修改为求最大值，统计出 XXL 型号的衣服中有一款剩余 320 件，是库存最多的一款，如图 16-14 所示。

图 16-14

3. 更改值字段的显示方式

数据透视表中数据字段值的显示方式也是可以改变的，如可以设置数据值显示的方式为普通、差异和百分比等。具体操作也需要通过【值字段设置】对话框来完成。下面在库存数

据透视表中设置【XL】字段以百分比进行显示，具体操作步骤如下。

Step01 打开【值字段设置】对话框。❶选择需要修改值显示方式的【XL】字段，❷单击【数据透视表分析】选项卡下【活动字段】组中的【字段设置】按钮，如图 16-15 所示。

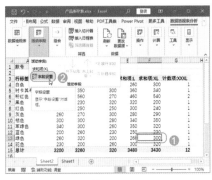

图 16-15

Step02 选择值显示方式。打开【值字段设置】对话框，❶选择【值显示方式】选项卡，❷在【值显示方式】下拉列表框中选择需要的显示方式，这里选择【列汇总的百分比】选项，❸单击【数字格式】按钮，如图 16-16 所示。

图 16-16

Step03 设置数字格式。打开【设置单元格格式】对话框，❶在【分类】列表框中选择【百分比】选项，❷在【小数位数】数值框中设置小数位数为【1】位，❸单击【确定】按钮，如图 16-17 所示。

Step04 确定值字段设置。返回【值字段设置】对话框，单击【确定】按钮，

如图 16-18 所示。

图 16-17

图 16-18

Step05 查看以百分比方式显示的数据。返回工作表中即可看到【XL】字段的数据均显示为一位数的百分比数据效果，如图 16-19 所示。

图 16-19

4. 更改值字段的排序方式

数据透视表中的数据已经进行了一些处理，因此，即使需要对表格中的数据进行排序，也不会像在普通数据表中进行排序那么复杂。数据透视

表中的排序都比较简单，通常进行升序或降序排列即可。例如，要让库存数据透视表中的数据按照销量最好的码数的具体销量从大到小进行排列，具体操作步骤如下。

Step01 降序排序数据。❶重命名"Sheet2"工作表的名称为"畅销款"，❷选择数据透视表中总计行的任意一个单元格，❸单击【数据】选项卡下【排序和筛选】组中的【降序】按钮，如图16-20所示。

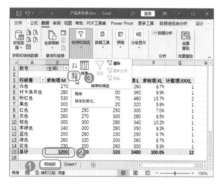

图 16-20

Step02 降序排序数据。经过上述操作，数据透视表中的数据会根据【总计】数据从大到小进行排列，且所有与这些数据有对应关系的单元格数据都自动进行了排列，效果如图16-21所示。❶选择数据透视表中【总计】排在第一列的【L】字段列中的任意一个单元格，❷单击【数据】选项卡下【排序和筛选】组中的【降序】按钮。

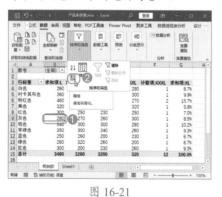

图 16-21

Step03 查看数据排序效果。经过上述操作，可以看到数据透视表中的数

据根据【L】字段从大到小进行了排列，且所有与这些数据有对应关系的单元格数据都自动进行了排列，如图16-22所示。

图 16-22

16.1.3 实战：设置库存数据透视表的布局

实例门类	软件功能

在 Excel 2021 中，默认情况下，创建的数据透视表都压缩在左边，不方便查看数据。利用数据透视表布局功能可以更改数据透视表原有的布局效果。

例如，要为刚刚创建的数据透视表设置布局样式，具体操作步骤如下。

Step01 选择报表布局。❶选择数据透视表中的任意一个单元格，❷单击【设计】选项卡下【布局】组中的【报表布局】按钮，❸在弹出的下拉列表中选择【以表格形式显示】选项，如图16-23所示。

图 16-23

单击【布局】组中的【空行】按钮，在弹出的下拉列表中可以选择是否在每个汇总项目后插入空行。在【布局】组中还可以设置数据透视表的汇总形式、总计形式。

Step02 查看布局效果。经过上述操作，即可更改数据透视表布局为表格格式，最明显的是行字段的名称更改为表格中相应的字段名称，效果如图16-24所示。

图 16-24

16.1.4 设置库存数据透视表的样式

实例门类	软件功能

Excel 2021 中为数据透视表预定义了多种样式，用户可以使用样式库轻松更改数据透视表内容样式，达到美化数据透视表的效果。

下面为刚刚创建的数据透视表设置一种样式，并将样式应用到列标题、行标题和镶边行上，具体操作步骤如下。

Step01 选择透视表样式。❶选择数据透视表中的任意一个单元格，❷在【设计】选项卡下【数据透视表样式】组的列表框中选择需要的数据透视表样式，即可为数据透视表应用选择的样式，效果如图16-25所示。

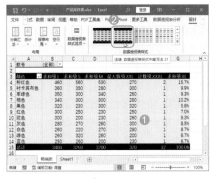

图 16-25

Step**02** 查看样式效果。在【数据透视表样式选项】组中选中【镶边行】复选框，为数据透视表应用相应镶边行样式，如图 16-26 所示。

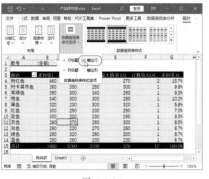

图 16-26

16.2 使用数据透视图

数据透视图是数据的另一种表现形式，与数据透视表的不同在于：它可以选择适当的图表，并使用多种颜色来描述数据的特性，能够更加直观地分析数据。本节主要介绍如何使用数据透视图分析数据。

★ 重点 16.2.1 实战：在"汽车销售表"中创建数据透视图

实例门类	软件功能

在 Excel 2021 中，可以使用"数据透视图"功能一次性创建数据透视表和数据透视图。而且，基于数据源创建数据透视图的方法与手动创建数据透视表的方法相似，都需要选择数据表中的字段作数据透视图表中的行字段、列字段及值字段。

例如，要用数据透视图展示"汽车销售表.xlsx"工作簿中的销售数据，具体操作步骤如下。

Step**01** 打开【创建数据透视图】对话框。打开"素材文件\第 16 章\汽车销售表.xlsx"文档，❶ 选择"Sheet1"工作表，❷ 选择包含数据的任意一个单元格，❸ 单击【插入】选项卡下【图表】组中的【数据透视图】按钮，如图 16-27 所示。

Step**02** 设置透视图创建参数。打开【创建数据透视图】对话框，❶ 在【表/区域】参数框中自动引用该工作表中的 A1:F15 单元格区域，❷ 选中【新工作表】单选按钮，❸ 单击【确定】按钮，如图 16-28 所示。

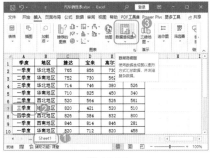

图 16-27

图 16-28

Step**03** 选择和设置字段。经过上述操作，即可在新工作表中创建一个空白数据透视图。❶ 按照前面介绍的方法在【数据透视图字段】任务窗格的列表框中选中需要添加到数据透视图中的字段对应的复选框，❷ 将合适的字

段移动到下方的 4 个列表框中，根据设置的透视方式显示数据透视表和透视图，如图 16-29 所示。

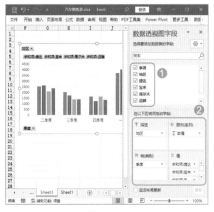

图 16-29

技术看板

数据透视表与数据透视图都是利用数据库进行创建的，但它们是两个不同的概念。数据透视表对于汇总、分析、浏览和呈现汇总数据非常有用；而数据透视图则有助于形象地呈现数据透视表中的汇总数据，以便用户能够轻松查看与比较其中的模式和趋势。

★ 重点 16.2.2 实战：根据已有的销售数据透视表创建数据透视图

实例门类	软件功能

如果在工作表中已经创建了数据透视表，并添加了可用字段，可以直接根据数据透视表中的内容快速创建相应的数据透视图。根据已有的数据透视表创建出的数据透视图两者之间的字段是相互对应的，如果更改了某一报表的某个字段，另一个报表的相应字段也会随之发生变化。

例如，要根据之前在"产品库存表"中创建的畅销款数据透视表创建数据透视图，具体操作步骤如下。

Step01 打开【插入图表】对话框。打开"素材文件\第16章\产品库存表.xlsx"文档，❶ 选择"畅销款"工作表，❷ 选择数据透视表中的任意一个单元格，❸ 单击【数据透视表分析】选项卡下【工具】组中的【数据透视图】按钮，如图16-30所示。

图 16-30

Step02 选择图表。打开【插入图表】对话框，❶ 在左侧选择需要展示的图表类型，这里选择【柱形图】选项，❷ 在右侧上方选择具体的图表分类，这里选择【堆积柱形图】，❸ 单击【确定】按钮，如图16-31所示。

Step03 查看成功创建的透视图。经过上述操作，将在工作表中根据数据透视表创建一个堆积柱形图的数据透视图，效果如图16-32所示。

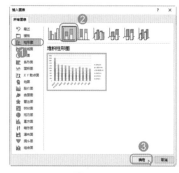

图 16-31

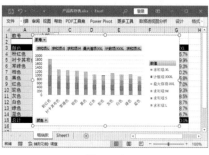

图 16-32

★ 重点 16.2.3 实战：对"产品库存表"中的数据透视图进行筛选和排序

实例门类	软件功能

在默认情况下创建的数据透视图中，会根据数据字段的类别显示相应的【报表筛选字段按钮】【图例字段按钮】【坐标轴字段按钮】和【值字段按钮】，单击这些按钮中带图标的按钮时，在弹出的下拉列表中可以对该字段数据进行排序和筛选，从而有利于对数据进行直观的分析。

此外，用户也可以为数据透视图插入切片器，其使用方法与数据透视表中的切片器使用方法相同，主要用于对数据进行筛选和排序。在【数据透视图分析】选项卡下的【筛选】组中单击【插入切片器】按钮，即可插入切片器。

下面通过使用数据透视图中的筛选按钮为"产品库存表"中的数据进

行分析，具体操作步骤如下。

Step01 筛选数据。打开"素材文件\第16章\产品库存表.xlsx"文档，❶ 复制"畅销款"工作表，并重命名为"新款"，❷ 单击图表中的【款号】按钮，❸ 在弹出的下拉列表中仅选中最后两项对应的复选框，❹ 单击【确定】按钮，如图16-33所示。

图 16-33

Step02 继续筛选数据。经过上述操作，即可筛选出相应款号的产品数据。单击图表左下角的【颜色】按钮，❶ 在弹出的下拉列表中仅选中【粉红色】和【红色】复选框，❷ 单击【确定】按钮，如图16-34所示。

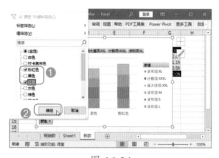

图 16-34

Step03 查看数据筛选结果。经过上述操作，即可筛选出两款产品中的红色和粉红色数据，如图16-35所示。

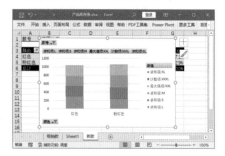

图 16-35

Step04 升序排序数据。❶再次单击图表中的【颜色】按钮，❷在弹出的下拉列表中选择【升序】选项，如图 16-36 所示。

图 16-36

Step05 查看升序排序结果。经过上述操作，即可对筛选后的数据进行升序排列，如图 16-37 所示。

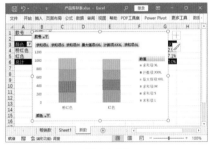

图 16-37

16.2.4 移动数据透视图的位置

实例门类	软件功能

如果对已经制作好的数据透视图的位置不满意，可以通过复制或移动操作将其移动到同一工作簿或不同工作簿中，但是通过这种方法得到的数据透视图有可能改变原有的性质，丢失某些组成部分。为了保证移动前后的数据透视图中的所有信息都不发生改变，可以使用 Excel 2021 中提供的移动功能对其进行移动。首先，选择需要移动的数据透视图；其次，单击【数据透视图分析】选项卡下【操作】组中的【移动图表】按钮；最后，在打开的【移动图表】对话框中设置要移动的位置即可，如图 16-38 所示。

图 16-38

技能拓展——移动数据透视表的位置

如果需要移动数据透视表，首先，选择该数据透视表；其次，单击【数据透视表分析】选项卡下【操作】组中的【移动数据透视表】按钮；最后，在打开的【移动数据透视表】对话框中设置要移动的位置即可，如图 16-39 所示。

图 16-39

16.3 使用切片器

要对数据透视图表按指定字段进行筛选，默认的方法是通过筛选功能，虽然这种方法有效，但不够方便。不过，Excel 2021 提供了切片器，用户可通过插入切片器来控制数据透视图表的数据显示。

★ 重点 16.3.1 实战：在"家电销售"中创建切片器

实例门类	软件功能

要对数据透视表按照指定字段进行筛选，默认的方法是通过筛选功能，虽然这种方法有效，但不够方便。因此，Excel 提供了切片器，用户可通过插入切片器来控制数据透视表的数据显示。

例如，要在数据透视表中插入【商品类别】切片器来控制数据透视表的显示，具体操作步骤如下。

Step01 插入切片器。打开"素材文件\第

16 章\家电销售 .xlsx"文档，❶在数据透视表中选择任意一个单元格，❷单击【数据透视表分析】选项卡下【筛选】组中的【插入切片器】按钮，如图 16-40 所示。

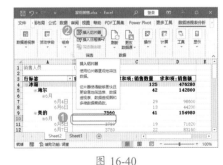

图 16-40

Step02 选择切片器字段。打开【插入切片器】对话框，❶选中需要插入切片器的复选框，这里选中【商品类别】复选框，❷单击【确定】按钮，如图 16-41 所示。

图 16-41

Step03 查看切片器效果。系统自动在表格中插入【商品类别】切片器（要删除插入的切片器，可选中切片器，按【Delete】键将其删除），效果如图16-42所示。

图 16-42

16.3.2 实战：设置切片器样式

实例门类	软件功能

Excel 2021 还为切片器提供了预设的切片器样式，使用切片器样式可以快速更改切片器的外观，从而使切片器更突出、更美观。美化切片器的具体操作步骤如下。

Step01 选择切片器样式。❶选择工作表中的切片器，❷单击【切片器】选项卡下【切片器样式】组中的【快速样式】按钮，❸在弹出的下拉列表中选择需要的切片器样式，如图16-43所示。

图 16-43

Step02 查看切片器效果。经过上述操作，即可为选择的切片器应用设置的样式，效果如图16-44所示。

图 16-44

★ 重点 16.3.3 使用切片器控制数据透视图表的显示

实例门类	软件功能

在数据透视图表中插入切片器不

是用来装饰的，用户可用它来控制数据透视图表的数据筛选，快速查阅相应的数据信息。

其方法非常简单，只需在切片器中单击相应的形状，如单击【空调】形状，即可在数据透视图表中即时筛选出对应的数据，如图16-45所示。

图 16-45

技术看板

在切片器中单击【多选】按钮，进入多选模式；在切片器中单击筛选形状，系统自动将单击形状对应的数据全部筛选出来。

妙招技法

下面结合本章内容，给大家介绍一些实用技巧。

技巧01：如何让数据透视表保持最新的数据

默认状态下，Excel 2021 不会自动刷新数据透视表和数据透视图中的数据，即当更改了数据源中的数据时，数据透视表和数据透视图不会随之改变。此时，必须对数据透视表和数据透视图中的数据进行刷新操作，以保证数据透视表和数据透视图是最新的数据。

如果需要手动刷新数据透视表中的数据源，可以在【数据透视表分析】选项卡下的【数据】组中单击【刷新】按钮，具体操作步骤如下。

Step01 修改数据源区域的数据。打开"素材文件\第16章\订单统计.xlsx"文档，❶选择数据透视表源数据所在的工作表，这里选择"原数据"工作表，❷修改作为数据透视表源数据区域中的任意一个单元格数据，这里将I9单元格中的数据修改为"2500"，如图16-46所示。

图 16-46

Step02 全部刷新数据。❶ 选择数据透视表所在工作表，可以看到其中的数据并没有根据源数据的变化而发生改变，❷ 单击【数据透视表分析】选项卡下【数据】组中的【刷新】按钮，如图 16-47 所示。

图 16-47

Step03 查看数据刷新效果。经过上述操作后，即可刷新数据透视表中的数据，同时可以看到相应单元格的数据变化，如图 16-48 所示。

图 16-48

技巧 02：让一个切片器同时控制多张数据透视表

在同一工作表中，要用一个切片器控制多张数据透视表，只需将相应数据透视表与切片器相关联。例如，

在"产品库存表 1"中让切片器同时控制【款式】和【颜色】数据透视表。具体操作步骤如下。

Step01 单击【报表连接】按钮。打开"素材文件\第 16 章\产品库存表 1.xlsx"文档，❶ 选择切片器，❷ 单击【切片器】选项卡下【切片器】组中的【报表连接】按钮，如图 16-49 所示。

图 16-49

Step02 选择要与切片器相关联的字段。打开【数据透视表连接（款号）】对话框，❶ 选中要与切片器相关联的数据透视表复选框，这里选中所有复选框，❷ 单击【确定】按钮，如图 16-50 所示。

图 16-50

Step03 在切片器中筛选数据。在切片器中单击相应的筛选形状，如这里单击【E12B12004】形状，如图 16-51 所示。

图 16-51

Step04 查看筛选效果。经过上述操作，即可查看其他数据透视表同时筛选出相应的数据，如图 16-52 所示。

图 16-52

技能拓展——为数据透视表命名

在 Excel 中数据透视表的默认名称是由"数据透视表+数字"构成的，用户可根据实际需要对数据透视表进行命名，只需选择数据透视表，在【数据透视表分析】选项卡下【数据透视表】组的【数据透视表名称】文本框中输入相应名称即可。

技巧 03：怎样让数据透视表中的错误值显示为指定样式

若是数据源中存在计算错误的值（由于公式或函数计算造成），数据透视表中仍然会显示出这些错误值，如【#VALUE!】【#N/A】等，用户可将其设置为指定样式。

例如，要让数据透视表中显示的错误值【#VALUE!】所在单元格显示为【待修正】，具体操作步骤如下。

Step01 打开【数据透视表选项】对话框。打开"素材文件\第 16 章\家电销售 1.xlsx"文档，❶ 在数据透视表中选择任意一个单元格，❷ 单击【数据透视表分析】选项卡下【数据透视表】组中的【选项】按钮，如图 16-53 所示。

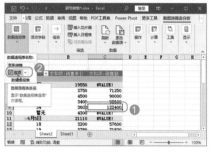

图 16-53

Step 02 设置错误值的显示样式。打开【数据透视表选项】对话框，❶选择【布局和格式】选项卡，❷选中【对于错误值，显示】复选框并在激活的文本框中输入"待修正"，❸单击【确定】按钮，如图 16-54 所示。

图 16-54

Step 03 查看错误值显示效果。经过上述操作，即可查看数据透视表中指定错误值显示的效果，如图 16-55 所示。

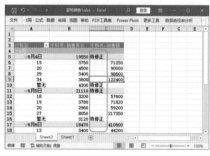

图 16-55

本章小结

当表格中拥有大量数据时，如果需要对这些数据进行多维分析，单纯使用前面介绍的数据分析方法和图表展示将会变得非常繁杂，使用数据透视表和数据透视图才是最合适的选择。本章主要介绍了 Excel 2021 中如何使用数据透视图表对表格中的数据进行多维分析。读者在学习本章知识时，要融会贯通地使用，重点就是要掌握如何使用透视数据。使用数据透视图表时，只有清楚地知道最终要实现的目的并找出分析数据的角度，再结合数据透视图表的应用，才能对同一组数据进行各种交互显示，从而发现不同的规律或潜在的问题。

第4篇 PPT 应用篇

PowerPoint 2021 是用于制作和演示幻灯片的软件，被广泛应用到多个办公领域中。要想通过 PowerPoint 制作出优秀的 PPT，不仅需要掌握 PowerPoint 软件的基础操作知识，还需要掌握一些设计知识，如排版、布局和配色等。本篇将对 PPT 幻灯片制作与设计的相关知识进行介绍。

第17章　PPT 幻灯片的设计与布局

- ➡ 如何设计 PPT 才能吸引观众的注意力？
- ➡ 想知道别人的漂亮设计都是怎样做出来的吗？
- ➡ 关于 PPT 版式布局你知道哪些？
- ➡ 如何使 PPT 拥有一个好的配色方案？
- ➡ 文字、图片和图表在 PPT 排版中如何设计会更具吸引力？

　　合理的设计与布局，可以让 PPT 更具吸引力。本章将介绍一些关于 PPT 设计与布局的基础知识，包括如何设计 PPT、点线面的构成、常见的 PPT 版式布局、PPT 对象的布局设计等。

17.1　配色让 PPT 更出彩

　　如果说内容是 PPT 的灵魂，那么颜色就是 PPT 的生命。颜色对于 PPT 来说不仅是为了美观，而且是内容的一部分，它可以向观众传达不同的信息，或者是强化信息体现。要搭配出既美观又有内涵的颜色，需要先了解颜色的基本知识，再根据配色"公式"、配色技巧，快速搭配出合理的幻灯片颜色。

17.1.1　色彩的分类

　　认识颜色的分类有助于在设计 PPT 时快速选择符合实际需求的配色。颜色的分类是根据不同颜色在色相环中的角度来定义的。所谓色相，就是什么颜色，是不同色彩的区分标准，如红色、绿色、蓝色等。

　　色相环根据中间色相的数量，可以做成十色相环、十二色相环或二十四色相环。图 17-1 所示为十二色相环，而图 17-2 所示为二十四色相环。

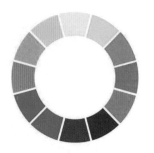

图 17-1

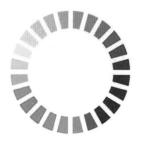

图 17-2

在色相环中，颜色与颜色之间形成一定的角度，利用角度的大小可以判断两个颜色属于哪个分类，从而正确地选择配色。图 17-3 所示为不同角度的颜色分类。

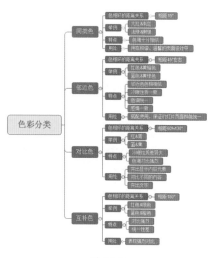

图 17-3

颜色之间角度越小的越相近，和谐性越强，对比越不明显。角度小的颜色适合用在对和谐性、统一性要求高的页面或页面元素中。

角度越大的统一性越差，对比越

强烈。角度大的颜色适合用来对比不同的内容，或者是分别用作背景色与文字颜色，从而较好地突出文字。

17.1.2 色彩三要素

颜色有 3 个重要的属性，即色相、饱和度和亮度，任何颜色效果都是由色彩的这 3 个要素综合而成的。PPT 设计者需要了解色彩三要素的知识，形成良好的配色理论知识体系。

1. 色相

色相是颜色的首要特征，是区分不同颜色的主要依据。图 17-4 所示为 6 个杯子图形，它们填充了不同的颜色，就可以说它们具有不同的色相。

图 17-4

2. 饱和度

颜色的饱和度表示颜色的鲜艳及深浅程度，纯度也被称为纯度。饱和度代表了颜色的鲜艳程度，简单的区分方法是分析颜色中含有的灰色程度，灰色含得越多，饱和度越低。图 17-5 所示为从左到右杯子图形的饱和度越来越低。

通常情况下，饱和度越高的颜色就会越鲜艳，越容易引起人们的注意，让人兴奋；而饱和度越低的颜色则越暗淡，给人一种平和的视觉感受。

图 17-5

3. 亮度

颜色的亮度是指颜色的深浅和明

暗变化程度，颜色的亮度是由反射光的强弱决定的。

颜色的亮度分为两种情况，一种是不同色相不同亮度，也就是说每一种颜色都有其对应的亮度。在色相环中，黄色的亮度最高，蓝紫色的亮度最低。另一种情况是同一种色相不同的亮度。颜色在加入黑色后亮度会降低，而加入白色后亮度会变高。

图 17-6 所示就是同一色相的亮度变化。第 1 行的杯子图形颜色为黑到灰白的明暗变化，第 2 行为绿色的明暗变化。

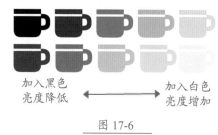

加入黑色　　　　加入白色
亮度降低 ←————→ 亮度增加

图 17-6

★ 重点 17.1.3 色彩的搭配原则

PPT 的色彩搭配有一定的原则需要制作者重视，依照这些原则可以保证配色方向不出问题。

1. 根据主题确定色调

PPT 配色最基本的原则是根据主题来确定色调，主题与演示文稿的内容相关，根据主题的不同，颜色所需要传递的信息也不同。例如，职场训练课件，主题是严肃的，就要选用冷色调的颜色；公益演讲，主题是希望，就要选用与希望相关的颜色，如绿色。

建议制作者先思考一下与主题相关的事物是什么，然后从事物本身提取颜色搭配。

2. 确定主色和辅色

PPT 配色需要确定一个主色调，控制观众视线的中心点，确定页面的重心。辅色的作用在于与主色相搭配，起到点缀的作用，不至于让观众产生视觉疲劳。

确定主色和辅色的方法：根据 PPT 的主题内容选择一个主要颜色，然后再根据这个颜色，寻找与之搭配或是能形成对比的颜色。例如，一份主题是奢侈品宣传的 PPT，主色调是紫色，与紫色相搭配的颜色有红色、蓝色，与紫色形成对比的颜色有黄色、橙色。由于演示文稿整体需要呈现出统一、和谐感，因此就不能选用对比色，而是选用对比较小的红色。反之，如果演示文稿想要体现冲击感，或是强调页面中的元素，那么就可以选用对比较强烈的黄色与紫色搭配。

3. 同一套 PPT 的颜色不要超过 4 种

同一套 PPT 的颜色最多不能超过 4 种，否则会显得杂乱无章，令人眼花缭乱。检查 PPT 颜色数量是否合理的方法是切换到幻灯片浏览视图下，观察页面中用到的颜色。图 17-7 所示的页面中的配色为深蓝色、浅蓝色、橙色，再加上重点文字的颜色——白色，正好 4 种。

图 17-7

★ 重点 17.1.4 色彩选择注意事项

给 PPT 配色时，有的颜色搭配纵然美观，却不符合观众的审美需要，因此在选择颜色时，制作者要站在观众的角度、行业的角度去考虑问题，分析色彩选择是否合理。

1. 注意观众的年龄

不同年龄段的观众有不同的颜色喜好。通常情况下，年龄越小的观众越喜欢鲜艳的配色，年龄越大的观众越喜欢沉稳的配色。图 17-8 所示为不同年龄段观众对颜色的常见偏好。

图 17-8

在设计幻灯片时，根据观众年龄的不同，更换颜色后就可以快速得到另一种风格，如图 17-9 和图 17-10 所示，分别是针对年龄较大和年龄较小的观众设计的幻灯片页面。

图 17-9

图 17-10

2. 注意行业的不同

不同行业有不同的代表颜色，在给 PPT 配色时要注意目标行业是什么。这是因为不少行业在长期发展的过程中，已经具有象征色，只要看到这个颜色就能让观众联想到特定的行业，如红色会让人想到政府机关，黄色会让人想到金融行业。除此之外，不同颜色会带给人不同的心理效应，

制作者需要借助颜色来强化 PPT 的宣传效果。

图 17-11 所示为常见行业的颜色选择要点。

图 17-11

17.1.5 使用 Color Cube 配色神器快速取色

Color Cube 是一款安装方便、专门分析配色的工具，可以轻松实现对图片配色的分析、长网页截图、屏幕颜色吸取。

1. 分析图片的配色方案

打开 Color Cube 的界面，并添加一幅图片，单击右下方的【分析】按钮，就能快速分析出配色方案，方案以【蜂巢图】【色板】【色彩索引】3 种方式呈现，如图 17-12 所示。

图 17-12

配色方案分析完成后，保存配色方案，如图 17-13 所示，不仅有原图，还有根据这张图分析出的配色，这样可以快速将配色方案运用到自己的 PPT 设计中。

图 17-13

2. 长网页截图

Color Cube 的配色方案分析是基于对图片的分析，若想分析一个长网页中的配色，则可利用 Color Cube 中的长网页截图，如图 17-14 所示，复

制网页的网址。

图 17-14

复制网址后，单击 Color Cube 中的三角形按钮 ●，如图 17-15 所示，表示开始截取这个网址中的图片。如此就可以成功将整个网页都保存成一幅长图。

图 17-15

3. 屏幕取色

Color Cube 可以方便地进行屏幕

取色。方法是单击【吸管工具】按钮 ●，保证这个按钮是蓝色的，如图 17-16 所示。

图 17-16

此时就可以将鼠标指针放在屏幕的任意位置，稍等片刻就会显示这个位置的颜色参数，单击该颜色参数就能以文本形式保存参数，如图 17-17 所示。

图 17-17

17.2 合理的布局让 PPT 更具吸引力

PPT 不同于一般的办公文档，它不仅要求内容丰富，还需要融入更多的设计灵感才能发挥其作用。布局是任何设计方案中不可忽略的要点，PPT 的设计同样如此。本节将对 PPT 布局的相关知识进行介绍。

17.2.1 点、线、面的构成

点、线、面是构成视觉空间的基本元素，是表现视觉形象的基本设计语言。PPT 设计实际上就是搭配好三者的关系，因为不管是何种视觉形象或版式构成，归根结底，都可以归纳为点、线和面。下面对点、线和面的构成进行介绍。

1. 点

点是相对线和面而存在的视觉元素，一个单独而细小的形象就可以称为点，当页面中拥有不同的点，则会给人带来不同的视觉效果。因此，利用点的大小、形状与距离的变化，便可以设计出富于节奏韵律的页面。图

17-18 所示便将水滴作为点的应用发挥得很好，使左侧的矢量图和右侧的文字更好地融合。

图 17-18

除此之外，还可以利用点组成各种各样的具象的和抽象的图形，如图 17-19 所示。

图 17-19

2. 线

点的连续排列构成线，点与点之间的距离越近，线的特性就越显著。线的构成方式众多，不同的构成方式可以带给人不同的视觉感受。线在平面构成中起着非常重要的作用，是设计版面时经常使用的元素。

图 17-20 所示幻灯片中的线起着引导作用，通过页面中的横向直线，引导人们查看内容的方向是从左到右的。

图 17-20

图 17-21 所示幻灯片中的线起着连接作用，通过线条将多个对象连接起来，使其被认为是一个整体，从而显得有条理。

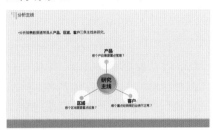

图 17-21

图 17-22 所示幻灯片中的线起着装饰作用，通过线条可以让版面更美观。

图 17-22

3. 面

面是无数点和线的组合，也可以看作线移动至终结而形成的。面具有一定的面积和质量，占据空间的位置更多，因而相比点和线来说视觉冲击力更大、更强烈。不同形态的面，在视觉上有着不同的作用和特征，面的构成方式众多，不同的构成方式可以带给人不同的视觉感受，只有合理地安排好面的关系，才能设计出充满美感，艺术和实用兼具的 PPT 作品，图 17-23 所示的幻灯片用色块展示了不同内容的模块区域效果，显得很规整。

图 17-23

在 PPT 的视觉构成中，点、线和面既是最基本的造型元素，又是最重要的表现手段，所以只有合理地安排好点、线、面的互相关系，才能设计出具有最佳视觉效果的页面。

★ 重点 17.2.2 常见的 PPT 版式布局

版式设计是 PPT 设计的重要组成部分，是视觉传达的重要手段。好的 PPT 布局可以清晰有效地传达信息，并能给观众一种身心愉悦的感觉，尽可能让观众从被动的接受 PPT 内容变为主动挖掘内容。下面提供几种常见的 PPT 版式供大家欣赏。

（1）满版型：以图像充满整版为效果，主要以图像展示，视觉传达直观而强烈。文字配置在上下、左右或中部（边部和中心）的图像上。满版型设计给人舒展的感觉，常用于设计 PPT 的封面，如图 17-24 所示。

图 17-24

（2）中轴型：将整个版面做水平方向或垂直方向排列，这是一种对称的构图形态。标题、图片、说明文与标题图形放在轴心线或图形的两边，具有良好的平衡感。图 17-25 所示为水平方向排列的中轴型版面。

图 17-25

（3）上下分割型：将整个版面分成上下两部分，在上半部或下半部配置图片或色块（可以是单幅或多幅），另一部分则配置文字，图片感性而有活力，文字则理性而静止。上下分割型版面如图 17-26 所示。

图 17-26

（4）左右分割型：将整个版面分割为左右两部分，分别配置文字和图片。左右两部分形成强弱对比时，会造成视觉心理的不平衡，如图 17-27 所示。

图 17-27

（5）斜置型：斜置型的幻灯片布局方式是指在构图时将主体形象或多幅图像或全部构成要素向右边或左边做适当的倾斜。斜置型可以使视线上下流动，造成版面强烈的动感，增加不稳定因素，引人注目，如图17-28所示。

图 17-28

（6）圆图型：将幻灯片进行圆图型布局时，应该以正圆或半圆构成版面的中心，在此基础上按照标准型顺序安排标题、说明文字和标志图形等。圆图型布局效果经常用于过渡页面的使用，如图17-29所示，这样的布局在视觉上非常引人注目。

图 17-29

（7）棋盘型：在安排这类版面时，需要将版面全部或部分分割成若干等量的方块形态，互相之间进行明显区别，再做棋盘式设计，如图17-30所示。

图 17-30

（8）并置型：将相同或不同的图片做大小相同而位置不同的重复排列，并置构成的版面有比较、解说的意味，给予原本复杂喧闹的版面以秩序、安静与节奏感，如图17-31所示。

图 17-31

（9）散点型：在进行散点型布局时，需要将构成要素在版面上做不规则的排放，形成随意轻松的视觉效果。在布局时要注意统一气氛，进行色彩或图形的相似处理，避免杂乱无章，同时要主体突出，符合视觉流程规律，这样才能取得最佳诉求效果，如图17-32所示。

图 17-32

★ 重点 17.2.3 **文字的布局设计**

文字是演示文稿的主体，演示文稿要展现的内容及要表达的思想，主要是通过文字表达出来并让观众接受的。要想使PPT中的文字具有阅读性，那么就需要对文字的排版布局进行设计，使文字也能像图片一样具有观赏性。

1. 文本字体选用的大原则

极简、扁平化（去掉多余的装饰，让信息本身作为核心凸显出来的设计理念）的风格符合当下大众的审美标准，在手机UI、网页设计、包装设计……诸多行业设计领域这类风格都比较流行。在辅助演示，本来就崇尚简洁的PPT设计中，这类风格更成为一种时尚，这样的风格也影响着PPT设计在字体选择上趋于简洁。图17-33所示为某新产品的发布会PPT，PPT标题采用手写的字体来强调气势。

图 17-33

（1）选无衬线字体，不选衬线字体。在传统中文印刷中，字体可分为衬线字体和无衬线字体两种。衬线字体是在字的笔画开始、结束的地方有额外的装饰，而且笔画的粗细会有所不同的一类字体，如宋体、Times New Roman。无衬线字体是没有这些额外的装饰，而且笔画的粗细差不多的一类字体，如微软雅黑、Arial。

无衬线字体由于粗细较为一致、无过细的笔锋、整体干净，显示效果往往比衬线字体好，尤其是在远距离观看状态下。因此，在设计PPT时，无论是标题或正文都应尽量使用无衬线字体。图17-34所示采用的是无衬线字体，图17-35所示采用的是衬线字体。

图 17-34

图 17-35

（2）选拓展字体，不选预置字体。在安装系统或软件时，往往会提供一些预置的字体，如 Windows 7 系统自带的微软雅黑字体、Office 2016 自带的等线字体等。由于这些系统软件使用广泛，这些字体也比较普遍，因此在做设计时，使用这些预置的字体往往会显得比较普通，难以让人有眼前一亮的新鲜感。此时可以通过网络下载，拓展一些独特的、美观的字体，如图 17-36 所示。

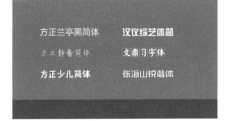

图 17-36

2.6 种经典字体搭配

为了让 PPT 更规范、更美观，同一份 PPT 一般选择不超过 3 种字体（标题、正文不同的字体）搭配使用即可。下面是一些经典的字体搭配方案。

（1）微软雅黑（加粗）+ 微软雅黑（常规）。

Windows 系统自带的微软雅黑字体本身简洁、美观，作为一种无衬线字体，显示效果也非常不错。为了避免 PPT 文件复制到其他计算机中放映播放时，出现因字体缺失导致的设计"走样"问题，标题采用微软雅黑加粗字体，正文采用微软雅黑常规字体的搭配方案，如图 17-37 所示。

图 17-37

（2）方正粗雅宋简体 + 方正兰亭黑简体。

这种字体搭配方案清晰、严整、明确，非常适合政府、事业单位公务汇报等较为严肃场合下的 PPT 设计，如图 17-38 所示。

图 17-38

（3）汉仪综艺简体 + 微软雅黑。

这种字体搭配适合学术报告、论文、教学课件等类型的 PPT 使用。图 17-39 所示左侧部分标题采用汉仪综艺简体，正文采用微软雅黑字体，既不失严谨，又不过于古板，简洁而清晰。

图 17-39

（4）方正兰亭黑体 +Arial。

在设计中添加英文，能有效提升时尚感、国际感，PPT 的设计也一样。Arial 是 Windows 系统自带的一款英文字体，它与方正兰亭黑体搭配，能够让 PPT 呈现现代商务风格，

间接展现公司的实力，如图 17-40 所示。

图 17-40

（5）文鼎习字体 + 方正兰亭黑体。

这种字体搭配方案适用于中国风类型的 PPT，主次分明，文化韵味强烈。图 17-41 所示为中医企业讲述企业文化的一页 PPT。

图 17-41

（6）方正胖娃简体 + 迷你简特细等线体。

这种字体搭配方案轻松、有趣，适用于儿童教育、漫画、卡通等轻松场合下的 PPT。图 17-42 所示为儿童节学校组织家庭亲子活动的一页 PPT。

图 17-42

技能拓展——粗细字体搭配

为了突出 PPT 中的重点内容，在为标题或正文段落选用字体时，可粗细字体搭配使用，它能快速地在文本段落中显示出重要内容，带来不一样的视觉效果。

3. 大字号的妙用

在 PPT 中，为了使幻灯片中的重点内容突出，让人一眼就能看到重点，可以对重点内容使用大字号。大字号的使用通常是在正文段落中，而不是标题中。将某段文字以大字号显示后一般还要配上颜色，以进行区分，这样所要表述的观点就能一目了然，快速帮助观众抓住要点，如图 17-43 所示。

图 17-43

4. 段落排版四字诀

有时候做 PPT 可能无法避免某一页上包含大段文字的情况，为了让这样的页面阅读起来轻松、看起来美观，排版时应注意"齐""分""疏""散"，分别介绍如下。

（1）齐：指选择合适的对齐方式。一般情况下，在同一页面中应当保持对齐方式的统一，具体到每一段落内部的对齐方式，还应根据整个页面图、文、形状等混排情况选择对齐

方式，使段落既符合逻辑又美观，如图 17-44 所示 PPT 内容为左对齐。

图 17-44

（2）分：指厘清内容的逻辑，将内容分解表现，将各段落分开，同一含义下的内容聚拢，以便观众理解。在 PowerPoint 中，并列关系的内容可以用项目符号来自动分解，先后关系的内容可以用编号来自动分解。图 17-45 所示为推广规划中的每一点有步骤的先后关系。

图 17-45

（3）疏：指疏扩段落行距，制造合适的留白，避免文字堆积带来的压迫感。

（4）散：指将原来的段落打散，在尊重内容逻辑的基础上，跳出 Word 的思维套路，以设计的思维对各个段落进行更自由的排版。图 17-46 所示的正文内容即 Word 思维下的段落版式，图 17-47 所示为将原本一个文本框内的 3 段文字打散成 3 个文本框后的效果。

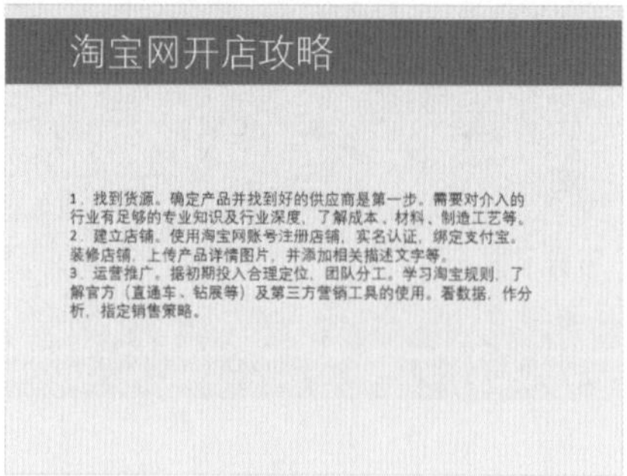

图 17-46

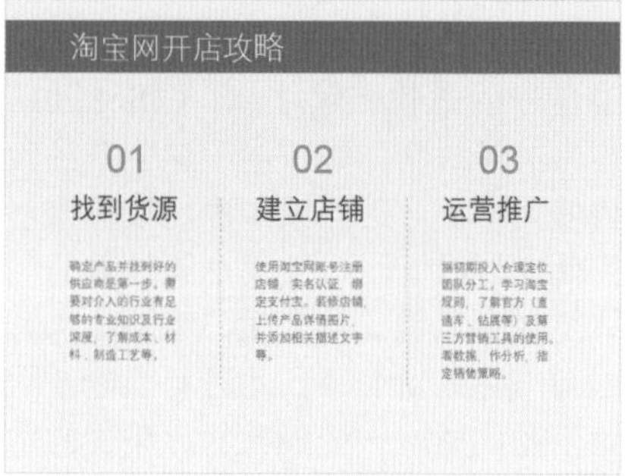

图 17-47

★ 重点 17.2.4 图片的布局设计

相对于长篇大论的文字，图片更有优势，但要想通过图片吸引观众的眼球，抓住观众的心，那么就必须注意图片在 PPT 中的排版布局，合理的排版布局可以提升 PPT 的整体效果。

1. 巧妙裁剪图片

提到裁剪，很多人都知道这个功能，无非就是选择图片，然后单击【裁剪】按钮，即可一键完成。但是要想使图片发挥最大的用处，那么就需要根据图片的用途巧妙地裁剪图片。图 17-48 所示为按照原图大小制作的幻灯片效果，而图 17-49 所示为将图片裁剪放大后，删除图片不需要的部分后制作的幻灯片效果，相对于裁剪前的效果，裁剪后的图片更具视觉冲击力。

图 17-48

图 17-49

一般情况下，幻灯片中的图片默认为长方形，但是有时需要将图片裁剪成指定的形状，如圆形、三角形或六边形，以满足一些特殊的需要。图 17-50 所示为没有裁剪图片的效果，感觉图片与右上角的形状不搭，而且图片中的文字也看不清楚。

图 17-50

如图 17-51 所示，将幻灯片中的图片裁剪成了"流程图：多文档"形状，并对图片的效果进行了简单设置，使幻灯片中的图片和内容看起来更加直观。

图 17-51

2. 图多不能乱

当一页幻灯片上有多幅图片时，最忌随意、凌乱。通过裁剪、对齐，让这些图片以同样的尺寸整齐地排列，页面干净、清爽，观众看起来更轻松。如图 17-52 所示，采用经典的九宫格排版方式，每一幅图片都是同样的大小。也可将其中一些图片替换为色块，做一些变化。

图 17-52

如图 17-53 所示，将图片裁剪为同样大小的圆形整齐排列，针对不同内容，也可裁剪为其他各种形状。

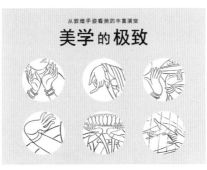

图 17-53

如图 17-54 所示，图片与形状、线条搭配，在整齐的基础上做出设计感。

图 17-54

但有时图片也有主次、重要程度等方面的不同，可以在确保页面依然整齐的前提下，打破常规、均衡的结构，单独将某些图片放大来排版，如图 17-55 所示。

图 17-55

某些内容还可以巧借形状，将图片排得更有造型。如图 17-56 所示，在电影胶片的样式上排 LOGO 图片，图片多的时候还可以让这些图片沿直线路径移动，以展示所有图片。

图 17-56

图 17-57 所示的图片沿着斜线向上呈阶梯排版，图片大小变化，呈现更具真实感的透视效果。

图 17-57

图 17-58 所示的圆弧形图片排版，以"相交"的方法将图片裁剪在

圆弧上。在较正式、轻松的场合均可使用。

图 17-58

当一页幻灯片上图片非常多时，还可以参考照片墙的排版方式，将图片排出更多花样。图 17-59 所示的心形排版，每一幅图可等大，也可大小错落，能够表现亲密、温馨的感觉。

图 17-59

3. 一幅图当 N 幅用

当页面上仅有一幅图片时，为了增强页面的表现力，通过多次的图片裁剪、重新着色等，也能排出多幅图片的设计感。例如，将猫咪图用平行四边形截成各自独立又相互联系的 4 幅图，表现局部的美，又不失整体"萌"感，如图 17-60 所示，是经典的一大多小结构。

图 17-60

图 17-61 所示为从一幅完整的图片中截取多幅并列关系的局部图片共同排版。

图 17-61

图 17-62 所示为将一幅图片复制多份，选择不同的色调分别重新着色排版的效果。

图 17-62

4. 利用 SmartArt 图形排版

如果不擅长排版，可以使用 SmartArt 图形。SmartArt 本身预制了各种形状、图片排版方式，只需要将形状全部或部分替换填充为图片，即可轻松将图片排出丰富多样的版式，图 17-63 所示为竖图版式，图 17-64 所示为蜂巢版式。

图 17-63

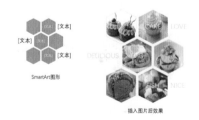

图 17-64

★ 重点 17.2.5 表格与图表布局设计

在 PPT 中表现数据内容时，经常会使用表格和图表，表格和图表的排版布局也影响着 PPT 的美观度。因此，在对 PPT 进行排版布局时，还要注意表格和图表的排列。

1. 表格中的重要数据要强化

PPT 中每个表格体现的数据一般比较多，但在有限的时间内，观众能记忆的数据又比较有限，要想让观众能快速记忆重要的数据，那么在制作表格时，一定要突出显示表格中的重要数据。突出显示表格数据时，既可通过字体、字号、字体颜色来突出，又可通过为表格添加底纹的方式突出显示数据，图 17-65 所示为原表效果，图 17-66 所示为突出重要数据后的效果。

图 17-65

图 17-66

2. 表格美化有诀窍

在 PPT 设计中，表格是一个很棘手的设计元素，因为有很多人在设计 PPT 的其他页面时非常美观，但一遇到表格，就很难出彩。要想使表格页像其他页一样美观，不能只是简单地为表格应用自带的样式，还需要根据整个幻灯片的色彩搭配风格，更换线条粗细、背景色彩等，进行调整美化。下面介绍4种经典的表格美化方法。

（1）头行突出。

在很多情况下，表格的头行（或头行下的第1行）都要作为重点。这时可通过大字号、大行距、设置与表格其他行对比强烈的背景色等进行突出。突出头行，也是增强表格设计感的一种方式。图17-67所示为头行行高增大，以单一色彩突出的表格效果。

图 17-67

图17-68所示为头行行高增大，以多种色彩突出的表格效果。

图 17-68

（2）行行区别。

当表格的行数较多时，为便于查看，可对表格中的行设置两种色彩，相邻的行用不同的背景色，使行与行之间区别开来。若行数相对较少，且行高较大时，每一行用不同的颜色也有不错的效果，但这需要有较好的色彩驾驭能力。图17-69所示的幻灯片中表格行数较多，头行以下的行采用灰色、乳白色两种颜色进行区别。

图17-70所示的幻灯片中表格头行下每一个部分的行分别采用一种颜色。

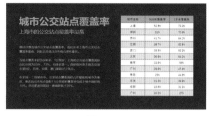

图 17-69

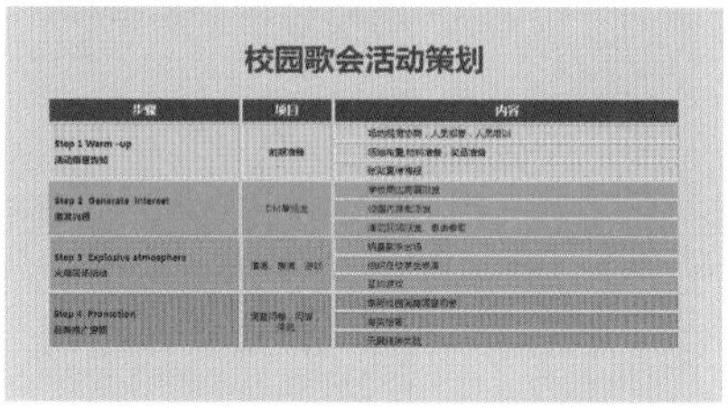

图 17-70

（3）列列区别。

当表格的目的在于表现表格各列信息的对比关系时，可对表格各列设置多种填充色（或同一色系下不同深浅度的多种颜色）。这样既便于查看列的信息，又实现了对表格的美化，图17-71所示为各列设置不同的填充色。

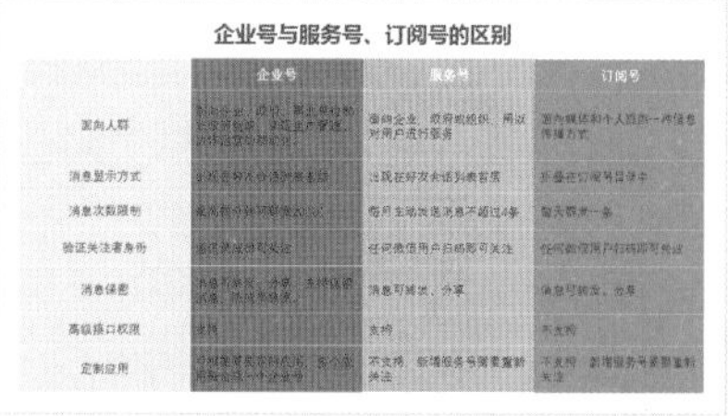

图 17-71

（4）简化。

当单元格中的内容相对较简单时，可取消内部的边框以简化表格，也能达到美化的效果，如医疗表格、学术报告中的表格等数据类表格多用简化型表格，如图17-72所示。

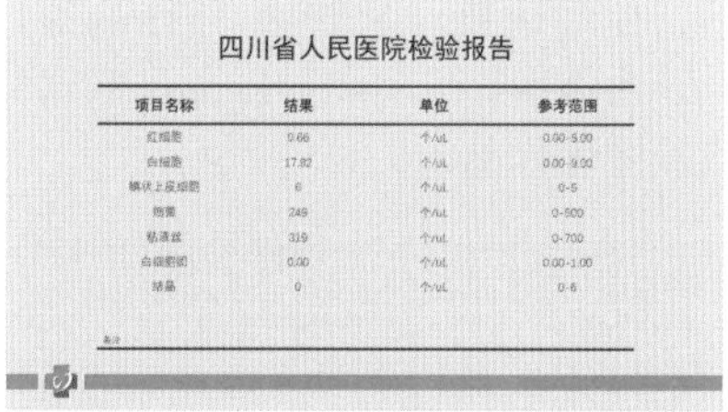

图 17-72

3.图表美化的方向

要想使图表与表格一样既能准确表达设计者要表达的内容，同时又给人以美好的视觉感受，那么可以通过以下3个方向来对图表进行美化。

（1）统一配色。

根据整个PPT的色彩应用规范来设置PPT中所有图表的配色。配色统一，能够增强图表的设计感，显得比较专业。图17-73所示为同一份PPT的4页幻灯片（出自Talkingdata），其中的图表配色都采用了蓝、绿、白、灰的搭配方式，与整个幻灯片的色彩搭配相协调。

图 17-73

（2）图形或图片填充。

新手在做折线图时可能都会碰到这样一个问题：折线的连接点不明显。图17-74所示的幻灯片数据来源于国家统计局，虽然幻灯片图表中添加了数据标签，但某些位置的连接点并不明确，如折线上60～79岁位置。

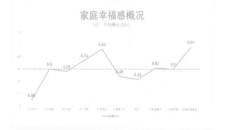

图 17-74

如何让这些连接点更明显一些？是通过添加形状的方式一个点一个点地添加吗？当然不必这么麻烦。只需要画一个形状（如心形），然后复制这个形状至剪贴板，再选中折线上的所有连接点（单击其中的一个连接点），按【Ctrl+V】组合键粘贴，即可将这个形状设置为折线的连接点，效果如图 17-75 所示。这就是利用图形填充的方法来实现对图表的美化。

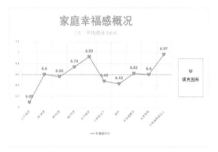

图 17-75

柱形图、条形图等其他各类图表都能够以图形填充的方式来美化。图 17-76 所示的幻灯片数据（来源于新华网数据新闻），将幻灯片条形图中的柱形分别以不同颜色的三角形复制、粘贴，进行图形填充，即可得到如图 17-77 所示的效果。

图 17-76

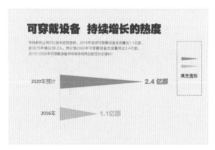

图 17-77

除了可使用图形对图表进行填充，还可使用图片对图表进行填充，使图表更形象，观众看到图表就能快速想到对应的产品等。图 17-78 所示则是使用智能手环图片填充的图表效果。

图 17-78

（3）借图达意。

在 PPT 中，很多类型的图表都是有立体感的子类型，将这种立体感的图表结合具有真实感的图片来使用，巧妙地将图片作为图表的背景使用，使图表场景化。这对于美化图表能够产生奇效，给人眼前一亮的感觉。

图 17-79 所示的幻灯片（数据来源于腾讯大数据），在立体感的柱形图下添加一幅平放的手机图片，再对图表的立体柱稍微添加一些阴影效果，这样就将图表与图片巧妙地结合起来了。

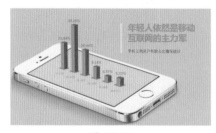

图 17-79

此外，还可以将图片直接与数据紧密结合起来，图即图表，图表即图，生动达意。图 17-80 所示的幻灯片是由俄罗斯人 Anton Egorov 制作的农业图表作品。

图 17-80

★ 重点 17.2.6 图文混排布局设计

图文混排是指将文字与图片混合排列，是 PPT 排版布局中极为重要的一项技术，它不仅影响着 PPT 的美观度，还影响信息的传递。因此，合理的布局可以让 PPT 更出彩。

1. 为文字添加蒙版

PPT 中所说的蒙版是指半透明的模板，也就是将一个形状设置为无轮廓半透明状态，在 PPT 排版过程中被经常使用。

在图文混排的 PPT 中，当需要突出显示文字内容时，就可为文字添加蒙版，使幻灯片中的文字内容突出显示。图 17-81 所示的是没有为文字添加蒙版的效果，图 17-82 所示的是为文字添加蒙版后的效果。

图 17-81

图 17-82

蒙版并不局限于文字内容的多少，当幻灯片中的文字内容较多，且文字内容不宜阅读和查看时，也可为文字内容添加蒙版进行突出显示。

2. 专门划出一块空间放置文字

当 PPT 页面中背景图片的颜色较丰富，在图片上放置的文字内容不能查看时，可以根据文字内容的多少将其放置于不同的形状中，然后设置好文字和形状的效果，使形状、文字与图片完美地结合在一起。

当幻灯片中的文字内容较少时，可以采用在每个字下面添加色块的方式来使文字突出，也可以将所有文字放在一个色块中进行显示。图 17-83 所示就是将文字内容放在圆形色块中显示。

图 17-83

当幻灯片中有大段文字时，可以用更大的色块遮盖图片上不重要的部分进行排版，效果如图 17-84 所示。

图 17-84

3. 虚化文字后面的图片

虚化图片是指将图片模糊化处理，凸显出图片上的文字或图片中的重要部分。图 17-85 所示为没有虚化图片的幻灯片效果，图 17-86 所示为虚化图片后的幻灯片效果。

图 17-85

图 17-86

除了可对图片的整体进行虚化，还可只虚化图片中不重要的部分，将重要的部分凸显出来，如图 17-87 所示。

图 17-87

4. 为图片添加蒙版

在 PPT 页面中除了可通过为文本添加蒙版凸出内容，还可为图片添加蒙版，以降低图片的明亮度，使图片整体效果没那么鲜艳。图 17-88 所示的是没有为图片添加蒙版的效果。

图 17-88

图 17-89 所示的是为图片添加蒙版后的效果，凸显出图片上的文字。

图 17-89

图片中除了可添加与图片相同大小的蒙版，还可根据需要只为图片中需要的部分添加蒙版，并且一幅图片可添加多个蒙版，如图 17-90 所示。

图 17-90

妙招技法

通过前面知识的学习，相信读者已经掌握了 PPT 设计和布局的相关方法。下面结合本章内容介绍在制作 PPT 时收集素材的一些实用技巧。

技巧 01：搜索素材的好渠道

PPT 中需要的素材很多都是借助互联网进行收集的，但要想在互联网中搜索到好的素材，则需要知道搜集素材的一些渠道，这样不仅能收集到好的素材，还能提高工作效率。

1. 强大的搜索引擎

要想在海量的互联网信息中快速准确地搜索到需要的 PPT 素材，搜索引擎是必不可少的。它在通过互联网搜索信息的过程中扮演着一个重要角色。常用的搜索引擎有百度、360 和搜狗等。

由于搜索引擎主要是通过输入关键字来进行搜索的，因此要想精准地搜索到需要的素材，输入的关键字必须准确，如在百度搜索引擎中搜索上升箭头相关的图片，可先打开百度，在搜索框中输入关键字"上升箭头图片"，单击【百度一下】按钮，即可在互联网中进行搜索，并在页面中显示搜索的结果，如图 17-91 所示。

图 17-91

技术看板

如果输入的关键字不能准确搜索到需要的素材，那么可重新输入其他关键字，或者多输入几个不同的关键字进行搜索。

2. 专业的 PPT 素材网站

在网络中提供了很多关于 PPT 素材资源的网站，用户可以借鉴或使用 PPT 网站中提供的一些资源，以帮助制作更加精美、专业的 PPT。常用的 PPT 素材网站介绍如下。

➡ 微软 OfficePLUS：微软 OfficePLUS 是微软 Office 官方在线模板网站，该网站不仅提供了 PPT 模板和精美的 PPT 图表，而且提供的 PPT 模板和图表都是免费的，可以直接下载、修改、使用，非常方便，如图 17-92 所示。

图 17-92

➡ 锐普 PPT：锐普是目前提供 PPT 资源最全面的 PPT 交流平台之一，拥有强大的 PPT 创作团队，制作的 PPT 模板非常美观且实用，受到众多用户的推崇。而且该网站不仅提供了不同类别的 PPT 模板、PPT 图表和 PPT 素材等，如图 17-93 所示，还提供了 PPT 教程和 PPT 论坛，以供 PPT 爱好者学习和交流。

图 17-93

➡ 扑奔网：扑奔网是一个集 PPT 模板、PPT 图表、PPT 背景、矢量素材、PPT 教程、资料文档等为一体的高质量 Office 文档资源在线分享平台，如图 17-94 所示。它还拥有 PPT 论坛，从论坛中不仅可以获得很多他人分享的 PPT 资源，还能认识很多 PPT 爱好者，和他们一起交流学习。

图 17-94

➡ 三联素材网：三联素材网提供的素材资源包括矢量图、高清图、psd 素材、PPT 模板、网页模板、图标、Flash 素材和字体下载等多个资源模块。虽然在 PPT 方面只提供了模板，但该网站中提供的字体、矢量图、高清图等在制作 PPT 的过程中经常使用到，而且该网站提供的图片类型丰富，所以，对制作 PPT 来说，也是一个非常不错的交流平台，如图 17-95 所示。

图 17-95

技巧 02：挑选模板有妙招

现在可以提供 PPT 模板的网站数不胜数，网站中各类型的模板也层出不穷。制作者找到好的模板搜索网站后还需要有一双"慧眼"，从众多的模板中找到最适合自己的那一个模板。制作者需结合 PPT 内容，从模板的风格、图片、布局等方面考虑，进行模板挑选。

1. 跟着潮流选模板

不同的时代有不同的流行元素，在挑选 PPT 模板时要充分考虑当下流行的 PPT 长宽比例、风格元素。

（1）长宽比选择。

现在很多投影仪、幕布、显示器都更改成 16:9 的比例了，因为在同等高度下对比，4:3 的尺寸会显得过于窄小，整个画面的空间比较拥挤，而16:9 更符合人眼的视觉习惯。所以，在挑选 PPT 模板时，除非确定播放演示文稿的显示器是 4:3；否则最好选择 16:9 的模板，这样有助于提升观众的视觉感。

现在的 PPT 模板资源网站中最新提供的模板一般都是 16:9 的模板，如图 17-96 所示。

图 17-96

（2）风格选择。

PPT 的风格有多种，对风格把握不好的制作者可以根据当下比较流行的几种风格来选择模板。

①极简风。极简风 PPT 带给观众一种轻松愉快的感觉，成为当下比较流行的一种风格。极简风 PPT 模板在制作时，会尽量去除与核心内容无关的元素，只用最少的图形、图片、文字来表达这一页幻灯片的精华内容，并用大量的留白留给观众足够的想象空间。

为大众所熟知的苹果前 CEO 乔布斯的发布会 PPT 就是极简风格，

没有华丽的元素，只有精练的文字，如图 17-97 所示。极简风 PPT 是一种简洁但不简单的风格，适用于大多数类型的演讲汇报。

图 17-97

②日式风。日式风 PPT 比极简风的元素稍微多一点，但是同样追求界面简洁。日式风模板适用于观众是日本客户时的演讲，也适用于简洁主义的生活用品、科技产品。日式风PPT 模板不会使用对比明显的配色，常常选用不同饱和度的配色，如黑白灰三色搭配，呈现独特的美感，体现淡雅脱俗的效果。图 17-98 所示为日式风 PPT 模板。

图 17-98

③复古风。复古风 PPT 模板属于经典不过时的模板，不论哪个时代，只要将复古的元素呈现出来，就很容易引起观众的共鸣。复古风 PPT 模板会选用一些与时光相关的元素进行搭配设计，也可以将复古元素与现代元素结合，形成轻复古的感觉。复古风模板适合用在与时光或设计相关的演讲汇报上，如一家百年老店的企业宣传、怀旧商品的销售演讲等。图17-99 所示为复古风 PPT 模板，模板的背景使用了怀旧感的颜色。

图 17-99

④扁平风。受简洁主义的影响，PPT 设计衍生出另一种简洁却十分有特色的模板——扁平风模板。扁平风 PPT 模板中，尽量使用简单的色块来布局，色块不会使用任何立体三维效果，整个页面中，不论是图片、文字还是图表都是平面展示的、非立体的。

扁平风 PPT 是当下的一种时尚，适合用在多种场合，如科技公司的工作汇报、网络产品发布会等。图17-100 所示为扁平风 PPT，页面中的所有元素都是平面的，去除了一切效果添加。

图 17-100

2. 根据行业选择模板

挑选模板，一定要选择与主题相关性大的模板，减少后期对模板的修改，提高幻灯片制作效率。一般来说，制作者需要从行业出发，寻找包含行业元素的模板，这些元素包括颜色、图标、图形等。

不同的行业有不同的色调，如医务行业与白色相关。不同的行业也有不同的标志，如计算机行业，找自带计算机图标、图片的模板比较合适；又如，财务行业与数据相关，就可以找模板中数字元素、图表元素较多的模板进行修改。下面介绍一些典型的行业例子。

（1）科技/IT行业。

科技行业或IT行业的PPT模板可以选用蓝色调，如深蓝色和浅蓝色。这是因为蓝色会让人联想到天空、大海，随之使人产生广阔无边、博大精深的心理感受。再加上蓝色让人平静，也代表着智慧。因此在设计领域中，蓝色可以说是科技色，用在科技行业或IT行业中十分恰当。

在科技/IT行业中，除了蓝色是一个选择，在内容上也需要选择与时代、科技、进步等概念相关的元素，如地球图片、科技商品图片等。有的PPT模板专门为行业设计了一个图片背景，这类模板也十分理想。

图17-101所示的这套PPT模板的色调是深蓝色，背景是专门设计的具有艺术感的图，象征着芯片，再加上配图也是与科技、现代相关的内容，十分适合芯片行业的PPT设计。

图 17-101

（2）房地产行业。

房地产行业的PPT模板的选择要知道观众最关心的是什么。在房地产行业中，观众最关心的莫过于房子的质量、周边配套设施、未来规划、销量等数据。要想表现房子的品质，就要选择严肃一些的主色调，如黑色、深蓝色。要添加周边配套设施、未来规划及销量内容，就需要通过图片＋数据的方式。

因此，选择的PPT模板要有图片展示页、数据展示页。图17-102所示的模板，风格相符，内容元素齐

全，且有不少表现建筑的图片，十分适合。

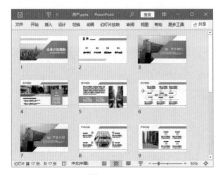

图 17-102

（3）设计/艺术行业。

设计/艺术行业对PPT模板的选择要求更高，制作者应该选择配色具有美感、元素有设计感的图表。首先，在配色上可以大胆一些、丰富一些及活泼鲜艳一些，如以鲜红色为主色调，或者使用经典的艺术配，如橙色＋蓝色、黑色＋黄色、灰色＋玫红色；其次，在内容元素的选择上，要有艺术行业的特色，例如，舞蹈行业可以选择带有跳舞小人、流线型图形的模板；绘画行业可以选择背景是插画的模板。图17-103所示为绘画行业的模板，颜色搭配大胆丰富，很吸引人的眼球。

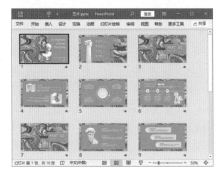

图 17-103

3. 根据元素选模板

挑选模板时，不能仅从外观上考虑，还要结合内容分析模板是否实用。用户可从以下两个角度来选择实用的模板。

（1）适合内容逻辑展现：在使

用模板制作PPT前，制作者应该对要展现的内容列出提纲，做到心中有数，知道目标PPT中的内容有哪些逻辑关系，不同的逻辑关系有几点内容。然后在寻找模板时，分析模板中的图形、图片元素的排列是否与内容逻辑相符。

（2）图表是否全面：图表的制作是相对比较复杂的事，尤其是要设计出精美的图表，因此在挑选模板时，要选择图表类型足够丰富的模板，避免后期需要自己设计图表。尤其是财经类、工作汇报类演示文稿，制作者在挑选模板前，要列出需要展现的数据，为数据选好模板。

技巧03：搜集的素材要加工

对于搜罗的素材，经常会遇到文本素材语句不通顺、有错别字，图片和模板素材有水印等情况。因此，对于收集的PPT素材，还需要进行加工，以提升PPT的整体质量。

1. 文本内容太啰唆

如果PPT中需要的文本素材是从网上复制过来的，就需要对文本内容进行检查和修改，因为网页中复制的文本内容并不能保证100%正确。

PPT中能承载的文字内容有限，所以，每张幻灯片中包含的文字内容不宜太多。如果文字内容较多，就需要对文本内容进行梳理、精简，使其变成自己的语句，以便更好地传递信息。图17-104所示为直接复制文本粘贴到幻灯片中的效果，图17-105所示为修改、精简文字内容后的效果。

图 17-104

图 17-105

2. 图片有水印

网上的图片虽然多，但很多图片都有网址、图片编号等水印，有些图片还有一些说明文字，如图 17-106 所示。因此，下载后并不能直接使用，需要将图片中的水印删除，并将图片中不需要的文字也删除，如图 17-107 所示，这样制作的 PPT 才显得更专业。

图 17-106

图 17-107

3. 模板有 LOGO

网上提供的 PPT 模板很多，而且进行了分类，用起来非常方便，但从网上下载的模板很多都带有制作者、LOGO 等水印，如图 17-108 所示。因此，下载的模板并不能直接使用，需要将 LOGO 删除，或者对模板中的部分对象进行简单的编辑，将其变成自己的。这样，编辑后的 PPT 模板才能满足需要，如图 17-109 所示，否则，会降低 PPT 的整体效果。

图 17-108

图 17-109

4. 图示颜色与 PPT 主题不搭配

在制作 PPT 的过程中，为了使幻灯片中的内容结构清晰，便于记忆，经常会使用一些图示来展示 PPT 中的内容。但一般都不会自己制作图示，而是从 PPT 网站中下载需要的图示。

从网上下载图示时，可以根据幻灯片中内容的层次结构来选择合适的图示，但从网上下载的图示颜色都是根据当前的主题色来决定的，所以，下载的图示颜色可能与当前演示文稿的主题不搭配。此时，就需要根据 PPT 当前的主题色来修改图示的颜色，这样才能使图示与 PPT 主题融为一体，图 17-110 所示为原图示效果，图 17-111 所示为修改图示颜色后的效果。

图 17-110

图 17-111

本章小结

本章主要介绍了 PPT 的设计与排版布局的相关知识，通过本章内容的学习，相信读者能快速对 PPT 进行排版布局，制作出精美的 PPT。

第18章 PPT 幻灯片的编辑与制作

→ 在幻灯片中可以通过哪几种方式输入文本？

→ 通过哪几种方式可以移动和复制幻灯片？

→ 幻灯片中文本的字体格式和段落格式怎样设置？

→ 如何快速替换演示文稿中的字体格式？

→ 如何通过母版来设计幻灯片模板？

本章主要介绍幻灯片的基本操作方法、幻灯片页面与主题的设置方法、幻灯片文本的输入与格式的设置方法及幻灯片母版的设置等，以便用户快速制作出文本型的幻灯片。

18.1 幻灯片的基本操作

幻灯片是演示文稿的主体，所以要想使用 PowerPoint 2021 制作演示文稿，就必须掌握幻灯片的一些基本操作，如新建、移动、复制和删除等。下面将对幻灯片的基本操作进行介绍。

18.1.1 选择幻灯片

在演示文稿中，要想对幻灯片进行操作，首先需要选择幻灯片。选择幻灯片主要包括 3 种情况，选择单张幻灯片、选择多张幻灯片和选择所有幻灯片，下面分别进行介绍。

1. 选择单张幻灯片

选择单张幻灯片的操作最为简单，用户只需在演示文稿界面左侧幻灯片窗格中单击需要的幻灯片，即可将其选中，如图 18-1 所示。

图 18-1

2. 选择多张幻灯片

选择多张幻灯片又分为选择多张连续的幻灯片和选择多张不连续的幻灯片两种，分别介绍如下。

（1）选择多张不连续的幻灯片时，先按住【Ctrl】键，然后在幻灯片窗格中依次单击需要选择的幻灯片即可，如图 18-2 所示。

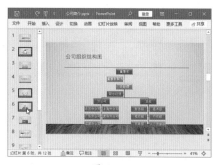

图 18-2

（2）选择多张连续的幻灯片时，先选择第 1 张幻灯片，然后按住【Shift】键，在幻灯片窗格中单击最后一张幻灯片，即可选择这两张幻灯片之间的所有幻灯片，效果如图 18-3 所示。

3. 选择所有幻灯片

如果需要选择演示文稿中的所有幻灯片，可单击【开始】选项卡【编辑】组中的【选择】按钮，在弹出的下拉菜单中选择【全选】选项，如图 18-4 所示，即可选择演示文稿中的所有幻灯片。

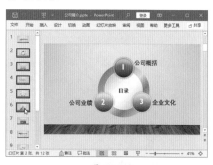

图 18-3

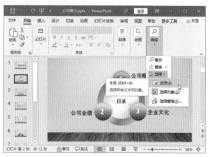

图 18-4

技术看板

在幻灯片编辑区中按【Ctrl+A】组合键，或者配合【Shift】键，也能快速选择演示文稿中的所有幻灯片。

★ 重点 18.1.2 实战：新建幻灯片

实例门类	软件功能

在制作和编辑演示文稿的过程中，如果演示文稿中的幻灯片不够，用户可以根据需要进行新建。在 PowerPoint 2021 中既可新建默认版式的幻灯片，又可新建指定版式的幻灯片。例如，在"公司简介"演示文稿中新建两张幻灯片，具体操作步骤如下。

Step01 新建幻灯片。打开"素材文件\第18章\公司简介.pptx"文档，❶ 选择第1张幻灯片，❷ 单击【开始】选项卡【幻灯片】组中的【新建幻灯片】按钮，如图18-5所示。

图 18-5

Step02 查看新建的幻灯片。即可在第1张幻灯片下新建一张默认版式的幻灯片，如图18-6所示。

技术看板

新建默认版式的幻灯片是指根据上一张幻灯片的版式来决定新建幻灯片的版式，不能自由决定新建幻灯片的版式。

图 18-6

Step03 选择版式，新建幻灯片。❶ 选择第5张幻灯片，❷ 单击【开始】选项卡【幻灯片】组中的【新建幻灯片】下拉按钮，❸ 在弹出的下拉列表中选择需要新建幻灯片的版式，如选择【两栏内容】选项，如图18-7所示。

图 18-7

技术看板

新建幻灯片时，在幻灯片窗格空白区域右击，在弹出的快捷菜单中选择【新建幻灯片】选项，也可在所选幻灯片下新建一张默认版式的幻灯片。

Step04 查看新建的幻灯片效果。即可在第5张幻灯片下新建一张带两栏内容的幻灯片，效果如图18-8所示。

技能拓展——删除幻灯片

对于演示文稿中多余的幻灯片，可将其删除。方法：在幻灯片窗格中选择需要删除的幻灯片，然后按【Delete】键或【Backspace】键即可。

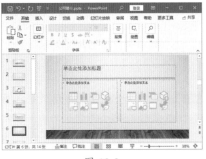
图 18-8

★ 重点 18.1.3 实战：在"员工礼仪培训"中移动和复制幻灯片

实例门类	软件功能

当制作的幻灯片的位置不正确时，可以通过移动幻灯片的方法将其移动到合适位置；要制作结构与格式相同的幻灯片，可以直接复制幻灯片，然后对其内容进行修改，以达到快速创建幻灯片的目的。例如，在"员工礼仪培训"演示文稿中移动第8张幻灯片的位置，然后通过复制第1张幻灯片来制作第12张幻灯片，具体操作步骤如下。

Step01 移动幻灯片位置。打开"素材文件\第18章\员工礼仪培训.pptx"文档，在幻灯片窗格中选择第8张幻灯片，将鼠标指针移动到所选幻灯片上，然后按住鼠标左键，将其拖动至第10张幻灯片下面，如图18-9所示。

图 18-9

Step02 查看幻灯片位置移动效果。然后释放鼠标，即可将原来的第8张幻灯片移动至第10张幻灯片下面，并变成第10张幻灯片，如图18-10所示。

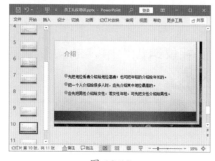

图 18-10

Step03 复制幻灯片。选择第1张幻灯片并右击，在弹出的快捷菜单中选择【复制】选项，如图18-11所示。

图 18-11

Step04 将鼠标指针放到需要粘贴幻灯片的位置。在幻灯片窗格中需要粘贴幻灯片的位置单击，即可出现一条红线，表示幻灯片粘贴的位置，如图18-12所示。

Step05 粘贴幻灯片。在该位置右击，在弹出的快捷菜单中选择【保留源格

式】选项，如图18-13所示。

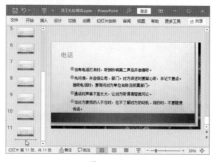

图 18-12

图 18-13

Step06 查看粘贴成功的幻灯片。即可将复制的幻灯片粘贴到该位置，然后对幻灯片中的内容进行修改即可，效果如图18-14所示。

图 18-14

18.1.4 实战：使用节管理幻灯片

实例门类	软件功能

当演示文稿中的幻灯片较多时，为了厘清幻灯片的整体结构，可以使用 PowerPoint 2021 提供的"节"功能对幻灯片进行分组管理。例如，继续上例操作，对"员工礼仪培训"演

示文稿进行分节管理，具体操作步骤如下。

Step01 新增节。❶ 在打开的"员工礼仪培训 .pptx"演示文稿幻灯片窗格的第1张幻灯片下面的空白区域单击，出现一条红线，❷ 单击【开始】选项卡【幻灯片】组中的【节】按钮，❸ 在弹出的下拉菜单中选择【新增节】选项，如图18-15所示。

图 18-15

Step02 重命名节。此时，红线处增加了一个节，同时打开【重命名节】对话框，❶ 在【节名称】文本框中输入节的名称，如输入"第一节"，❷ 单击【重命名】按钮，如图18-16所示。

图 18-16

Step03 新增节。此时，节的名称将发生变化，❶ 在第3张幻灯片下面单击，进行定位，❷ 单击【幻灯片】组中的【节】按钮，❸ 在弹出的下拉列表中选择【新增节】选项，如图18-17所示。

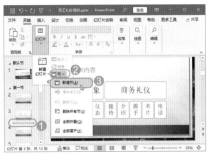

图 18-17

Step04 重命名新增的节。即可新增一个节，并对节的名称进行命名，然

后在第 6 张幻灯片后面新增一个名为【第三节】的节，效果如图 18-18 所示。

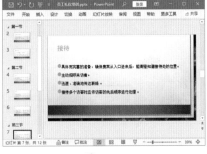

图 18-18

18.2　幻灯片页面与主题设置

掌握幻灯片的基本操作后，还需要对幻灯片的大小、幻灯片的版式、背景格式、主题等进行相应的设置，使幻灯片页面效果能满足用户的需要。

18.2.1　实战：设置幻灯片大小

实例门类	软件功能

PowerPoint 2021 中默认的幻灯片大小为宽屏（16:9），当默认的幻灯片大小不能满足需要时，可以自定义幻灯片的大小。例如，自定义"企业介绍"演示文稿中的幻灯片的大小，具体操作步骤如下。

Step01 打开【幻灯片大小】对话框。打开"素材文件\第 18 章\企业介绍 .pptx"文档，❶ 单击【设计】选项卡【自定义】组中的【幻灯片大小】按钮，❷ 在弹出的下拉菜单中选择【自定义幻灯片大小】选项，如图 18-19 所示。

图 18-19

Step02 设置幻灯片大小。❶ 打开【幻

灯片大小】对话框，在【宽度】数值框中输入幻灯片宽度值，如输入"33 厘米"，❷ 在【高度】数值框中输入幻灯片高度值，如输入"19 厘米"，❸ 单击【确定】按钮，如图 18-20 所示。

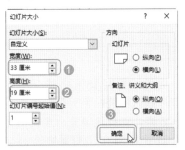

图 18-20

Step03 选择幻灯片缩放方式。打开【Microsoft PowerPoint】对话框，提示是要按最大化内容大小还是按比例缩小，这里单击【最大化】按钮，如图 18-21 所示。

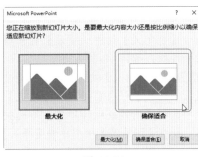

图 18-21

Step04 查看幻灯片大小调整效果。即可将幻灯片调整到自定义的大小，效果如图 18-22 所示。

图 18-22

18.2.2　实战：更改"企业介绍"幻灯片版式

实例门类	软件功能

对于演示文稿中幻灯片的版式，用户也可以根据幻灯片中的内容对幻灯片版式进行更改，使幻灯片中内容

的排版更合理。例如，继续上例操作，对"企业介绍"演示文稿中部分幻灯片的版式进行修改，具体操作步骤如下。

Step01 选择版式。❶ 在打开的"企业介绍.pptx"演示文稿中选择需要更改版式的幻灯片，如选择第 12 张幻灯片，❷ 单击【开始】选项卡【幻灯片】组中的【版式】按钮，❸ 在弹出的下拉列表中选择需要的版式，如选择【1- 标题和内容】选项，如图 18-23 所示。

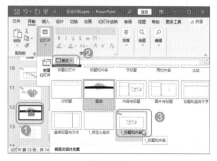

图 18-23

Step02 查看幻灯片版式的应用效果。即可将所选版式应用于幻灯片，然后删除幻灯片中多余的占位符，效果如图 18-24 所示。

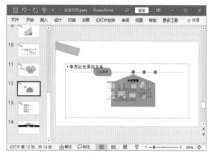

图 18-24

Step03 选择版式。❶ 选择第 14 张幻灯片，❷ 单击【开始】选项卡【幻灯片】组中的【版式】按钮，❸ 在弹出的下拉列表中选择【标题幻灯片】选项，如图 18-25 所示。

Step04 查看版式应用效果。即可将所选版式应用于幻灯片，然后删除幻灯片中多余的占位符，并将【谢谢！】移动到黑色背景上，效果如图 18-26

所示。

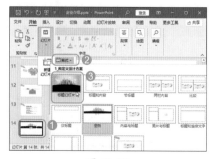

图 18-25

图 18-26

★ 重点 18.2.3 实战：设置"电话礼仪培训"背景格式

实例门类	软件功能

设置幻灯片背景格式，是指将幻灯片默认的纯白色背景设置为其他填充效果，如纯色填充、渐变填充、图片或纹理填充、图案填充等，用户可根据自己的需求选择不同的填充效果，使幻灯片版面更美观。例如，在"电话礼仪培训"演示文稿中使用图片填充幻灯片背景，具体操作步骤如下。

Step01 打开【设置背景格式】窗格。打开"素材文件\第 18 章\电话礼仪培训.pptx"文档，单击【设计】选项卡【自定义】组中的【设置背景格式】按钮，如图 18-27 所示。

Step02 单击【插入】按钮。❶ 打开【设置背景格式】任务窗格，在【填充】栏中选中【图片或纹理填充】单选按钮，❷ 在【图片源】栏中单击【插入】按钮，如图 18-28 所示。

图 18-27

图 18-28

Step03 选择插入图片的方式。打开【插入图片】对话框，根据需要插入的图片方式选择合适的选项，这里提前在计算机中准备好了背景图片，所以选择【来自文件】选项，如图 18-29 所示。

图 18-29

Step04 选择背景图片。❶ 打开【插入图片】对话框，在地址栏中设置图片所在的位置，❷ 在窗口中选择需要插入的图片【背景】，❸ 单击【插入】按钮，如图 18-30 所示。

Step05 全部应用背景格式。即可将选择的图片填充为第 1 张幻灯片的背景，然后单击【设置背景格式】任务窗格中的【应用到全部】按钮，如图 18-31 所示。

图 18-30

图 18-31

Step06 设置背景图片透明度。即可将第1张幻灯片的背景效果应用到其他幻灯片中，❶ 选择第2张至第6张幻灯片，❷ 在【设置背景格式】任务窗格中将图片的【透明度】调整为【60%】，设置图片的透明度，效果如图 18-32 所示。

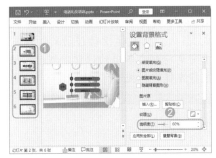

图 18-32

★ 重点 18.2.4 实战：为"会议简报"应用内置主题

实例门类	软件功能

PowerPoint 2021 中提供了很多内置主题，通过应用这些主题，可快速改变幻灯片的整体效果。例如，为"会议简报"演示文稿应用内置的主题，具体操作步骤如下。

Step01 选择主题样式。打开"素材文件\第18章\会议简报.pptx"文档，在【设计】选项卡【主题】组中单击【其他】按钮，在弹出的下拉列表中显示了提供的主题样式，选择需要的主题样式，如选择【电路】选项，如图 18-33 所示。

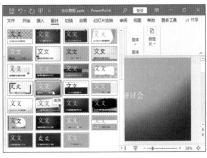

图 18-33

Step02 查看主题应用效果。即可为演示文稿中的所有幻灯片应用选择的主题，效果如图 18-34 所示。

图 18-34

技能拓展——保存演示文稿中的主题

对于自定义的主题，用户可以将其保存下来，以便下次制作相同效果的幻灯片时使用。方法：单击【设计】选项卡【主题】组中的【其他】按钮，在弹出的下拉列表中选择【保存当前主题】选项，在打开的对话框中输入主题名称和位置，单击【保存】按钮即可，以后在【主题】下拉列表中也会显示保存的主题。

18.2.5 实战：更改"会议简报"主题的变体

实例门类	软件功能

有些主题还提供了变体功能，使用该功能可以在应用主题效果后，对其中设计的变体进行更改，如背景颜色、形状样式上的变化等。例如，继续上例操作，对"会议简报"演示文稿中主题的变体进行更改，具体操作步骤如下。

Step01 选择主题的变体样式。在打开的"会议简报"演示文稿中的【设计】选项卡【变体】组的列表框中选择需要的主题变体，如选择第4种，如图 18-35 所示。

图 18-35

Step02 查看应用主题变体样式的效果。即可将主题的变体更改为选择的变体，效果如图 18-36 所示。

图 18-36

18.3 在幻灯片中输入文本

文本是演示文稿的主体，演示文稿要展现的内容及要表达的思想主要通过文字表达出来并让受众接受。因此，在制作幻灯片时，首先需要做的就是在各张幻灯片中输入相应的文本内容。

★ 重点 18.3.1 实战：在标题占位符中输入文本

实例门类	软件功能

占位符是幻灯片自带的，并且输入的文本具有一定格式，所以通过占位符输入文本是最常用、最简单的方法。例如，在新建的"红酒会宣传方案"演示文稿的第1张幻灯片的占位符中输入文本，具体操作步骤如下。

Step01 输入标题文本。新建一个名为"红酒会宣传方案"的空白演示文稿，选择第1张幻灯片中的标题占位符并单击，即可将光标定位到占位符中，然后输入需要的文本"红酒会宣传方案"，如图18-37所示。

图 18-37

Step02 输入副标题文本。选择第1张幻灯片中的副标题占位符，在该占位符上单击，即可将光标定位到占位符中，然后输入需要的文本"中国酒业博览会"，效果如图18-38所示。

图 18-38

技术看板

幻灯片中的占位符分为标题占位符（单击此处添加标题/单击此处添加副标题）、内容占位符（单击此处添加文本）两种，而且在内容占位符中还提供了一些对象图标，单击相应的图标，可快速添加一些对象。

18.3.2 实战：通过文本框输入宣传口号文本

实例门类	软件功能

当幻灯片中的占位符不够或需要在幻灯片中的其他位置输入文本时，则可使用文本框，相对于占位符来说，使用文本框可灵活创建各种形式的文本，但要使用文本框输入文本，首先需要绘制文本框，然后才能在其中输入文本。例如，继续上例操作，在"红酒会宣传方案"演示文稿的标题页幻灯片中绘制一个文本框，并在文本框中输入相应的文本，具体操作步骤如下。

Step01 单击【文本框】按钮。在打开的"红酒会宣传方案"演示文稿中单击【插入】选项卡【文本】组中的【文本框】按钮，如图18-39所示。

图 18-39

Step02 绘制文本框。此时鼠标指针变成 形状，将鼠标指针移动到幻灯片中需要绘制文本框的位置，然后按住鼠标左键进行拖动，如图18-40所示。

图 18-40

Step03 在文本框中输入文本。拖动到合适位置释放鼠标，即可绘制一个横排文本框，并将光标定位到横排文本框中，然后输入需要的文本即可，效果如图18-41所示。

图 18-41

技术看板

在绘制的文本框中，不仅可以输入文本，还可以插入图片、形状、表格等对象。

18.3.3 实战：通过大纲窗格输入宣传要求文本

实例门类	软件功能

当幻灯片中需要输入的文本内容较多时，可通过大纲视图中的大纲窗格进行输入，这样方便查看和修改演示文稿中所有幻灯片中的文本内容。例如，继续上例操作，在"红酒会宣传方案"演示文稿大纲视图的大纲窗格中输入文本，创建第2张幻灯片，具体操作步骤如下。

Step01 进入大纲视图。在打开的"红酒会宣传方案"演示文稿中单击【视图】选项卡【演示文稿视图】组中的【大纲视图】按钮，如图18-42所示。

图 18-42

Step02 定位光标位置。进入大纲视图，将光标定位到左侧幻灯片大纲窗格的"中国酒业博览会"文本后面，如图18-43所示。

图 18-43

Step03 新建幻灯片并输入标题。按【Ctrl+Enter】组合键，即可新建一张幻灯片，将光标定位到新建的幻灯片后面，输入幻灯片标题，如图18-44所示。

图 18-44

Step04 新建第3张幻灯片。按【Enter】键，即可在第2张幻灯片下新建一张幻灯片，如图18-45所示。

图 18-45

技术看板

在幻灯片大纲窗格中输入文本后，在幻灯片编辑区的占位符中将显示对应的文本。

Step05 降低文本级别并输入文本。按【Tab】键，降低一级，原来的第3张幻灯片的标题占位符将变成第2张幻灯片的内容占位符，然后输入文本，效果如图18-46所示。

图 18-46

Step06 继续输入文本。按【Enter】键进行分段，再按【Tab】键进行降级，然后继续输入幻灯片中需要的文本内容，效果如图18-47所示。

图 18-47

技术看板

在幻灯片大纲窗格中，只显示幻灯片占位符中的文本，不会显示幻灯片中文本框、图片、形状、表格等对象。

18.4 设置幻灯片文本格式

在幻灯片中输入文本后，还需要对文本的字体格式、段落格式等进行设置，以使幻灯片中的文本更规范、文本重点内容更突出。除此之外，还可结合艺术字的使用，使幻灯片中的文本更具艺术特色。

★ 重点 18.4.1 实战：设置"工程招标方案"字体格式

实例门类	软件功能

在制作幻灯片的过程中，为了突出幻灯片中的标题、副标题等重点内容，通常需要对文本的字体格式进行设置，如字体、字号、字形和字体颜色等。例如，在"工程招标方案"演示文稿中设置文本的字体格式，具体操作步骤如下。

Step01 设置标题文本格式。打开"素材文件\第18章\工程招标方案.pptx"文档，❶选择第1张幻灯片，❷选择标题占位符，在【开始】选项卡【字体】组中将字体设置为【微软雅黑】，❸将字号设置为【48】，❹单击【加粗】按钮B加粗文本，❺再单击【文字阴影】按钮S为占位符中的文本添加阴影效果，如图18-48所示。

图 18-48

Step02 设置副标题文本格式。❶选择副标题占位符，将其字体设置为【微软雅黑】，❷字号设置为【28】，❸单击【字体】组中的【字体颜色】下拉按钮，❹在弹出的下拉列表中选择需要的字体颜色，如选择【标准色】栏中的【蓝色】选项，如图18-49所示。

Step03 设置目录文本格式。❶选择第2张幻灯片，选择"目录contents"

文本框，在【字体】组中将字体设置为【微软雅黑】，❷字号设置为【40】，❸单击【倾斜】按钮I倾斜文本，❹然后选择"contents"文本，❺单击【更改大小写】按钮Aa，❻在弹出的下拉菜单中选择需要的选项，如选择【句首字母大写】选项，如图18-50所示。

图 18-49

图 18-50

Step04 打开【字体】对话框。使用设置字体格式的方法，对演示文稿中其他幻灯片中文本的字体格式进行相应的设置，❶然后选择第1张幻灯片中的"招标方案"文本，❷单击【字体】组右下角的【功能扩展】按钮，如图18-51所示。

Step05 设置文字字间距。❶打开【字体】对话框，选择【字符间距】选项卡，❷在【间距】下拉列表框中选择需要的间距设置选项，如选择【加宽】选项，❸在【度量值】数值框中设置加

宽的大小，如输入"3"，❹单击【确定】按钮，如图18-52所示。

图 18-51

图 18-52

Step06 查看间距设置效果。返回幻灯片编辑区中，即可看到设置"招标方案"字符间距后的效果，如图18-53所示。

图 18-53

Step07 设置目录文字的间距。❶选择第2张幻灯片，❷选择"目录Contents"文本，单击【字体】组中的【字符间距】按钮AV，❸在弹出的下拉

菜单中选择需要的间距选项，如选择【很松】选项，所选文本的字符间距将随之发生变化，如图18-54所示。

图 18-54

★ 重点 18.4.2 实战：设置"市场拓展策划方案"段落格式

实例门类	软件功能

　　除了需要对幻灯片中文本的字体格式进行设置，还需要对文本的段落格式进行设置，包括对齐方式、段落缩进和间距、文字方向、项目符号和编号、分栏等进行设置，使各段落之间的层次结构更清晰。例如，在"市场拓展策划方案"演示文稿中对文本的段落格式进行相应的设置，具体操作步骤如下。

Step01 设置文字对齐格式。打开"素材文件\第18章\市场拓展策划方案.pptx"文档，❶选择第1张幻灯片中的标题占位符，单击【开始】选项卡【段落】组中的【居中】按钮，使文本居中对齐于占位符，❷选择副标题占位符，单击【右对齐】按钮，即可使文本居于占位符右侧对齐，如图18-55所示。

Step02 打开【段落】对话框。使用前面的方法对演示文稿中的其他幻灯片段落设置不同的对齐方式，❶选择第3张幻灯片，❷选择内容占位符，❸单击【开始】选项卡【段落】组右下角的【功能扩展】按钮，如图18-56所示。

图 18-55

技术看板

　　设置幻灯片中段落的对齐方式时，其参考的对象是占位符，也就是说，段落会居于占位符的某一个方向对齐。

图 18-56

Step03 设置段落格式。❶打开【段落】对话框，在【缩进和间距】选项卡的【文本之前】数值框中输入文本缩进值，如输入"0.5厘米"，❷在【特殊】下拉列表框中选择【首行】选项，❸在其后的【度量值】数值框中输入首行缩进值，如输入"1.5厘米"，❹【段前】和【段后】数值框中分别输入段落间距值，这里均输入"6磅"，❺单击【确定】按钮，如图18-57所示。

图 18-57

Step04 设置段落行距。返回幻灯片编辑区，即可看到设置段落缩进和间距的效果，❶单击【开始】选项卡【段落】组中的【行距】按钮，❷在弹出的下拉菜单中选择需要的行距选项，如选择【1.5】选项，如图18-58所示。

图 18-58

Step05 为其他段落设置格式。即可将幻灯片中段落行距设置为选择的行距，但是整体的文字效果会因为占位符的大小而改变。拖动鼠标调整占位符的高度，使文字大小显示合适，如图18-59所示。然后再使用前面的方法为其他幻灯片的段落设置相应的对齐方式、缩进、间距和行距。

图 18-59

Step06 选择项目符号。❶选择第4张幻灯片，❷选择内容占位符，单击【段落】组中的【项目符号】下拉按钮，❸在弹出的下拉列表中显示PowerPoint内置的项目符号样式，选择需要的样式，如选择【箭头项目符号】选项，如图18-60所示。

图 18-60

Step07 打开【项目符号和编号】对话框。选择第 5 张幻灯片中的内容占位符，在【项目符号】下拉列表中选择【项目符号和编号】选项，打开【项目符号和编号】对话框，在【项目符号】选项卡中单击【自定义】按钮，如图 18-61 所示。

图 18-61

Step08 选择符号。① 打开【符号】对话框，在【字体】下拉列表框中选择相应的字体选项，如选择【Wingdings】选项，② 在其下方的列表框中选择需要的符号，③ 单击【确定】按钮，如图 18-62 所示。

Step09 查看添加的项目符号效果。返回【项目符号和编号】对话框，单击【确定】按钮，返回幻灯片编辑区，即可看到为段落添加项目符号的效果，如图 18-63 所示。

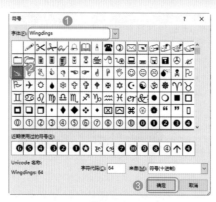

图 18-62

图 18-63

Step10 打开【项目符号和编号】对话框。① 选择第 3 张幻灯片，② 选择内容占位符中需要添加编号的段落，单击【段落】组中的【编号】下拉按钮，③ 在弹出的下拉列表中选择【项目符号和编号】选项，如图 18-64 所示。

图 18-64

Step11 选择编号样式。① 打开【项目符号和编号】对话框，在【编号】选项卡的列表框中选择需要的编号样式，② 在【大小】数值框中输入编号的大小值，如输入"140"，③ 单击【确定】按钮，如图 18-65 所示。

图 18-65

Step12 查看编号添加后的效果。返回幻灯片编辑区，即可看到添加编号后的效果，如图 18-66 所示。

图 18-66

Step13 选择编号样式。① 选择第 6 张幻灯片，② 选择内容占位符中需要添加编号的两个段落，单击【段落】组中的【编号】下拉按钮，③ 在弹出的下拉列表中选择需要的编号样式，如图 18-67 所示。

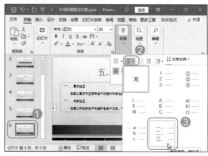

图 18-67

技术看板

由于选择添加编号的段落不是连续的，因此编号不能连续。

Step 14 设置编号起始值。❶ 选择占位符中添加编号的第2段，打开【项目符号和编号】对话框，在【编号】选项卡的【起始编号】数值框中输入编号的起始编号，这里输入"2"，❷ 单击【确定】按钮，如图 18-68 所示。

图 18-68

Step 15 查看编号效果。返回幻灯片编辑区，即可看到更改段落起始编号后的效果，如图 18-69 所示。

图 18-69

18.4.3 实战：在"年终工作总结"中使用艺术字

实例门类	软件功能

PowerPoint 提供了艺术字功能，通过该功能可以快速制作出具有特殊效果的文本，艺术字常用于制作幻灯片的标题，能突出显示标题，吸引读者的注意力。例如，在"年终工作总结"演示文稿中插入艺术字，并对艺

术字效果进行相应的设置，具体操作步骤如下。

Step 01 选择艺术字样式。打开"素材文件\第18章\年终工作总结.pptx"文档，❶ 选择第1张幻灯片，❷ 单击【插入】选项卡【文本】组中的【艺术字】按钮，❸ 在弹出的下拉列表中选择需要的艺术字样式，如选择【填充：白色，文本色1；边框；黑色，背景色1；清晰阴影；蓝色，主题色5】选项，如图 18-70 所示。

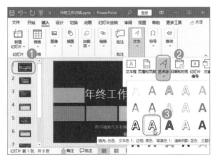

图 18-70

Step 02 设置艺术字大小。❶ 即可在幻灯片中插入艺术字文本框，在其中输入"2021"，❷ 选择艺术字文本框，在【字体】组中将字号设置为【80】，效果如图 18-71 所示。

图 18-71

Step 03 设置艺术字填充色。❶ 选择"2021"艺术字，单击【形状格式】选项卡【艺术字样式】组中的【文本填充】下拉按钮，❷ 在弹出的下拉列表中选择需要的颜色，如选择【橙色】选项，如图 18-72 所示。

Step 04 设置艺术字渐变填充格式。将艺术字填充为橙色，❶ 继续在【文本填充】下拉列表中选择【渐变】选项，

Step 05 设置艺术字轮廓格式。❶ 即可渐变填充艺术字，然后单击【艺术字样式】组中的【文本轮廓】下拉按钮，❷ 在弹出的下拉列表中选择需要的轮廓填充颜色，如选择【无轮廓】选项，取消形状轮廓，如图 18-74 所示。

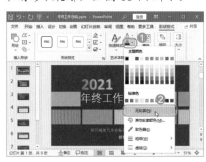

图 18-74

Step 06 设置艺术字棱台效果。❶ 选择"2021"艺术字，单击【艺术字样式】组中的【文字效果】按钮A，❷ 在弹出的下拉列表中选择需要的文本效果，如选择【棱台】选项，❸ 在弹出的级联列表中选择棱台效果，如选择

❷ 在弹出的级联列表中选择需要的渐变效果，如选择【线性向右】选项，如图 18-73 所示。

图 18-72

图 18-73

【柔圆】选项，如图 18-75 所示。

图 18-75

Step07 设置艺术字转换效果。保持艺术字的选择状态，❶ 单击【艺术字样式】组中的【文字效果】按钮 A，❷ 在弹出的下拉列表中选择【转换】选项，❸ 在弹出的级联列表中选择需要的转换效果，如选择【波形：上】选项，设置艺术字的转换效果，如图 18-76 所示。

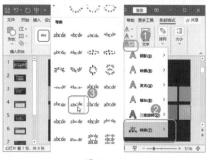

图 18-76

18.5 认识与编辑幻灯片母版

要想演示文稿中的所有幻灯片拥有相同的字体格式、段落格式、背景效果、页眉和页脚、日期和时间等，那么可通过运用幻灯片母版快速实现。

18.5.1 认识幻灯片母版

幻灯片母版是制作幻灯片过程中应用最多的母版，它相当于一种模板，能够存储幻灯片的所有信息，包括文本和对象在幻灯片上放置的位置、文本和对象的大小、文本样式、背景、颜色、主题、效果和动画等，如图 18-77 所示。当幻灯片母版发生变化时，对应的幻灯片中的效果也将随之发生变化。

图 18-77

技能拓展——认识母版视图

在 PowerPoint 2021 中，母版视图分为幻灯片母版、讲义母版和备注母版 3 种类型。其中，用处最多的是幻灯片母版，它用于设置幻灯片的效果，当需要将演示文稿以讲义的形式

进行打印或输出时，则可通过讲义母版进行设置；当需要在演示文稿中插入备注内容时，则可通过备注母版进行设置。

18.5.2 实战：在"可行性研究报告"中设置幻灯片母版的背景格式

实例门类	软件功能

在幻灯片母版中设置背景格式的方法与在幻灯片中设置背景格式的方法相似，但在幻灯片母版中设置幻灯片背景格式时，首先需要进入幻灯片母版，然后才能对幻灯片母版进行操作。例如，对"可行性研究报告"演示文稿的幻灯片母版背景格式进行设置，具体操作步骤如下。

Step01 进入母版视图。打开"素材文件\第18章\可行性研究报告.pptx"文档，单击【视图】选项卡【母版视图】组中的【幻灯片母版】按钮，如图 18-78 所示。

Step02 选择背景样式。即可进入幻灯片母版视图，❶ 选择幻灯片母版中的第 1 个版式，❷ 单击【幻灯片母版】选项卡【背景】组中的【背景样式】

按钮，❸ 在弹出的下拉列表中提供了几种背景样式，选择需要的背景样式，如选择【样式 8】选项，如图 18-79 所示。

图 18-78

图 18-79

技术看板

幻灯片母版视图中的第 1 张幻灯片为幻灯片母版，其余幻灯片为幻灯片母版版式。默认情况下，每个幻灯

片母版中包含11张幻灯片母版版式，对幻灯片母版背景进行设置后，幻灯片母版和幻灯片母版版式的背景都将发生变化，但对幻灯片母版版式的背景进行设置后，只有所选幻灯片母版版式的背景发生变化，其余幻灯片母版版式和幻灯片母版背景都不会发生变化。

Step03 查看背景样式效果。即可为幻灯片母版中的所有版式添加相同的背景样式，效果如图18-80所示。

图 18-80

技术看板

如果【背景样式】下拉列表中没有需要的样式，那么可选择【设置背景格式】选项，打开【设置背景格式】任务窗格，在其中可设置幻灯片母版的背景格式为纯色填充、渐变填充、图片或纹理填充及图案填充等效果。

★ 重点 18.5.3 实战：设置"可行性研究报告"中幻灯片母版占位符格式

实例门类	软件功能

如果希望演示文稿中的所有幻灯片拥有相同的字体格式、段落格式等，可以通过幻灯片母版进行统一设置，这样可以提高演示文稿的制作效率。例如，继续上例操作，在"可行性研究报告"演示文稿中通过幻灯片

母版对占位符格式进行相应的设置，具体操作步骤如下。

Step01 设置标题占位符格式。❶ 在打开的"可行性研究报告"演示文稿幻灯片母版视图中选择幻灯片母版，❷ 选择标题占位符，在【开始】选项卡【字体】组中将字体设置为【微软雅黑】，❸ 单击【文字阴影】按钮 S，❹ 单击【字体颜色】下拉按钮，❺ 在弹出的下拉列表中选择【蓝色，个性色1，淡色60%】选项，如图18-81所示。

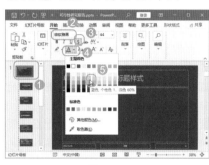

图 18-81

Step02 选择项目符号。❶ 选择内容占位符，单击【字体】组中的【加粗】按钮 **B** 加粗文本，❷ 单击【段落】组中的【项目符号】下拉按钮，❸ 在弹出的下拉列表中选择需要的项目符号，如选择【选中标记项目符号】选项，如图18-82所示。

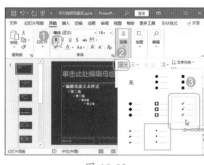

图 18-82

Step03 打开【段落】对话框。即可将段落项目符号更改为选择的项目符号，保持内容占位符的选择状态，单击【段落】组中右下角的【功能扩展】按钮 ◱，如图18-83所示。

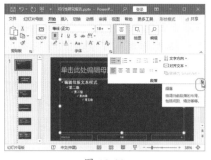

图 18-83

Step04 设置【段落】格式。打开【段落】对话框，❶ 在【缩进和间距】选项卡【间距】栏中的【段前】数值框中输入"6磅"，❷ 在【行距】下拉列表框中选择【1.5倍行距】选项，❸ 单击【确定】按钮，如图18-84所示。

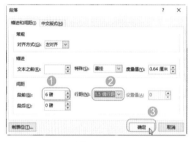

图 18-84

Step05 查看段落效果。返回幻灯片母版编辑区，即可看到设置段前间距和行间距后的效果，如图18-85所示。

图 18-85

Step06 关闭幻灯片母版。❶ 在幻灯片母版视图中选择第2个版式，❷ 在【字体】组中对副标题占位符的字体格式进行相应的设置，❸ 单击【幻灯片母版】选项卡【关闭】组中的【关闭母版视图】按钮，如图18-86所示。

Step07 查看占位符效果。关闭幻灯片

母版视图，返回普通视图中，可看到演示文稿中所有幻灯片中的占位符中的格式都发生了变化，效果如图18-87所示。

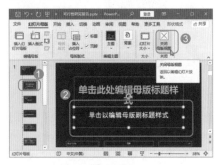

图 18-86

图 18-87

★ 重点 18.5.4 实战：在"可行性研究报告"中设置页眉和页脚

实例门类	软件功能

当需要在演示文稿的所有幻灯片中添加统一的日期、时间、编号、公司名称等页眉和页脚信息时，可以通过幻灯片母版来快速实现。例如，继续上例操作，在"可行性研究报告"演示文稿中通过幻灯片母版对页眉和页脚进行设置，具体操作步骤如下。

Step01 打开【页眉和页脚】对话框。❶ 在打开的"可行性研究报告"演示文稿幻灯片母版视图中选择幻灯片母版，❷ 单击【插入】选项卡【文本】

组中的【页眉和页脚】按钮，如图18-88所示。

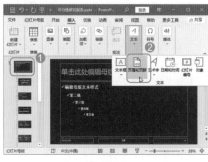

图 18-88

Step02 设置页眉和页脚。打开【页眉和页脚】对话框，❶ 选中【日期和时间】复选框，❷ 选中【固定】单选按钮，在其下的文本框中将显示系统当前的日期和时间，❸ 再选中【幻灯片编号】复选框和【页脚】复选框，❹ 在【页脚】复选框下方的文本框中输入页脚信息，如输入公司名称，❺ 选中【标题幻灯片中不显示】复选框，❻ 单击【全部应用】按钮，如图18-89所示。

图 18-89

★ 技能拓展——添加自动更新的日期和时间

在【页眉和页脚】对话框中选中【日期和时间】复选框，然后选中【自动更新】单选按钮，再对日期格式进行设置，完成后单击【应用】按钮，幻灯片中添加的日期和时间随着当前计算机系统的日期和时间而发生变化。

Step03 查看编号和日期效果。即可为所有幻灯片添加设置的日期和编号，❶ 选择幻灯片母版中最下方的3个文本框，❷ 在【开始】选项卡【字体】组中将字号设置为【14】，❸ 然后单击【加粗】按钮加粗文本，如图18-90所示。

图 18-90

Step04 返回幻灯片普通视图中，即可看到设置的页眉和页脚，如图18-91所示。

图 18-91

★ 技术看板

选中【幻灯片编号】复选框，表示为幻灯片依次添加编号；选中【标题幻灯片中不显示】复选框，表示添加的日期、页脚和幻灯片编号等信息不在标题页幻灯片中显示。

妙招技法

下面结合本章内容，给大家介绍一些实用技巧。

技巧01：快速替换幻灯片中的字体格式

PowerPoint 提供了替换字体功能，通过该功能可对幻灯片中指定的字体快速进行替换。例如，在"年终工作总结"演示文稿中使用替换字体功能将字体"等线"替换成"华文中宋"，具体操作步骤如下。

Step01 打开【替换字体】对话框。打开"素材文件\第18章\年终工作总结.pptx"文档，❶选择第3张幻灯片，❷单击【开始】选项卡【编辑】组中的【替换】下拉按钮，❸在弹出的下拉列表中选择【替换字体】选项，如图18-92所示。

图 18-92

Step02 设置字体替换。打开【替换字体】对话框，❶在【替换】下拉列表框中选择需要替换的字体，如选择【等线】选项，❷在【替换为】下拉列表框中选择需要替换成的字体，如选择【华文中宋】选项，❸单击【替换】按钮，如图18-93所示。

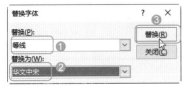

图 18-93

Step03 查看字体替换效果。即可将演示文稿中所有【等线】的字体替换成【华文中宋】，效果如图18-94所示。

图 18-94

技术看板

在 PowerPoint 中替换字体时需要注意，单字节字体不能替换成双字节字体，也就是说英文字符字体不能替换成中文字符字体。

技巧02：为同一演示文稿应用多种主题

为演示文稿应用主题时，默认会为演示文稿中的所有幻灯片应用相同的主题，但在制作一些大型的演示文稿时，为了对演示文稿中的幻灯片进行区分，有时需要为同一个演示文稿应用多个主题。例如，为"公司简介"演示文稿应用多个主题，具体操作步骤如下。

Step01 应用主题。打开"素材文件\第18章\公司简介.pptx"文档，❶选择第3～6张幻灯片，在【设计】选项卡【主题】下拉列表中需要的主题上右击，❷在弹出的快捷菜单中选择【应用于选定幻灯片】选项，如图18-95所示。

图 18-95

Step02 查看主题应用效果。即可将主题应用于选择的多张幻灯片中，效果如图18-96所示。

图 18-96

Step03 将主题应用到选定的幻灯片。❶选择第7～12张幻灯片，❷在【设计】选项卡【主题】组的列表框中需要的主题上右击，❸在弹出的快捷菜单中选择【应用于选定幻灯片】选项，如图18-97所示。

图 18-97

技术看板

在快捷菜单中选择【应用于相应幻灯片】选项，表示将该主题应用于与所选幻灯片主题相同的幻灯片中；【应用于所有幻灯片】选项，表示将该主题应用到演示文稿的所有幻灯片中。

Step04 查看主题应用效果。即可将主题应用于选择的多张幻灯片中，效果如图18-98所示。

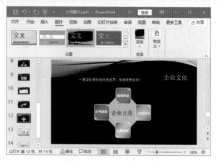

图 18-98

技巧 03: 为一个演示文稿应用多个幻灯片母版

对于大型的演示文稿来说，有时为使演示文稿的效果更加丰富，幻灯片更具吸引力，会为同一个演示文稿应用多个幻灯片母版。例如，在"公司年终会议"演示文稿中设计两种幻灯片母版，并将其应用到幻灯片中，具体操作步骤如下。

Step01 插入幻灯片母版。打开"素材文件\第18章\公司年终会议.pptx"文档，进入幻灯片母版中，单击【幻灯片母版】选项卡【编辑母版】组中的【插入幻灯片母版】按钮，如图18-99所示。

图 18-99

Step02 设计母版。即可在默认的幻灯片母版版式后插入一个幻灯片母版，

然后对插入的幻灯片母版版式进行设计，效果如图18-100所示。

图 18-100

Step03 打开【版式】列表。关闭幻灯片母版，❶选择需要应用第2个幻灯片母版效果的幻灯片，这里选择第6张幻灯片，❷单击【开始】选项卡【幻灯片】组中的【版式】按钮，如图18-101所示。

图 18-101

Step04 选择需要的版式。在弹出的下拉列表中显示了两种幻灯片母版的版式，在【自定义设计方案】栏中选择需要的版式，如选择【标题和内容】选项，如图18-102所示。

Step05 查看版式应用效果。即可将所选的幻灯片版式应用到选择的幻灯片中，效果如图18-103所示。

Step06 查看版式应用效果。使用相同的方法为后面的幻灯片应用版式，完

成后的效果如图18-104所示。

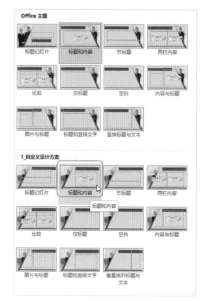

图 18-102

图 18-103

图 18-104

本章小结

本章介绍了文本型幻灯片制作的基本操作内容，如文本的输入、编辑，字体格式和段落格式的设置，以及艺术字的使用和幻灯片母版版式的设置等。通过本章内容的学习，用户可以快速制作出纯文本型的演示文稿。本章在最后还介绍了幻灯片中幻灯片编辑与设计的一些操作技巧，以帮助用户更好地制作幻灯片。

第19章　在 PPT 中添加对象丰富幻灯片内容

- ➥ 图标有什么作用，在幻灯片中怎样使用？
- ➥ 怎样制作出电子相册？
- ➥ 如何在幻灯片中插入声音文件？
- ➥ 插入的视频太长了，怎么办？
- ➥ 能不能将幻灯片中的多个形状组合成一个新的形状？

图形对象和多媒体文件在 PowerPoint 中使用比较频繁，因为图形对象不仅能增加排版的灵活度和幻灯片的美观度，还能更有效地传递信息，而多媒体文件可增加幻灯片的听觉和视觉效果，提升幻灯片的感染力。

19.1　在幻灯片中插入对象

在幻灯片中可插入的图形对象包括图片、图标、形状、SmartArt 图形、表格和图表等，插入和编辑方法与在 Word 和 Excel 中插入与编辑的方法基本相同。本节只对图形对象的插入方法进行介绍，其编辑和美化方法可借鉴 Word 和 Excel 中的相关部分。

★ 重点 19.1.1 实战：在"着装礼仪培训"中插入图片

实例门类	软件功能

在幻灯片中既可插入计算机中保存的图片，又可插入联机图片和屏幕截取的图片，用户可以根据实际需要来选择插入图片的方式。例如，在"着装礼仪培训"演示文稿中插入计算机中保存的图片和截取的图片，具体操作步骤如下。

Step01 打开【插入图片】对话框。打开"素材文件\第 19 章\着装礼仪培训 .pptx"文档，❶选择第 1 张幻灯片，❷单击【插入】选项卡【图像】组中的【图片】按钮，❸在弹出的下拉列表中选择【此设备】选项，如图 19-1 所示。

图 19-1

Step02 选择图片。打开【插入图片】对话框，❶在地址栏中设置图片保存的位置，❷在对话框中选择需要插入的图片，如这里选择【图片 2】选项，❸单击【插入】按钮，如图 19-2 所示。

图 19-2

📎 技术看板

如果是在幻灯片内容占位符中插入图片，那么可直接在内容占位符中单击【图片】图标，也可以打开【插入图片】对话框。

Step03 调整图片的大小和位置。返回幻灯片编辑区，即可看到插入的图片，将其调整到合适的大小和位置，效果如图 19-3 所示。

图 19-3

Step04 在其他幻灯片中插入图片。使用前面插入图片的方法，在第 3 ～ 6 张和第 8 张幻灯片中分别插入需要的图片，效果如图 19-4 所示。

Step05 进入屏幕剪辑状态。❶选择第 7 张幻灯片，❷单击【插入】选项卡【图像】组中的【屏幕截图】下拉按钮，❸在弹出的下拉菜单中选择【屏幕剪辑】选项，如图 19-5 所示。

图 19-4

图 19-5

在【屏幕截图】下拉菜单中的【可用的视窗】栏中显示了当前打开的活动窗口，如果需要插入窗口图，可直接选择相应的窗口选项插入幻灯片中。

Step 06 进行屏幕剪辑。此时当前打开的窗口将呈半透明状态显示，鼠标指针变成+形状，拖动鼠标选择需要截取的部分，所选部分将呈正常状态显示，如图 19-6 所示。

图 19-6

屏幕截图时，需要截取的窗口必须显示在计算机桌面上，这样才能截取。

Step 07 将剪辑的图片插入幻灯片中。截取完所需的部分，释放鼠标，即可将截取的部分插入幻灯片中，效果如图 19-7 所示。

图 19-7

★ 重点 19.1.2 实战：在"销售工作计划"中插入图标

实例门类	软件功能

图标是 PowerPoint 2021 的一个重要功能，通过图标可以以符号的形式直观地传递信息。PowerPoint 2021 中提供了人、技术和电子、山谷、分析、教育、箭等多种类型的图标，用户可根据需要在幻灯片中插入所需的图标。例如，在"销售工作计划"演示文稿中插入需要的图标，具体操作步骤如下。

Step 01 打开【插入图标】对话框。打开"素材文件\第 19 章\销售工作计划 .pptx"文档，❶选择第 3 张幻灯片，❷单击【插入】选项卡【插图】组中的【图标】按钮，如图 19-8 所示。

使用 PowerPoint 2021 提供的图标功能，计算机需要正常连接网络，这样才能搜索到提供的图标。

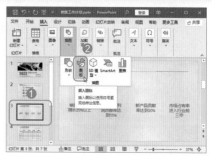

图 19-8

Step 02 选择图标。打开对话框，❶在上方选择需要图标的类型，如选择【分析】选项，❷在下方的分析类图标中选中需要的图标对应的复选框，这里选中第 1 个图标对应的复选框，❸单击【插入】按钮，如图 19-9 所示。

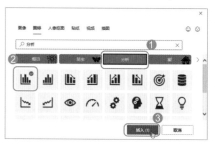

图 19-9

若在上图对话框中一次性选中多个复选框，单击【插入】按钮后，可同时对选择的多个图标进行下载，并同时插入幻灯片中。

Step 03 完成图标插入。开始下载图标，下载完成后将返回幻灯片编辑区，在其中可查看插入图标的效果，如图 19-10 所示。

图 19-10

Step04 插入其他图标。使用前面插入图标的方法继续在该幻灯片中插入需要的图标，效果如图 19-11 所示。

图 19-11

★ 重点 19.1.3 实战：在"工作总结"中插入形状

实例门类	软件功能

PowerPoint 2021 中提供了形状功能，通过该功能可在幻灯片中绘制一些规则或不规则的形状，还可对绘制的形状进行编辑，使绘制的形状符合各种需要。例如，在"工作总结"演示文稿中绘制需要的形状，并对形状进行编辑，具体操作步骤如下。

Step01 选择矩形图形。打开"素材文件\第 19 章\工作总结.pptx"文档，❶ 选择第 3 张幻灯片，❷ 单击【插入】选项卡【插图】组中的【形状】按钮，❸ 在弹出的下拉列表中选择需要的形状，如选择【矩形】栏中的【矩形】选项，如图 19-12 所示。

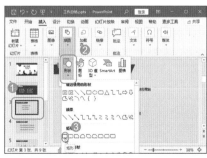

图 19-12

Step02 绘制矩形。此时，鼠标指针将变成+形状，将鼠标指针移动到幻灯片中需要绘制形状的位置，然后按住

鼠标左键进行拖动，如图 19-13 所示。

图 19-13

Step03 在矩形中输入文字。拖动到合适位置后释放鼠标即可完成绘制，然后在绘制的形状中输入需要的文本，并对其字体格式进行设置，效果如图 19-14 所示。

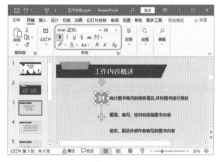

图 19-14

Step04 将图形置于底层。在小矩形后绘制一个长矩形，❶ 选择绘制的长矩形，❷ 单击【形状格式】选项卡【排列】组中的【下移一层】下拉按钮，❸ 在弹出的下拉菜单中选择【置于底层】选项，如图 19-15 所示。

图 19-15

Step05 选择图形样式。所选的形状将置于文字下方，选择绘制的两个矩形，单击【形状格式】选项卡【形状样式】

组中的【其他】按钮▾，在弹出的下拉列表中选择【强烈效果 - 蓝色，强调颜色 1】选项，如图 19-16 所示。

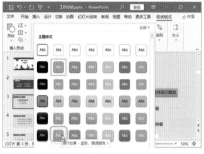

图 19-16

Step06 选择【取色器】选项。即可为形状应用样式，❶ 然后选择左侧的小矩形，❷ 单击【形状样式】组中的【形状填充】下拉按钮，❸ 在弹出的下拉列表中选择【取色器】选项，如图 19-17 所示。

图 19-17

Step07 用取色器吸取颜色。此时鼠标指针将变成✏形状，将鼠标指针移动到幻灯片中需要应用的颜色上，即可显示所吸取颜色的 RGB 颜色值，如图 19-18 所示。

图 19-18

Step08 用取色器吸取其他颜色。在形

状上单击，即可将吸取的颜色应用到选择的形状中，❶ 然后选择幻灯片右侧的长矩形，❷ 选择【取色器】选项，将鼠标指针移动到需要吸取的颜色上，如图 19-19 所示。

图 19-19

Step09 复制形状。即可将吸取的颜色应用到选择的形状中，然后选择绘制的两个形状，对其进行复制，并对小形状中的文本进行修改，效果如图 19-20 所示。

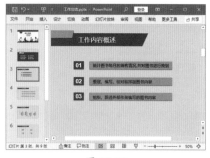

图 19-20

Step10 编辑其他幻灯片中的图形。使用前面绘制和编辑形状的方法，在第 4 张和第 6 ～ 8 张幻灯片中分别添加需要的形状，并对形状效果进行相应的设置，如图 19-21 所示。

图 19-21

★ **重点 19.1.4 实战：在"公司简介"中插入 SmartArt 图形**

实例门类	软件功能

　　PowerPoint 中提供了 SmartArt 图形功能，通过 SmartArt 图形可以非常直观地说明层级关系、附属关系、并列关系及循环关系等各种常见关系，而且制作出来的图形漂亮、精美，具有很强的立体感和画面感。例如，在"公司简介"演示文稿中插入 SmartArt 图形，并对其进行相应的编辑，具体操作步骤如下。

Step01 打开【选择 SmartArt 图形】对话框。打开"素材文件 \ 第 19 章 \ 公司简介 .pptx"文档，❶ 选择第 5 张幻灯片，❷ 单击【插入】选项卡【插图】组中的【SmartArt】按钮，如图 19-22 所示。

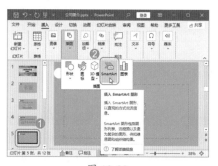

图 19-22

技术看板

　　在幻灯片内容占位符中单击【插入 SmartArt 图形】图标，也可以打开【选择 SmartArt 图形】对话框。

Step02 选择 SmartArt 图形。打开【选择 SmartArt 图形】对话框，❶ 在左侧选择所需的 SmartArt 图形所属类型，如这里选择【循环】选项，❷ 在对话框中将显示该类型下的所有 SmartArt 图形，选择【射线循环】选项，❸ 单击【确定】按钮，如图 19-23 所示。

Step03 在 SmartArt 图中添加图形。返回幻灯片编辑区，即可看到插入的

SmartArt 图形，然后在 SmartArt 图形中输入需要的文本，❶ 选择"天津"形状，❷ 单击【SmartArt 设计】选项卡【创建图形】组中的【添加形状】下拉按钮，❸ 在弹出的下拉菜单中选择【在前面添加形状】选项，如图 19-24 所示。

图 19-23

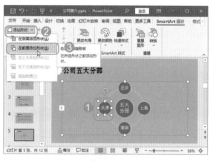

图 19-24

Step04 选择 SmartArt 图样式。❶ 即可在"天津"和"深圳"形状之间添加一个形状，并输入相应的文本，❷ 选择 SmartArt 图形，单击【SmartArt 设计】选项卡【SmartArt 样式】组中的【快速样式】按钮，❸ 在弹出的下拉列表中选择需要的 SmartArt 样式，如选择【卡通】选项，为 SmartArt 图形应用样式，如图 19-25 所示。

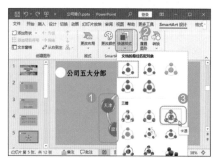

图 19-25

Step05 选择 SmartArt 图形颜色。❶ 保持 SmartArt 图形的选择状态，单击【SmartArt 样式】组中的【更改颜色】按钮，❷ 在弹出的下拉列表中选择需要的 SmartArt 样式，如选择【深色 2 填充】选项，如图 19-26 所示。

图 19-26

Step06 查看 SmartArt 图形效果。即可看到更改 SmartArt 图形颜色后的效果，如图 19-27 所示。

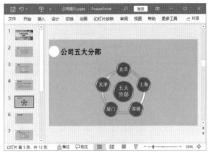

图 19-27

Step07 在其他幻灯片中插入 SmartArt 图形。使用前面插入和编辑 SmartArt 图形的方法在其他幻灯片中插入需要的 SmartArt 图形，效果如图 19-28 所示。

图 19-28

★ 重点 19.1.5 实战：在“销售工作计划 1”中插入表格

实例门类	软件功能

当需要在幻灯片中展示大量数据时，最好使用表格，这样可以使数据显示更加规范。在幻灯片中插入与编辑表格的方法与在 Word 中一样。例如，在“销售工作计划 1”演示文稿中插入表格，并对其进行相应的编辑，具体操作步骤如下。

Step01 插入表格。打开“素材文件 \ 第 19 章 \ 销售工作计划 1.pptx”文档，❶ 选择第 4 张幻灯片，❷ 单击【插入】选项卡【表格】组中的【表格】按钮，❸ 在弹出的下拉列表中拖动鼠标选择【5×4 表格】，即可在幻灯片中创建一个 5 列 4 行的表格，如图 19-29 所示。

图 19-29

Step02 调整表格的大小和位置。在插入的表格中输入相应的数据，并将表格调整到合适的大小和位置，效果如图 19-30 所示。

图 19-30

Step03 设置表格的字体格式。❶ 选择

表格中的所有文本，❷ 在【开始】选项卡【字体】组中将字号设置为【20】，❸ 单击【加粗】按钮 B 加粗文本，如图 19-31 所示。

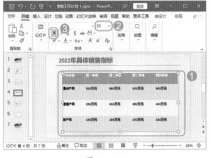

图 19-31

Step04 调整文字对齐方式。❶ 保持表格文本的选择状态，❷ 单击【布局】选项卡【对齐方式】组中的【居中】按钮 三 和【垂直居中】按钮 目，使表格中的文本于单元格中间对齐，并使文本垂直居中对齐于单元格，如图 19-32 所示。

图 19-32

Step05 选择表格样式。选择表格，单击【表设计】选项卡【表格样式】组中的【其他】按钮 ，在弹出的下拉列表中选择需要的表格样式，如选择【浅色样式 3】选项，如图 19-33 所示。

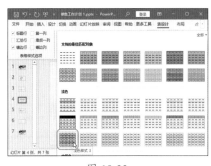

图 19-33

Step06 查看表格应用样式的效果。即可将选择的样式应用到表格中，效果如图 19-34 所示。

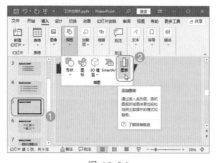

图 19-34

Step07 在其他幻灯片中插入表格。使用前面插入与编辑表格的方法在第 6 张幻灯片中插入需要的表格，效果如图 19-35 所示。

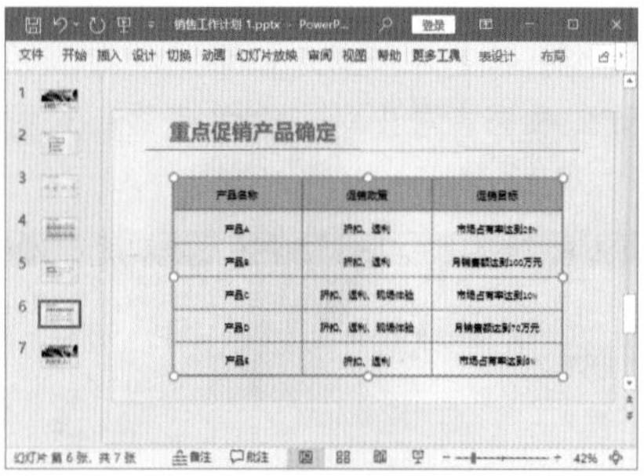

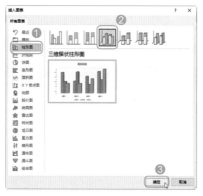

图 19-35

★ 重点 19.1.6 实战：在"工作总结 1"中插入图表

实例门类	软件功能

图表是将表格中的数据以图形化的形式进行显示，通过图表可以更直观地体现表格中的数据，让烦琐的数据更形象，PowerPoint 2021 中提供了多种类型的图表，用户可以根据数据选择合适的图表来展现。例如，在"工作总结 1"演示文稿中插入图表，具体操作步骤如下。

Step01 打开【插入图表】对话框。打开"素材文件\第 19 章\工作总结 1.pptx"文档，❶选择第 5 张幻灯片，❷单击【插入】选项卡【插图】组中

的【图表】按钮，如图 19-36 所示。

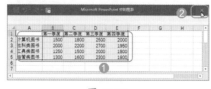

图 19-36

Step02 选择图表。打开【插入图表】对话框，❶左侧显示了提供的图表类型，选择需要的图表类型，如选择【柱形图】选项，❷在右侧选择【三维簇状柱形图】选项，❸单击【确定】按钮，如图 19-37 所示。

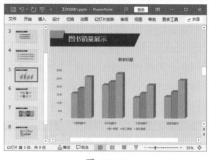

图 19-37

Step03 编辑图表数据。❶打开【Microsoft PowerPoint 中的图表】对话框，在单元格中输入相应的图表数据，❷输入完成后单击右上角的【关闭】按钮 ×关闭对话框，如图 19-38 所示。

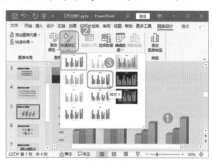

图 19-38

Step04 查看图表效果。返回幻灯片编辑区，即可看到插入的图表，效果如图 19-39 所示。

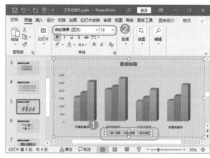

图 19-39

Step05 选择图表样式。❶选择图表，❷单击【图表设计】选项卡【图表样式】组中的【快速样式】按钮，❸在弹出的下拉列表中选择需要的图表样式，如选择【样式 5】选项，为图表应用选择的样式，如图 19-40 所示。

图 19-40

Step06 设置坐标轴字体格式。❶选择横坐标轴，在【开始】选项卡中对横坐标轴中文本的字体格式进行设置，❷对纵坐标轴和图例中文本的字体格式进行设置，效果如图 19-41 所示。

图 19-41

Step07 取消图表标题。选择图表，❶单击【图表设计】选项卡【图表布局】组中的【添加图表元素】按钮，❷在弹出的下拉菜单中选择添加的元

素，如选择【图表标题】选项，❸ 在弹出的级联菜单中选择元素添加的位置，如选择【无】选项，取消图表标题，如图 19-42 所示。

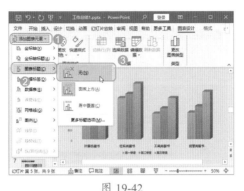

图 19-42

19.2 制作产品相册

当需要制作全图片型的演示文稿时，可以通过 PowerPoint 2021 提供的电子相册功能，快速将图片分配到演示文稿的每张幻灯片中，以提高制作幻灯片的效率。

★ 重点 19.2.1 实战：插入产品图片制作电子相册

实例门类	软件功能

通过 PowerPoint 2021 提供的电子相册功能，可以快速将多张图片平均分配到演示文稿的幻灯片中，对于制作产品相册等图片型的幻灯片来说非常方便。例如，在 PowerPoint 中制作产品相册演示文稿，具体操作步骤如下。

Step01 打开【相册】对话框。在新建的空白演示文稿中单击【插入】选项卡【图像】组中的【相册】按钮，如图 19-43 所示。

图 19-43

Step02 插入图片。打开【相册】对话框，单击【文件/磁盘】按钮，❶ 打开【插入新图片】对话框，在地址栏中设置图片保存的位置，❷ 然后选择所有的图片，❸ 单击【插入】按钮，如图 19-44 所示。

图 19-44

技能拓展——调整图片效果

如果需要对相册中某张图片的亮度、对比度等效果进行调整，可以在【相册】对话框的【相册中的图片】列表框中选中需要调整的图片，在右侧的【预览】栏下提供了多个调整图片效果的按钮，单击相应的按钮，即可对图片旋转角度、亮度和对比度等效果进行相应的调整。

Step03 设置相册中的图片。返回【相册】对话框，❶ 在【相册中的图片】列表框中选择需要显示在相册中的图片选项，❷ 在【图片版式】下拉列表框中选择需要在幻灯片中放置图片的数量和版式，❸ 在【相框形状】下拉列表框中选择需要的相框形状，❹ 单击【主题】文本框后的【浏览】按钮，如图 19-45 所示。

图 19-45

Step04 选择相册主题。❶ 打开【选择主题】对话框，选择需要应用的幻灯片主题，如选择【Retrospect.thmx】选项，❷ 单击【选择】按钮，如图 19-46 所示。

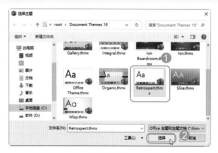

图 19-46

Step 05 编辑幻灯片文字。返回【相册】对话框，单击【创建】按钮，即可创建一个新的演示文稿，在其中显示了创建的相册效果，将该演示文稿保存为"产品相册"，然后选择第 1 张幻灯片，对占位符中的文本和字体格式进行修改，效果如图 19-47 所示。

图 19-47

19.2.2 实战：编辑产品相册

实例门类	软件功能

如果对制作的相册版式、主题等不满意，用户还可根据需要对其进行编辑。例如，继续上例操作，对"产品相册"演示文稿中相册的主题和文本框进行修改，具体操作步骤如下。

Step 01 打开【编辑相册】对话框。❶ 在打开的"产品相册"演示文稿中单击【插入】选项卡【图像】组中的

【相册】下拉按钮，❷ 在弹出的下拉菜单中选择【编辑相册】选项，如图 19-48 所示。

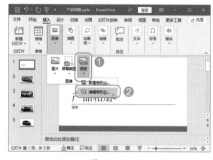

图 19-48

Step 02 编辑相册效果。打开【编辑相册】对话框，❶ 在【图片选项】栏中选中【标题在所有图片下面】复选框，❷ 在【相框形状】下拉列表框中选择【复杂框架，黑色】选项，❸ 单击【主题】文本框后的【浏览】按钮，如图 19-49 所示。

图 19-49

Step 03 选择相册主题。❶ 打开【选择主题】对话框，选择需要应用的幻灯片主题，如选择【Ion.thmx】选项，❷ 单击【选择】按钮，如图 19-50 所示。

图 19-50

Step 04 查看相册的编辑效果。返回【编辑相册】对话框，单击【更新】按钮，即可更改相册的主题，并在每张图片下面自动添加一个标题，效果如图 19-51 所示。

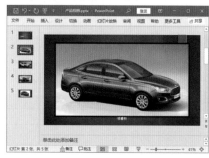

图 19-51

> **技能拓展——快速更改图片版式和相册主题**
>
> 如果只需要更改相册的相框形状和主题，也可直接在【图片格式】选项卡【图片样式】组中设置图片的样式，在【设计】选项卡【主题】组中应用需要的主题。

19.3 在幻灯片中插入音频文件

PowerPoint 2021 提供了音频功能，通过该功能可快速在幻灯片中插入保存或录制的音频文件，并且可对音频文件的播放效果进行设置，以增加幻灯片放映的听觉效果。

★ 重点 19.3.1 实战：在"公司介绍"中插入计算机中保存的音频文件

实例门类	软件功能

当需要插入计算机中保存的音频文件时，可以通过 PowerPoint 2021 提供的 PC 上的音频功能快速插入。例如，在"公司介绍"演示文稿中插入音频文件，具体操作步骤如下。

Step01 打开【插入音频】对话框。打开"素材文件\第 19 章\公司介绍.pptx"文档，❶选择第 1 张幻灯片，❷单击【插入】选项卡【媒体】组中的【音频】按钮，❸在弹出的下拉菜单中选择【PC 上的音频】选项，如图 19-52 所示。

图 19-52

Step02 选择音频文件。❶打开【插入音频】对话框，在地址栏中设置插入音频保存的位置，❷选择需要插入的音频文件【安妮的仙境】，❸单击【插入】按钮，如图 19-53 所示。

图 19-53

Step03 查看插入的音频。即可将选择的音频文件插入幻灯片中，并在幻灯片中显示音频文件的图标，效果如图

19-54 所示。

图 19-54

19.3.2 实战：在"益新家居"中插入录制的音频

实例门类	软件功能

使用 PowerPoint 2021 提供的录制音频功能可以为演示文稿添加解说词，以帮助观众理解传递的信息。例如，在"益新家居"演示文稿中插入录制的音频，具体操作步骤如下。

Step01 打开【录制声音】对话框。打开"素材文档\第 19 章\益新家居.pptx"文档，❶选择第 1 张幻灯片，❷单击【插入】选项卡【媒体】组中的【音频】按钮，❸在弹出的下拉列表中选择【录制音频】选项，如图 19-55 所示。

图 19-55

技术看板

如果要录制音频，首先要保证计算机安装了声卡和录制声音的设备，否则将不能进行录制。

Step02 输入音频名称。打开【录制声音】对话框，❶在【名称】文本框中输入录制的音频名称，如输入"公司介绍"，❷单击◉按钮，如图 19-56 所示。

图 19-56

Step03 进行声音录制。开始录制声音，录制完成后，❶单击【录制声音】对话框中的□按钮暂停声音录制，❷单击【确定】按钮，如图 19-57 所示。

图 19-57

技术看板

在【录制声音】对话框中单击▷按钮，可对录制的音频进行试听。

Step04 查看录制的音频插入幻灯片中的效果。即可将录制的声音插入幻灯片中，选择音频图标，在出现的播放控制条上单击▶按钮，如图 19-58 所示。

图 19-58

Step05 播放录制的音频。即可开始播放录制的音频，如图 19-59 所示。

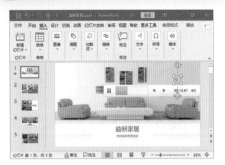

图 19-59

19.3.3 实战：对"公司介绍1"中的音频进行剪裁

实例门类	软件功能

如果插入幻灯片中的音频文件长短不能满足当前需要，那么可通过 PowerPoint 2021 提供的剪裁音频功能对音频文件进行剪辑。例如，对"公司介绍1"演示文稿中的音频文件进行剪辑，具体操作步骤如下。

Step01 进入音频裁剪状态。打开"素材文件\第19章\公司介绍1.pptx"文档，❶选择第1张幻灯片中的音频图标，❷单击【播放】选项卡【编辑】组中的【剪裁音频】按钮，如图19-60所示。

图 19-60

Step02 调整音频的开始位置。打开【剪裁音频】对话框，将鼠标指针移动到图标上，当鼠标指针变成⊩形状时，按住鼠标左键向右拖动调整声音播放的开始时间，效果如图19-61所示。

图 19-61

Step03 调整音频的结束位置。❶再将鼠标指针移动到图标上，当鼠标指针变成⊩形状时，按住鼠标左键向左拖动调整声音播放的结束时间，❷单击▶按钮，如图19-62所示。

图 19-62

Step04 确认音频裁剪。对剪裁的音频进行试听，试听完成，确认不再剪裁后，单击【确定】按钮确认即可，如图19-63所示。

图 19-63

技术看板

剪裁音频时，在【剪裁音频】对话框的【开始时间】和【结束时间】数值框中可直接输入音频的开始时间和结束时间进行剪裁。

★ 重点 19.3.4 实战：设置"公司介绍1"中音频的属性

实例门类	软件功能

在幻灯片中插入音频文件后，用户还可通过【播放】选项卡对音频文件的音量、播放时间、播放方式等属性进行设置。例如，继续上例操作，在"公司介绍1"演示文稿中对音频属性进行设置，具体操作步骤如下。

Step01 调整音频音量。❶在打开的"公司介绍1"演示文稿中，选择第1张幻灯片中的音频图标，❷单击【播放】选项卡【音频选项】组中的【音量】按钮，❸在弹出的下拉菜单中选择播放的音量，如选择【中等】选项，如图19-64所示。

图 19-64

Step02 设置音频的播放方式。❶单击【播放】选项卡【音频选项】组中的【开始】下拉按钮，❷在弹出的下拉菜单中选择开始播放的方式，如选择【自动】选项，如图19-65所示。

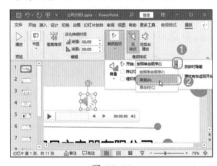

图 19-65

技术看板

在【开始】下拉菜单中选择【自动】选项，表示放映幻灯片时自动播放音频；选择【单击时】选项，表示在放映幻灯片时，只有执行音频播放操作，才会播放音频。

Step 03 设置音频播放时的状态。❶ 在【音频选项】组中选中【跨幻灯片播放】和【循环播放，直到停止】复选框，❷ 再选中【放映时隐藏】复选框，完成对声音属性的设置，如图19-66所示。

图 19-66

19.4 在幻灯片中插入视频文件

除了可在幻灯片中插入音频文件，还可插入需要的视频文件，并且可根据需要对视频文件的长短、播放属性等进行设置，以满足不同的播放需要。

重点 19.4.1 实战：在"汽车宣传"中插入计算机中保存的视频

实例门类	软件功能

如果计算机中保存有幻灯片需要的视频文件，则可直接将其插入幻灯片中，以提高效率。例如，在"汽车宣传"演示文稿中插入计算机中保存的视频文件，具体操作步骤如下。

Step 01 打开【插入视频文件】对话框。打开"素材文件\第19章\汽车宣传.pptx"文档，❶ 选择第2张幻灯片，❷ 单击【插入】选项卡【媒体】组中的【视频】按钮，❸ 在弹出的下拉菜单中选择【此设备】选项，如图19-67所示。

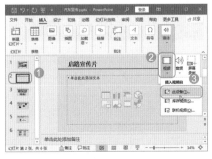

图 19-67

Step 02 选择视频文件。❶ 打开【插入视频文件】对话框，在地址栏中设置

计算机中视频保存的位置，❷ 然后选择需要插入的视频文件【汽车宣传片】，❸ 单击【插入】按钮，如图19-68所示。

图 19-68

Step 03 播放插入的视频。即可将选择的视频文件插入幻灯片中，选择视频图标，单击出现的播放控制条中的【播放】按钮，如图19-69所示。

图 19-69

Step 04 查看幻灯片中的视频。即可对插入的视频文件进行播放，效果如图19-70所示。

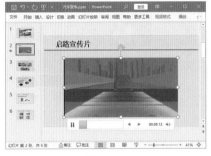

图 19-70

★ 新功能 19.4.2 实战：通过库存视频插入常见视频

实例门类	软件功能

在 PowerPoint 2021 中提供了一个视频库，其中准备了常用的一些高清视频，非常适合做片头片尾效果。如果计算机正常连接网络，那么通过库存视频功能，不仅可以插入无水印高清视频，还可以插入通过关键字搜索的网络视频，具体操作步骤如下。

Step 01 打开视频库。打开"素材文件\第19章\秋收麦穗模板.pptx"文档，❶ 选择第2张幻灯片，❷ 单击【插入】选项卡【媒体】组中的【视频】按钮，❸ 在弹出的下拉菜单中选择【库存视频】选项，如图19-71所示。

图 19-71

Step02 选择要插入的视频。❶ 在打开的对话框中选中需要插入的视频对应的复选框，❷ 单击【插入】按钮，如图 19-72 所示。

图 19-72

Step03 插入视频。即可将选择的视频插入到幻灯片中，如图 19-73 所示。

图 19-73

Step04 播放插入的视频。返回幻灯片编辑区，将幻灯片中的视频图标调整到合适大小，单击视频下方的【播放】按钮，如图 19-74 所示。

技术看板

将鼠标指针移动到视频图标上并双击，也可播放插入的视频。

图 19-74

Step05 查看视频内容。即可播放插入的视频文件，效果如图 19-75 所示。

图 19-75

技能拓展——插入网络中搜索到的视频

如果在网络上搜索到了需要的视频，可以在播放页面找到并复制该视频的代码，然后打开演示文稿，单击【媒体】组中的【视频】按钮，在弹出的下拉菜单中选择【联机视频】选项，在打开的对话框中粘贴刚刚复制的视频代码，即可将其粘贴到演示文稿中。不过目前 PowerPoint 只支持插入 YouTube、SlideShare、Vimeo、Stream、Flipgrid 的视频。

19.4.3 实战：对"汽车宣传 1"中的视频进行剪裁

实例门类	软件功能

如果在幻灯片中插入的是保存在计算机中的视频，那么还可像声音一样进行剪裁。例如，在"汽车宣传 1"演示文稿中对视频进行剪裁，具体操作步骤如下。

Step01 进入视频剪裁状态。打开"素材文件\第 19 章\汽车宣传 1.pptx"文档，❶ 选择第 2 张幻灯片中的视频图标，❷ 单击【播放】选项卡【编辑】组中的【剪裁视频】按钮，如图 19-76 所示。

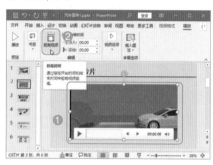

图 19-76

Step02 进行视频剪裁。打开【剪裁视频】对话框，❶ 在【开始时间】数值框中输入视频开始播放的时间，如输入"00:01.618"，❷ 在【结束时间】数值框中输入视频结束播放的时间，如输入"00:36.762"，❸ 单击【确定】按钮，如图 19-77 所示。

图 19-77

Step03 播放剪裁后的视频。返回幻灯片编辑区，单击播放控制条中的▶按钮，即可对视频进行播放，查看效果如图 19-78 所示。

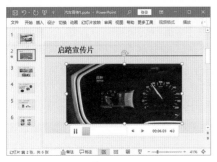

图 19-78

★ **重点 19.4.4 实战：对"汽车宣传1"中视频的播放属性进行设置**

实例门类	软件功能

与音频一样，要将视频的播放与幻灯片放映相结合，还需要对视频的播放属性进行设置。例如，继续上例操作，在"汽车宣传1"演示文稿中对视频的播放属性进行设置，具体操作步骤如下。

Step01 设置视频播放音量。在打开的"汽车宣传1"演示文稿的幻灯片中选择视频图标，❶ 单击【播放】选项卡【视频选项】组中的【音量】按钮，❷ 在弹出的下拉菜单中选择【中等】选项，如图 19-79 所示。

图 19-79

Step02 设置视频播放状态。保持视频图标的选择状态，在【视频选项】组中选中【全屏播放】复选框，这样在放映幻灯片时，将全屏放映视频文件，如图 19-80 所示。

图 19-80

妙招技法

下面结合本章内容，给大家介绍一些实用技巧。

技巧01：快速更改插入的图标

用户还可将幻灯片中插入的图标更改为其他图标。例如，在"销售工作计划2"演示文稿中对插入的图标进行更改，具体操作步骤如下。

Step01 打开【插入图标】对话框。打开"素材文件\第19章\销售工作计划 2.pptx"文档，❶ 选择第3张幻灯片中的箭头图标，❷ 单击【图形格式】选项卡【更改】组中的【更改图形】按钮，❸ 在弹出的下拉菜单中选择【自图像集】选项，如图 19-81 所示。

图 19-81

Step02 选择图标。❶ 打开【插入图标】对话框，在上方选择【分析】选项，❷ 在下方选中需要替换图标的对应复选框，❸ 单击【插入】按钮，如图 19-82 所示。

图 19-82

Step03 查看图标更改效果。即可开始下载图标，并更改图标，效果如图 19-83 所示。

图 19-83

在【更改图形】下拉菜单中选择【来自文件】选项，可以用计算机中保存的图片、图标等文件替换当前选择的图标；选择【自剪贴板】选项，可以直接用剪贴板中复制的内容进行替换。

技巧 02：在幻灯片中插入屏幕录制

通过屏幕录制功能可将正在进行的操作、播放的视频和正在播放的音频录制下来，并插入幻灯片中。例如，在"汽车宣传 2"演示文稿中插入录制的视频，具体操作步骤如下。

Step01 进入屏幕录制状态。先打开需要录制的视频，打开"素材文件\第19章\汽车宣传 2.pptx"文档，❶选择第 2 张幻灯片，❷单击【插入】选项卡【媒体】组中的【屏幕录制】按钮，如图 19-84 所示。

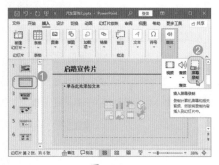

图 19-84

Step02 进入录制区域选择状态。❶切换计算机屏幕，在打开的屏幕录制对话框中单击【选择区域】按钮，❷此时鼠标指针将变成十形状，然后拖动鼠标在屏幕中绘制录制的区域，如图 19-85 所示。

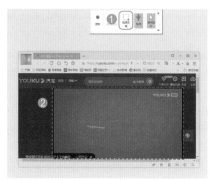

图 19-85

Step03 开始进行视频录制。录制区域绘制完成后，单击录制区域中的视频播放按钮，对视频进行播放，然后单击屏幕录制对话框中的【录制】按钮，如图 19-86 所示。

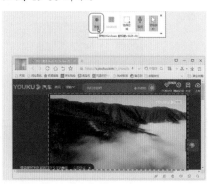

图 19-86

Step04 录制视频。开始对屏幕中播放的视频进行录制，如图 19-87 所示。

图 19-87

Step05 停止视频录制。录制完成后，按【Windows+Shift+Q】组合键停止录制，即可将录制的视频插入幻灯片中，并切换到 PowerPoint 窗口，在幻灯片中即可看到录制的视频，效果如图 19-88 所示。

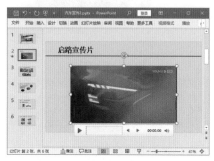

图 19-88

默认情况下，录制视频时会自动录制视频的声音，如果不想录制视频的声音，那么执行屏幕录制操作后，在屏幕录制对话框中单击【音频】按钮，即可取消声音录制。

技巧 03：如何将喜欢的图片设置为视频图标封面

在幻灯片中插入视频后，其视频图标上的画面将显示视频中的第 1 个场景，为了让幻灯片整体效果更加美观，可以将视频图标的显示画面更改为其他图片。例如，将"汽车宣传 3"演示文稿中的视频图标画面更改为计算机中保存的图片，具体操作步骤如下。

Step01 打开【插入图片】对话框。打开"素材文件\第19章\汽车宣传 3.pptx"文档，❶选择第 2 张幻灯片中的视频图标，❷单击【视频格式】选项卡【调整】组中的【海报框架】按钮，❸在弹出的下拉菜单中选择【文件中的图像】选项，如图 19-89 所示。

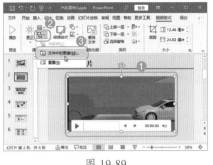

图 19-89

Step 02 选择插入图片的方式。打开【插入图片】对话框，根据需要选择合适的插入图片的方式，这里选择【来自文件】选项，如图 19-90 所示。

图 19-90

Step 03 选择视频封面图片。在打开的对话框中单击【浏览】按钮，❶ 打开【插入图片】对话框，在地址栏中选

择图片保存的位置，❷ 然后选择需要插入的图片【车】，❸ 单击【插入】按钮，如图 19-91 所示。

图 19-91

Step 04 查看视频图标效果。即可将插入的图片设置为视频图标的显示画面，效果如图 19-92 所示。

图 19-92

技能拓展——将视频图标显示画面更改为视频中的某一画面

除了可将计算机中保存的图片设置为视频图标的显示画面，还可将视频当前播放的画面设置为视频图标的显示画面。方法：播放视频，当播放到需要设置为视频图标封面的画面时，暂停视频播放，单击【海报框架】按钮，在弹出的下拉菜单中选择【当前帧】选项，即可将当前画面标记为视频图标的显示画面。

本章小结

通过本章知识的学习，相信读者已经掌握了图片、图标、形状、SmartArt 图形、表格、图表等图形对象在幻灯片中的使用方法，以及音频和视频等多媒体文件的插入与编辑方法。在实际应用过程中，多应用图形对象，可以使幻灯片的排版更灵活，效果更美观。本章在最后还介绍了图形对象和多媒体的编辑方法，以帮助用户制作出更加精美的幻灯片。

第20章 在PPT中添加链接和动画效果实现交互

> ➥ 在幻灯片中能不能实现单击某一对象就跳转到另一对象或另一幻灯片中呢？
> ➥ 动作按钮和动作是不是一样的？
> ➥ PowerPoint 2021 提供的缩放定位功能是什么？
> ➥ 能不能为同一个对象添加多个动画效果？
> ➥ 怎样让动画之间的播放更流畅？

在放映幻灯片的过程中，要想快速实现幻灯片对象与幻灯片、幻灯片与幻灯片之间的交互，可通过为幻灯片或幻灯片中的对象添加超链接、切换动画和动画效果来实现。本章将详细介绍超链接、动作按钮、动作、缩放定位、切换动画及动画效果等知识。

20.1 添加链接实现幻灯片交互

PowerPoint 2021 提供了超链接、动作按钮和动作等交互功能，通过为对象创建交互，在放映幻灯片时单击交互对象，即可快速跳转到链接的幻灯片，对其进行放映。

★ 重点 20.1.1 实战：为"旅游信息化"中的文本添加超链接

实例门类	软件功能

PowerPoint 2021 中提供了超链接功能，通过该功能可为幻灯片中的对象添加链接，以便在放映幻灯片的过程中快速跳转到指定位置。例如，在"旅游信息化"演示文稿中将幻灯片中的文本内容分别链接到对应的幻灯片，具体操作步骤如下。

Step01 打开【插入超链接】对话框。打开"素材文件\第20章\旅游信息化.pptx"文档，❶选择第2张幻灯片，❷选择"旅游信息化的概念"文本，❸单击【插入】选项卡【链接】组中的【链接】按钮，如图20-1所示。

Step02 选择超链接位置。打开【插入超链接】对话框，❶在【链接到】栏中选择链接的位置，如选择【本文档中的位置】选项，❸在【请选择文档中的位置】列表框中显示了当前演示

文稿的所有幻灯片，选择需要链接的幻灯片，如这里选择【3.幻灯片3】选项，❸在【幻灯片预览】栏中显示了链接的幻灯片效果，确认无误后单击【确定】按钮，如图20-2所示。

图20-1

图20-2

技术看板

若在【链接到】栏中选择【现有文件或网页】选项，可链接到当前文件或计算机中保存的文件，以及浏览过的网页；若选择【新建文档】选项，可新建一个文档，并链接到新建的文档中；若选择【电子邮件地址】选项，可链接到某个电子邮件地址。

Step03 查看超链接效果。返回幻灯片编辑区，即可看到添加超链接的文本颜色发生了变化，而且还为文本添加了下划线，效果如图20-3所示。

图20-3

Step04 为其他文本添加超链接。使用相同的方法，继续为幻灯片中其他需要添加超链接的文本添加超链接，效果如图20-4所示。

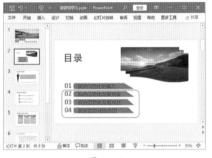

图 20-4

技能拓展——编辑超链接

如果添加的超链接位置不正确，可对其进行编辑更改。方法：选择需要编辑的超链接，单击【链接】按钮，打开【编辑超链接】对话框，在其中可对链接的对象和位置进行更改。

Step05 在放映幻灯片时使用超链接。在放映幻灯片的过程中，若单击添加超链接的文本，如这里单击"旅游信息化发展背景"文本，如图20-5所示。

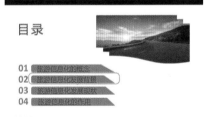

图 20-5

Step06 查看超链接的跳转效果。即可快速跳转到链接的幻灯片，并对其进行放映，效果如图20-6所示。

技能拓展——取消超链接

当不需要添加的超链接时，可以将其取消。方法：选择需要取消的超链接并右击，在弹出的快捷菜单中选择【删除链接】选项，即可取消选择的超链接。

图 20-6

20.1.2 实战：在"销售工作计划"中绘制动作按钮

实例门类	软件功能

动作按钮是一些被理解为用于转到下一张、上一张、最后一张等的按钮，通过这些按钮，在放映幻灯片时，可实现在幻灯片之间的跳转。例如，在"销售工作计划"演示文稿的第2张幻灯片中添加4个动作按钮，并对其效果进行设置，具体操作步骤如下。

Step01 选择动作按钮形状。打开"素材文件\第20章\销售工作计划.pptx"文档，❶ 选择第2张幻灯片，❷ 单击【插入】选项卡【插图】组中的【形状】按钮，❸ 在弹出的下拉列表的【动作按钮】栏中选择需要的动作按钮，如选择【动作按钮：后退或前一项】选项，如图20-7所示。

图 20-7

Step02 绘制动作按钮。此时鼠标指针变成+形状，在需要绘制的位置拖动鼠标绘制动作按钮，如图20-8所示。

图 20-8

Step03 设置动作按钮超链接。绘制完成后，释放鼠标，即可自动打开【操作设置】对话框，在其中对链接位置进行设置，这里保持默认设置，单击【确定】按钮，如图20-9所示。

图 20-9

Step04 设置动作按钮的高度。返回幻灯片编辑区，❶ 选择绘制的动作按钮，❷ 在【形状格式】选项卡【大小】组中的【高度】数值框中输入动作按钮的高度，如输入"1.4厘米"，按【Enter】键，所选动作按钮的高度将随之变化，如图20-10所示。

Step05 设置动作按钮的宽度。❶ 在【大小】组中的【宽度】数值框中输入动作按钮的宽度，如输入"1.6厘米"，按【Enter】键，所选动作按钮的宽度将随之变化，❷ 使用相同的方法在该按钮右侧再插入其他3个动作按钮，并进行高度和宽度的设置，完成后的效果如图 20-11 所示。

图 20-10

图 20-11

Step06 对齐动作按钮。❶ 选择 4 个动作按钮，❷ 单击【形状格式】选项卡【排列】组中的【对齐】按钮，❸ 在弹出的下拉菜单中选择【底端对齐】选项，如图 20-12 所示。

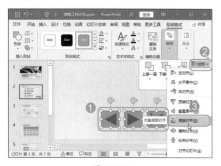

图 20-12

Step07 选择按钮形状样式。使选择的动作按钮对齐，然后对动作按钮之间的间距进行调整，完成后选择动作按钮，在【形状格式】选项卡【形状样式】组的下拉列表框中选择【浅色 1 轮廓，彩色填充 - 灰色，强调颜色 3】选项，如图 20-13 所示。

Step08 在放映时使用动作按钮跳转。进入幻灯片放映状态，单击动作按钮，

如单击【动作按钮：转到开头】按钮，如图 20-14 所示。

图 20-13

图 20-14

Step09 查看幻灯片跳转效果。即可快速跳转到首页幻灯片进行放映，效果如图 20-15 所示。

图 20-15

🎯 **技术看板**

如果需要为演示文稿中的每张幻灯片添加相同的动作按钮，可通过幻灯片母版进行设置。方法：进入幻灯片母版视图，选择幻灯片母版，然后绘制相应的动作按钮，并对其动作进行设置，完成后退出幻灯片母版即可。若要删除通过幻灯片母版添加的动作按钮，就必须进入幻灯片母版中进行删除。

20.1.3 实战：为"销售工作计划"中的文本添加动作

实例门类	软件功能

PowerPoint 2021 中还提供了动作功能，通过该功能可为所选对象提供当单击或鼠标指针悬停时要执行的操作，实现对象与幻灯片或对象与对象之间的交互，以便放映者对幻灯片进行切换。例如，继续上例操作，在"销售工作计划"演示文稿的第 2 张幻灯片中为部分文本添加动作，具体操作步骤如下。

Step01 为文本添加动作。❶ 在打开的"销售工作计划"演示文稿的第 2 张幻灯片中选择"2022年总体工作目标"文本，❷ 单击【插入】选项卡【链接】组中的【动作】按钮，如图 20-16 所示。

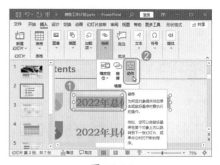

图 20-16

Step02 设置超链接。❶ 打开【操作设置】对话框，在【单击鼠标】选项卡中选中【超链接到】单选按钮，❷ 在下方的下拉列表框中选择动作链接的对象，如选择【幻灯片】选项，如图 20-17 所示。

🎯 **技术看板**

若在【操作设置】对话框中选择【鼠标悬停】选项卡，那么可对鼠标指针悬停动作进行添加。

图 20-17

Step03 选择链接幻灯片。❶ 打开【超链接到幻灯片】对话框，在【幻灯片标题】列表框中选择【3. 幻灯片 3】选项，❷ 单击【确定】按钮，如图 20-18 所示。

Step04 查看动作设置效果。返回【操作设置】对话框，单击【确定】按钮，返回幻灯片编辑区，即可查看为选择的文本添加的动作，添加动作后的文本与添加超链接后的文本颜色一样，

如图 20-19 所示。

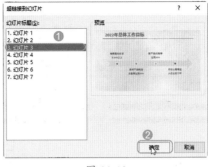

图 20-18

图 20-19

Step05 为其他文本添加动作。使用前面添加动作的方法，继续为第 2 张幻灯片中其他需要添加动作的文本添加动作，效果如图 20-20 所示。

图 20-20

20.2 缩放定位幻灯片

　　使用缩放定位功能可以跳转到特定幻灯片和分区进行演示。缩放定位包括摘要缩放定位、节缩放定位和幻灯片缩放定位 3 种，下面分别进行介绍。

★ 重点 20.2.1 实战：在"年终工作总结"中插入摘要缩放定位

实例门类	软件功能

　　摘要缩放定位是针对整个演示文稿而言的，可以将选择的节或幻灯片生成一个"目录"，这样演示时可以使用缩放从一个页面跳转到另一个页面进行放映。例如，在"年终工作总结"演示文稿中创建摘要，然后按摘要缩放幻灯片，具体操作步骤如下。

Step01 插入摘要缩放定位。打开"素材文件\第20章\年终工作总结.pptx"文档，❶ 选择第 2 张幻灯片，❷ 单击【插入】选项卡【链接】组中的【缩

放定位】按钮，❸ 在弹出的下拉菜单中选择【摘要缩放定位】选项，如图 20-21 所示。

图 20-21

Step02 选择缩放定位幻灯片。打开【插入摘要缩放定位】对话框，❶ 在列表框中选择需要创建为摘要的幻灯片，这里选择每节的首张幻灯片，❷ 单击

【插入】按钮，如图 20-22 所示。

图 20-22

技术看板

　　如果演示文稿是分节的，那么执行【摘要缩放定位】命令后，在【插入摘要缩放定位】对话框的列表框中将自动选择每节的首张幻灯片。

Step03 输入标题。即可在选择的幻灯片下方创建一张摘要页幻灯片，并默认按摘要页进行分节管理，然后在摘要页幻灯片中的标题占位符中输入标题，这里输入"摘要"，效果如图20-23所示。

图 20-23

Step04 单击幻灯片缩略图。放映幻灯片时，单击摘要页中的某节幻灯片缩略图，如单击第1个幻灯片缩略图，如图20-24所示。

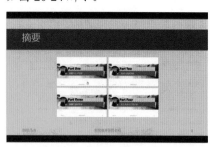

图 20-24

Step05 查看幻灯片放映效果。即可放大单击的幻灯片，并开始放映该节的幻灯片，如图20-25所示。

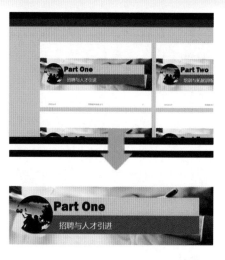

图 20-25

Step06 回到缩放定位页面的效果。演示完节中的幻灯片后，将自动缩放到摘要页，效果如图20-26所示。

图 20-26

★ **重点 20.2.2 实战：在"年终工作总结1"中插入节缩放定位**

实例门类	软件功能

如果演示文稿中创建有节，那么可通过节缩放定位创建指向某个节的链接，演示时，选择该链接就可以快速跳转到该节中的幻灯片进行放映，但在插入节缩放定位时，不会插入新幻灯片，而是插入当前选择的幻灯片中。例如，在"年终工作总结1"演示文稿中插入节缩放定位，具体操作步骤如下。

Step01 插入节缩放定位。打开"素材文件\第20章\年终工作总结1.pptx"文档，❶选择第3张幻灯片，❷单击【插入】选项卡【链接】组中的【缩放定位】按钮，❸在弹出的下拉菜单中选择【节缩放定位】选项，如图20-27所示。

图 20-27

Step02 选择节。打开【插入节缩放定位】对话框，❶在列表框中选择要插入的一个或多个节，这里选择第2个和第4个节，❷单击【插入】按钮，如图20-28所示。

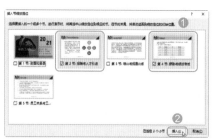

图 20-28

Step03 调整缩略图大小。即可在选择的幻灯片中插入选择的节缩略图，并像调整图片那样将节缩略图调整到合适的大小和位置，效果如图20-29所示。

图 20-29

Step04 单击某个节的缩略图。放映幻灯片时，单击某个节的幻灯片缩略图，如单击第4个节的缩略图，如图20-30所示。

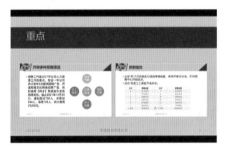

图 20-30

Step05 查看幻灯片放大效果。即可放大演示该节中的幻灯片，如图20-31所示，演示完成后将返回放置节缩略图的幻灯片中。

图 20-31

技术看板

如果演示文稿中没有节，那么节缩放功能不能用。

★ 重点 20.2.3 实战：在"年终工作总结2"中插入幻灯片缩放定位

实例门类	软件功能

幻灯片缩放定位是指在演示文稿中创建某个指向幻灯片的链接并且在放映时，只能按幻灯片顺序放大演示，演示完后返回当前幻灯片。例如，在"年终工作总结2"演示文稿中插入幻灯片缩放定位，具体操作步骤如下。

Step01 插入幻灯片缩放定位。打开"素材文件\第20章\年终工作总结2.pptx"文档，❶选择第2张幻灯片，❷单击【插入】选项卡【链接】组中的【缩放定位】按钮，❸在弹出的下拉菜单中选择【幻灯片缩放定位】按钮，如图20-32所示。

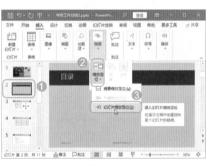

图 20-32

Step02 选择幻灯片。打开【插入幻灯片缩放定位】对话框，❶在列表框中选择要插入的一张或多张幻灯片，❷单击【插入】按钮，如图20-33所示。

图 20-33

Step03 调整缩略图的大小和位置。即可在选择的幻灯片中插入选择的幻灯片缩略图，将幻灯片缩略图调整到合适的大小和位置，如图20-34所示。

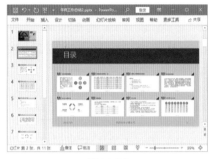

图 20-34

Step04 单击某张缩略图。放映幻灯片时，单击某张幻灯片的缩略图，如单击第5张幻灯片的缩略图，如图20-35所示。

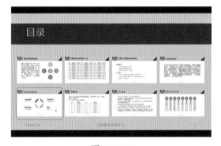

图 20-35

Step05 查看幻灯片放映效果。即可放大演示该幻灯片，如图20-36所示，该幻灯片放映完后，继续按顺序放映该幻灯片后的幻灯片，放映结束后，返回幻灯片缩略图。

图 20-36

20.3 为幻灯片添加切换动画

切换动画是指幻灯片与幻灯片之间进行切换的一种动画效果，使上一张幻灯片与下一张幻灯片的切换更自然。本节将对为幻灯片添加切换动画的相关知识进行介绍。

★ 重点 20.3.1 实战：在"手机宣传"中为幻灯片添加切换动画

实例门类	软件功能

PowerPoint 2021 中提供了很多幻灯片切换动画效果，用户可以选择需要的切换动画添加到幻灯片中，使幻灯片之间的切换更自然。例如，在"手机宣传"演示文稿中为幻灯片添加切换动画，具体操作步骤如下。

Step01 选择切换动画。打开"素材文件 \ 第20章 \ 手机宣传.pptx"文档，❶ 选择第1张幻灯片，单击【切换】选项卡【切换到此张幻灯片】组中的【切换效果】按钮，❷ 在弹出的下拉列表中选择需要的切换动画效果，如选择【擦除】选项，如图20-37所示。

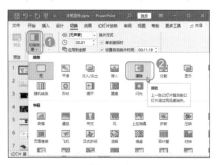

图 20-37

Step02 进入切换动画预览状态。即可为幻灯片添加选择的切换效果，并在幻灯片窗格中的幻灯片编号下添加图标，单击【切换】选项卡【预览】组中的【预览】按钮，如图20-38所示。

Step03 预览切换动画。即可对添加的切换动画效果进行播放预览，如图20-39所示。

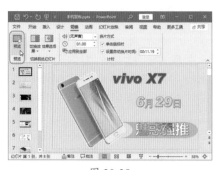

图 20-38

图 20-39

Step04 为其他幻灯片添加切换动画。然后使用相同的方法为其他幻灯片添加需要的切换动画，如图20-40所示。

图 20-40

技能拓展——快速为每张幻灯片添加相同的切换动画效果

如果需要为演示文稿中的所有幻灯片添加相同的页面切换效果，那么可先为演示文稿的第1张幻灯片添加

切换效果，然后单击【切换】选项卡【计时】组中的【应用到全部】按钮，即可将第1张幻灯片的切换效果应用到演示文稿的其他幻灯片中。

20.3.2 实战：对"手机宣传"中的幻灯片切换效果进行设置

实例门类	软件功能

为幻灯片添加切换动画后，用户还可根据实际需要对幻灯片切换动画的切换效果进行相应的设置。例如，继续上例操作，在"手机宣传"演示文稿中对幻灯片切换动画的切换效果进行设置，具体操作步骤如下。

Step01 选择第1张幻灯片切换效果。❶ 在打开的"手机宣传"演示文稿中选择第1张幻灯片，❷ 单击【切换】选项卡【切换到此张幻灯片】组中的【效果选项】按钮，❸ 在弹出的下拉菜单中选择需要的切换效果，如这里选择【自左侧】选项，如图20-41所示。

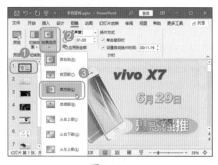

图 20-41

Step02 选择第2张幻灯片切换效果。此时，该幻灯片的切换动画方向将发生变化，❶ 选择第2张幻灯片，❷ 单击【切换】选项卡【切换到此张幻灯片】组中的【效果选项】按钮，❸ 在弹出的下拉菜单中选择【中央向

上下展开】选项，完成动画效果设置，如图 20-42 所示。

图 20-42

技术看板

不同的幻灯片切换动画提供的切换效果是不相同的。

★ 重点 20.3.3　实战：设置幻灯片切换时间和切换方式

实例门类	软件功能

对于为幻灯片添加切换动画效果，用户可以根据实际情况对幻灯片的切换时间和切换方式进行设置，以使幻灯片之间的切换更流畅。例如，继续上例操作，在"手机宣传"演示文稿中对幻灯片的切换时间和切换方式进行设置，具体操作步骤如下。

Step01 设置切换时间。❶ 在打开的"手机宣传"演示文稿中选择第 1 张幻灯片，❷ 在【切换】选项卡【计时】组中的【持续时间】数值框中输入幻灯片切换的时间，如这里输入"01.50"，如图 20-43 所示。

图 20-43

Step02 进入切换动画预览状态。❶ 在【计时】组中取消选中【设置自动换片时间】复选框，❷ 单击【切换】选项卡【预览】组中的【预览】按钮，如图 20-44 所示。

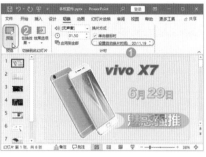

图 20-44

技术看板

若在【切换】选项卡【计时】组中选中【设置自动换片时间】复选框，在其后的数值框中输入自动换片的时间，则在进行幻灯片切换时，即可根据设置的换片时间进行自动切换。

Step03 预览切换动画。即可对幻灯片的页面切换动画效果进行播放，效果如图 20-45 所示。

图 20-45

20.3.4　实战：在"手机宣传"中设置幻灯片切换声音

实例门类	软件功能

为了使幻灯片放映时更生动，可以在幻灯片切换动画播放的同时添

加音效。PowerPoint 2021 中预设了爆炸、抽气、风声等多种声音，用户可根据幻灯片的内容和页面切换动画效果选择适当的声音。例如，继续上例操作，在"手机宣传"演示文稿中对幻灯片的切换声音进行设置，具体操作步骤如下。

Step01 为第 1 张幻灯片选择切换声音。❶ 在打开的"手机宣传"演示文稿中选择第 1 张幻灯片，❷ 在【切换】选项卡【计时】组中单击【声音】下拉按钮，❸ 在弹出的下拉菜单中选择需要的声音，如这里选择【风铃】选项，如图 20-46 所示。

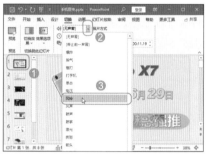

图 20-46

Step02 为第 8 张幻灯片选择切换声音。即可为幻灯片添加选择的切换声音，❶ 选择第 8 张幻灯片，❷ 在【切换】选项卡【计时】组中单击【声音】下拉按钮，❸ 在弹出的下拉菜单中选择【鼓掌】选项即可，如图 20-47 所示。

图 20-47

技能拓展——将计算机中保存的声音添加为切换声音

选择幻灯片，单击【计时】组中的【声音】下拉按钮，在弹出的下拉菜单中选择【其他声音】选项，打开【添加音频】对话框，在其中选择音频文件，单击【打开】按钮，即可将选择的音频设置为幻灯片切换的声音。

20.4 为幻灯片对象添加动画

PowerPoint 2021 中不仅内置了多种动画效果，还可以绘制动作路径动画，用户可根据实际情况为幻灯片中的对象添加单个或多个需要的动画效果，使幻灯片显得更具吸引力。

★ 重点 20.4.1 了解动画的分类

PowerPoint 2021 提供了进入动画、强调动画、退出动画及动作路径动画 4 种类型的动画效果，每种动画效果下又包含了多种相关的动画，不同的动画带来不一样的效果。动画类型分别介绍如下。

➡ 进入动画。进入动画是指对象进入幻灯片的动作效果，可以实现多种对象从无到有、陆续展现的动画效果，主要包括出现、淡出、飞入、浮入、形状、回旋、中心旋转等。

➡ 强调动画。强调动画是指对象从初始状态变化到另一个状态，再回到初始状态的效果。主要用于对象已出现在屏幕上，需要以动态的方式作为提醒的视觉效果的情况，常用在需要特别说明或强调突出的内容上。主要包括脉冲、跷跷板、补色、陀螺旋、波浪形等。

➡ 退出动画。退出动画是让对象从有到无、逐渐消失的一种动画效果。退出动画实现了画面的连贯过渡，是不可或缺的动画效果，主要包括消失、飞出、浮出、向外溶解、层叠等。

➡ 动作路径动画。动作路径动画是让对象按照绘制的路径运动的一种高级动画效果，可以实现动画的灵活变化，主要包括直线、弧形、六边形、漏斗、衰减波等。

20.4.2 实战：为"工作总结"中的对象添加单个动画效果

实例门类	软件功能

添加单个动画效果是指为幻灯片中的每个对象只添加一种动画效果。例如，在"工作总结"演示文稿中为幻灯片中的对象添加单个合适的动画效果，具体操作步骤如下。

Step01 选择进入动画。打开"素材文件＼第 20 章＼工作总结 .pptx"文档，❶ 选择第 1 张幻灯片中的"2021"文本框，单击【动画】选项卡【动画】组中的【动画样式】按钮，❷ 在弹出的下拉列表中选择需要的动画效果，如选择【进入】栏中的【翻转式由远及近】选项，如图 20-48 所示。

图 20-48

Step02 选择强调动画。即可为文本添加选择的进入动画，❶ 选择标题文本，为其添加【缩放】进入动画，❷ 选择副标题文本框，❸ 单击【动画】组中的【动画样式】按钮，❹ 在弹出的下拉列表中选择【强调】栏中的【放大 / 缩小】选项，如图 20-49 所示。

图 20-49

技术看板

若在【动画样式】下拉列表中选择【更多进入效果】选项，可打开【更多进入效果】对话框，在其中提供了更多的进入动画效果，用户可根据需要进行选择。

Step03 选择退出动画。即可为文本框添加选择的强调动画，❶ 选中人物图标，❷ 单击【动画】组中的【动画样式】按钮，❸ 在弹出的下拉列表中选择【退出】栏中的【消失】选项，如图 20-50 所示。

图 20-50

Step04 选择动作路径动画。即可为图标添加选择的退出动画，❶ 选择"汇报人：李甜"文本框，❷ 单击【动画】组中的【动画样式】按钮，❸ 在弹出的下拉列表中选择【动作路径】栏中的【直线】选项，如图 20-51 所示。

图 20-51

Step05 进入动画预览状态。即可为选择的对象添加动作路径动画，单击【动画】选项卡【预览】栏中的【预览】按钮，如图 20-52 所示。

图 20-52

技术看板

为幻灯片中的对象添加动画效果后，会在对象前面显示动画序号，如 1 、 2 等，表示动画播放的顺序。

Step06 预览页面动画。即可对所选幻灯片中对象的动画效果进行播放，播放效果如图 20-53 和图 20-54 所示。

技术看板

单击幻灯片窗格中序号下方的图标，也可对幻灯片中的动画效果进行预览。

图 20-53

图 20-54

★ 重点 20.4.3 实战：在"工作总结"中为同一对象添加多个动画效果

实例门类	软件功能

PowerPoint 2021 提供了高级动画功能，通过该功能可为幻灯片中的同一个对象添加多个动画效果。例如，继续上例操作，在"工作总结"演示文稿的幻灯片中为同一对象添加多个动画，具体操作步骤如下。

Step01 选择强调动画。❶ 在打开的"工作总结"演示文稿的第 1 张幻灯片中选择标题文本框，❷ 单击【动画】选项卡【高级动画】组中的【添加动画】按钮，❸ 在弹出的下拉列表中选择需要的动画，如选择【强调】栏中的【画笔颜色】选项，如图 20-55 所示。

Step02 添加进入动画。即可为标题文本框添加第 2 个动画，❶ 选择副标题文本框，❷ 单击【动画】选项卡【高级动画】组中的【添加动画】按钮，❸ 在弹出的下拉列表中选择【进入】

栏中的【擦除】选项，如图 20-56 所示。

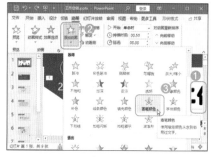

图 20-55

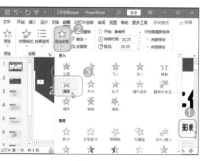

图 20-56

Step03 查看动画添加效果。即可为副标题文本框添加两个动画效果，如图 20-57 所示。

图 20-57

技术看板

如果要为幻灯片中的同一个对象添加多个动画效果，那么从添加第 2 个动画效果时起，都需要通过【添加动画】按钮才能实现，否则将替换前一动画效果。

Step04 为其他对象添加动画。使用前面添加单个和多个动画的方法，为其他幻灯片中需要添加动画的对象添加需要的动画，如图 20-58 所示。

图 20-58

★ 重点 20.4.4 实战：在"工作总结"中为对象添加自定义的路径动画

实例门类	软件功能

当 PowerPoint 2021 中内置的动画不能满足需要时，用户也可为幻灯片中的对象添加自定义的路径动画。例如，继续上例操作，在"工作总结"演示文稿中为第 5 张和第 6 张幻灯片中的部分对象添加绘制的动作路径动画，具体操作步骤如下。

Step 01 选择自定义路径动画。❶ 在打开的"工作总结"演示文稿中选择第 5 张幻灯片中的图表，❷ 单击【动画】选项卡【动画】组中的【动画样式】按钮，❸ 在弹出的下拉列表中选择【动作路径】栏中的【自定义路径】选项，如图 20-59 所示。

Step 02 绘制动作路径。此时的鼠标指针将变成十形状，在需要绘制动作路径的开始处单击并拖动鼠标绘制动作路径，如图 20-60 所示。

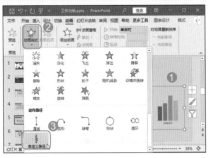

图 20-59

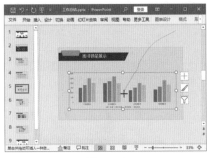

图 20-60

Step 03 完成路径动画绘制。绘制到合适位置后双击，即可完成路径的绘制，如图 20-61 所示。

技术看板

动作路径中绿色的三角形表示路径动画的开始位置，红色的三角形表示路径动画的结束位置。

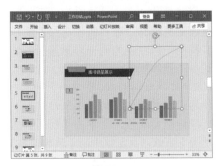

图 20-61

技能拓展——调整动作路径长短

绘制的动作路径就是动画运动的轨迹，但动画的路径长短并不是固定的，用户可以根据实际情况对绘制的路径长短进行调整。方法：选择绘制的动作路径，此时动作路径四周将显示控制点，将鼠标指针移动到任一控制点上，然后拖动鼠标进行调整即可。

Step 04 在第 6 张幻灯片中绘制动作路径。选择第 6 张幻灯片中的"01"形状，为其绘制一条自定义的动作路径，效果如图 20-62 所示。

图 20-62

Step 05 为其他形状绘制动作路径。使用前面绘制动作路径的方法再为幻灯片中的其他形状绘制动作路径，效果如图 20-63 所示。

图 20-63

20.5 编辑幻灯片对象动画

为幻灯片中的对象添加动画效果后，还需要对动画的效果选项、动画的播放顺序及动画的计时等进行设置，使幻灯片对象中各动画的衔接更自然，播放更流畅。

20.5.1 实战：在"工作总结"中设置幻灯片对象的动画效果选项

实例门类	软件功能

与设置幻灯片切换效果一样，为幻灯片对象添加动画后，用户还可以根据需要对动画的效果进行设置。例如，继续上例操作，在"工作总结"演示文稿中对幻灯片对象的动画效果进行设置，具体操作步骤如下。

Step01 选择动画效果。❶ 在打开的"工作总结"演示文稿中选择第1张幻灯片，❷ 选择"汇报人：李甜"文本框，❸ 单击【动画】选项卡【动画】组中的【效果选项】按钮，❹ 在弹出的下拉菜单中选择动画需要的效果选项，如这里选择【右】选项，如图20-64所示。

图 20-64

📄 技术看板

【动画】组的【效果选项】菜单中的选项并不是固定的，是根据动画效果的变化而变化的。

Step02 查看动画效果的改变。此时，动作路径的路径方向将发生变化，并对动作路径的长短进行相应的调整，效果如图20-65所示。

Step03 选择动画效果。❶ 选择第2张幻灯片所有添加动画的对象，❷ 单击【动画】选项卡【动画】组中的【效果选项】按钮，❸ 在弹出的下拉菜单

中选择【自左侧】选项，如图20-66所示。

图 20-65

图 20-66

Step04 设置其他动画的动画效果。动画效果将自左侧进入，效果如图20-67所示。然后使用相同的方法对其他动画的动画效果选项进行相应的设置。

图 20-67

★ 重点 20.5.2 实战：调整"工作总结"中动画的播放顺序

实例门类	软件功能

默认情况下，幻灯片中对象的播放顺序是根据动画添加的先后顺序来

决定的，但为了使各个动画能衔接起来，还需要对动画的播放顺序进行调整。例如，继续上例操作，在"工作总结"演示文稿中对幻灯片对象的动画播放顺序进行相应的调整，具体操作步骤如下。

Step01 打开【动画窗格】任务窗格。❶ 在打开的"工作总结"演示文稿中选择第1张幻灯片，❷ 单击【动画】选项卡【高级动画】组中的【动画窗格】按钮，如图20-68所示。

图 20-68

Step02 以拖动的方式调整动画顺序。❶ 打开【动画窗格】任务窗格，在其中选择需要调整顺序的动画效果选项，如选择【文本框22：年终工作总结】选项，❷ 按住鼠标左键向上进行拖动，将其拖动到第2个动画效果选项后，如图20-69所示。

图 20-69

Step03 以拖动的方式调整动画顺序。❶ 待出现红色直线时，释放鼠标，即可将所选动画效果选项移动到红色直线处，❷ 选择第7个动画效果选项，按住鼠标左键向上拖动，如图20-70所示。

图 20-70

Step04 查看动画顺序调整后的效果。拖动到合适位置后释放鼠标，即可将所选动画效果选项移动到目标位置，效果如图 20-71 所示。

图 20-71

Step05 通过按钮调整动画顺序。选择第 2 张幻灯片，❶ 在【动画窗格】任务窗格中选择【矩形 8：01】动画效果选项，❷ 单击▲按钮，如图 20-72 所示。

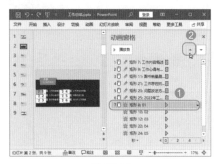

图 20-72

Step06 通过按钮的方式调整动画顺序。即可将选择的动画效果选项向前移动一步，❶ 继续将该动画效果向上移动，直到移动到最上方，❷ 选择【矩形 9：工作心得与体会】效果选项，❸ 单击▼按钮，如图 20-73 所示。

图 20-73

Step07 完成动画顺序调整。即可将所选的动画效果选项向后移动一步，使用前面移动效果选项的方法继续对该张幻灯片或其他幻灯片中的动画效果选项位置进行调整，如图 20-74 所示。

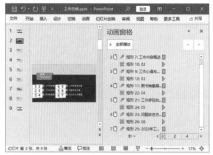

图 20-74

⚙ 技能拓展——通过【计时】组调整动画播放顺序

在【动画窗格】任务窗格中选择需要调整顺序的动画效果选项，单击【动画】选项卡【计时】组中的【向前移动】按钮，可将动画效果选项向前移动一步；单击【向后移动】按钮，可将动画效果选项向后移动一步。

★ 重点 20.5.3 实战：在"工作总结"中设置动画计时

实例门类	软件功能

为幻灯片对象添加动画后，还需要对动画计时进行设置，如动画播放方式、持续时间、延迟时间等，使幻灯片中的动画衔接更自然，播放更流畅。例如，继续上例操作，在"工作总结"演示文稿中对幻灯片动画的计时进行设置，具体操作步骤如下。

Step01 调整动画开始方式。❶ 在打开的"工作总结"演示文稿中选择第 1 张幻灯片，❷ 在【动画窗格】任务窗格中选择第 2～7 个动画效果选项，❸ 单击【动画】选项卡【计时】组中的【开始】下拉按钮，❹ 在弹出的下拉菜单中选择开始播放选项，如选择【上一动画之后】选项，如图 20-75 所示。

图 20-75

🔧 技术看板

【计时】组中的【开始】下拉菜单中提供的【单击时】选项，表示单击鼠标后，才开始播放动画；【与上一动画同时】选项表示当前动画与上一动画同时开始播放；【上一动画之后】选项，表示上一动画播放完成后，才开始进行播放。

Step02 调整动画的持续时间。❶ 在【动画窗格】任务窗格中选择第 2～5 个动画效果选项，❷ 在【动画】选项卡【计时】组中的【持续时间】数值框中输入动画的播放时间，如这里输入"01.00"，如图 20-76 所示。

图 20-76

Step03 设置动画的延迟时间。即可更改动画的播放时间，❶ 选择第 3 个和第 5 个动画效果选项，❷ 在【动画】选项卡【计时】组中的【延迟】数值框中输入动画的延迟播放时间，如这里输入"00.50"，如图 20-77 所示。

图 20-77

Step04 设置动画的延迟时间。选择第 2 张幻灯片，❶ 在【动画窗格】任务窗格中选择需要设置动画计时的动画效果选项，❷ 在【延迟】数值框中输入"00.25"，如图 20-78 所示。

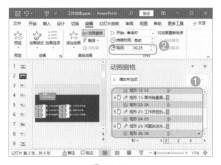

图 20-78

Step05 打开动画参数设置对话框。❶ 在【动画窗格】任务窗格中选择带文本内容的动画效果选项并右击，❷ 在弹出的快捷菜单中选择【计时】选项，如图 20-79 所示。

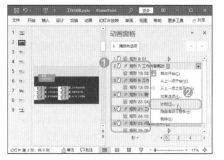

图 20-79

Step06 设置动画的计时参数。❶ 打开【飞入】对话框，默认选择【计时】选项卡，在【开始】下拉列表框中选择动画开始播放的时间，如选择【上一动画之后】选项，❷ 在【延迟】数值框中输入延迟播放时间，如这里输入"0.5"，❸ 在【期间】下拉列表框中选择动画持续播放的时间，如这里选择【中速(2 秒)】选项，❹ 单击【确定】按钮，如图 20-80 所示。

图 20-80

> **技术看板**
>
> 　　【飞入】对话框【计时】选项卡中的【重复】下拉列表框用于设置动画重复播放的时间。

Step07 调整动画效果。在放映状态下查看设置的动画效果，并对不满意的细节进行处理，第 2 张幻灯片中的动画效果最后设置如图 20-81 所示。

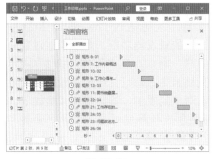

图 20-81

> **技术看板**
>
> 　　在设置动画计时过程中，可以通过单击【动画窗格】任务窗格中的【播放自】【播放所选项】或【全部播放】按钮，及时对设置的动画效果进行预览，以便及时调整动画的播放顺序和计时等。

> **技能拓展——通过拖动时间轴调整动画计时**
>
> 　　【动画窗格】任务窗格中每个动画效果选项后都有一个颜色块，也就是时间轴，颜色块的长短决定动画播放的时间长短，因此，通过拖动时间轴也可调整动画的开始时间和结束时间。方法：将鼠标指针移动到需要调整的动画效果选项的时间轴上，即可显示该动画的开始时间和结束时间，再将鼠标指针移动到需要调整开始或结束时间的时间轴上，当鼠标指针变成⤡形状时，按住鼠标左键向左或向右拖动即可。

20.6 使用触发器触发动画

　　触发器就是通过单击一个对象，触发另一个对象或动画的发生。在幻灯片中，触发器可以是图片、图形、按钮，甚至可以是一个段落或文本框。下面对触发器的使用进行介绍。

★ 重点 20.6.1 实战：在"工作总结1"中添加触发器

实例门类	软件功能

只要幻灯片中包含动画、视频或声音，就可通过 PowerPoint 2021 中提供的触发器功能，触发其他对象的动画。例如，在"工作总结1"演示文稿第 7 张幻灯片中使用触发器来触发对象的发生，具体操作步骤如下。

Step01 选择触发对象。打开"素材文件\第 20 章\工作总结 1.pptx"文档，❶ 选择第 7 张幻灯片中需要添加触发器的文本框，❷ 单击【动画】选项卡【高级动画】组中的【触发】按钮，❸ 在弹出的下拉列表中选择【通过单击】选项，❹ 在弹出的级联列表中选择需要单击的对象，如选择【Text Box 9】选项，如图 20-82 所示。

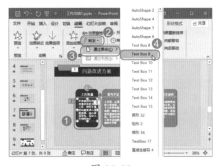

图 20-82

Step02 成功添加触发器。即在所选文本框前面添加一个触发器，效果如图 20-83 所示。

图 20-83

Step03 为第 2 个文本框添加触发器。❶ 选择第 2 个需要添加触发器的文本框，❷ 单击【高级动画】组中的【触发】按钮，❸ 在弹出的下拉列表中选择【通过单击】选项，❹ 在弹出的级联列表中选择【Text Box 10】选项，如图 20-84 所示。

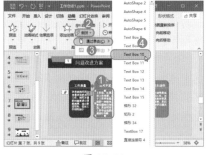

图 20-84

Step04 为其他文本框添加触发器。使用相同的方法为该幻灯片中其他需要添加触发器的文本框添加触发器，效果如图 20-85 所示。

图 20-85

中单击【触发器】按钮，展开触发器选项，选中【单击下拉对象时启动效果】单选按钮，在其后的下拉列表框中选择对象，单击【确定】按钮即可。

20.6.2 实战：在"工作总结1"中预览触发器效果

实例门类	软件功能

幻灯片中添加的触发器，在放映幻灯片的过程中，可对其触发效果进行预览。例如，继续上例操作，在"工作总结1"演示文稿中预览触发器效果，具体操作步骤如下。

Step01 单击添加了触发器的文本框。在"工作总结1"演示文稿中放映第 7 张幻灯片时，将鼠标指针移动到"工作质量"文本上并单击，如图 20-86 所示。

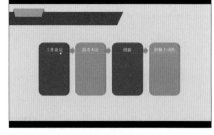

图 20-86

Step02 查看触发效果。即可弹出直线下方的文本，如图 20-87 所示。

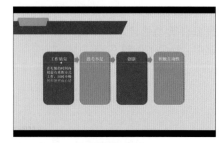

图 20-87

Step03 查看其他文本框的触发效果。将鼠标指针移动到"创新"文本上并单击，即可弹出直线下方的文本，效果如图 20-88 所示。

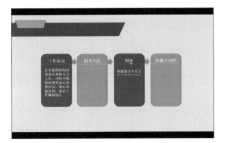

图 20-88

妙招技法

下面结合本章内容，给大家介绍一些实用技巧。

技巧 01：设置缩放选项

设置缩放定位幻灯片后，用户还可根据需要对幻灯片缩放选项进行设置，如缩放时间、幻灯片缩放图像等。例如，在"年终工作总结 3"演示文稿中设置幻灯片缩放选项，具体操作步骤如下。

Step01 更改图像。打开"素材文件\第20章\年终工作总结 3.pptx"文档，❶选择第 3 张幻灯片缩放定位中的第 1 张幻灯片，❷单击【缩放】选项卡【缩放定位选项】组中的【更改图像】按钮，如图 20-89 所示。

图 20-89

Step02 选择插入图片的方式。打开【插入图片】对话框，根据需要选择图片插入的方式，这里选择【来自文件】选项，如图 20-90 所示。

Step03 选择图片。在打开的对话框中单击【浏览】按钮，❶打开【插入图片】对话框，在地址栏中选择图片所

保存的位置，❷然后选择需要插入的图片【背景】，❸单击【插入】按钮，如图 20-91 所示。

图 20-90

图 20-91

Step04 取消缩放定位切换。即可将选择的图片作为幻灯片缩放定位的封面，❶选择缩放定位文本框，❷取消选中【缩放定位选项】组中的【缩放定位切换】复选框，如图 20-92 所示。

图 20-92

Step05 单击幻灯片缩放。取消幻灯片缩放定位的缩放切换，这样放映幻灯片时，单击幻灯片缩放，如图 20-93 所示，即可直接切换到需要放映的幻灯片中。

图 20-93

技巧 02：使用动画刷快速复制动画

如果要使幻灯片中的其他对象或其他幻灯片中的对象应用相同的动画效果，可通过【动画刷】复制动画，使对象快速拥有相同的动画效果。例

如，在"工作总结2"演示文稿中使用【动画刷】复制动画，具体操作步骤如下。

Step 01 单击【动画刷】按钮。打开"素材文件\第20章\工作总结2.pptx"文档，❶ 选择第1张幻灯片已设置好动画效果的标题占位符，❷ 单击【动画】选项卡【高级动画】组中的【动画刷】按钮，如图20-94所示。

图 20-94

Step 02 复制动画。此时鼠标指针将变成 形状，将鼠标指针移动到需要应用复制的动画效果的对象上，如图20-95所示。

图 20-95

技术看板

选择已设置好动画效果的对象后，按【Alt+Shift+C】组合键，也可对对象的动画效果进行复制。

Step 03 查看动画复制效果。即可为文本应用复制的动画效果，而该文本框上原有的动画会被删除，如图20-96所示。

图 20-96

技巧03：设置动画播放后的效果

除了可对动画的播放声音进行设置，还可对动画播放后的效果进行设置。例如，在"工作总结2"演示文稿中对部分文本动画播放后的效果进行设置，具体操作步骤如下。

Step 01 打开动画效果设置对话框。打开"工作总结2.pptx"文档，❶ 选择第3张幻灯片，❷ 在【动画窗格】任务窗格中选择相应的动画效果选项并右击，在弹出的快捷菜单中选择【效果选项】选项，如图20-97所示。

图 20-97

Step 02 设置动画播放后的颜色。打开【擦除】对话框，默认选择【效果】选项卡，❶ 单击【动画播放后】下拉按钮，❷ 在弹出的下拉列表框中选择动画播放后的效果，如选择【紫色】选项，❸ 然后单击【确定】按钮，如图20-98所示。

图 20-98

Step 03 预览动画。返回幻灯片编辑区，对动画效果进行预览，待文字动画播放完毕后，文字的颜色将变成设置的紫色，效果如图20-99所示。

图 20-99

Step 04 设置第4张幻灯片的播放颜色。使用相同的方法将第4张幻灯片文本动画播放后的文字颜色设置为紫色，效果如图20-100所示。

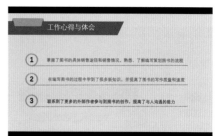

图 20-100

本章小结

通过本章知识的学习，相信读者已经掌握了在演示文稿中实现跳转、缩放定位及添加动画的操作方法，在制作 PPT 时，合理运用动画可以提升幻灯片的整体效果，使幻灯片更具视觉冲击力。本章在最后还讲解了设置缩放选项、使用动画刷复制动画和设置动画播放后的效果等技巧，以帮助用户更快更好地制作出想要的 PPT 效果。

第21章 PPT 的放映、共享和输出

- ➡ 放映演示文稿前应该做哪些准备呢？
- ➡ 能不能指定放映演示文稿中的部分幻灯片呢？
- ➡ 放映过程中怎样有效控制幻灯片的放映过程？
- ➡ 能不能让其他人查看演示文稿的放映过程？
- ➡ 演示文稿可以导出为哪些文件？

因为幻灯片中添加的多媒体文件、超链接、动画等都只有在放映幻灯片时才能看到整体效果，所以放映幻灯片是必不可少的。本章将对放映前应做的准备、放映过程中的控制及共享、导出等相关知识进行讲解。

21.1 做好放映前的准备

为了查看演示文稿的整体效果，制作完演示文稿后还需要进行放映，为了满足不同的放映场合，在放映之前，还需要做一些准备工作。

21.1.1 实战：在"楼盘项目介绍"中设置幻灯片放映类型

实例门类	软件功能

演示文稿的放映类型主要有演讲者放映、观众自行浏览和在展台浏览3种，用户可以根据放映场所来选择放映类型。例如，在"楼盘项目介绍"演示文稿中设置放映类型，具体操作步骤如下。

Step01 打开【设置放映方式】对话框。打开"素材文件\第21章\楼盘项目介绍.pptx"文档，单击【幻灯片放映】选项卡【设置】组中的【设置幻灯片放映】按钮，如图21-1所示。

图 21-1

Step02 设置放映方式。❶打开【设置放映方式】对话框，在【放映类型】栏中选择放映类型，如选中【观众自行浏览(窗口)】单选按钮，❷单击【确定】按钮，如图21-2所示。

图 21-2

技术看板

在【设置放映方式】对话框中除了可对放映类型进行设置，在【放映选项】栏中还可指定放映时的声音文件、解说或动画在演示文稿中的运行方式等；在【放映幻灯片】栏中可对放映幻灯片的数量进行设置，如放映全部幻灯片，放映连续几张幻灯片或自定义放映指定的任意几张幻灯片；在【推进幻灯片】栏中对幻灯片动画的切换方式进行设置。

Step03 放映幻灯片。此时，放映幻灯片时，将以窗口的形式进行放映，效果如图21-3所示。

图 21-3

21.1.2 实战：在"楼盘项目介绍"中隐藏不需要放映的幻灯片

实例门类	软件功能

对于演示文稿中不需要放映的幻灯片，在放映之前可先将其隐藏，待需要放映时再将其显示出来。例如，

继续上例操作，在"楼盘项目介绍"演示文稿中隐藏不需要放映的幻灯片，具体操作步骤如下。

Step01 隐藏幻灯片。❶在打开的"楼盘项目介绍"演示文稿中选择第 3 张幻灯片，❷单击【幻灯片放映】选项卡【设置】组中的【隐藏幻灯片】按钮，如图 21-4 所示。

图 21-4

Step02 查看幻灯片隐藏状态。即可在幻灯片窗格所选幻灯片的序号上添加斜线（\），表示隐藏该幻灯片，并且在放映幻灯片时不会放映，如图 21-5 所示。

图 21-5

💿 技术看板

在幻灯片窗格中选择需要隐藏的幻灯片并右击，在弹出的快捷菜单中选择【隐藏幻灯片】选项，也可实现幻灯片的隐藏。

Step03 隐藏其他幻灯片。使用前面隐藏幻灯片的方法隐藏演示文稿中其他不需要放映的幻灯片，效果如图 21-6 所示。

图 21-6

⚙️ 技能拓展——显示隐藏的幻灯片

如果需要将隐藏的幻灯片显示出来，那么首先选择隐藏的幻灯片，再次单击【幻灯片放映】选项卡【设置】组中的【隐藏幻灯片】按钮，即可取消幻灯片的隐藏。

★ 重点 21.1.3 实战：通过排练计时记录幻灯片播放时间

实例门类	软件功能

如果希望幻灯片按照规定的时间进行自动播放，那么可通过 PowerPoint 2021 提供的排练计时功能来记录每张幻灯片放映的时间。例如，继续上例操作，在"楼盘项目介绍"演示文稿中使用排练计时，具体操作步骤如下。

Step01 进入排练计时状态。在"楼盘项目介绍"演示文稿中单击【幻灯片放映】选项卡【设置】组中的【排练计时】按钮，如图 21-7 所示。

图 21-7

Step02 记录幻灯片放映时间。进入幻灯片放映状态，并打开【录制】窗格记录第 1 张幻灯片的播放时间，如图 21-8 所示。

图 21-8

💿 技术看板

若在排练计时过程中出现错误，可以单击【录制】窗格中的【重复】按钮↺，可重新开始当前幻灯片的录制；单击【暂停】按钮⏸，可以暂停当前排练计时的录制。

Step03 播放第 2 张幻灯片。第 1 张幻灯片录制完成后，单击鼠标，进入第 2 张幻灯片的录制，效果如图 21-9 所示。

图 21-9

💿 技术看板

对于隐藏的幻灯片，将不能对其进行排练计时。

Step04 保存排练计时。继续单击鼠标，进行下一张幻灯片的录制，直至录制完最后一张幻灯片的播放时间后，按【Esc】键，打开提示对话框，在其中显示了录制的总时间，单击【是】按钮进行保存，如图 21-10 所示。

图 21-10

Step05 进入幻灯片浏览视图。返回幻灯片编辑区，单击【视图】选项卡【演示文稿视图】组中的【幻灯片浏览】按钮，如图 21-11 所示。

图 21-11

Step06 查看每张幻灯片的时间。进入幻灯片浏览视图，在每张幻灯片下方将显示播放的时间，如图 21-12 所示。

图 21-12

技术看板

设置了排练计时后，打开【设置放映方式】对话框，选中【如果出现计时，则使用它】单选按钮，此时放映演示文稿时，才能自动放映演示文稿。

★ 新功能 21.1.4 实战：录制有旁白和幻灯片排练时间的幻灯片放映

仅有排练计时，还不能完全增强基于 Web 的或自运行的幻灯片放映效果，PowerPoint 2021 中提供了一个新功能，可以在排练计时的同时添加旁白。只需要在计算机中配置声卡、麦克风和扬声器及（可选）网络摄像头，就可以录制 PowerPoint 演示文稿并捕获旁白、幻灯片排练时间和墨迹笔势。

录制完成后，它就像其他可以在幻灯片放映中为观众播放的演示文稿一样，或者可以将演示文稿另存为视频文件。

在录制幻灯片放映前，需要先将幻灯片中曾经录制的排练计时和旁白删除，以免放映幻灯片时放映旁白或使用排练计时。例如，要先清除"楼盘项目介绍 1"演示文稿中的排练计时和旁白，然后重新录制有旁白和幻灯片排练时间的幻灯片放映，具体操作步骤如下。

Step01 清除幻灯片中的计时。打开"素材文件\第 21 章\楼盘项目介绍 1.pptx"文档，❶ 进入幻灯片浏览视图，单击【幻灯片放映】选项卡【设置】组中的【录制幻灯片演示】下拉按钮，❷ 在弹出的下拉菜单中选择【清除】选项，❸ 在弹出的级联菜单中选择所需的清除选项，如选择【清除所有幻灯片中的计时】选项，如图 21-13 所示。

图 21-13

Step02 清除旁白。即可清除演示文稿中所有幻灯片的计时，❶ 单击【设置】组中的【录制幻灯片演示】下拉按钮，❷ 在弹出的下拉菜单中选择【清除】选项，❸ 在弹出的级联菜单中选择【清除所有幻灯片中的旁白】选项，如图 21-14 所示。

图 21-14

Step03 查看清除效果。即可清除所有幻灯片中的标注墨迹，效果如图 21-15 所示。

图 21-15

Step04 重新录制幻灯片演示。❶ 单击【设置】组中的【录制幻灯片演示】下拉按钮，❷ 在弹出的下拉菜单中选择【从头开始录制】选项，如图 21-16 所示。

图 21-16

Step**05** 准备录制。进入录制界面，在最下方提供了添加墨迹的笔和颜色，❶ 根据需要先设置好要用的笔形和颜色，这里单击红色色块即可，❷ 在界面左上角提供了录制用的按钮，单击【开始录制】按钮，如图 21-17 所示。

图 21-17

Step**06** 录制倒计时。随后进行 3 秒倒计时，然后开始录制，效果如图 21-18 所示。

图 21-18

Step**07** 录制下一张幻灯片。开始录制后，当前幻灯片显示在"录制"界面的主窗格中，如果需要切换到下一张幻灯片，可以单击当前幻灯片两侧的导航键，如图 21-19 所示。

图 21-19

技术看板

使用录制界面右下角的 ███ 按钮打开或关闭麦克风、摄像头和摄像头

预览，方便在演示过程中录制/关闭音频或视频旁白。

Step**08** 添加墨迹。如果需要在幻灯片中添加墨迹，直接拖动鼠标进行绘制即可，效果如图 21-20 所示。

图 21-20

Step**09** 结束录制。要结束录制，单击界面左上角的【停止】按钮即可，如图 21-21 所示。录制的幻灯片的右下角将出现一个音频图标（如果在录制过程中 Web 摄像头处于打开状态，那么会显示来自网络摄像头的静止图像）。单击【重播】按钮还可以重新播放当前录制的演示文稿。

图 21-21

技术看板

录制的幻灯片演示排练时间也会自动保存。在"幻灯片浏览"视图中，排练时间会显示在每张幻灯片下方。

★ 重点 21.1.5　实战：在"楼盘项目介绍"中放映幻灯片

实例门类	软件功能

PowerPoint 2021 中提供了从头开始放映和从当前幻灯片开始放映两种放映方式。从头开始放映就是从演示文稿的第 1 张幻灯片开始进行放映；从当前幻灯片开始放映是指从演示文稿当前选择的幻灯片开始进行放映，用户可以根据需要选择放映。例如，在"楼盘项目介绍"演示文稿中从头开始放映幻灯片，具体操作步骤如下。

Step**01** 从头开始放映幻灯片。打开"素材文件\第21章\楼盘项目介绍.pptx"文档，单击【幻灯片放映】选项卡【开始放映幻灯片】组中的【从头开始】按钮，如图 21-22 所示。

图 21-22

Step**02** 放映第 1 张幻灯片。即可进入幻灯片放映状态，并从演示文稿第 1 张幻灯片开始进行全屏放映，效果如图 21-23 所示。

图 21-23

Step**03** 放映第 2 张幻灯片。第 1 张幻灯片放映完成后，单击鼠标，即可进

入第 2 张幻灯片的放映状态，效果如图 21-24 所示。

图 21-24

Step04 完成放映。继续对其他幻灯片进行放映，放映完成后，进入黑屏状态，并提示【放映结束，单击鼠标退出。】信息，如图 21-25 所示。单击鼠标，即可退出幻灯片放映状态，返回普通视图中。

图 21-25

★ 重点 21.1.6 实战：在"年终工作总结"中指定要放映的幻灯片

实例门类	软件功能

放映幻灯片时，用户也可根据需

要指定演示文稿中要放映的幻灯片。例如，在"年终工作总结"演示文稿中指定要放映的幻灯片，具体操作步骤如下。

Step01 打开【自定义放映】对话框。打开"素材文件\第 21 章\年终工作总结.pptx"文档，❶ 单击【幻灯片放映】选项卡【开始放映幻灯片】组中的【自定义幻灯片放映】按钮，❷ 在弹出的下拉菜单中选择【自定义放映】选项，如图 21-26 所示。

图 21-26

Step02 新建自定义放映。打开【自定义放映】对话框，单击【新建】按钮，如图 21-27 所示。

图 21-27

Step03 添加需要放映的幻灯片。打开【定义自定义放映】对话框，❶ 在【幻灯片放映名称】文本框中输入放映名称，如输入"主要内容"，❷ 在【在演示文稿中的幻灯片】列表框选中需要放映幻灯片前面的复选框，❸ 单击【添加】按钮，如图 21-28 所示。

图 21-28

Step04 确定自定义放映设置。即可将选择的幻灯片添加到【在自定义放映中的幻灯片】列表框中，单击【确定】按钮，如图 21-29 所示。

图 21-29

Step05 放映幻灯片。返回【自定义放映】对话框，在其中显示了自定义放映幻灯片的名称，单击【放映】按钮，如图 21-30 所示。

图 21-30

Step06 查看自定义放映效果。即可对指定的幻灯片进行放映，效果如图 21-31 所示。

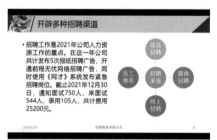

图 21-31

21.2　有效控制幻灯片的放映过程

在放映演示文稿的过程中，要想有效传递幻灯片中的信息，那么演示者对幻灯片放映过程的控制非常重要。下面对幻灯片放映过程中的一些控制手段进行讲解。

★ 重点 21.2.1　实战：在放映过程中快速跳转到指定的幻灯片

实例门类	软件功能

在放映幻灯片的过程中，如果不按顺序进行放映，那么可通过右键菜单快速跳转到指定的幻灯片进行放映。例如，在"年终工作总结"演示文稿中快速跳转到指定的幻灯片进行放映，具体操作步骤如下。

Step01 放映下一张幻灯片。打开"素材文件\第21章\年终工作总结.pptx"文档，进入幻灯片放映状态，在放映的幻灯片上右击，在弹出的快捷菜单中选择【下一张】选项，如图21-32所示。

图 21-32

Step02 查看所有幻灯片。即可放映下一张幻灯片，在该幻灯片上右击，在弹出的快捷菜单中选择【查看所有幻灯片】选项，如图21-33所示。

图 21-33

Step03 单击要放映的幻灯片。在打开的页面中显示了演示文稿中的所有幻灯片，单击需要查看的幻灯片，如单击第9张幻灯片，如图21-34所示。

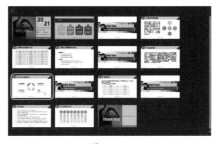

图 21-34

Step04 放映特定的幻灯片。即可切换到第9张幻灯片，并对其进行放映，效果如图21-35所示。

图 21-35

★ 重点 21.2.2　实战：在"销售工作计划"中为幻灯片重要的内容添加标注

实例门类	软件功能

在放映过程中，还可根据需要为幻灯片中的重点内容添加标注。例如，在"销售工作计划"演示文稿的放映状态下为幻灯片中的重要内容添加标注，具体操作步骤如下。

Step01 选择荧光笔。打开"素材文件\第21章\销售工作计划.pptx"文档，开始放映幻灯片，① 放映到需要标注

重点的幻灯片时，在其上右击，在弹出的快捷菜单中选择【指针选项】选项，② 在弹出的级联菜单中选择【荧光笔】选项，如图21-36所示。

图 21-36

📖 技术看板

在【指针选项】级联菜单中选择【笔】选项，可使用笔对幻灯片中的重点内容进行标注。

Step02 选择笔的类型和颜色。① 再次右击，在弹出的快捷菜单中选择【指针选项】选项，② 在弹出的级联菜单中选择【墨迹颜色】选项，③ 再在弹出的下一级菜单中选择荧光笔需要的颜色，如选择【紫色】选项，如图21-37所示。

图 21-37

Step03 用荧光笔进行标注。此时，鼠标指针将变成┃形状，然后在需要标

注的文本上拖动鼠标圈出来,如图21-38所示。

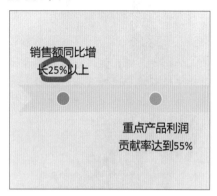

图 21-38

Step04 选择荧光笔。继续在该幻灯片中拖动鼠标标注重点内容,❶标注完成后右击,在弹出的快捷菜单中选择【指针选项】选项,❷在弹出的级联菜单中选择【荧光笔】选项,如图21-39所示。

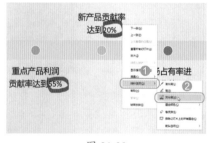

图 21-39

Step05 保留墨迹注释。即可使鼠标指针恢复到正常状态,然后单击继续进行放映,放映完成后单击鼠标,可打开【Microsoft PowerPoint】提示框,提示是否保留墨迹注释,这里单击【保留】按钮,如图21-40所示。

图 21-40

Step06 查看保存的墨迹。即可对标注的墨迹进行保存,返回普通视图中,

也可看到保存的标注墨迹,效果如图21-41所示。

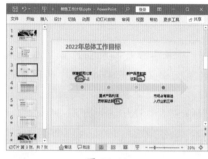

图 21-41

技能拓展——删除幻灯片中的标注墨迹

当不需要幻灯片中的标注墨迹时,可将其删除。方法:在普通视图中选择幻灯片中的标注墨迹,按【Delete】键,即可删除。

21.2.3 实战 在"销售工作计划"中使用演示者视图进行放映

实例门类	软件功能

PowerPoint 2021 中还提供了演示者视图功能,通过该功能可以在一个监视器上全屏放映幻灯片,而在另一个监视器左侧显示正在放映的幻灯片、计时器和一些简单操作按钮,右侧显示下一张幻灯片和研究者备注。例如,在"销售工作计划"演示文稿中使用演示者视图进行放映,具体操作步骤如下。

Step01 进入演示者视图。打开"素材文件\第21章\销售工作计划.pptx"文档,从头开始放映幻灯片,在第1张幻灯片上右击,在弹出的快捷菜单中选择【显示演示者视图】选项,如图21-42所示。

图 21-42

Step02 查看演示者视图窗口。打开演示者视图窗口,如图21-43所示。

图 21-43

Step03 单击放大按钮。在幻灯片放映区域上单击,可切换到下一张幻灯片进行放映,在放映到需要放大显示的幻灯片上时,单击【放大】按钮🔍,如图21-44所示。

图 21-44

Step04 放大需要放大的内容。此时鼠标指针将变成🔍形状,并自带一个半透明框,将鼠标指针移动到放映的幻灯片上,将半透明框移动到需要放大查看的内容上,如图21-45所示。

图 21-45

Step05 查看内容放大效果。单击鼠标，即可放大显示半透明框中的内容，效果如图 21-46 所示。

图 21-46

Step06 移动放大区域。将鼠标指针移动到放映的幻灯片上，鼠标指针将变成🖐形状，按住鼠标左键拖动放映的幻灯片，可调整放大显示的区域，效果如图 21-47 所示。

图 21-47

Step07 结束放映。查看完成后，再次单击【放大】按钮🔍，使幻灯片恢复到正常大小，继续对其他幻灯片进行放映，放映完成后，将黑屏显示，再次单击，即可退出演示者视图，如图 21-48 所示。

图 21-48

📣 技术看板

在演示者视图中单击【笔和荧光笔工具】按钮🖊，可在该视图中标记重点内容；单击【请查看所有幻灯片】按钮▦，可查看演示文稿中的所有幻灯片；单击【变黑或还原幻灯片】按钮▦，放映幻灯片的区域将变黑，再次单击可还原；单击【更多放映选项】按钮▦，可执行隐藏演示者视图、结束放映等操作。

21.3 打包和导出演示文稿

制作好的演示文稿往往需要在不同的情况下进行放映或查看，所需要的文件格式也不一定相同。因此，需要根据不同使用情况合理地导出幻灯片文件。在 PowerPoint 2021 中，用户可以将制作好的演示文稿输出为多种形式，如将幻灯片进行打包，保存为图片、PDF 文件、视频文件或进行发布等。

★ 重点 21.3.1 实战：打包"楼盘项目介绍"演示文稿

实例门类	软件功能

打包演示文稿是指将演示文稿打包到一个文件夹中，包括演示文稿和一些必要的数据文件（如链接文件），以供在没有安装 PowerPoint 的计算机中观看。例如，对"楼盘项目介绍"演示文稿进行打包，具体操作步骤如下。

Step01 打包成 CD。打开"素材文件\第 21 章\楼盘项目介绍.pptx"文档，选择【文件】选项卡，❶ 在打开的页面左侧选择【导出】选项，❷ 在中间选择导出的类型，如选择【将演示文稿打包成 CD】选项，❸ 在页面右侧单击【打包成 CD】按钮，如图 21-49 所示。

图 21-49

Step02 复制到文件夹。打开【打包成 CD】对话框，单击【复制到文件夹】按钮，如图 21-50 所示。

图 21-50

Step03 输入文件夹名称。打开【复制到文件夹】对话框，❶ 在【文件夹名称】文本框中输入文件夹的名称，如这里输入"楼盘项目介绍"，❷ 单击【浏览】按钮，如图 21-51 所示。

图 21-51

Step04 选择文件保存的位置。打开【选择位置】对话框，❶ 在地址栏中设置演示文稿打包后保存的位置，❷ 然后单击【选择】按钮，如图 21-52 所示。

图 21-52

Step05 确定文件打包。返回【复制到文件夹】对话框，在【位置】文本框中显示打包后的保存位置，单击【确定】按钮，如图 21-53 所示。

图 21-53

技术看板

在【复制到文件夹】对话框中选中【完成后打开文件夹】复选框，表示打包完成后，将自动打开文件夹。

Step06 将链接一同打包。打开提示对话框，提示用户是否选择打包演示文稿中的所有链接文件，这里单击【是】按钮，如图 21-54 所示。

Step07 查看打包效果。开始打包演示文稿，打包完成后将自动打开保存的文件夹，在其中可看到打包的文件，如图 21-55 所示。

图 21-54

图 21-55

技术看板

如果需要将演示文稿导出为其他视频格式，那么可在【另存为】对话框的【保存类型】下拉菜单中选择需要的视频格式选项即可。

★ 重点 21.3.2 实战：将"楼盘项目介绍"演示文稿导出为视频文件

实例门类	软件功能

如果需要在视频播放器上播放演示文稿，或者在没有安装 PowerPoint 2021 软件的计算机上播放，可以将演示文稿导出为视频文件，这样既可以播放幻灯片中的动画效果，又可以保护幻灯片中的内容不被他人使用。例如，将"楼盘项目介绍"演示文稿导出为视频文件，具体操作步骤如下。

Step01 创建视频。打开"素材文件\第 21 章\楼盘项目介绍 .pptx"文档，选择【文件】选项卡，❶ 在打开的页面左侧选择【导出】选项，❷ 在中间选择导出的类型，如选择【创建视频】选项，❸ 单击右侧的【创建视频】按钮，如图 21-56 所示。

图 21-56

Step02 设置文件保存位置。打开【另存为】对话框，❶ 在地址栏中设置视频保存的位置，❷ 其他保持默认设置，单击【保存】按钮，如图 21-57 所示。

图 21-57

技术看板

如果计算机安装有刻录机，还可将演示文稿打包到 CD 中。方法：准备一张空白光盘，打开【打包成 CD】对话框，单击【复制到 CD】按钮即可。

Step03 开始制作视频。开始制作视频，并在 PowerPoint 2021 工作界面的状态栏中显示视频的导出进度，如图 21-58 所示。

图 21-58

Step04 播放视频。导出完成后，即可使用视频播放器将其打开，预览演示文稿的播放效果，如图 21-59 所示。

图 21-59

技能拓展——设置幻灯片导出为视频的秒数

默认将幻灯片导出为视频后，每张幻灯片播放的时间为 5 秒，用户可以根据幻灯片中动画的多少在【创建视频】页面右侧的【放映每张幻灯片的秒数】数值框中输入幻灯片播放的时间，然后单击【创建视频】按钮进行创建即可。

21.3.3 实战：将"楼盘项目介绍"演示文稿导出为 PDF 文件

实例门类	软件功能

在 PowerPoint 2021 中也可将演示文稿导出为 PDF 文件，这样演示文稿中的内容就不能再进行修改。例如，将"楼盘项目介绍"演示文稿导出为 PDF 文件，具体操作步骤如下。

Step01 将文件保存为 PDF。打开"素材文件\第 21 章\楼盘项目介绍.pptx"文档，选择【文件】选项卡，在打开的页面左侧选择【导出为 PDF】选项，如图 21-60 所示。

Step02 导出文件。打开【发布为 PDF】对话框，在地址栏中设置发布后文件的保存位置，然后单击【发布】按钮，此时会打开【正在导出】对话框，在其中显示导出的进度，如图 21-61

所示。

图 21-60

图 21-61

Step03 查看 PDF 文件。发布完成后，即可打开发布的 PDF 文件，效果如图 21-62 所示。

图 21-62

21.3.4 实战：将"汽车宣传"中的幻灯片导出为图片

实例门类	软件功能

有时为了宣传和展示，需要将演示文稿中的多张幻灯片（包含背景）导出，此时可以通过提供的"导出为图片"功能，将演示文稿中的幻灯片导出为图片。例如，将"汽车宣传"演示文稿中的幻灯片导出为图片，具体操作步骤如下。

Step01 另存文件为 JPG 图片。打开"素

材文件\第 21 章\汽车宣传.pptx"文档，选择【文件】选项卡，❶ 在打开的页面左侧选择【导出】选项，❷ 在中间选择【更改文件类型】选项，❸ 在页面右侧的【图片文件类型】栏中选择导出的图片格式，如选择【JPEG 文件交换格式】选项，❹ 单击【另存为】按钮，如图 21-63 所示。

图 21-63

技术看板

在【更改文件类型】页面右侧的【演示文稿类型】栏中还提供了模板、PowerPoint 放映等多种类型，用户也可选择需要的演示文稿类型进行导出。

Step02 选择保存位置。打开【另存为】对话框，❶ 在地址栏中设置导出的位置，❷ 其他保持默认设置不变，单击【保存】按钮，如图 21-64 所示。

图 21-64

Step03 选择幻灯片范围。打开【Microsoft PowerPoint】对话框，提示用户"您希望导出哪些幻灯片？"，这里单击【所有幻灯片】按钮，如图 21-65 所示。

图 21-65

Step**04** 查看保存为图片的效果。即可将演示文稿中的所有幻灯片导出为图片文件，如图 21-66 所示。

图 21-66

妙招技法

下面结合本章内容，给大家介绍一些实用技巧。

技巧 01：使用快捷键，让放映更加方便

在放映演示文稿的过程中，为了使放映更加简单和高效，可以通过 PowerPoint 2021 提供的幻灯片放映快捷键来实现。如果不知道放映的快捷键，那么可在幻灯片全屏放映状态下按【F1】键，打开【幻灯片放映帮助】对话框，在其中显示了放映过程中需要用到的快捷键，如图 21-67 所示。

图 21-67

技巧 02：如何将字体嵌入演示文稿中

如果制作的演示文稿中使用了系统自带字体之外的其他字体，那么

将演示文稿发送到其他计算机上进行浏览时，若该计算机没有安装该演示文稿中使用的字体，那么演示文稿中使用该字体的文字将使用系统默认的其他字体进行代替，字体原有的样式将发生变化。如果希望幻灯片中的字体在未安装原有字体的计算机上也能正常显示出原字体的样式，那么保存时，可以将字体嵌入演示文稿中，这样在没有安装字体的计算机上也能正常显示。例如，在"汽车宣传"演示文稿中嵌入字体，具体操作步骤如下。

Step**01** 将字体嵌入文件。打开"素材文件\第 21 章\汽车宣传 .pptx"文档，❶ 打开【PowerPoint 选项】对话框，在左侧选择【保存】选项，❷ 在右侧选中【将字体嵌入文件】复选框，❸ 单击【确定】按钮，如图 21-68 所示。

图 21-68

Step**02** 保存文件。再对演示文稿进行保存，即可将使用的字体嵌入演示文稿中，如图 21-69 所示。

图 21-69

本章小结

　　通过本章知识的学习，相信读者已经掌握了幻灯片放映、共享和输出等相关知识，在放映演示文稿时，要想有效控制幻灯片的放映过程，就需要演示者合理地进行操作。本章在最后还介绍了放映、输出的一些技巧，以帮助用户快速放映、输出幻灯片。

第5篇 办公实战篇

为了更好地理解和掌握 Word、Excel 和 PPT 2021 的基本知识和技巧，本篇将分别制作几个较为完整的实用案例，通过整个制作过程，让读者学会举一反三，轻松使用 Word、Excel 和 PPT 高效办公。

第22章 实战应用：制作述职报告

→ 怎样使用 Word、Excel 和 PPT 制作一个完整项目？

→ 在演示文稿中如何快速调用 Word 和 Excel 中的文本和数据？

→ 如何协调和整理一个由 Word、Excel 和 PPT 制作的项目内容？

本章通过对述职报告的实例制作来展示 Word、Excel 和 PPT 的综合应用，认真学习本章，读者不仅能找到以上问题的答案，而且能掌握使用 Word、Excel 和 PPT 制作项目的思路和方法。

22.1 使用 Word 制作述职报告文档

实例门类	文档内容输入＋页面排版＋文档打印

述职报告是职场人士对一定时期内工作的回顾和总结分析，特别是对成绩的展示，从而得到领导的认可，同时找出工作中存在的不足，分析问题并找出解决办法，以指导以后的工作和实践。述职报告的内容包括自我认识、岗位职责、成绩、存在的不足、今后的工作重点和方向。其主要结构通常由封面、正文和落款部分构成，如果内容较多，可插入目录，作为引导。以销售经理制作的述职报告为例，完成后的效果如图 22-1 所示。

22.1.1 输入述职报告文档内容

述职内容是述职者本人对上岗就职后一段时间的认知和总结，需要用户手动进行输入，无法通过复制来完成。在整个过程中，有 3 个主要步骤：一是新建空白文档并将其保存为"述职报告"；二是输入文档内容，同时开启拼写检查防止错误；三是保存文档。具体操作步骤如下。

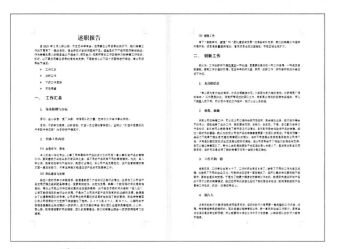

图 22-1

Step01 新建文档。启动 Word 2021 程序，在欢迎界面单击【空白文档】按钮新建空白文档，然后按【F12】键，如图 22-2 所示。

图 22-2

Step02 保存文档。❶ 在打开的【另存为】对话框中选择保存路径，❷ 设置保存名称，❸ 单击【保存】按钮确认保存，如图 22-3 所示。

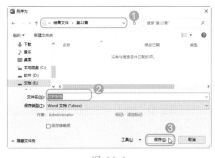

图 22-3

Step03 设置更正选项。打开【Word 选项】对话框，❶ 选择【校对】选项，❷ 在【在 Word 中更正拼写和语法时】栏中选中相应的校对复选框，❸ 单击【确定】按钮，如图 22-4 所示。

图 22-4

Step04 输入标题。将文本插入点定位在文档起始位置，切换到相应的输入法中，输入报告标题文本"述职报告"，按【Space】键输入，然后按【Enter】键分行，如图 22-5 所示。

图 22-5

Step05 输入报告的其他内容。以同样的方法输入报告的其他内容，如图 22-6 所示。

图 22-6

22.1.2　设置文档内容格式

输入述职报告的内容后，需对其格式进行设置，从而让整个文档具有可读性和规范性。

1. 设置字体格式

手动输入述职报告内容后，系统会为其应用默认的字体格式【等线】，为了文档整体样式更加规范和协调，这里将中文字体更改为【新宋体】、英文字符字体更改为【Arial】，具体操作步骤如下。

Step01 设置字体格式。按【Ctrl+A】组合键选择文档全部内容，按【Ctrl+D】组合键打开【字体】对话框，❶ 在【字体】选项卡中分别设置【中文字体】为【新宋体】、【西文字体】

为【Arial】，❷单击【确定】按钮，如图 22-7 所示。

图 22-7

Step 02 设置标题文本格式。❶选择标题文本，❷设置【字号】为【二号】，❸单击【加粗】按钮 **B**，如图 22-8 所示。

图 22-8

2. 设置标题和落款的对齐方式

述职报告的标题和落款是文档的"头"和"尾"，它们的对齐方式稍显特殊，标题要水平居中，落款要右对齐。用户需要手动进行设置，具体操作步骤如下。

Step 01 设置标题居中。❶将文本插入点定位在标题文本位置，❷单击【居中】按钮≡，如图 22-9 所示。

Step 02 设置落款右对齐。❶选择落款文本，❷单击【右对齐】按钮≡，如图 22-10 所示。

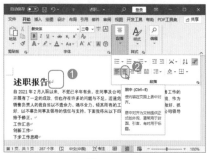

图 22-9

图 22-10

3. 设置段前段后行距和首行缩进

在文档中可以明显看到整个述职报告内容显得拥挤，看上去密密麻麻的，这时需要对段前段后的行距进行调整，首行设置缩进，具体操作步骤如下。

Step 01 打开【段落】对话框。❶选择述职报告内容文本，❷单击【段落】组中的【对话框启动器】按钮，如图 22-11 所示。

图 22-11

Step 02 设置段落格式。打开【段落】对话框，❶设置【首行】缩进值为【2字符】，❷设置【段前】【段后】为【0.5 行】，【行距】为【单倍行距】，

❸单击【确定】按钮，如图 22-12 所示。

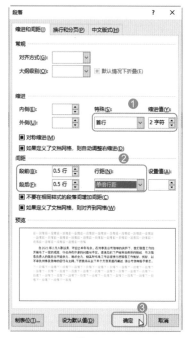

图 22-12

4. 新建标题样式

要让整个报告层次分明、结构清晰，还需为相应的标题文本添加标题样式，如 2 级标题样式、3 级标题样式等，这里通过样式来快速实现，具体操作步骤如下。

Step 01 打开【修改样式】对话框。❶在【样式】列表框中的【标题 1】样式选项上右击，❷在弹出的快捷菜单中选择【修改】选项，如图 22-13 所示。

图 22-13

Step 02 设置字体样式。打开【修改样式】对话框，❶设置【字体】为【等

线（中文正文）】、【字号】为【三号】，❷ 单击【格式】下拉按钮，❸ 在弹出的下拉列表中选择【段落】选项，如图 22-14 所示。

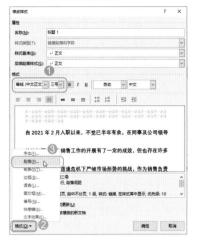

图 22-14

Step03 设置段落样式。打开【段落】对话框，❶ 设置【段前】【段后】为【12 磅】，【行距】为【单倍行距】，❷ 单击【确定】按钮，如图 22-15 所示。

图 22-15

Step04 打开【编号和项目符号】对话框。返回【修改样式】对话框中，❶ 单击【格

式】下拉按钮，❷ 在弹出的下拉列表中选择【编号】选项，如图 22-16 所示。

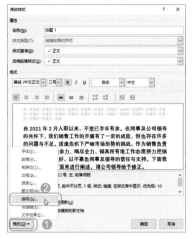

图 22-16

Step05 设置编号。打开【编号和项目符号】对话框，❶ 选择中文大写编号，❷ 单击【确定】按钮，如图 22-17 所示。返回【修改样式】对话框中，单击【确定】按钮。

图 22-17

Step06 修改标题 2 样式。以同样的方法修改【标题 2】样式，如图 22-18 所示。

Step07 新建标题 3 样式。新建一个名为"标题 3"的样式，并进行格式设置，效果如图 22-19 所示。

图 22-18

图 22-19

5. 应用标题样式

在修改标题样式时，系统不会自动对相应的标题文本进行样式应用，需要用户手动操作，具体操作步骤如下。

Step01 选择样式。❶ 选择"工作汇总"1 级标题文本，❷ 在【样式】列表框中选择【标题 1】选项应用样式，如图 22-20 所示。

Step02 单击【格式刷】按钮。❶ 保持文本插入点在应用 1 级标题段落位置，❷ 单击【格式刷】按钮，如图 22-21 所示。

Step03 使用格式刷。选择相应的 1 级标题文本应用样式，如图 22-22 所示。

图 22-20

图 22-21

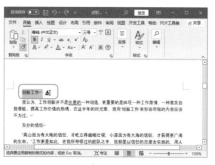

图 22-22

Step04 设置其他标题样式。❶以同样的方法在报告中应用 2、3 级标题样式，❷让每一层级标题在相应的层级下从"1"开始编号（在目标编号上右击，在弹出的快捷菜单中选择【重新开始于 1】选项），如图 22-23 所示。

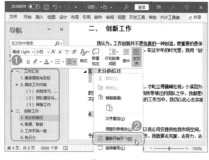

图 22-23

6. 微调标题缩进

报告中各级标题都是左对齐的，层级关系没有梯度感，特别是 1 级标题和 2 级标题之间，这时可通过微调标题缩进来轻松解决，具体操作步骤如下。

Step01 拖动标尺。❶选择任一 2 级标题编号，❷在标尺中拖动【首行缩进】标尺▽，如图 22-24 所示。

图 22-24

Step02 使用【格式刷】设置标题格式。使用【格式刷】依次刷新所有的 2 级标题文本，让其自动进行首行缩进，如图 22-25 所示。然后手动调整各个层级下的 3 级标题，让其重新从 1 开始编号（用户也可手动依次对 3 级标题的首行缩进进行微调）。

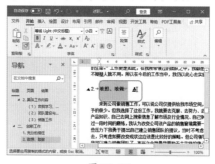

图 22-25

7. 为项目条款添加项目符号

为了让项目中的并列条款更加直观明了，可为其添加项目符号，方法：❶选择项目文本，❷单击【项目符号】按钮 ≔ 右侧的下拉按钮，❸在弹出的下拉列表中选择▷项目符号选项，如图 22-26 所示。

图 22-26

8. 为条款添加数字编号

在述职报告中有多处条款文本，而且这些条款具有一定的先后顺序，这时，用户需要为其添加编号，进行直观展示，具体操作步骤如下。

Step01 选择编号。❶选择具有先后顺序的条款文本，❷单击【编号】下拉按钮 ≔、，❸在弹出的下拉列表中选择相应的编号选项，如图 22-27 所示。

图 22-27

Step02 为其他文本添加编号。以同样的方法为述职报告中的其他条款文本添加编号，如图 22-28 所示。

图 22-28

22.1.3 完善和打印文档

由于本篇述职报告内容较多，因此需要为其添加封面、目录，并将其打印分发给相应的受众。

1. 插入报告封面

述职报告封面样式一般都比较简洁，不需要太花哨或是太复杂，因此Word 中自带的封面样式完全可用，这里直接插入"边线型"封面，具体操作步骤如下。

Step01 选择封面样式。❶单击【插入】选项卡【页面】组中的【封面】下拉按钮，❷在弹出的下拉列表中选择【边线型】封面，如图 22-29 所示。

图 22-29

Step02 在封面输入相应内容。在封面中输入相应内容，如图 22-30 所示。

图 22-30

2. 插入目录

为了让读者能对述职报告有一个快速和直观的了解，并方便引导其阅读，需要为报告插入目录，具体操作步骤如下。

Step01 插入空白页。❶将文本插入点

定位在标题"述职报告"前的位置，❷单击【插入】选项卡【页面】组中的【空白页】按钮，在封面和内容之间插入空白页来放置目录，如图22-31 所示。

图 22-31

Step02 插入目录。将文本插入点定位在空白页中，❶单击【引用】选项卡【目录】组中的【目录】下拉按钮，❷在弹出的下拉列表中选择【自动目录 1】选项，如图 22-32 所示。

图 22-32

3. 从述职报告内容页开始插入页码

在述职报告中插入目录页码并不准确，因为目录页自身占有页码，这时，需要重新插入不包括目录页的页码，也就是从述职报告内容页开始给页码编号，具体操作步骤如下。

Step01 插入分节符。将文本插入点定位在封面页的最后位置，❶单击【布局】选项卡【页面设置】组中的【分隔符】下拉按钮，❷在弹出的下拉列表中选择【下一页】选项，如图22-33 所示。

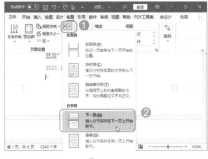

图 22-33

Step02 取消链接到前一条页眉。❶在第 2 页的页脚位置双击进入页眉和页脚编辑状态，❷单击【链接到前一节】按钮，如图 22-34 所示。

图 22-34

Step03 插入页码。❶将文本插入点定位在页脚文本框中，单击【页码】下拉按钮，❷选择【页面底端】→【普通数字 2】选项，如图 22-35 所示。

图 22-35

Step04 设置页码首页不同。❶在目录页中选择插入的页码【0】，❷取消选中【首页不同】复选框，让封面页中的页码隐藏，❸单击【页眉和页脚】选项卡中的【关闭页眉和页脚】按钮，退出页眉页脚编辑状态，如图 22-36所示。

图 22-36

图 22-37

4. 更新目录

随着页码的变化，目录中对应的页码需要及时变化，以保证其正确。具体操作步骤如下。

Step01 更新域。❶ 在目录上右击，❷ 在弹出的快捷菜单中选择【更新域】选项，如图 22-37 所示。

Step02 选择目录更新方式。❶ 在打开的【更新目录】对话框中选中【只更新页码】单选按钮，❷ 单击【确定】

图 22-38

按钮，如图 22-38 所示。

5. 打印指定份数文档

述职报告通常需要打印出来自己使用或是交给领导查阅等，操作方法：❶ 选择【文件】选项卡，选择【打印】选项，❷ 设置打印份数，❸ 单击【打印】按钮，如图 22-39 所示。

图 22-39

22.2 使用 Excel 分析展示销售情况

实例门类	数据透视表 + 统计图表

在述职中员工需要使用 Excel 制作出报表来向领导或相关人员展示自己的成绩及与工作相关的数据，以此显示对工作岗位的真正认知程度，从而展示出自己的能力，获得领导或相关人员的信任和支持等。以销售经理制作销售数据分析表格为例，完成后的效果如图 22-40 所示。

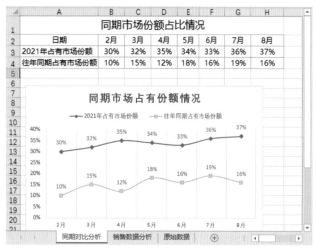

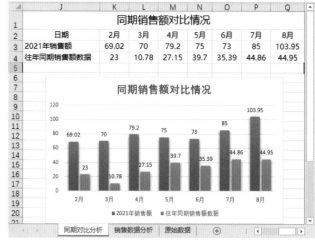

图 22-40

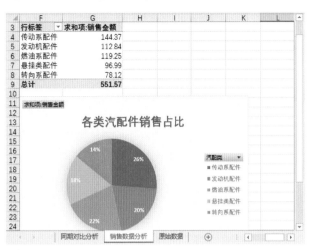

图 22-40（续）

22.2.1 使用透视图表分析汽车配件销售情况

销售经理作为团队的带头人，在述职项目中必须清楚展示自家公司的汽车配件的销售情况：总体销售额、各大类配件的销售额，以及各大类中各个配件的销售额和销售占比等。

1. 创建汽配部件数据透视表

要对汽配销售数据进行透视分析，可从 3 个方面入手：一是各大类配件的销售额，二是各大类配件销售额占销售总额的比例，三是各个配件销售额占同类的比例，并以图表展示，具体操作步骤如下。

Step 01 创建数据透视表。打开"素材文件／第 22 章／销售情况分析 .xlsx"文档，❶选择"原始数据"工作表中的任一数据单元格，❷单击【插入】选项卡【表格】组中的【数据透视表】按钮，如图 22-41 所示。

图 22-41

Step 02 设置透视表创建位置。打开【创建数据透视表】对话框，❶选中【新工作表】单选按钮，❷单击【确定】按钮，如图 22-42 所示。

图 22-42

Step 03 选择透视表字段。在【数据透视表字段】任务窗格中依次选中【汽配类】【汽配件】和【销售金额】复选框，如图 22-43 所示。

图 22-43

Step 04 创建其他透视表。❶以同样的方法在当前工作表中创建透视表并添加【汽配类】和【销售金额】字段，❷重命名工作表为"销售数据分析"，如图 22-44 所示。

图 22-44

2. 添加"占比"字段

要展示各类汽配销售额占销售总额的比例及各个配件销售额占同类配件销售额的比例，同时显示其销售额，可通过添加辅助"占比"字段来轻松搞定，具体操作步骤如下。

Step 01 插入计算字段。❶在工作表左侧的数据透视表中选择任一单元格，❷单击【数据透视表分析】选项卡【计算】组中的【字段、项目和集】下拉按钮，❸在弹出的下拉列表中选择【计算字段】选项，如图 22-45 所示。

Step 02 设置计算字段参数。打开【插入计算字段】对话框，❶设置插入字段名称，❷在【字段】列表框中选择【销售金额】选项，❸单击【插入字段】按钮，❹单击【确定】按钮，插入占比字段，如图22-46所示。

图 22-45

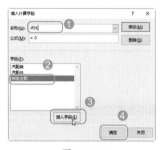

图 22-46

3. 以父行百分比显示占比大小

添加的字段会与销售金额字段数据一样，要想让其显示出两组占比关系（各类汽配销售额占销售总额的百分比、配件销售额占该类销售额的百分比），可让该字段以父行百分比显示占比大小，具体操作步骤如下。

Step01 选择值显示方式。在添加的【占比】字段列的任一位置右击，在弹出的快捷菜单中选择【值显示方式】→【父行汇总的百分比】选项，如图22-47所示。

图 22-47

Step02 查看销售额数据占比。系统自动更改该列的值显示方式，清楚显示两组汽配销售额数据的占比情况，如图22-48所示。

图 22-48

4. 插入类别切片器

要控制数据透视表只显示汽配类的销售情况及其数据明细，以方便查看，可插入类别切片器，具体操作步骤如下。

Step01 插入切片器。❶在工作表左侧的数据透视表中选择任一数据单元格，❷单击【插入】选项卡【筛选器】组中的【切片器】按钮，如图22-49所示。

图 22-49

Step02 选择切片器选项。打开【插入切片器】对话框，❶选中【汽配类】复选框，❷单击【确定】按钮，如图22-50所示。

图 22-50

Step03 使用切片器筛选数据。移动切片器位置并调整其大小，单击相应类别切片器进行数据筛选，如图22-51所示。

图 22-51

5. 使用数据透视图直观展示配件销售占比

要直观展示配件占当前类销售额的比例及各大类汽配件占总体销售额的比例，用数据透视图非常方便，具体操作步骤如下。

Step01 插入图表。❶在筛选数据的数据透视表中选择任一数据单元格，❷单击【插入】选项卡【图表】组中的【数据透视图】按钮，如图22-52所示。

图 22-52

Step02 创建饼图。打开【插入图表】对话框，❶选择【饼图】，❷单击【确定】按钮将其插入，如图22-53所示。

Step03 设置图表格式。❶将插入的数据透视图移到合适位置，重新输入图表标题"同类配件销售额占比"，❷在【快速样式】列表框中选择【样式11】选项，让系统自动设置数据透视图的格式并添加百分比数据标签，如图22-54所示。

图 22-53

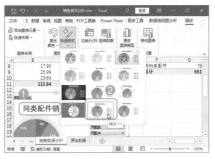

图 22-54

Step 04 创建透视图。以同样的方法为工作表右侧的数据透视表添加数据透视图，直观展示各类配件的销售占比情况，与数据透视表中各类销售额数据形成配套，如图 22-55 所示。

图 22-55

22.2.2 对比分析同期市场份额占比及走势

作为销售经理，在业绩展示时，一定要突出自己的优势和作用，赢得领导的赞誉，让他们更放心地把工作全权授予自己。

突出自己成绩、优势或能力最有

效的方法就是与往期业绩进行对比。下面将围绕 2021 年 2-8 月业绩与往年同期业绩从市场占比和趋势方面进行直观对比。

1. 使用折线图分析展示同期市场份额占比情况和走势

对于两组数据大小对比和走势展示，最直观有效的方法就是使用折线图，具体操作步骤如下。

Step 01 选择图表类型。❶ 在"同期对比分析"工作表中选择 A2:H4 单元格区域，❷ 单击【插入折线图】按钮 📉，❸ 在弹出的下拉列表中选择【带数据标记的折线图】选项，如图 22-56 所示。

图 22-56

Step 02 输入图表标题。将折线图移到合适位置，并重新输入图表标题为"同期市场占有份额情况"，如图 22-57 所示。

Step 03 选择图表样式。❶ 选择图表，❷ 单击【图表设计】选项卡中的【快速样式】按钮，❸ 在下拉列表中选择【样式 11】选项，快速更改图表布局方式和外观样式，如图 22-58 所示。

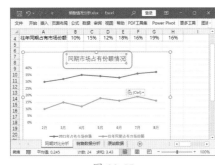

图 22-57

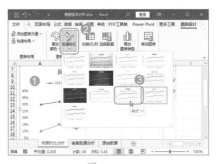

图 22-58

2. 让数据系列折线平滑显示

图表中折线走势看起来显得较为生硬，可让其以平滑线显示，具体操作步骤如下。

Step 01 打开【设置数据系列格式】任务窗格。❶ 在任一数据系列上右击，❷ 在弹出的快捷菜单中选择【设置数据系列格式】选项，如图 22-59 所示。

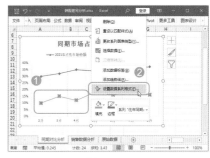

图 22-59

Step 02 将折线改成平滑线。打开【设置数据系列格式】任务窗格，❶ 选择【填充与线条】选项卡，❷ 选中【平滑线】复选框，如图 22-60 所示。

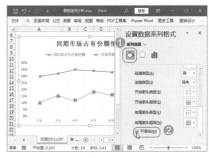

图 22-60

Step 03 将另一条折线改成平滑线。❶ 在图表中选择另一条数据系列，❷ 选中【平滑线】复选框让其平滑显示，如图 22-61 所示。

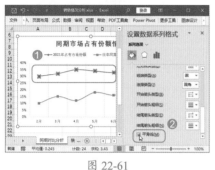

图 22-61

3. 暗化往期数据系列

要让当前数据系列更加显眼，更引人瞩目，还需要往期数据系列的陪衬，可以将往期数据系列暗化，具体操作步骤如下。

Step 01 选择折线颜色。选择"往年同期占有市场份额"数据系列，❶ 在【格式】选项卡中，❷ 单击【形状轮廓】下拉按钮，❸ 在拾色器中选择【白色，背景 1，深色 25%】选项，如图 22-62 所示。

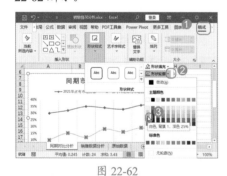

图 22-62

Step 02 选择数据点填充色。保持"往年同期占有市场份额"数据系列选择状态，❶ 单击【形状填充】下拉按钮，❷ 在拾色器中选择【橙色，个性色 2，淡色 60%】选项，如图 22-63 所示。

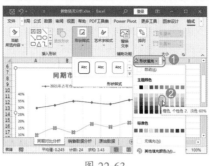

图 22-63

4. 添加和设置数据标签

要让图表展示的市场份额更加直观，只需添加数据标签，具体操作步骤如下。

Step 01 添加数据标签。❶ 单击出现的【图表元素】按钮➕，❷ 单击【数据标签】扩展按钮，❸ 在弹出的列表框中选择【上方】选项，添加数据标签，如图 22-64 所示。

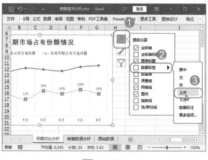

图 22-64

Step 02 查看图表效果。用相同的方法为另一条数据系列添加数据标签，并在数据标记点上方显示，效果如图 22-65 所示。

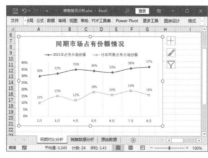

图 22-65

22.2.3 同期销售数据对比

同期市场份额的占比和走势不一定能够完全确定业绩高于或优于往年同期，为了不让领导和其他人员存疑，可以用直观的销售额数据对比来展示。

1. 创建柱形图对比展示同期销售额情况

要对比自己近期的销售额与往年同期的销售额，最直观的方式就是用柱形图，具体操作步骤如下。

Step 01 选择图表类型。❶ 选择 J2:Q4 单元格区域，❷ 单击【插入柱形图】按钮，❸ 在弹出的下拉列表中选择【簇状柱形图】选项，如图 22-66 所示。

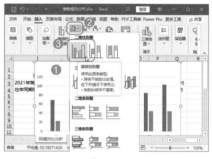

图 22-66

Step 02 输入图表标题。将图表移到合适位置并重新输入图表标题为"同期销售额对比情况"，如图 22-67 所示。

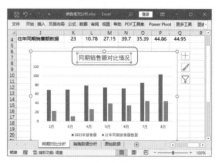

图 22-67

2. 设置图表格式

创建的图表不仅要直观展示数据、传达信息，而且要美观，并与工作表左侧的市场份额占比情况和走势图协调，配成一套，具体操作步骤如下。

Step01 选择图表元素。选择整个图表，❶ 单击出现的【图表元素】按钮 ，❷ 单击【数据标签】扩展按钮，❸ 在弹出的列表框中选择【数据标签外】选项，如图 22-68 所示。

Step02 选择图表样式。为整个图表选择应用图表样式为【样式 14】，如

图 22-69 所示。

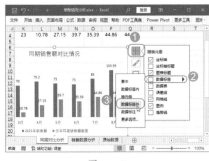

图 22-68

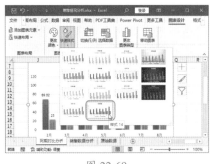

图 22-69

22.3　使用 PPT 制作述职报告演示文稿

实例门类　幻灯片编辑＋动画设置

用 Word 制作的述职报告和 Excel 制作的销售数据分析通常只适合"看"，而不适合"观赏"，特别是需要"展示"给大家时，用户最好将一些关键内容和数据形象化，以幻灯片放映的方式展示，让观众一目了然。以销售经理制作的述职报告为例，完成后的效果如图 22-70 所示。

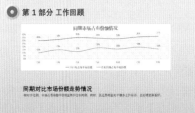

图 22-70

22.3.1　使用母版统一样式和主题

要统一演示文稿的样式、主题和风格，如统一背景、字符格式、LOGO 等，使用母版是非常省时省力的。

1. 设置幻灯片背景

要让演示文稿形成统一的风格，其中背景样式起到不容忽视的作用，有时，可能还会直接决定演示文稿的成败。下面就在幻灯片母版中设置封面页、目录页和内容页的背景样式，具体操作步骤如下。

Step01 进入母版视图。启动 PowerPoint 2021 程序，新建空白演示文稿，并将其保存为"述职报告"，❶ 选择【视图】选项卡，❷ 单击【幻灯片母版】按钮切换到幻灯片母版视图中，如图

22-71 所示。

图 22-71

Step02 重命名版式。❶选择第2张母版幻灯片，❷单击【重命名】按钮▣，打开【重命名版式】对话框，❸设置版式名称，❹单击【重命名】按钮，如图22-72所示。

图 22-72

Step03 显示出【设置背景格式】任务窗格。单击【背景】组右下角的【对话框启动器】按钮▣，如图22-73所示，显示出【设置背景格式】任务窗格。

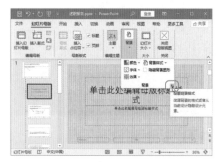

图 22-73

Step04 打开【插入图片】对话框。❶在【填充】选项卡中选中【图片或纹理填充】单选按钮，❷单击【插入】按钮，如图22-74所示。

图 22-74

Step05 选择插入图片方式。打开【插入图片】对话框，根据需要插入图片

的方式选择选项，这里选择【来自文件】选项，如图22-75所示。

图 22-75

Step06 选择背景图片。打开【插入图片】对话框，❶选择要插入的背景图片，❷单击【插入】按钮，如图22-76所示。

图 22-76

Step07 设置其他版式的背景。重复第2～6步操作，重命名其他的母版幻灯片，并为其添加彩色背景和灰色背景（目录、标题和结尾页是彩色背景，内容页是灰色背景），效果如图22-77所示。

图 22-77

2. 添加装饰图片和LOGO图片

封面、目录和内容母版页中会有一些装饰性图片和LOGO图片，需要用户手动将其添加，具体操作步骤如下。

Step01 插入图片。❶选择封面母版页，❷单击【插入】选项卡【图像】组

中的【图片】按钮，❸在弹出的下拉列表中选择【此设备】选项，如图22-78所示。

图 22-78

Step02 选择图片。打开【插入图片】对话框，❶选择【装饰外框】选项，❷单击【插入】按钮，插入该图片作为封面装饰图片，如图22-79所示。

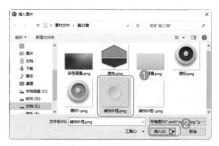

图 22-79

Step03 调整图片层级。调整插入图片的大小和位置，并在其上右击，在弹出的快捷菜单中选择【置于底层】选项，将其置于底部，让其他对象显示在上面，利于操作，如图22-80所示。

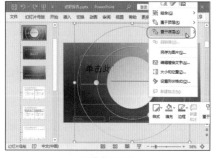

图 22-80

Step04 插入装饰图片和LOGO图片。以同样的方法插入其他母版幻灯片中的装饰图片和LOGO图片，将它们放在合适位置，并将其置于底层，如

图 22-81 所示。

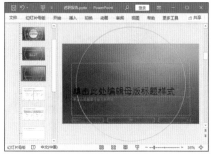

图 22-81

3. 设置字符格式

母版幻灯片中的字符格式需要手动进行设置，默认的样式不能满足本例的要求，具体操作步骤如下。

Step01 删除多余的占位符。❶ 选择幻灯片母版，❷ 删除幻灯片底部的日期和时间占位符，如图 22-82 所示。

图 22-82

Step02 设置占位符文本格式。❶ 选择封面母版，❷ 选择幻灯片中的标题占位符，❸ 在【开始】选项卡中设置字体、字号、字体颜色、加粗和文字阴影，如图 22-83 所示。

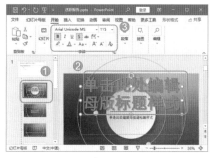

图 22-83

Step03 输入文字。在其中输入"2021"并调整文本占位符的大小和位置，如图 22-84 所示。

图 22-84

Step04 设置其他占位符文字。以同样的方法分别在封面、标题、目录和内容页中设置字符格式并调整其相应位置，输入相应的说明文本，如图 22-85 所示。

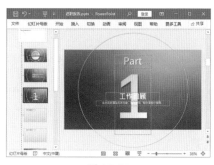

图 22-85

4. 绘制装饰形状

在目录母版页中，需要在目录项前添加椭圆形状，让目录项更加充实和美观，具体操作步骤如下。

Step01 选择形状。❶ 选择目录母版幻灯片，❷ 单击【插入】选项卡【形状】下拉按钮，❸ 选择【椭圆】选项，如图 22-86 所示。

Step02 绘制形状并设置颜色。❶ 按住【Shift】键的同时拖动鼠标，在合适位置绘制圆形，❷ 在【形状格式】选项卡中单击【形状填充】下拉按钮，❸ 在拾色器中选择合适的背景色，如图 22-87 所示。

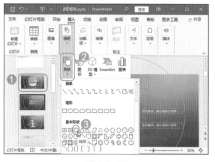

图 22-86

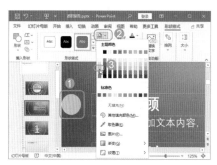

图 22-87

Step03 选择形状渐变格式。❶ 再次单击【形状填充】下拉按钮，❷ 在弹出的下拉列表中选择【渐变】→【线性向右】选项，为圆形填充渐变色，如图 22-88 所示。

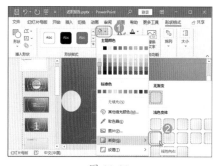

图 22-88

Step04 设置轮廓色。❶ 单击【形状轮廓】下拉按钮，❷ 在弹出的下拉列表中选择【无轮廓】选项，取消圆形的轮廓，如图 22-89 所示。

Step05 设置形状效果。❶ 单击【形状效果】下拉按钮，❷ 在弹出的下拉列表中选择【阴影】→【偏移：右下】选项，为圆形添加立体效果，如图 22-90 所示。

图 22-89

图 22-92

图 22-94

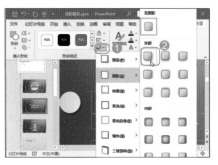

图 22-90

图 22-93

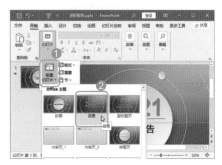

图 22-95

Step 06 复制粘贴形状。复制粘贴绘制的圆形，并将其移到下一个目录项目的左侧居中位置，如图 22-91 所示。

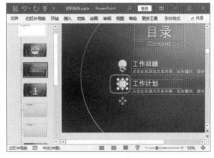

图 22-91

Step 07 制作复杂图形。用同样的方法在内容页版式上制作多个重叠在一起的圆形，完成后的效果如图 22-92 所示。

Step 08 ❶ 复制粘贴形状。复制粘贴绘制的圆形到另一个内容页版式上，并将其移动到标题的左侧居中位置，改变中间圆形的填充颜色，❷ 单击【幻灯片母版】选项卡中的【关闭母版视图】按钮退出母版视图，如图 22-93 所示。

22.3.2 为幻灯片添加内容

幻灯片母版制作完毕后，就可以在母版样式的基础上添加内容，从而让演示文稿内容充实，且符合实际需要。

1. 插入幻灯片构建演示文稿结构

演示文稿中默认只创建了一张幻灯片，并自动调用封面幻灯片母版版式的效果，没有其他的幻灯片和相应的内容，用户需要手动进行插入，同时在其中输入相应内容，绘制相应的图形，具体操作步骤如下。

Step 01 输入幻灯片内容。❶ 在封面幻灯片的副标题占位符中输入相应的内容，❷ 通过插入文本框的方式在页面底部添加演示者信息，如图 22-94 所示。

Step 02 新建幻灯片。❶ 单击【开始】选项卡【新建幻灯片】下拉按钮，❷ 选择【目录】选项，如图 22-95 所示。

Step 03 制作其他幻灯片。❶ 在新建的目录幻灯片中输入需要的文本即可快速完成，❷ 使用相同的方法，插入其他幻灯片，并在其中输入对应的内容、绘制和设置相应的形状，以及添加相应的文本框，完成后的效果如图 22-96 所示。

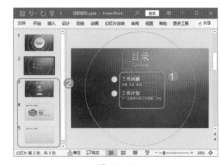

图 22-96

2. 插入圆环图对比展示市场份额

在第 5 张幻灯片中为了直观展示过去几个月的市场份额和往年同期市场份额，可借助于圆环图，具体操作步骤如下。

Step 01 打开【插入图表】对话框。❶ 选择第 5 张幻灯片，❷ 单击【插入】

选项卡【插图】组中的【图表】按钮，如图 22-97 所示。

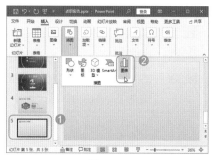

图 22-97

Step 02 选择圆环图。打开【插入图表】对话框，❶ 左侧选择【饼图】选项，❷ 右侧选择【圆环图】选项，❸ 单击【确定】按钮，如图 22-98 所示。

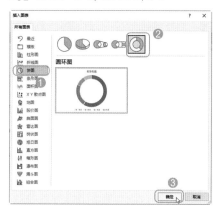

图 22-98

Step 03 输入图表数据。❶ 在打开的 Excel 表格中输入数据，❷ 单击【关闭】按钮，如图 22-99 所示。

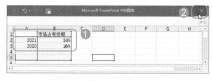

图 22-99

Step 04 调整图表元素。选择图表标题和图例，按【Delete】键将其删除，然后调整图表大小，如图 22-100 所示。

Step 05 设置数据系列填充格式。❶ 在图表中选择数据系列，❷ 在【格式】选项卡中单击【形状填充】下拉按钮，❸ 在弹出的下拉列表中通过自定义设置一种浅橙色，❹ 选择左侧部分环形

数据系列，再次单击【形状填充】下拉按钮，在弹出的下拉列表中选择【无填充】选项，如图 22-101 所示。

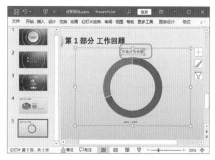

图 22-100

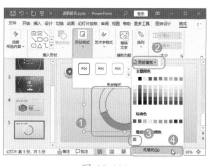

图 22-101

Step 06 制作另一个圆环图。❶ 复制得到另一个圆环图，调整其相对大小和位置，使两个圆环重合，❷ 取消橙色部分填充并为另一半圆环填充墨绿色，❸ 在图表的左右两侧通过插入文本框添加说明文字，完成后的效果如图 22-102 所示。

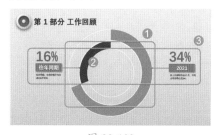

图 22-102

3. 插入和设置 Excel 图表对象

对于幻灯片中要用到"销售情况分析"工作簿中的图表，无须再进行手动制作，可将其直接插入，具体操作步骤如下。

Step 01 复制图表。打开"销售情况分析"

工作簿，复制"同期对比分析"工作表中的折线图，如图 22-103 所示。

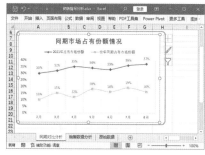

图 22-103

Step 02 粘贴图表并调整样式。切换到"述职报告" PPT 中，❶ 选择第 6 张幻灯片，❷ 粘贴折线图，调整其大小并应用图表样式为【样式 5】，如图 22-104 所示。

图 22-104

Step 03 粘贴图表。❶ 以同样的方法将"销售情况分析"工作簿"同期对比分析"工作表中的"同期销售额对比情况"图粘贴到第 7 张幻灯片，并设置图表样式，调整数据系列的颜色与演示文稿的主题颜色相符，❷ 在图表下方添加文本和装饰条，完成后的效果如图 22-105 所示。

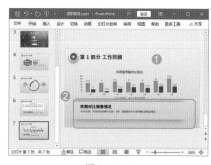

图 22-105

4. 复制述职报告内容到文档中

"述职报告"演示文稿的第 2 部分是对未来工作的计划,这一部分文本内容可直接从"述职报告"文档中复制,不需要手动进行输入或临时发挥,以保证整个述职报告项目是一整套,具体操作步骤如下。

Step01 复制文本。打开"述职报告"文档,复制第 5 页中的 6 点总结文本,如图 22-106 所示。

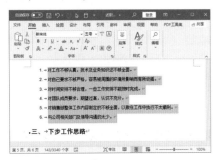

图 22-106

Step02 粘贴文本。切换到"述职报告"PPT 中,在第 8 页中粘贴复制的文本并调整整个文本框宽度,让其中的文本全部单行显示,如图 22-107 所示。

图 22-107

Step03 粘贴文本。以同样的方法从"述职报告"文档中复制粘贴文本内容到对应的幻灯片中,如图 22-108 所示。

图 22-108

22.3.3 设置播放动画

一个完整、有吸引力的演示文稿,离不开必要的动画效果。下面就在"述职报告"演示文稿中为相应对象和幻灯片添加动画。

1. 添加动画效果

为幻灯片中的对象添加动画效果,并设置其播放时间,具体操作步骤如下。

Step01 设置进入动画。选择封面幻灯片,❶选择"2021"文本,❷单击【动画】选项卡【动画】组中的【动画样式】按钮,❸在弹出的下拉列表中选择【飞入】进入动画,如图 22-109 所示。

图 22-109

Step02 设置动画的开始方式。❶单击【开始】下拉按钮,❷在弹出的下拉菜单中选择【上一动画之后】选项,如图 22-110 所示。

图 22-110

Step03 添加其他内容的动画。以同样的方法为演示文稿中的其他对象添加对应的动画效果并设置播放方式,如图 22-111 所示。

图 22-111

2. 添加幻灯片切换方式

下面为幻灯片设置切换方式,具体操作步骤如下。

Step01 选择切换动画。❶选择第 1 张幻灯片,单击【切换】选项卡【切换到此幻灯片】组中的【切换效果】按钮,❷在弹出的下拉列表中选择【涟漪】选项,如图 22-112 所示。

图 22-112

Step02 快速应用到所有幻灯片中。❶ 在【计时】组的【声音】下拉列表框中选择【微风】选项，❷ 单击【应用到全部】按钮，如图 22-113 所示。

图 22-113

Step03 设置多张幻灯片的切换动画。❶ 按住【Ctrl】键选择第 3 张和第 9 张幻灯片，在【切换到此幻灯片】组中单击【切换效果】按钮，❷ 在弹出的下拉列表中选择【剥离】选项，如图 22-114 所示。

图 22-114

Step04 设置切换动画。❶ 选择第 13 张幻灯片，在【切换到此幻灯片】组中单击【切换效果】按钮，❷ 在弹出的下拉列表中选择【帘式】选项，如图 22-115 所示。

图 22-115

Step05 设置切换声音。在【计时】组中的【声音】下拉列表框中选择【鼓掌】选项，如图 22-116 所示。

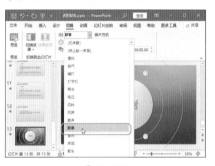

图 22-116

本章小结

在本章中使用 Word、Excel 和 PPT 制作了一个销售经理的述职报告项目，其中用 Word 制作文档，用 Excel 分析销售数据，使用 Excel 中的销售数据和图表及 Word 文档中的文本构成一个绘声绘色的述职报告演示文稿，将自己的优势、能力、不足及未来的工作安排生动地"讲述"给领导或相关人员。在这个过程中，用户需要注意的是，幻灯片中的数据有时需要手动计算，当然，这些计算是以 Excel 中的数据为依据的，从而保证展示内容的正确性和严谨性。

第23章 实战应用：制作新员工入职培训制度

➡ 怎样结合 Word、Excel 和 PPT 完成一个项目相关文档的制作？

➡ 如何在幻灯片中创建图形化的目录？

通过本章实例的制作，不仅能巩固学习过的 Word、Excel 和 PPT 的相关知识，还能掌握一个项目相关文档的制作思路。

23.1 使用 Word 制作新员工入职培训制度文档

实例门类	页面排版 + 表格制作 + 索引目录

新员工入职培训是员工进入企业后工作的第 1 个环节，是企业将聘用的员工从社会人转变成企业人的过程，也是员工从组织外部融入组织或团队内部，并成为团队一员的过程。成功的新员工入职培训可以起到传递企业价值观和核心理念，塑造员工行为的作用，它在新员工和企业，以及企业内部其他员工之间架起了沟通和理解的桥梁，并为新员工迅速适应企业环境，与其他团队成员展开良性互动打下了坚实的基础。本节将使用 Word 制作"新员工入职培训制度"文档，完成后的效果如图 23-1 所示。

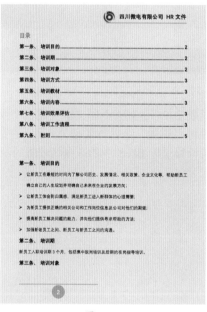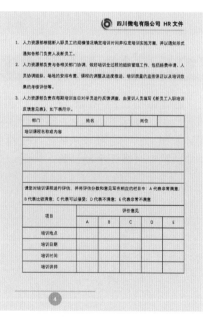

图 23-1

23.1.1 设置文档的页面和格式

不同的文档对页面的要求不一样，所以使用 Word 制作文档，首先需要对文档的页面大小、纸张方向、页边距和页面背景等进行相应的设置，然后输入文档内容，并对文档中文本的字体格式、段落格式等进行设置。下面将对文档的页边距和页面背景进行设置，然后对文档内容的字体格式和段落格式进行设置，具体操作步骤如下。

Step 01 选择页边距。打开"素材文件 / 第 23 章 / 新员工入职培训制度 .docx"文档，❶ 单击【布局】选项卡【页面设置】

组中的【页边距】按钮，❷在弹出的下拉列表中选择【中等】选项，如图23-2所示。

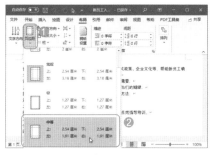

图 23-2

Step 02 设置页面颜色。即可对页面的页边距进行调整，❶单击【设计】选项卡【页面背景】组中的【页面颜色】按钮，❷在弹出的下拉列表中选择【浅灰色，背景2】选项，如图23-3所示。

图 23-3

Step 03 打开【定义新编号格式】对话框。选择"培训目的"段落，❶在【字体】组中将字号设置为【四号】，再单击【加粗】按钮加粗文本，❷选择段落前的编号，❸单击【段落】组中的【编号】下拉按钮，❹在弹出的下拉列表中选择【定义新编号格式】选项，如图23-4所示。

图 23-4

Step 04 设置编号格式。打开【定义新编号格式】对话框，保持编号样式不变，❶在【编号格式】文本框中"一"前后分别输入"第"和"条"，❷【预览】栏中将显示自定义的编号样式，❸单击【确定】按钮，如图23-5所示。

图 23-5

技术看板

在自定义编号时，不能删除【编号格式】文本框中的编号，否则将不能自动编号。

Step 05 选择项目符号。即可将文档中与所选编号连续的编号格式进行更改，使用格式刷复制"培训目的"段落的格式，为其他自动编号的段落应用相同的格式，然后将文档中其他文本的字体设置为【小四】，选择"第一条"下的所有段落，为其应用需要的项目符号，效果如图23-6所示。

图 23-6

Step 06 选择编号样式。使用相同的方法，为第六条下的段落应用相同的编号，然后选择第四条下的所有段落，❶单击【段落】组中的【编号】下拉按钮，❷在弹出的下拉列表中选择需要的编号样式，即可为选择的段落应用相应的编号样式，效果如图23-7所示。

图 23-7

Step 07 为其他段落应用编号样式。继续使用相同的方法为其他需要应用编号样式的段落添加编号，效果如图23-8所示。

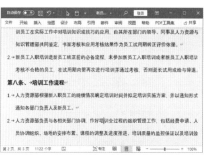

图 23-8

23.1.2 在文档中插入新员工入职培训反馈意见表

文档格式设置完成后，就可在文档中插入新员工入职培训反馈表，并根据实际情况对表格进行编辑和美化，使表格中的数据更加规范。

1. 插入表格

由于插入的表格行数较多，不能通过拖动鼠标选择行列数插入，因此，下面将通过【插入表格】对话框来插入表格，具体操作步骤如下。

Step 01 打开【插入表格】对话框。
❶将光标定位到"如下表所示。"文本后，按【Enter】键分段，然后按【Backspace】键删除自动编号，❷单击【插入】选项卡【表格】组中的【表格】按钮，❸在弹出的下拉列表中选择【插入表格】选项，如图23-9所示。

图 23-9

Step 02 输入表格的行列数。❶打开【插入表格】对话框，在【列数】数值框中输入"6"，❷在【行数】数值框中输入"19"，❸单击【确定】按钮，如图23-10所示，即可在光标处插入表格。

图 23-10

2. 合并与拆分表格中的单元格

如果需要的表格是不规则的，就要对表格中的单元格执行合并与拆分操作，具体操作步骤如下。

Step 01 合并单元格。❶选择表格第2行，❷单击【布局】选项卡【合并】组中的【合并单元格】按钮，如图23-11所示。

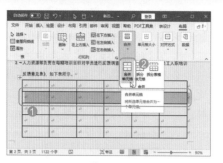

图 23-11

Step 02 在单元格中输入文本。即可将选择的多个单元格合并为一个单元格，然后使用相同的方法继续对表格中需要合并的单元格执行合并操作，并在单元格中输入需要的文本，效果如图23-12所示。

图 23-12

Step 03 拆分单元格。❶在表格中选择需要拆分的单元格，单击【合并】组中的【拆分单元格】按钮，❷打开【拆分单元格】对话框，在【列数】数值框中输入"5"，❸其他保持默认设置，单击【确定】按钮，如图23-13所示。

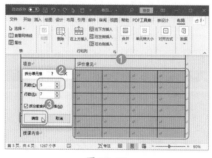

图 23-13

Step 04 在单元格中输入文本。即可将选择的4列单元格拆分为5列，并在单元格中输入需要的文本，效果如图23-14所示。

图 23-14

3. 设置单元格中文本的对齐方式

为了使表格中的文本排列更整齐，需要对表格单元格中文本的对齐方式进行相应的设置，具体操作步骤如下。

Step 01 设置对齐方式。❶选择表格第1行，❷单击【布局】选项卡【对齐方式】组中的【水平居中】按钮，如图23-15所示。

图 23-15

Step 02 设置其他单元格的对齐方式。即可让文本水平和垂直居中，然后使用相同的方法继续设置其他单元格中文本的对齐方式，效果如图23-16所示。

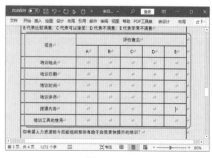

图 23-16

23.1.3 制作文档封面和目录

对于页数较多的文档来说，一般都需要添加封面和目录，使文档看起来更加正规。

1. 自定义封面

在 Word 中既可对添加的内置封面进行修改，又可根据需要添加对象自定义封面。下面将通过添加形状和文本框自定义封面效果，具体操作步骤如下。

Step01 插入空白页。❶选择"第一条，"编号，❷单击【插入】选项卡【页面】组中的【空白页】按钮，如图 23-17 所示。

图 23-17

Step02 绘制矩形。即可在文档最前方插入一页，❶选择页面中的编号，将其删除，然后在空白页中绘制一个长矩形，❷将其颜色设置为【蓝 - 灰，文字 2】，如图 23-18 所示。

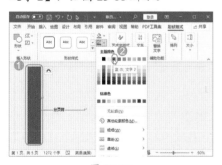

图 23-18

Step03 选择横排文本框。❶复制矩形，并将其调整到合适的大小和位置，❷单击【插入】选项卡【文本】组中的【文本框】按钮，❸在弹出的下拉列表中选择【绘制横排文本框】选项，如图 23-19 所示。

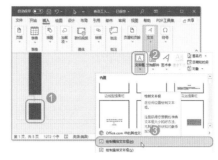

图 23-19

Step04 绘制文本框、输入文字并设置文字格式。在第 1 页中绘制一个文本框，在其中输入相应的文本，并对其字体、字号、加粗和字体颜色等进行设置，如图 23-20 所示。

图 23-20

Step05 复制文本框。取消文本框的填充色和轮廓，然后复制文本框，对其中的文本和格式进行相应的修改，效果如图 23-21 所示。

图 23-21

2. 在大纲视图中设置段落级别

在提取目录时，如果想要自动提取，那么需要让提取的段落应用样式或为段落设置段落级别。下面将在大纲视图中对段落级别进行设置，具体操作步骤如下。

Step01 设置大纲级别。进入大纲视图中，❶将光标定位到"培训目的"段落后，❷单击【大纲显示】选项卡【大纲工具】组中的【大纲级别】下拉按钮，❸在弹出的下拉菜单中选择【1级】选项，如图 23-22 所示。

图 23-22

Step02 查看大纲级别设置效果。即可将光标所在段落的级别由【正文文本】变成【1级】，❶继续使用相同的方法对其他需要提取为目录的段落级别进行设置，❷在【显示级别】下拉菜单中选择【1级】选项，即可在大纲视图中只显示 1 级的段落，效果如图 23-23 所示。

图 23-23

3. 插入自动目录

设置段落的级别后，就可根据 Word 2021 提供的目录功能自动生成目录，具体操作步骤如下。

Step01 选择目录样式。返回普通视图中，将光标定位到第 2 页的最前方，按【Enter】键分段，删除第 1 行中的自动编号，❶单击【引用】选项卡【目录】组中的【目录】按钮，❷ 在弹出的下拉菜单中选择【自动目录1】选项，如图 23-24 所示。

图 23-24

Step02 设置目录字体格式。即可在第 2 页最前方插入目录，然后选择插入的目录，在【字体】组中对目录的字体格式进行相应的设置，效果如图 23-25 所示。

图 23-25

4. 更新目录

由于在第 2 页的最前方插入了目录，因此，正文内容都将后移，提取目录中标题的页码也可能发生了变化，为了使页码中的内容显示正确，还需要对页码进行更新，具体操作步骤如下。

Step01 更新目录页码。❶ 选择目录，单击【目录】组中的【更新目录】按钮，❷ 打开【更新目录】对话框，保持选中【只更新页码】单选按钮，❸ 单击【确定】按钮，如图 23-26 所示。

Step02 查看目录更新效果。即可对文档的页码进行更新，效果如图 23-27 所示。

图 23-26

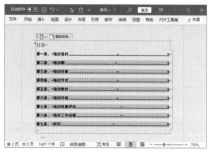

图 23-27

23.1.4 自定义文档的页眉和页脚

当提供的页眉和页脚样式不能满足需要时，用户可以根据需要自定义页眉和页脚。

1. 自定义页眉

很多公司文档都包含公司 LOGO、公司名称或部门，用户可自定义文档的页眉，对其进行设置，具体操作步骤如下。

Step01 设置首页不同。进入页眉和页脚编辑状态后，在【页眉和页脚】选项卡【选项】组中选中【首页不同】复选框，如图 23-28 所示。

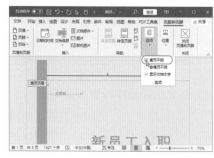

图 23-28

Step02 插入图片。❶ 单击【字体】组中的【清除所有格式】按钮 A。，删除页眉中的分隔线，将光标定位到第 2 页的页眉处，❷ 单击【页眉和页脚】选项卡【插入】组中的【图片】按钮，如图 23-29 所示。

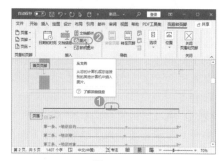

图 23-29

Step03 设置图片格式。❶ 打开【插入图片】对话框，在其中选择需要的图片，单击【插入】按钮，即可将选择的图片插入页眉处，❷ 保持图片的选择状态，单击【图片格式】选项卡【调整】组中的【颜色】按钮，❸ 在弹出的下拉列表中选择【设置透明色】选项，如图 23-30 所示。

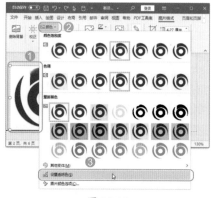

图 23-30

Step04 设置图片环绕方式。❶ 将鼠标指针移动到图片中需要设置为透明色的白色背景上并单击，将图片背景设置为透明色。❷ 将图片的环绕方式设置为【浮于文字上方】，并将图片调整到合适的大小，如图 23-31 所示。

Step05 绘制文本框并输入文本。将图片调整到合适的位置，然后在图片右侧绘制一个横排文本框，在其中输入相应的文本，并对其字体格式进行设置，取消文本框的填充色和轮廓，效果如图 23-32 所示。

图 23-31

图 23-32

Step 06 设置文本框格式并绘制直线。❶ 删除页眉中的横线，❷ 在图片和文本下方绘制一条直线，将直线样式设置为【粗线 - 强调颜色 3】，如图 23-33 所示。

图 23-33

2. 自定义页脚

下面将在页脚处插入页码，然后对页码样式进行编辑，最后对页脚效果进行编辑，使制作的页脚更能满足需要，具体操作步骤如下。

Step 01 选择页码样式。将光标定位到第 2 页页脚处，❶ 单击【页眉和页脚】选项卡【页眉和页脚】组中的【页码】按钮，❷ 在弹出的下拉菜单中选择【页面底端】选项，❸ 在弹出的级联菜单中选择需要的页码样式，如图 23-34 所示。

图 23-34

Step 02 查看页码插入效果。即可在页脚处插入选择的页码样式，效果如图 23-35 所示。

图 23-35

Step 03 设置页码图形格式。❶ 选择插入的页码，将其调整到合适的大小和

位置，❷ 为页码样式中的圆应用【彩色填充 - 灰色，强调颜色 3，无轮廓】样式，效果如图 23-36 所示。

图 23-36

Step 04 复制粘贴页眉直线。❶ 复制页眉中的直线形状，将其粘贴到页脚处，❷ 单击【关闭页眉和页脚】按钮，如图 23-37 所示。退出页眉和页脚编辑状态，完成文档的制作。

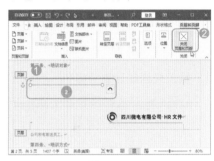

图 23-37

23.2　使用 Excel 制作新员工培训成绩表

实例门类	表格编辑 + 数据计算 + 数据分析

新员工入职培训是每个公司人力资源部最重要的一项工作，而培训成绩则是通过考试，对培训效果进行检查，以便快速挑选出各项考核都符合公司要求的员工。本例将通过 Excel 制作出新员工培训成绩表，通过培训成绩表可以看出，哪些员工通过了考核，哪些员工没有通过考核，完成后的效果如图 23-38 所示。

工号	姓名	项目一	项目二	项目三	项目四	平均成绩	总成绩	名次	是否通过
KH201701	李阳	85	80	79	88	83	332	7	否
KH201702	杨晓	69	75	76	80	75	300	18	否
KH201703	杨峨	81	89	83	79	83	332	7	是
KH201704	陈珏宇	72	80	90	84	81.5	326	12	是
KH201705	陈悦情	82	89	85	89	86.25	345	1	是
KH201706	党鲁	83	79	82	90	83.5	334	5	是
KH201707	辛国	77	71	85	82	78.75	315	15	否
KH201708	苟晓琳	83	80	86	88	84.25	337	4	是
KH201709	罗浩文	89	85	69	82	81.25	325	13	是
KH201710	章丽倩	80	84	86	80	82.5	330	9	是
KH201711	文婧	80	77	87	84	82	328	11	是
KH201712	何悦	85	75	79	83.25	333	6	是
KH201713	李浩嘉	88	79	80	82	82.25	329	10	是
KH201714	苏希峰	82	92	84	85.25	341	3	是
KH201715	赵梦雯	79	82	78	86	81.25	325	13	是
KH201716	陈倩倩	80	76	81	67	76	304	17	否
KH201717	杨从雨	92	90	78	83	85.75	343	2	是
KH201718	韩丽丽	77	83	65	85	77.5	310	16	是

工号	KH201715
姓名	赵梦雯
项目一	79
项目二	82
项目三	78
项目四	86
平均成绩	81.25
总成绩	325
名次	13
是否通过	是

图 23-38

23.2.1　创建新员工培训成绩表

对于任何一个表格来说，数据的输入是必不可少的，如果想让新员工培训成绩表中的数据显示得更直观，还需要对表格的格式进行设置。

1. 输入成绩统计表数据

员工的工号如果是按一定的顺序进行编排的，那么在输入员工工号列的数据时，可以通过填充数据的方式进行快速输入，具体操作步骤如下。

Step01 输入表头字段。启动 Excel 2021，❶ 新建一个名为"新员工培训成绩表.xlsx"的工作簿，❷ 在 A1:J1 单元格区域中输入表头数据，如图 23-39 所示。

图 23-39

Step02 拖动复制数据。在 A2 单元格中输入"KH201701"，然后将鼠标指针移动到 A2 单元格右下角，当其变成╋形状时，按住鼠标左键向下拖

动至 A19 单元格，如图 23-40 所示。

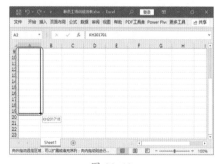

图 23-40

Step03 查看数据复制效果。释放鼠标，即可在 A3:A19 单元格区域中填充有规律的数据，效果如图 23-41 所示。

图 23-41

Step04 输入其他数据。继续在 B2:F19 单元格区域中输入需要的数据，效果如图 23-42 所示。

图 23-42

2. 设置单元格格式和单元格大小

这里设置单元格格式是指对单元格中文本的字体格式和对齐方式进行设置，而单元格大小是指对单元格的列宽和行高进行设置，具体操作步骤如下。

Step01 设置单元格对齐方式。❶ 选择

A1:J1 单元格区域，单击【开始】选项卡【字体】组中的【加粗】按钮加粗文本，❷ 在【对齐方式】组中单击【居中】按钮≡，如图 23-43 所示。

图 23-43

Step02 调整列宽。使 A2:J19 单元格区域中的文本于单元格中居中对齐，然后将鼠标指针移动到 A 列和 B 列的分隔线上，按住鼠标左键向右进行拖动，如图 23-44 所示。

图 23-44

Step03 打开【行高】对话框。❶ 选择 A1:J19 单元格区域，单击【单元格】组中的【格式】按钮，❷ 在弹出的下拉菜单中选择【行高】选项，如图 23-45 所示。

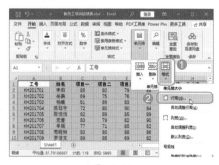

图 23-45

Step04 设置行高参数。❶ 打开【行高】

对话框,在【行高】数值框中输入"20",❷ 单击【确定】按钮,如图 23-46 所示。

图 23-46

Step05 查看行高和列宽调整效果。即可将选择的单元格区域的行高调整到设置的大小,效果如图 23-47 所示。

图 23-47

23.2.2 计算和美化成绩统计表

输入成绩统计表数据后,还需要使用公式和函数对成绩进行计算,根据计算结果判断哪些员工通过了培训考核,哪些员工没有通过培训考核。数据输入和计算完成后,还可根据需要对工作表进行美化,使表格数据更利于查看,让表格整体更加美观。

1. 使用 AVERAGE 函数求培训平均成绩

下面将使用 AVERAGE 函数对员工培训成绩的平均成绩进行计算,具体操作步骤如下。

Step01 输入公式。选择 G2 单元格,在编辑栏中输入公式"=AVERAGE(C2:F2)",按【Enter】键计算出结果,如图 23-48 所示。

Step02 复制公式。使用填充柄在 G2 单元格中向下拖动,填充 G3:G19 单元格区域,计算出该区域的结果,效果如图 23-49 所示。

图 23-48

图 23-49

2. 使用 SUM 函数计算各项目的总成绩

下面将使用 SUM 函数计算各员工培训的总成绩,具体操作步骤如下。

Step01 输入公式。选择 H2 单元格,在编辑栏中输入公式"=SUM(C2:F2)",按【Enter】键计算出结果,如图 23-50 所示。

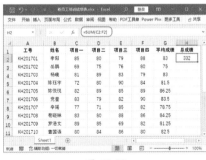

图 23-50

Step02 复制公式。使用填充柄在 H2 单元格中向下拖动,填充 H3:H19 单元格区域,计算出该区域的结果,效果如图 23-51 所示。

图 23-51

3. 使用 RANK 函数计算排名

下面将使用 RANK 函数根据员工培训总成绩来计算排名,具体操作步骤如下。

Step01 输入公式计算结果。选择 I2 单元格,在编辑栏中输入公式"=RANK(H2,$H$2:$H$19,0)",按【Enter】键计算出结果,如图 23-52 所示。

图 23-52

Step02 复制公式。使用填充柄在 I2 单元格中向下拖动,填充 I3:I19 单元格区域,计算出该区域的结果,效果如图 23-53 所示。

图 23-53

技术看板

使用 RANK 函数计算排名，当有两个或两个以上的相同排名时，紧接着的下一个排名或下下个排名将会被替换。

4. 使用 IF 函数评断是否通过培训考核

下面将通过 IF 函数根据员工的平均分数来判断是否通过培训考核，具体操作步骤如下。

Step01 输入公式。选择 J2 单元格，在编辑栏中输入公式"=IF(G2>=80,"是","否")"，按【Enter】键计算出结果，如图 23-54 所示。

图 23-54

Step02 复制公式。使用填充柄在 J2 单元格中向下拖动，填充 J3:J19 单元格区域，计算出该区域的结果，效果如图 23-55 所示。

图 23-55

5. 为"新员工培训成绩表"套用表样式

下面为"新员工培训成绩表"中的数据区域套用表格样式，使表格更加美观，具体操作步骤如下。

Step01 选择表格样式。❶ 选择 A1:J19 单元格区域，单击【样式】组中的【套用表格格式】按钮，❷ 在弹出的下拉列表中选择【浅绿，表样式浅色 21】选项，如图 23-56 所示。

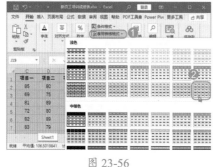

图 23-56

Step02 将表格转换为普通区域。在打开的对话框中单击【确定】按钮，❶ 然后单击【表设计】选项卡【工具】组中的【转换为区域】按钮，❷ 在打开的提示框中单击【是】按钮，如图 23-57 所示。

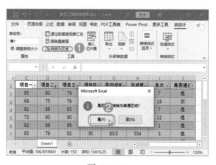

图 23-57

Step03 查看表格套用样式的效果。即可删除所选单元格区域中第 1 行单元格中的下拉按钮，效果如图 23-58 所示。

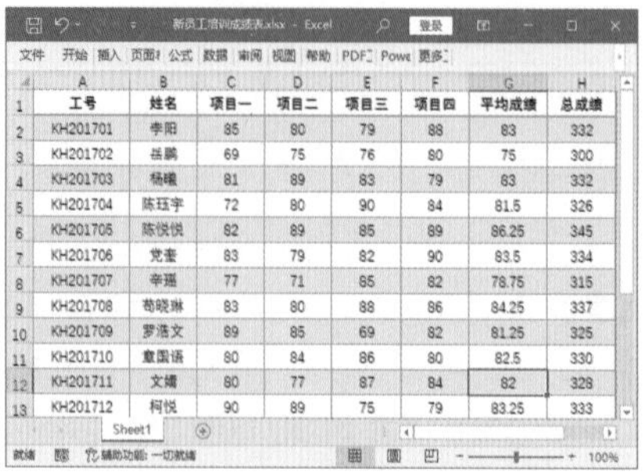

图 23-58

23.2.3 制作"成绩查询工作表"

"成绩查询工作表"主要是根据员工编号对培训成绩进行查询，为单独对某个员工的培训成绩查看提供了便利。

1. 新建"成绩查询工作表"

下面将在工作簿中新建一个名为"成绩查询表"的工作表，具体操作步骤如下。

Step01 新建工作表并重命名工作表。❶ 在"Sheet1"工作表标签上双击，并输入"成绩统计表"进行重命名，❷ 在工作表标签中单击【新建工作表】按钮⊕，在当前工作表后插入一个名为"Sheet2"的工作表，❸ 在该工作表标签上右击，在弹出的快捷菜单中选择【重命名】选项，如图 23-59 所示。

图 23-59

Step02 输入表的新名称。此时工作表名称呈可编辑状态，将其更改为"成绩查询表"，并按【Enter】键进行确认，效果如图 23-60 所示。

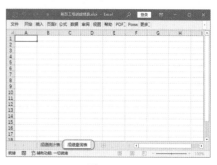

图 23-60

2. 复制粘贴数据

下面将通过复制"成绩统计表"工作表中的数据来搭建"成绩查询表"工作表的框架，具体操作步骤如下。

Step01 复制单元格。❶在"成绩统计表"中选择A1:J2单元格区域，❷单击【剪贴板】组中的【复制】按钮，如图23-61所示。

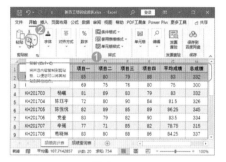

图 23-61

Step02 粘贴数据。切换到"成绩查询表"工作表中，❶单击【剪贴板】组中的【粘贴】下拉按钮，❷在弹出的下拉菜单中选择【转置】选项，如图23-62所示。

图 23-62

Step03 删除不需要的数据。即可将复制的单元格区域行列颠倒粘贴到工作表中，然后将B列中的数据删除，并对单元格的格式进行相应的设置，效果如图23-63所示。在B1单元格中输入任意一个员工的工号。

图 23-63

3. 使用 VLOOKUP 函数查找与引用员工培训成绩

下面将使用 VLOOKUP 函数在"成绩查询表"工作表中查询与引用"成绩统计表"工作表中的数据，具体操作步骤如下。

Step01 输入公式。选择 B2 单元格，在编辑栏中输入公式"=VLOOKUP($B$1,成绩统计表 !$A$1:$J$19,2,0)"，按【Enter】键计算出结果，如图23-64所示。

图 23-64

Step02 复制公式。复制 B2 单元格中的公式，将其粘贴到 B3 单元格中，将查找的列数更改为【3】，按【Enter】键计算出结果，如图23-65所示。

图 23-65

Step03 完成公式计算。复制公式，并对公式中的列数进行更改，以便计算出正确的结果，效果如图23-66所示。

图 23-66

Step04 查看员工成绩。将 B2 单元格中的工号更改为"KH201705"，按【Enter】键，即可查看该员工的培训成绩，效果如图23-67所示。

图 23-67

Step05 更改工号查看成绩。将 B2 单元格中的工号更改为"KH201715"，按【Enter】键，即可查看该员工的培训成绩，效果如图23-68所示。

图 23-68

23.3 使用 PPT 制作新员工入职培训演示文稿

实例门类	母版应用＋幻灯片编辑＋放映设置

公司对新员工进行培训时，一般会以 PPT 的形式呈现要培训的内容，这样不仅可以让新员工快速了解培训的内容，还能让培训变得更生动、形象、有意义，并增进新员工之间的感情。本例将使用 PowerPoint 制作新员工入职培训演示文稿，完成后部分幻灯片的效果如图 23-69 所示。

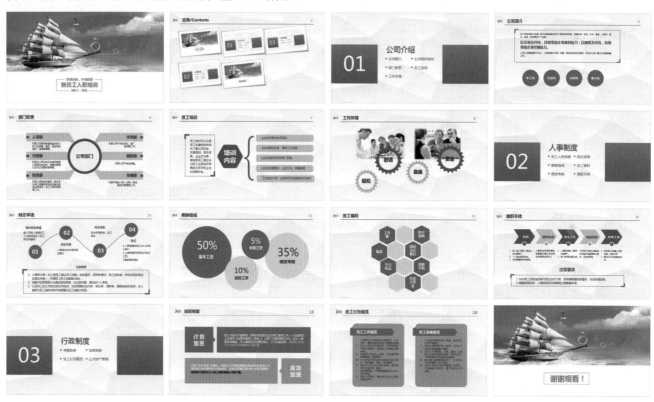

图 23-69

23.3.1 通过幻灯片母版设置背景和占位符格式

通过幻灯片母版设置背景和占位符格式，可以让整个演示文稿拥有相同的背景和格式。

1. 设置幻灯片母版的背景效果

下面将通过幻灯片母版设计内容页和标题页幻灯片的背景效果，具体操作步骤如下。

Step01 设置背景图片填充。启动 PowerPoint 2021 程序，新建一个名为"新员工入职培训"的空白演示文稿，

① 进入幻灯片母版视图，选择母版，打开【设置背景格式】任务窗格，在【填充】栏中选中【图片或纹理填充】单选按钮，② 单击【插入】按钮，如图 23-70 所示。

图 23-70

Step02 选择背景图片。打开【插入图片】对话框，在其中根据需要插入图片的方式选择选项，本例中提前准备好了素材图片，所以选择【来自文件】选项，① 在新对话框的地址栏中选择需要插入的图片的保存位置，② 选择要插入的背景图片，③ 单击【插入】按钮，如图 23-71 所示。

Step03 选择版式背景样式。即可为幻灯片母版中所有版式应用相同的背景格式，然后选择第 2 个版式，① 单击【背景】组中的【背景样式】按钮，② 在弹出的下拉列表中选择需要的样

式，如图 23-72 所示。

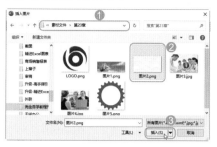

图 23-71

图 23-72

Step 04 查看应用背景样式的效果。即可将所选版式的背景应用为选择的样式，效果如图 23-73 所示。

图 23-73

2. 通过幻灯片母版设置占位符格式

下面将通过幻灯片母版对标题占位符和内容占位符的字体格式进行设置，具体操作步骤如下。

Step 01 设置标题占位符格式。❶ 选择幻灯片母版第 1 个版式中的标题占位符，在【字体】组中将字体设置为【微软雅黑】，字号设置为【24】，❷ 单击【加粗】按钮B加粗文本，❸ 将字体颜色设置为【黑色，文字 1，淡色 25%】，如图 23-74 所示。

Step 02 设置内容占位符格式。❶ 选择内容占位符，❷ 在【字体】组中将字体设置为【微软雅黑】，字号设置为【12】，效果如图 23-75 所示。

图 23-74

图 23-75

23.3.2 为幻灯片添加需要的对象

幻灯片中最重要的部分就是幻灯片对象的添加，下面将根据不同的幻灯片版式来介绍添加图片、形状、文本和 SmartArt 图形等对象。

1. 为封面页添加对象

下面将通过添加图片、形状和文本对象来制作幻灯片封面页，具体操作步骤如下。

Step 01 将图片置于底层。退出幻灯片母版，返回普通视图，❶ 在幻灯片中插入需要的图片，选择插入的图片，❷ 单击【图片格式】选项卡【排列】组中的【下移一层】下拉按钮，❸ 在弹出的下拉菜单中选择【置于底层】选项，如图 23-76 所示。

图 23-76

Step 02 绘制直线。即可将图片置于占位符下方，在幻灯片下方的空白区域绘制两条水平直线和垂直直线，然后将标题和副标题占位符移动到合适的位置，并对字体格式进行相应的设置，效果如图 23-77 所示。

图 23-77

Step 03 复制文本并修改文本内容。复制"梦想起航"占位符，将其文本更改为"制作人：陈悦"，并对文本的字体格式进行更改，最后将文本移动到合适的位置，效果如图 23-78 所示。

图 23-78

2. 为过渡页添加对象

下面将通过添加形状、文本框和文本等对象制作过渡页，具体操作步骤如下。

Step 01 绘制矩形输入文本并设置矩形样式。按【Enter】键新建一张幻灯片，删除幻灯片中的内容占位符，绘制两个大小相同的矩形，然后在第一个矩形中输入文本"01"，并对其字体格式进行相应的设置，最后选择绘制的矩形，为其应用【强列效果 - 蓝色，强调颜色1】样式，如图23-79所示。

图 23-79

Step 02 绘制三角形并旋转。在幻灯片标题占位符中输入"公司介绍"，并对文本字体格式和位置进行设置，❶在文本下方绘制一个【等腰三角形】形状，❷选择绘制的形状，单击【排列】组中的【旋转】按钮，❸在弹出的下拉菜单中选择【向右旋转90°】选项，如图23-80所示。

图 23-80

Step 03 绘制文本框并输入内容。在形状后绘制一个文本框，在其中输入相应的文本，并对文本格式进行设置，然后复制等腰三角形和文本框，并对复制的文本内容进行更改，效果如图23-81所示。

图 23-81

3. 为内容页添加对象

下面将通过添加形状、文本、SmartArt图形和图片等对象制作过渡页，具体操作步骤如下。

Step 01 绘制直线。新建一张幻灯片，在标题占位符中输入"公司简介"文本，然后在文本下方绘制一条直线，为其应用【细线 - 深色1】样式，再在标题文本左侧绘制3个【箭头：V形】形状，并对形状效果进行相应的设置，如图23-82所示。

图 23-82

Step 02 添加幻灯片编号。在【插入】选项卡【文本】组中单击【幻灯片编号】按钮，打开【页眉和页脚】对话框，❶在【幻灯片】选项卡中选中【幻灯片编号】复选框，❷单击【应用】按钮，如图23-83所示。

Step 03 设置幻灯片编号。即可在该幻灯片中添加幻灯片编号，将幻灯片编号移动到幻灯片右上方，并对其字体格式进行相应的设置，然后在内容占位符中输入相应的文本，并对文本的格式进行设置，效果如图23-84所示。

图 23-83

图 23-84

Step 04 绘制矩形。在幻灯片中绘制一个矩形、两个L形状和4个正圆，然后对形状的效果进行相应的设置，效果如图23-85所示。

图 23-85

Step 05 单击【插入SmartArt图形】图标。复制第3张幻灯片，对标题文本进行修改，然后删除幻灯片中多余的占位符和形状，单击内容占位符中的【插入SmartArt图形】图标，如图23-86所示。

Step 06 选择SmartArt图形。打开【选择SmartArt图形】对话框，❶在左侧选择【层次结构】选项，❷在中间选择【组织结构图】选项，❸单击【确定】按钮，如图23-87所示。

图 23-86

图 23-87

Step07 输入文字。即可在幻灯片中插入组织结构图，然后在【文本窗格】中输入 SmartArt 图形中需要的文本，并在最后一个文本后按两次【Enter】键，新增两个形状，效果如图 23-88 所示。

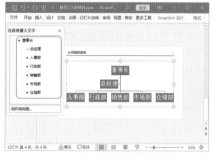

图 23-88

Step08 选择 SmartArt 图形样式。选择 SmartArt 图形，为其应用【粉末】SmartArt 样式，如图 23-89 所示。

Step09 选择图片样式。使用制作第 4 张幻灯片的方法制作第 5 张和第 6 张幻灯片，然后在第 7 张幻灯片中插入需要的 3 张图片，选择两张带人物的图片，为其应用【柔化边缘矩形】图片样式，如图 23-90 所示。

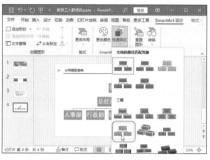

图 23-89

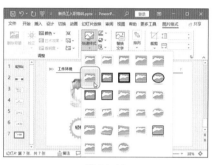

图 23-90

Step10 设置图片颜色。复制 3 张齿轮图片，并对其大小和位置进行调整，然后选择两张小一点的齿轮图片，将颜色更改为【浅灰色，背景颜色 2 浅色】，如图 23-91 所示。

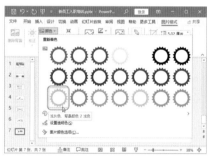

图 23-91

Step11 绘制文本框并输入文字。在齿轮图片上绘制文本框，并在文本框中输入需要的文本，然后对文本的格式进行相应的设置，效果如图 23-92 所示。

图 23-92

4. 为其他幻灯片和结束页幻灯片添加对象

下面将使用复制的方法制作演示文稿其他过渡页和内容页，以及结束页幻灯片，具体操作步骤如下。

Step01 将 SmartArt 图形转换为形状。复制第 2 张幻灯片，将其粘贴两次，并对粘贴的幻灯片中的文本进行修改，制作其他两张过渡页幻灯片，然后复制内容页幻灯片，在其中插入【向上箭头】SmartArt 图形，❶ 单击【重置】组中的【转换】按钮，❷ 在弹出的下拉菜单中选择【转换为形状】选项，如图 23-93 所示。

图 23-93

Step02 在形状中输入文本。即可将 SmartArt 图形转换为形状，然后在幻灯片中绘制其他需要的形状，并输入相应的文本，效果如图 23-94 所示。

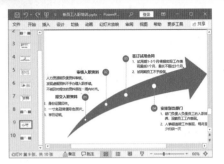

图 23-94

Step03 制作其他幻灯片。使用前面制作幻灯片的方法制作演示文稿中的其他幻灯片，效果如图 23-95 所示。

图 23-95

23.3.3 通过缩放定位创建目录页幻灯片

通过缩放定位不仅可以创建目录页幻灯片需要的内容，还可以快速定位到相应的幻灯片，对于大型演示文稿来说，更加便于查看。

1. 为演示文稿创建节

下面将对演示文稿中的幻灯片进行分节管理，这样便于使用节缩放功能创建目录页幻灯片，具体操作步骤如下。

Step01 新增节。❶ 在幻灯片窗格第 1 张幻灯片最前方的空白区域单击进行定位，❷ 然后单击【幻灯片】组中的【节】按钮，❸ 在弹出的下拉菜单中选择【新增节】选项，如图 23-96 所示。

Step02 重命名节。即可在第 1 张幻灯片前方新增一个节，❶ 在打开的【重命名节】对话框的【节名称】文本框

中输入"封面"，❷ 单击【重命名】按钮，如图 23-97 所示。

图 23-96

图 23-97

Step03 新增其他节。即可重命名节名称，然后使用相同的方法继续增加节，并对节的名称进行重命名，效果如图 23-98 所示。

图 23-98

2. 创建目录页幻灯片

下面将使用节缩放定位功能制作目录页幻灯片，具体操作步骤如下。

Step01 插入节缩放定位。复制第 3 张幻灯片，将其粘贴到第 1 张幻灯片后面，并对幻灯片中的文本进行修改，❶ 选择第 2 张幻灯片，单击【插入】选项卡【链接】组中的【缩放定位】

按钮，❷ 在弹出的下拉菜单中选择【节缩放定位】选项，如图 23-99 所示。

图 23-99

Step02 选择幻灯片节。打开【插入节缩放定位】对话框，❶ 选中所有的复选框，❷ 单击【插入】按钮，如图 23-100 所示。

图 23-100

Step03 选择图片样式。即可在第 2 张幻灯片中以图形对象的方式插入每节的第 1 张幻灯片，将插入的对象调整到合适的大小和位置，❶ 选择插入的对象，单击【缩放】选项卡【缩放定位选项】组中的【快速样式】按钮，❷ 在弹出的下拉菜单中选择【旋转，白色】选项，如图 23-101 所示。

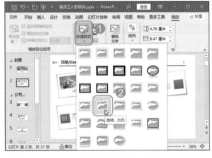

图 23-101

Step04 查看缩放定位效果。即可为插入的对象应用选择的缩放定位样式，

效果如图 23-102 所示。

图 23-102

23.3.4 为幻灯片添加相同的切换效果

当需要为演示文稿中的所有幻灯片应用相同的切换效果时，为了提高设置效率，可以先为一张幻灯片添加切换效果，然后将该幻灯片中的切换效果应用到演示文稿的其他幻灯片中，具体操作步骤如下。

Step01 选择切换动画。选择第 1 张幻灯片，❶ 单击【切换】选项卡【切换到此幻灯片】组中的【切换效果】按钮，❷ 在弹出的下拉列表中选择【擦除】选项，如图 23-103 所示。

图 23-103

Step02 选择切换效果。❶ 单击【切换到此幻灯片】组中的【效果选项】按钮，❷ 在弹出的下拉菜单中选择【自左侧】选项，如图 23-104 所示。

图 23-104

Step03 设置切换时间。❶ 在【计时】组中的【持续时间】数值框中输入

"01.50"，❷ 单击【应用到全部】按钮，如图 23-105 所示。

图 23-105

Step04 完成所有幻灯片的切换动画设置。即可将第 1 张幻灯片的切换效果应用到该演示文稿的其他幻灯片中，如图 23-106 所示。

图 23-106

本章小结

在本章中使用 Word、Excel 和 PowerPoint 制作了一个新员工入职培训项目，使用 Word 制作新员工入职培训制度、使用 Excel 制作新员工培训成绩表，使用 PowerPoint 制作新员工入职培训的演示文稿，用于对新员工进行培训。在制作过程中，需要注意在 Excel 中输入数据和计算数据的正确性。

第24章 实战应用：制作宣传推广方案

➥ 如何使用 Word 制作产品宣传推广单？

➥ 如何使用 Excel 对推广渠道进行直观分析并得出结论？

➥ 如何让 PPT 自动进行宣传展示的循环放映？

本章将通过产品宣传推广方案实例的制作，进一步巩固前面学习的 Word、Excel、PPT 的相关知识，在学习过程中，读者不仅能找到以上问题的答案，还能掌握使用 Word、Excel 和 PPT 制作一个项目的思路和方法。

24.1 使用 Word 制作产品宣传推广文档

实例门类	页面设置＋图文混排

产品宣传推广单是直接面向客户或用户的，要求简洁明了，传播主要信息，吸引客户或用户，激发其购买欲望，因此，它的制作更加倾向于平面设计，其中，文本内容必须是简要和关键的，且所占篇幅较少，图形图像是关键构成元素。以"铁观音茶叶宣传推广单"为例，完成后的效果如图 24-1 所示。

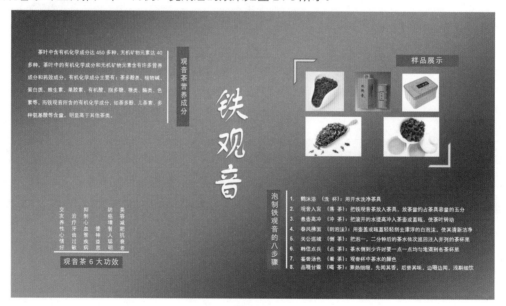

图 24-1

24.1.1 设置文档页面大小

宣传单与普通文档不一样，通常需要自定义页面大小和方向，让整个版面更加适合设计及内容的放置，具体操作步骤如下。

Step01 打开【页面设置】对话框。新建文档并将其保存为"宣传推广单"，单击【布局】选项卡【页面设置】组右下角的【功能扩展】按钮，如图 24-2 所示。

图 24-2

Step02 调整纸张方向。打开【页面设置】对话框，在【页边距】选项卡的【纸张方向】栏中选择【横向】选项，如图 24-3 所示。

图 24-3

Step03 设置纸张大小。❶ 选择【纸张】选项卡，❷ 在【宽度】数值框中输入"33 厘米"，在【高度】数值框中输入"19 厘米"，❸ 单击【确定】按钮，如图 24-4 所示。

图 24-4

24.1.2　用渐变色作为文档底纹

茶叶往往给人一种生机盎然的感觉，所以，这里用绿色渐变色作为页面的背景色，具体操作步骤如下。

Step01 打开【填充效果】对话框。❶ 单击【设计】选项卡【页面背景】组中的【页面颜色】下拉按钮，❷ 在弹出的下拉列表中选择【填充效果】选项，如图 24-5 所示。

图 24-5

Step02 设置背景填充效果。打开【填充效果】对话框，❶ 在【渐变】选项卡的【颜色】栏中选中【双色】单选按钮，❷ 设置【颜色 1】为【绿色，个性 6，深色 50%】；设置【颜色 2】为【绿色，个性 6】，❸ 选中【斜上】单选按钮，❹ 单击【确定】按钮，如图 24-6 所示。

图 24-6

24.1.3　用艺术字制作标题

在宣传推广单中，要推出的产品名称可以使用艺术字让其突出显示

并放置在合适位置，具体操作步骤如下。

Step01 选择艺术字。❶ 单击【插入】选项卡【文本】组中的【艺术字】下拉按钮，❷ 在弹出的下拉列表中选择【填充；黑色，文本色 1；阴影】选项，如图 24-7 所示。

图 24-7

Step02 选择文字方向。❶ 在艺术字文本框中输入"铁观音"，❷ 在激活的【形状格式】选项卡中单击【文字方向】下拉按钮，❸ 在弹出的下拉菜单中选择【垂直】选项，如图 24-8 所示。

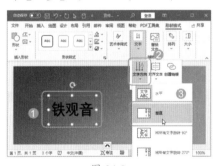

图 24-8

Step03 设置字体格式和位置。❶ 设置字体、字号和字体颜色分别为【方正新舒体简体】【72】和【白色，背景 1】，❷ 移动整个艺术字到页面的合适位置，如图 24-9 所示。

图 24-9

24.1.4 使用文本框添加介绍文本

产品的推广介绍文本是必不可少的，不过不能直接在文档中进行输入，因为，它们放置的位置相对灵活和随意，完全根据整体设计框架而定。下面使用文本框来放置铁观音推广介绍文本，具体操作步骤如下。

Step 01 选择横排文本框。❶单击【插入】选项卡【文本】组中的【文本框】按钮，❷在弹出的下拉列表中选择【绘制横排文本框】选项，如图 24-10 所示。

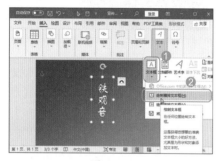

图 24-10

Step 02 绘制文本框并输入文字。绘制文本框并在其中输入铁观音的营养成分文本，如图 24-11 所示。

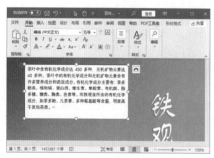

图 24-11

Step 03 设置字体格式。❶字号设置为【10】，❷单击【加粗】按钮，❸字体颜色设置为【白色，背景1】，如图 24-12 所示。

Step 04 设置段落格式。保持文本框内文本的选择状态，打开【段落】对话框，❶设置首行缩进2字符，❷单击【确定】按钮，如图 24-13 所示。

图 24-12

图 24-13

Step 05 设置文本框填充和轮廓格式。设置文本框的【形状填充】和【轮廓形状】分别为【无填充颜色】和【无轮廓】，效果如图 24-14 所示。

图 24-14

Step 06 设置行距。❶单击【开始】选项卡【段落】组中的【行和段落间距】按钮，❷在弹出的下拉列表中选择【1.5】选项，如图 24-15 所示。

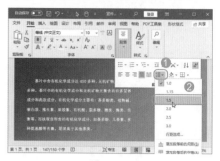

图 24-15

Step 07 完成其他文本格式的设置。以同样的方法添加和设置其他的文本内容，并放置在合适位置，效果如图 24-16 所示。

图 24-16

24.1.5 更改文字方向并添加项目符号

为了增加宣传推广单的排版美感和文本说明性，可以更改部分文本的方向、为部分文本添加项目符号，具体操作步骤如下。

Step 01 选择文字方向。❶选择目标文本框，❷在激活的【形状格式】选项卡中单击【文字方向】下拉按钮，❸在弹出的下拉列表中选择【垂直】选项，如图 24-17 所示。

Step 02 选择编号样式。❶在冲泡步骤文本框中选择文本内容，❷在【开始】选项卡中单击【编号】下拉按钮，❸在弹出的下拉列表中选择合适的编号选项，如图 24-18 所示。

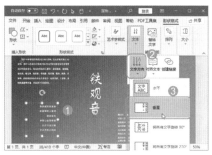

图 24-17

图 24-18

24.1.6 添加和设置装饰形状

为了让宣传推广单更美观，让每一个文本框中的内容更加具有主题效果，可以通过添加形状来轻松实现，具体操作步骤如下。

Step01 选择直线形状。❶单击【插入】选项卡中的【形状】下拉按钮，❷在弹出的下拉列表中选择【直线】选项，在合适位置绘制线条形状，如图24-19 所示。

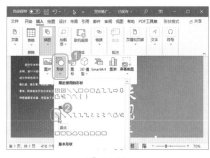

图 24-19

Step02 绘制直线并设置格式。选择绘制的线条形状，❶在激活的【形状格式】选项卡中单击【形状轮廓】下拉按钮，❷在弹出的下拉列表中选择【粗

细】→【2.25 磅】选项，如图 24-20 所示。

图 24-20

Step03 设置直线轮廓格式。保持线条形状的选择状态，❶在【形状格式】选项卡中单击【形状轮廓】下拉按钮，❷在弹出的下拉列表中选择【白色，背景1】选项，如图24-21 所示。

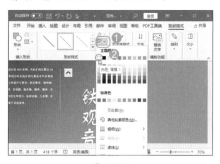

图 24-21

Step04 绘制矩形并设置格式。绘制矩形形状，去掉其轮廓边框并设置其填充底纹为【橙色，个性色2，深色50%】，如图 24-22 所示。

图 24-22

Step05 编辑文字。在形状上右击，在弹出的快捷菜单中选择【添加文字】选项，进入编辑状态，如图24-23 所示。

图 24-23

Step06 输入文字并设置格式。输入"观音茶营养成分"，并设置其字体、字号和颜色分别为【等线(中文正文)】【14】和【黄色】并将其加粗，如图24-24 所示。

图 24-24

Step07 添加其他形状。以同样的方法添加和设置其他需要的形状，效果如图 24-25 所示。

图 24-25

24.1.7 插入和设置图片

为了更加直观地展示产品，提升宣传效果，可在其中添加一些产品图片，具体操作步骤如下。

Step01 打开【插入图片】对话框。❶单击【插入】选项卡【插图】组中的【图片】按钮，❷ 在弹出的下拉菜单中选择【图片】选项，如图 24-26 所示。

图 24-26

Step 02 选择图片。打开【插入图片】对话框，❶ 选择图片放置位置，❷ 按【Ctrl+A】组合键选择文件夹中的所有图片，❸ 单击【插入】按钮，如图 24-27 所示。

Step 03 设置图片环绕方式。❶ 选择目标图片，❷ 单击【图片格式】选项卡【排列】组中的【环绕文字】按钮，❸ 在弹出的下拉菜单中选择【浮于文字上方】选项，如图 24-28 所示。

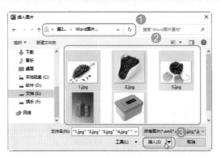

图 24-27

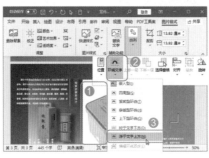

图 24-28

Step 04 设置图片大小。在【大小】组中调整图片的高度和宽度都为【2.6厘米】，如图 24-29 所示。

图 24-29

Step 05 设置其他图片的格式。以同样的方法调整其他图片的宽度和高度并将其【环绕方式】设置为【浮于文字上方】，然后将图片移到合适的位置，如图 24-30 所示。

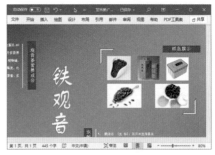

图 24-30

24.2 使用 Excel 制作市场推广数据分析表

实例门类	数据计算＋图表分析

产品推广不是盲目的，也不是随意的，需要对产品的规格、定位及渠道进行分析，这样才能打一场有把握的"胜仗"，把产品成功地推向市场，获得收益。以分析铁观音茶叶行业定价、规格及销售渠道，并得出分析结果为例，完成后的效果如图 24-31 所示。

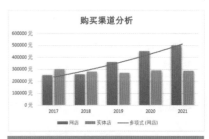

图 24-31

24.2.1　使用 AVERAGE 函数计算销量平均值

下面使用 AVERAGE 函数对产品 2019—2021 年销量的平均值进行计算，具体操作步骤如下。

Step01 选择【平均值】选项。打开"素材文件\第24章\市场推广分析.xlsx"文档，❶ 选择 E2:E4 单元格区域，❷ 单击【公式】选项卡中的【自动求和】下拉按钮，❸ 在弹出的下拉列表中选择【平均值】选项，如图 24-32 所示。

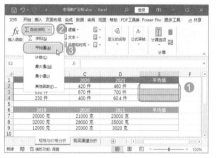

图 24-32

Step02 计算平均值。使用 AVERAGE 函数在 E7:E9 单元格区域中计算平均值，如图 24-33 所示。

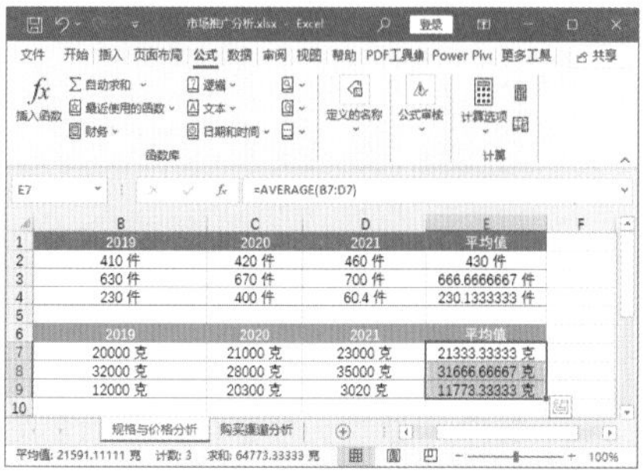

图 24-33

24.2.2　使用折线迷你图展示销售走势情况

为了更好地将产品打入市场，需要对市场上各类规格和价格的铁观音茶叶销售情况进行简单的展示和分析，从而有助于制定自己产品的价格和规格定位，可以通过折线迷你图的方式来实现，具体操作步骤如下。

Step01 创建迷你图。❶ 选择 F2:F4 单元格区域，❷ 单击【插入】选项卡【迷你图】组中的【折线】按钮，如图 24-34 所示。

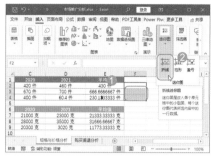

图 24-34

Step02 设置迷你图参数。即可打开【创建迷你图】对话框，❶ 设置【数据范围】为 B2:D4 单元格区域，❷ 单击【确定】按钮，如图 24-35 所示。

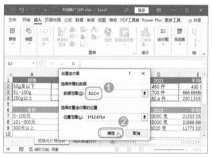

图 24-35

Step03 设置迷你图标记。系统自动插入折线迷你图，在【迷你图】选项卡【显示】组中选中【标记】复选框，为折线图添加标记，如图 24-36 所示。

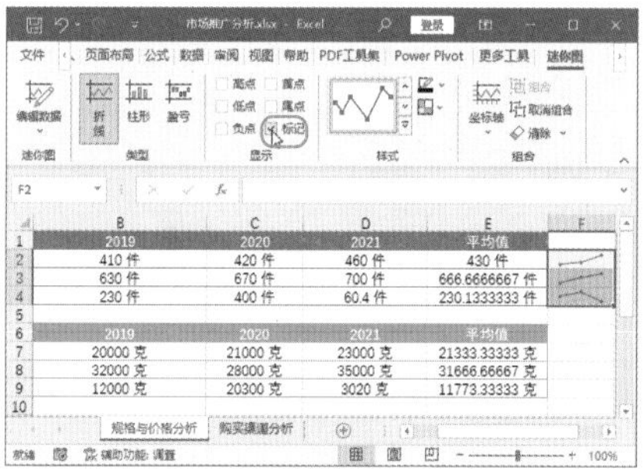

图 24-36

Step04 继续插入迷你图。以同样的方法在 F7:F9 单元格区域插入迷你图直观展示不同价位的茶叶销售情况，如图 24-37 所示。

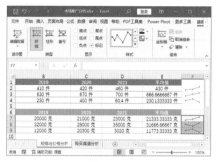

图 24-37

24.2.3　使用饼图展示和分析规格、价格与销售情况

对茶叶销售情况的分析不仅要看大体的销售走势情况，还要分析哪个规格和价格的茶叶销售情况更好，从而更准确地进行产品的加工制作，具体操作步骤如下。

Step01 插入饼图。❶ 按住【Ctrl】键，选择 A2:A4 单元格区域和 D2:D4 单元格区域，单击【插入】选项卡【插入饼图或圆环图】下拉按钮，❷ 在弹出的下拉列表中选择【饼图】选项，如图 24-38 所示。

图 24-38

Step02 选择图表样式。将图表移到合适位置，❶ 重新输入图表标题"规格与销量分析"，❷ 在【图表设计】选项卡【快速样式】列表框中选择【样式 11】选项，如图 24-39 所示。

Step03 继续添加饼图。以同样的方法添加和设置"价格与销量分析"饼图，效果如图 24-40 所示。

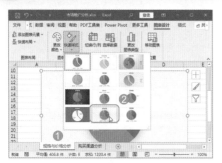

图 24-39

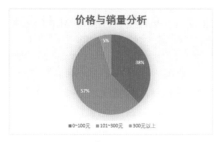

图 24-40

24.2.4 使用圆角矩形得出分析结论

通过迷你图和两张饼图的展示分析，可以对市场上的铁观音茶叶销售情况进行综合分析并得出结论。下面使用圆角矩形来放置这些分析和结论的内容，帮助决策者得出理性结论，具体操作步骤如下。

Step01 选择形状。❶ 单击【插入】选项卡【插图】组中的【形状】按钮，❷ 在弹出的下拉列表中选择【矩形：圆角】选项，如图 24-41 所示。

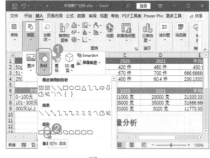

图 24-41

Step02 绘制形状。❶ 在合适的位置绘制圆角矩形，并在其中输入分析和结论内容（其方法与在 Word 中的操作

方法完全一样），❷ 应用【彩色填充 - 绿色，强调颜色 6】样式，如图 24-42 所示。

图 24-42

24.2.5 使用柱形图对比展示购买渠道

网店和实体店是商品销售的两大渠道，不过这两种渠道的销售市场不是均分的。这时，可以对两种销售渠道进行分析，以判定哪种渠道销售情况更加乐观，值得长远投资，以及投资的比例分配等。下面使用柱形图进行展示和分析，具体操作步骤如下。

Step01 插入柱形图表。❶ 选择"购买渠道分析"工作表中任意包含数据的单元格，❷ 单击【插入】选项卡【图表】组中的【插入柱形图或条形图】下拉按钮 ⬛，❸ 在弹出的下拉列表中选择【三维簇状柱形图】选项，如图 24-43 所示。

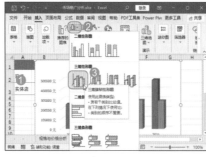

图 24-43

Step02 选择图表样式。将图表移到合适位置，❶ 重新输入图表标题"购买渠道分析"，❷ 在【图表设计】选项卡【快速样式】列表框中选择【样式14】选项，如图 24-44 所示。

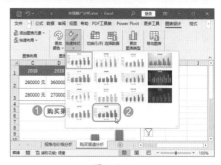

图 24-44

24.2.6 添加趋势线直观展示购买渠道的未来走势

对渠道优劣的分析，不仅局限于对比，还需要看其长远的发展情况，从而制定出符合市场变化的决策，以保证产品的顺利推广。下面在柱形图中添加趋势线来展示网店的销售走势，具体操作步骤如下。

Step01 添加趋势线。选择图表中的"网店"数据系列并右击，在弹出的快捷菜单中选择【添加趋势线】选项，如图 24-45 所示。

图 24-45

Step02 选择趋势线类型。在打开的【设置趋势线格式】任务窗格中选中【多项式】单选按钮添加趋势线，如图 24-46 所示。

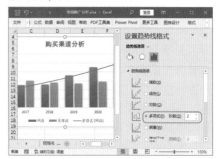

图 24-46

24.2.7 使用文本框得出分析和结论

对于销售渠道分析，同样可以为其添加分析和结论，这里用文本框作为载体，具体操作步骤如下。

Step01 单击【文本框】按钮。单击【插入】选项卡【文本】组中的【文本框】按钮，如图 24-47 所示。

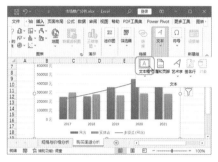

图 24-47

Step02 绘制文本框。❶ 在合适位置绘制文本框，并在其中输入相应的分析与结论内容，然后选择整个文本框，❷ 单击【开始】选项卡【对齐方式】组中的【垂直居中】按钮，如图24-48 所示。

图 24-48

Step03 设置文本框样式。保持文本框的选择状态，在【形状格式】选项卡【形状样式】列表框中选择【浅色 1 轮廓，彩色填充 - 橙色，强调颜色 2】选项，如图 24-49 所示。

图 24-49

24.3 使用 PPT 制作产品宣传推广演示文稿

实例门类	幻灯片编辑 + 动画应用 + 放映设置 + 内容导出

产品宣传推广演示文稿通常在一些公共场合播放，如地铁站里的视频广告机、电梯里的移动媒体播放机等。因此，这种演示文稿不需要用户手动控制，要完全让其自行放映，同时还是循环放映，以达到产品宣传推广的目的。以宣传推广铁观音茶叶为例，完成后的效果如图 24-50 所示。

图 24-50

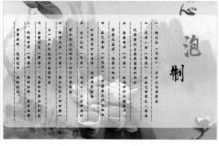

图 24-50（续）

24.3.1 自定义幻灯片大小

这里制作的铁观音推广宣传演示文稿需要用到指定大小的图片作为背景，为了保证图片的放映质量，需要对幻灯片母版大小进行自定义，具体操作步骤如下。

Step 01 进入母版视图。启动 PPT 2021 程序，新建"铁观音推广宣传"演示文稿，单击【视图】选项卡【母版视图】组中的【幻灯片母版】按钮，切换到幻灯片母版视图中，如图 24-51 所示。

图 24-51

Step 02 选择幻灯片比例。❶ 单击【幻灯片大小】下拉按钮，❷ 在弹出的下拉列表中选择【自定义幻灯片大小】选项，如图 24-52 所示。

图 24-52

Step 03 设置幻灯片大小。打开【幻灯片大小】对话框，❶ 设置【宽度】和【高度】分别为【24.4 厘米】和【15.875 厘米】，❷ 单击【确定】按钮，如图 24-53 所示。

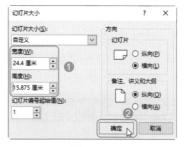

图 24-53

Step 04 选择幻灯片缩放方式。在打开的【Microsoft Power Point】对话框中选择【确保适合】选项，如图 24-54 所示。

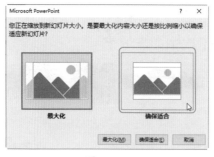

图 24-54

24.3.2 在母版中添加图片作为背景

幻灯片大小确定后，就可以将外部图片插入母版中，作为幻灯片内容页的背景，具体操作步骤如下。

Step 01 打开【插入图片】对话框。

❶ 选择"标题幻灯片"，清除其中的所有占位符，❷ 单击【插入】选项卡【图像】组中的【图片】下拉按钮，❸ 在弹出的下拉列表中选择【此设备】选项，如图 24-55 所示。

Step 02 选择图片。打开【插入图片】对话框，❶ 选择图片保存路径，❷ 选择【背景 1】选项，❸ 单击【插入】按钮，如图 24-56 所示。

图 24-55

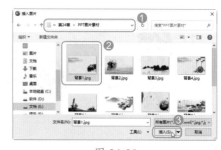

图 24-56

Step 03 调整图片大小。以同样的方法在其他母版幻灯片中插入对应的图片并适当调整大小，然后切换到普通视图中，如图 24-57 所示。

图 24-57

24.3.3　使用文本框随意设计文本

由于是用于宣传和推广的演示文稿，因此幻灯片中的文本通常是一些有特色且随意放置的文本内容，这时，可借助文本框来轻松解决，具体操作步骤如下。

Step01 单击【文本框】按钮。❶选择"标题幻灯片"，清除其中的所有占位符，❷单击【插入】选项卡【文本】组中的【文本框】按钮，如图 24-58 所示。

图 24-58

Step02 绘制文本框并输入文字。在页面中绘制文本框，并在文本框中输入"铁"，如图 24-59 所示。

图 24-59

Step03 设置文字格式。❶选择文本框，❷设置其【字体】【字号】分别为【迷你简雪君】【166】，如图 24-60 所示。

图 24-60

Step04 输入其他文本。以同样的方法插入其他文本框并输入相应内容，然后设置字体格式，并调整它们的相对位置，如图 24-61 所示。

图 24-61

24.3.4　插入虚线装饰文本

在幻灯片中若只有文本会显得较为单调，同时，由于说明文本以竖排方式显示，因此需要插入线条类形状来分栏，同时，引导读者的阅读顺序和方向切入点。下面在幻灯片中插入虚线形状，具体操作步骤如下。

Step01 选择直线。❶单击【插入】选项卡【插图】组中的【形状】下拉按钮，❷在弹出的下拉列表中选择【直线】选项，如图 24-62 所示。

Step02 设置直线的线型。❶在合适的位置绘制直线形状，❷单击【形状格式】选项卡【形状样式】组中的【形状轮廓】按钮☑右侧的下拉按钮，❸在弹出的下拉列表中选择【虚线】→【长划线】选项，如图 24-63 所示。

图 24-62

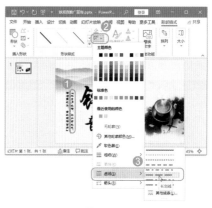

图 24-63

Step03 设置直线粗细。❶再次单击【形状格式】选项卡【形状样式】组中的【形状轮廓】按钮☑右侧的下拉按钮，❷在弹出的下拉列表中选择【粗细】→【0.75 磅】选项，如图 24-64 所示。

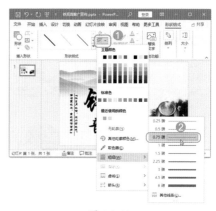

图 24-64

Step04 设置直线颜色。❶再次单击【形状格式】选项卡【形状样式】组中的【形状轮廓】按钮☑右侧的下拉按钮，❷在弹出的下拉列表中选择【黑色，

第一篇　第2篇　第3篇　第4篇　第5篇

文字 1，淡色 5%】选项，如图 24-65
所示。

图 24-65

Step 05 复制直线。复制线条形状并将其移到"得烟霞之华，食之能治百病"左侧适当距离处，如图 24-66 所示。

图 24-66

Step 06 制作其他幻灯片。以同样的方法制作其他幻灯片（先是插入相应版式的幻灯片，再添加相应的文本和形状，并放置在合适位置），如图 24-67 所示。

图 24-67

24.3.5 为对象添加动画效果

宣传推广演示文稿中的对象虽然不多，但是需要为它们分别添加相应的动画，让它们全部"动"起来，具体操作步骤如下。

Step 01 为文本框添加动画。❶ 选择第 1 张幻灯片，❷ 按住【Shift】键选择"铁""观""音"3 个文本框，❸ 切换到【动画】选项卡中，如图 24-68 所示。

图 24-68

Step 02 选择动画。在【动画样式】列表框中选择【劈裂】选项，如图 24-69 所示。

图 24-69

Step 03 选择动画效果。❶ 单击【效果选项】下拉按钮，❷ 在弹出的下拉列表中选择【上下向中央收缩】选项，如图 24-70 所示。

图 24-70

Step 04 选择动画方式。❶ 单击【开始】下拉按钮，❷ 在弹出的下拉列表中选择【上一动画之后】选项，如图 24-71 所示。

图 24-71

Step 05 为线条设置动画。分别为虚线条形状和描述文本框添加【浮入】和【飞入】动画，❶ 选择描述文本框，❷ 单击【动画】组右下角的【功能扩展】按钮，如图 24-72 所示。

图 24-72

Step 06 设置动画效果。打开【飞入】对话框，❶ 在【效果】选项卡中设置【方向】和【动画文本】分别为【自左侧】和【按词顺序】，❷ 单击【确定】按钮，如图 24-73 所示。

图 24-73

Step 07 为其他对象添加动画。以同样的方法为其他幻灯片中的对象添加动画效果，如图 24-74 所示。

图 24-74

24.3.6 为幻灯片添加切换动画

对于完全自己放映的演示文稿，需要为每一张幻灯片添加切换动画，这样会让幻灯片之间的切换更加自然，增加观赏性，具体操作步骤如下。

Step 01 为第 1 张幻灯片设置切换动画。❶ 选择第 1 张幻灯片，❷ 在【切换】选项卡【切换到此幻灯片】组中的【切换效果】下拉列表中选择【百叶窗】选项，❸ 设置【持续时间】为"01.50"，如图 24-75 所示。

图 24-75

Step 02 为其他幻灯片添加切换动画。用同样的方法为其他幻灯片添加切换动画，并设置对应的持续时间，如图 24-76 所示。

图 24-76

24.3.7 排练计时

为了让整个演示文稿播放效果更佳，可以对整个演示文稿的放映进行彩排，也就是排练计时，具体操作步骤如下。

Step 01 进入排练计时状态。❶ 选择第 1 张幻灯片，❷ 单击【幻灯片放映】选项卡中的【排练计时】按钮，进入放映排练，如图 24-77 所示。

图 24-77

Step 02 播放幻灯片。按正常顺序和操作对幻灯片进行放映，并在合适时间切换幻灯片（幻灯片之间切换间隔时间必须要保证观众能看完其中的内容），如图 24-78 所示。

图 24-78

Step 03 保留排练计时。放映结束后，在打开的对话框中单击【是】按钮，保存排练计时，如图 24-79 所示。

图 24-79

24.3.8 设置放映方式为"在展台浏览"

要让整个演示文稿自动循环播放，需要设置其放映方式为"在展台浏览"，具体操作步骤如下。

Step 01 打开【设置放映方式】对话框。❶ 选择第 1 张幻灯片，❷ 单击【幻灯片放映】选项卡中的【设置幻灯片放映】按钮，如图 24-80 所示。

图 24-80

Step 02 设置放映方式。打开【设置放映方式】对话框，❶ 在【放映类型】栏中选中【在展台浏览（全屏幕）】单选按钮，❷ 单击【确定】按钮，如图 24-81 所示。

图 24-81

24.3.9 将演示文稿导出为视频文件

要在公共场合的移动媒体上播放宣传推广演示文稿，可以将茶叶宣传推广演示文稿导出为视频文件，具体操作步骤如下。

Step01 创建视频。选择【文件】选项卡，❶ 在左侧选择【导出】选项，❷ 在右侧的界面中双击【创建视频】选项，如图 24-82 所示。

Step02 设置保存选项。打开【另存为】对话框，❶ 设置视频导出文件位置和名称，❷ 单击【保存】按钮，如图 24-83 所示。

图 24-82

图 24-83

Step03 开始导出视频。程序返回主界面，系统自动进行视频文件导出，在状态栏中即可查看文件导出的进度，如图 24-84 所示。

图 24-84

本章小结

在本案例的实战应用中，主要总结以下两点。

（1）在 Excel 中两个图表的分析和结论内容放置的载体虽然不一样（一个是形状，另一个是文本框），但目的都是一样的。

（2）在 PPT 演示文稿中可能会由于图片不能完全适应幻灯片的大小，需要对图片进行相应的裁剪，保留哪些部分完全根据用户自己的需求与当时的环境来决定；一些幻灯片中会出现"『』"符号，是通过软件盘【标点符号】插入的，"【】"是按照常规方法直接输入的。在为幻灯片中的对象添加动画时，需要弄清楚动画添加的先后顺序，因为它将直接影响播放效果。

附录 A　Word、Excel、PPT 十大必备快捷键

A.1　Word 十大必备快捷键

Word 对于办公人员来说，是不可缺少的常用软件，通过它可以完成各种办公文档的制作。为了提高工作效率，在制作办公文档的过程中，用户可通过使用快捷键来完成各种操作。这里列出了 Word 常用的快捷键，适用于 Word 2003、Word 2007、Word 2010、Word 2013、Word 2016、Word 2019、Word 2021 等版本。

一、Word 文档基本操作快捷键

快捷键	作用	快捷键	作用
Ctrl+N	创建空白文档	Ctrl+O	打开文档
Ctrl+W	关闭文档	Ctrl+S	保存文档
F12	打开【另存为】对话框	Ctrl+F12	打开【打开】对话框
Ctrl+Shift+F12	选择【打印】选项	F1	打开 Word 帮助
Ctrl+P	打印文档	Alt+Ctrl+I	切换到打印预览
Esc	取消当前操作	Ctrl+Z	取消上一步操作
Ctrl+Y	恢复或重复操作	Delete	删除所选对象
Ctrl+F10	将文档窗口最大化	Alt+F5	还原窗口大小

二、复制、移动和选择快捷键

快捷键	作用	快捷键	作用
Ctrl+C	复制文本或对象	Ctrl+V	粘贴文本或对象
Alt+Ctrl+V	选择性粘贴	Ctrl+F3	剪切至【图文场】
Ctrl+X	剪切文本或对象	Ctrl +Shift+C	复制格式
Ctrl +Shift+V	粘贴格式	Ctrl+Shift+F3	粘贴【图文场】的内容
Ctrl+A	全选对象		

三、查找、替换和浏览快捷键

快捷键	作用	快捷键	作用
Ctrl+F	打开【查找】导航窗格	Ctrl+H	替换文字、特定格式和特殊项
Alt+Ctrl+Y	重复查找（在关闭【查找和替换】对话框之后）	Ctrl+G	定位至页、书签、脚注、注释、图形或其他位置
Shift+F4	重复【查找】或【定位】操作		

四、字体格式设置快捷键

快捷键	作用	快捷键	作用
Ctrl+Shift+F	打开【字体】对话框更改字体	Ctrl+Shift+>	将字号增大一个值
Ctrl+Shift+<	将字号减小一个值	Ctrl+]	逐磅增大字号
Ctrl+[	逐磅减小字号	Ctrl+B	应用加粗格式
Ctrl+U	应用下划线	Ctrl+Shift+D	给文字添加双下划线
Ctrl+I	应用倾斜格式	Ctrl+D	打开【字体】对话框更改字符格式
Ctrl+Shift++	应用上标格式	Ctrl+=	应用下标格式
Shift+F3	切换字母大小写	Ctrl+Shift+A	将所选字母设为大写
Ctrl+Shift+H	应用隐藏格式		

五、段落格式设置快捷键

快捷键	作用	快捷键	作用
Enter	分段	Ctrl+L	使段落左对齐
Ctrl+E	使段落居中对齐	Ctrl+R	使段落右对齐
Ctrl+J	使段落两端对齐	Ctrl+Shift+J	使段落分散对齐
Ctrl+T	创建悬挂缩进	Ctrl+Shift+T	减小悬挂缩进量
Ctrl+M	左侧段落缩进	Ctrl+ 空格键	删除段落或字符格式
Ctrl+1	单倍行距	Ctrl+2	双倍行距
Ctrl+5	1.5 倍行距	Ctrl+0	添加或删除一行间距

六、特殊字符插入快捷键

快捷键	作用	快捷键	作用
Ctrl+F9	域	Shift+Enter	换行符
Ctrl+Enter	分页符	Ctrl+Shift+Enter	分栏符
Alt+Ctrl+ −（减号）	长破折号	Ctrl+ −（减号）	短破折号
Ctrl+Shift+ 空格键	不间断空格	Alt+Ctrl+C	版权符号
Alt+Ctrl+R	注册商标符号	Alt+Ctrl+T	商标符号
Alt+Ctrl+。（句号）	省略号		

七、应用样式的快捷键

快捷键	作用	快捷键	作用
Ctrl+Shift+S	打开【应用样式】任务窗格	Alt+Ctrl+shift+S	打开【样式】任务窗格
Alt+Ctrl+K	启动【自动套用格式】	Ctrl+Shift+N	应用【正文】样式
Alt+Ctrl+1	应用【标题1】样式	Alt+Ctrl+2	应用【标题2】样式
Alt+Ctrl+3	应用【标题3】样式		

八、在大纲视图中操作的快捷键

快捷键	作用	快捷键	作用
Alt+Shift+ ←	提升段落级别	Alt+Shift+ →	降低段落级别
Alt+Shift+N	降级为正文	Alt+Shift+ ↑	上移所选段落
Alt+Shift+ ↓	下移所选段落	Alt+Shift+ +（加号）	扩展标题下的文本
Alt+Shift+ -（减号）	折叠标题下的文本	Alt+Shift+A	扩展或折叠所有文本或标题
Alt+Shift+L	只显示首行正文或显示全部正文	Alt+Shift+1	显示所有具有【标题1】样式的标题
Ctrl+Tab	插入制表符		

九、审阅和修订快捷键

快捷键	作用	快捷键	作用
F7	拼写检查文档内容	Ctrl+Shift+G	打开【字数统计】对话框
Alt+Ctrl+M	插入批注	Home	定位至批注开始
End	定位至批注结尾	Ctrl+Home	定位至一组批注的起始处
Ctrl+ End	定位至一组批注的结尾处	Ctrl+Shift+G	修订
Ctrl+Shift+E	打开或关闭修订	Alt+Shift+C	如果【审阅窗格】打开，则将其关闭

十、邮件合并快捷键

快捷键	作用	快捷键	作用
Alt+Shift+K	预览邮件合并	Alt+Shift+N	合并文档
Alt+Shift+M	打印已合并的文档	Alt+Shift+E	编辑邮件合并数据文档
Alt+Shift+F	插入邮件合并域		

A.2　Excel十大必备快捷键

在办公过程中，经常需要制作各种表格，而 Excel 是专门制作电子表格的软件，通过它可快速制作出需要的各种电子表格。下面列出了 Excel 常用的快捷键，适用于 Excel 2003、Excel 2007、Excel 2010、Excel 2013、Excel 2016、Excel 2019、Excel 2021 等版本。

一、操作工作表的快捷键

快捷键	作用	快捷键	作用
Shift+F11 或 Alt+Shift+F1	插入新工作表	Ctrl+PageDown	移动到工作簿中的下一张工作表
Ctrl+PageUp	移动到工作簿中的上一张工作表	Shift+Ctrl+PageDown	选定当前工作表和下一张工作表
Ctrl+ PageDown	取消选定多张工作表	Ctrl+PageUp	选定其他的工作表
Shift+Ctrl+PageUp	选定当前工作表和上一张工作表	Alt+O+H+R	对当前工作表重命名
Alt+E+M	移动或复制当前工作表	Alt+E+L	删除当前工作表

二、选择单元格、行或列的快捷键

快捷键	作用	快捷键	作用
Ctrl+ 空格键	选定整列	Shift+ 空格键	选定整行
Ctrl+A	选择工作表中的所有单元格	Shift+BackSpace	在选定了多个单元格的情况下，只选定活动单元格
Ctrl+Shift+*（星号）	选定活动单元格周围的当前区域	Ctrl+/	选定包含活动单元格的数组
Ctrl+Shift+O	选定含有批注的所有单元格	Alt+;	选取当前选定区域中的可见单元格

三、单元格插入、复制和粘贴操作的快捷键

快捷键	作用	快捷键	作用
Ctrl+Shift+ +（加号）	插入空白单元格	Ctrl+ 一（减号）	删除选定的单元格
Delete	清除选定单元格的内容	Ctrl+Shift+=	插入单元格
Ctrl+X	剪切选定的单元格	Ctrl+V	粘贴复制的单元格
Ctrl+C	复制选定的单元格		

四、通过【边框】对话框设置边框的快捷键

快捷键	作用	快捷键	作用
Alt+T	应用或取消上框线	Alt+B	应用或取消下框线
Alt+L	应用或取消左框线	Alt+R	应用或取消右框线
Alt+H	如果选定了多行中的单元格，那么应用或取消水平分隔线	Alt+V	如果选定了多列中的单元格，那么应用或取消垂直分隔线
Alt+D	应用或取消下对角框线	Alt+U	应用或取消上对角框线

五、数字格式设置快捷键

快捷键	作用	快捷键	作用
Ctrl+1	打开【设置单元格格式】对话框	Ctrl+Shift+~	应用【常规】数字格式
Ctrl+Shift+$	应用带有两个小数位的"货币"格式（负数放在括号中）	Ctrl+Shift+%	应用不带小数位的"百分比"格式
Ctrl+Shift+^	应用带两位小数位的"科学记数"数字格式	Ctrl+Shift+#	应用含有年、月、日的"日期"格式
Ctrl+Shift+@	应用含小时和分钟并标明上午（AM）或下午（PM）的"时间"格式	Ctrl+Shift+!	应用带两位小数位、使用千位分隔符且负数用负号(-)表示的"数字"格式

六、输入并计算公式的快捷键

快捷键	作用	快捷键	作用
=	输入公式	F2	关闭单元格的编辑状态后，将插入点移动到编辑栏内
Enter	在单元格或编辑栏中完成单元格输入	Ctrl+Shift+Enter	将公式作为数组公式输入
Shift+F3	在公式中，打开【插入函数】对话框	Ctrl+A	当插入点位于公式中公式名称的右侧时，打开【函数参数】对话框
Ctrl+Shift+A	当插入点位于公式中函数名称的右侧时，插入参数名和括号	F3	将定义的名称粘贴到公式中
Alt+=	用 SUM 函数插入"自动求和"公式	Ctrl+'	将活动单元格上方单元格中的公式复制到当前单元格或编辑栏
Ctrl+`（重音符）	在显示单元格值和显示公式之间切换	F9	计算所有打开的工作簿中的所有工作表
Shift+F9	计算活动工作表	Ctrl+Alt+Shift+F9	重新检查公式，计算打开的工作簿中的所有单元格，包括未标记而需要计算的单元格

七、输入与编辑数据的快捷键

快捷键	作用	快捷键	作用
Ctrl+;（分号）	输入日期	Ctrl+Shift+:（冒号）	输入时间
Ctrl+D	向下填充	Ctrl+R	向右填充
Ctrl+K	插入超链接	Ctrl+F3	定义名称
Alt+Enter	在单元格中换行	Ctrl+Delete	删除插入点到行末的文本

八、创建图表和选定图表元素的快捷键

快捷键	作用	快捷键	作用
F11 或 Alt+F1	创建当前区域中数据的图表	Shift+F10+V	移动图表
↑	选择图表中的上一组元素	↓	选择图表中的下一组元素
←	选择分组中的上一个元素	→	选择分组中的下一个元素
Ctrl + PageDown	选择工作簿中的下一张工作表	Ctrl +PageUp	选择工作簿中的上一个工作表

九、筛选操作快捷键

快捷键	作用	快捷键	作用
Ctrl+Shift+L	添加筛选下拉箭头	Alt+ ↓	在包含下拉箭头的单元格中，显示当前列的【自动筛选】列表
↓	选择【自动筛选】列表中的下一项	↑	选择【自动筛选】列表中的上一项
Alt+ ↑	关闭当前列的【自动筛选】列表	Home	选择【自动筛选】列表中的第一项（"全部"）
End	选择【自动筛选】列表中的最后一项	Enter	根据【自动筛选】列表中的选项筛选区域

十、显示、隐藏和分级显示数据的快捷键

快捷键	作用	快捷键	作用
Alt+Shift+ →	对行或列分组	Alt+Shift+ ←	取消行或列分组
Ctrl+8	显示或隐藏分级显示符号	Ctrl+9	隐藏选定的行
Ctrl+Shift+(	取消选定区域内的所有隐藏行的隐藏状态	Ctrl+0（零）	隐藏选定的列
Ctrl+Shift+)	取消选定区域内的所有隐藏列的隐藏状态		

A.3 PowerPoint 十大必备快捷键

熟练掌握 PowerPoint 快捷键可以更快速地制作幻灯片，大大地节约时间成本。下面列出了 PowerPoint 常用的快捷键，适用于 PowerPoint 2003、PowerPoint 2007、PowerPoint 2010、PowerPoint 2013、PowerPoint 2016、PowerPoint 2019、PowerPoint 2021 等版本。

一、幻灯片操作快捷键

快捷键	作用	快捷键	作用
Enter 或 Ctrl+M	新建幻灯片	Delete	删除选择的幻灯片
Ctrl+D	复制选定的幻灯片	Shift+F10+H	隐藏或取消隐藏幻灯片
Shift+F10+A	新增幻灯片节	Shift+F10+S	发布幻灯片

二、幻灯片编辑快捷键

快捷键	作用	快捷键	作用
Ctrl+T	在小写或大写之间更改字符格式	Shift+F3	更改字母大小写
Ctrl+B	应用粗体格式	Ctrl+U	应用下划线
Ctrl+I	应用斜体格式	Ctrl+=	应用下标格式
Ctrl+Shift++	应用上标格式	Ctrl+E	居中对齐段落
Ctrl+J	使段落两端对齐	Ctrl+L	使段落左对齐
Ctrl+R	使段落右对齐		

三、在幻灯片文本或单元格中移动的快捷键

快捷键	作用	快捷键	作用
←	向左移动一个字符	→	向右移动一个字符
↑	向上移动一行	↓	向下移动一行
Ctrl+ ←	向左移动一个字词	Ctrl+ →	向右移动一个字词
End	移至行尾	Home	移至行首
Ctrl+ ↑	向上移动一个段落	Ctrl+ ↓	向下移动一个段落
Ctrl+End	移至文本框的末尾	Ctrl+Home	移至文本框的开头

四、幻灯片对象排列的快捷键

快捷键	作用	快捷键	作用
Ctrl+G	组合选择的多个对象	Shift+F10+R+Enter	将选择的对象置于顶层
Shift+F10+F+Enter	将选择的对象上移一层	Shift+F10+K+Enter	将选择的对象置于底层
Shift+F10+B+Enter	将选择的对象下移一层	Shift+F10+S	将所选对象另存为图片

五、调整 SmartArt 图形中的形状的快捷键

快捷键	作用	快捷键	作用
Tab	选择 SmartArt 图形中的下一元素	Shift+ Tab	选择 SmartArt 图形中的上一元素
↑	向上微移所选的形状	↓	向下微移所选的形状
←	向左微移所选的形状	→	向右微移所选的形状
Enter 或 F2	编辑所选形状中的文字	Delete 或 BackSpace	删除所选的形状
Ctrl+ →	水平放大所选的形状	Ctrl+ ←	水平缩小所选的形状
Shift+ ↑	垂直放大所选的形状	Shift+ ↓	垂直缩小所选的形状
Alt+ →	向右旋转所选的形状	Alt+ ←	向左旋转所选的形状

六、显示辅助工具和功能区的快捷键

快捷键	作用	快捷键	作用
Ctrl+F1	折叠功能区	Shift+F9	显示 / 隐藏网格线
Alt+F9	显示 / 隐藏参考线	Alt+F10	显示选择窗格
Alt+F5	显示演示者视图	F10	显示功能区标签

七、浏览 Web 演示文稿的快捷键

快捷键	作用	快捷键	作用
Tab	在 Web 演示文稿中的超链接、地址栏和链接栏之间进行正向切换	Shift+Tab	在 Web 演示文稿中的超链接、地址栏和链接栏之间进行反向切换
Enter	对所选的超链接执行【单击】操作	空格键	转到下一张幻灯片

八、多媒体操作快捷键

快捷键	作用	快捷键	作用
Alt+Q	停止媒体播放	Alt+P	在播放和暂停之间切换
Alt+End	转到下一个书签	Alt+Home	转到上一个书签
Alt+Up	提高音量	Alt+↓（向下键）	降低音量
Alt+U	静音		

九、幻灯片放映快捷键

快捷键	作用	快捷键	作用
F5	从头开始放映演示文稿	Shift + F5	从当前幻灯片开始放映
Ctrl+F5	联机演示文稿放映	Esc	结束演示文稿放映

十、控制幻灯片放映的快捷键

快捷键	作用	快捷键	作用
N、Enter、Page Down、向右键、向下键或空格键	执行下一个动画或前进到下一张幻灯片	W 或逗号	显示空白的白色幻灯片，或者从空白的白色幻灯片返回演示文稿
B 或句号	显示空白的黑色幻灯片，或者从空白的黑色幻灯片返回演示文稿	H	转到下一张隐藏的幻灯片
E	擦除屏幕上的注释	O	排练时使用原排练时间
T	排练时设置新的排练时间	R	重新记录幻灯片旁白和计时
M	排练时通过单击前进	Ctrl+P	将鼠标指针更改为笔
A 或 =	显示或隐藏箭头指针	Ctrl+E	将鼠标指针更改为橡皮擦
Ctrl+A	将鼠标指针更改为箭头	Ctrl+H	立即隐藏鼠标指针和【导航】按钮
Ctrl+M	显示或隐藏墨迹标记		

附录 B Word、Excel、PPT 2021 实战案例索引表

一、软件功能学习类

实例名称	所在页	实例名称	所在页	实例名称	所在页
实战：保护 Word、Excel 和 PPT 文件	7	实战：将文本替换为图片	23	实战：为"会议管理制度"创建分栏排版	43
实战：在快速访问工具栏中添加或删除按钮	8	实战：设置"会议纪要"文本的字体格式	27	实战：为"考勤管理制度"添加水印效果	43
实战：添加功能区中的命令按钮	8	实战：设置"会议纪要"文本的字体效果	29	实战：直接使用模板中的样式	47
实战：打印 Word 文档	9	实战：为"数学试题"设置下标和上标	30	实战：在工作总结中应用样式	48
实战：打印 Excel 表格	10	实战：设置"会议纪要"的字符缩放、间距与位置	30	实战：为工作总结新建样式	48
实战：打印 PPT 演示文稿	11	实战：设置"会议纪要"文本的字符边框和底纹	32	实战：通过样式来选择相同格式的文本	50
实战：输入通知文本内容	16	实战：设置"企业员工薪酬方案"的段落对齐方式	33	实战：通过样式批量修改文档格式	51
实战：在通知中插入符号	16	实战：设置"企业员工薪酬方案"的段落行距	36	实战：重命名工作总结中的样式	51
实战：在通知中插入当前日期	17	实战：为"企业员工薪酬方案"添加项目符号	36	实战：删除文档中多余的样式	51
实战：从文件中导入文本	17	实战：为"企业员工薪酬方案"设置个性化项目符号	37	实战：显示或隐藏工作总结中的样式	52
实战：选择性粘贴网页内容	17	实战：为"企业员工薪酬方案"添加编号	38	实战：样式检查器的使用	52
实战：选择文本	18	实战：设置"员工薪酬方案"的开本大小	39	实战：使用样式集设置"公司简介"文档的格式	53
实战：删除文本	20	实战：设置"员工薪酬方案"的纸张方向	39	实战：使用主题改变"公司简介"文档的外观	53
实战：复制和移动公司简介文本	20	实战：设置"员工薪酬方案"的页边距	40	实战：保存自定义主题	55
实战：查找和替换文本	22	实战：为文档添加页眉、页脚内容	40	实战：在"感恩母亲节"中插入形状	58
实战：查找和替换格式	22	实战：设置"企业宣言"首字下沉	43	实战：在"感恩母亲节"中更改形状	58

续表

续表

续表

续表

续表

二、商务办公实战类

实例名称	所在页	实例名称	所在页	实例名称	所在页
使用 Word 制作述职报告文档	322	使用 Word 制作新员工入职培训制度文档	340	使用 Word 制作产品宣传推广文档	356
使用 Excel 分析展示销售情况	328	使用 Excel 制作新员工培训成绩表	345	使用 Excel 制作市场推广数据分析表	360
使用 PPT 制作述职报告演示文稿	333	使用 PPT 制作新员工入职培训演示文稿	350	使用 PPT 制作产品宣传推广演示文稿	363

附录 C　Word、Excel、PPT 2021 功能及命令应用索引表

C.1　Word 功能及命令应用索引选项卡

一、【文件】选项卡

命令	所在页	命令	所在页	命令	所在页
新建→模板	46	关闭	7	选项→高级	12
打开	7	选项→快速访问工具栏	8	选项→校对	25
打印	9	选项→保存	5	导出→创建 PDF/XPS 文档	12

二、【开始】选项卡

命令	所在页	命令	所在页	命令	所在页
◆【剪贴板】组		字号	28	行和段落间距	36
复制	20	加粗	29	编号	38
剪切	20	倾斜	29	项目符号	36
粘贴	21	下划线	29	项目符号→定义新项目符号	37
粘贴→只保留文本	18	字体颜色	28	边框	32
格式刷	44	文本效果	28	边框→边框和底纹	33
◆【字体】组		以不同颜色突出显示文本	32	多级列表	38
上标	30	清除所有格式	344	◆【样式】组	
下标	30	◆【段落】组		样式→应用样式	48
字体	27	居中	33	样式→新建样式	48

三、【插入】选项卡

命令	所在页	命令	所在页	命令	所在页
◆【页面】组		图片→联机图片	62	首字下沉	43
分页	91	屏幕截图	62	文本框	70
◆【表格】组		形状	59	文本框→内置文本框	70
表格→拖动行列数创建	76	SmartArt	72	艺术字	67
表格→插入表格	76	◆【页眉和页脚】组		日期和时间	17
表格→快速表格	77	页眉	40	◆【符号】组	
◆【插图】组		页码	92	符号	16
图片→此设备	61	◆【文本】组		公式	25
图片→图像集	62	对象	17		

四、【绘图】选项卡

命令	所在页	命令	所在页	命令	所在页
◆【绘图工具】组		绘画笔	69	◆【重播】组	
选择对象	70	橡皮擦	69	墨迹重播	5

五、【设计】选项卡

命令	所在页	命令	所在页	命令	所在页
◆【文档格式】组		颜色→自定义颜色	54	◆【页面背景】组	
文档格式	51	字体	54	水印	44
主题	53	字体→自定义字体	54	页面颜色	97
主题→保存当前主题	55	效果	55		
颜色	55	设为默认值	57		

六、【布局】选项卡

命令	所在页	命令	所在页	命令	所在页
◆◆【页面设置】组		纸张方向	39	分隔符→下一页	92
页边距	40	栏	43		
纸张大小	39	分隔符→分页符	91		

七、【引用】选项卡

命令	所在页	命令	所在页	命令	所在页
◆【目录】组		目录→删除目录	96	更新目录	95
目录→自动目录	94	目录→自定义目录	94		

八、【邮件】选项卡

命令	所在页	命令	所在页	命令	所在页
◆【创建】组		信封	102	选择收件人→使用现有列表	106
中文信封→单个信封	100	标签	104	选择收件人→键入新列表	105
中文信封→批量信封	101	◆【开始邮件合并】组		编辑收件人列表	107

续表

命令	所在页	命令	所在页	命令	所在页
◆【编写和插入域】组		◆【完成】组			
插入合并域	106	完成并合并	106		

九、【审阅】选项卡

命令	所在页	命令	所在页	命令	所在页
◆【校对】组		修订→锁定修订	119	下一处	112
字数统计	110	审阅窗格	119	◆【比较】组	
拼写和语法	109	显示标记	113	比较→合并	115
◆【批注】组		◆【更改】组		比较→比较	116
新建批注	113	接受	111	◆【保护】组	
删除	114	拒绝	111	限制编辑	117
◆【修订】组		拒绝→拒绝所有修订	112	◆【辅助功能】组	
修订	110	上一处	112	检查辅助功能	4

十、【页眉和页脚】选项卡

命令	所在页	命令	所在页	命令	所在页
◆【页眉和页脚】组		下一条	41	奇偶页不同	42
页脚	40	转至页眉	41	◆【关闭】组	
页码→设置页码格式	93	链接到前一节	98	关闭页眉和页脚	40
◆【导航】组		◆【选项】组			
转至页脚	40	首页不同	41		

十一、【图片格式】选项卡

命令	所在页	命令	所在页	命令	所在页
◆【调整】组		图片样式	65	旋转	64
删除背景	65	图片效果	66	◆【大小】组	
颜色	67	图片版式	74	裁剪	63
更改图片	74	◆【排列】组		高度/宽度	64
◆【图片样式】组		环绕文字	66		

十二、【形状格式】选项卡

命令	所在页	命令	所在页	命令	所在页
◆【插入形状】组		形状轮廓	61	◆【文本】组	
编辑形状→编辑顶点	60	◆【艺术字样式】组		创建链接	71
编辑形状	58	文本填充	68	◆【排列】组	
◆【形状样式】组		文本轮廓	68	对齐	59
形状填充	60	文本效果	68	旋转	59

十三、【表设计】选项卡

命令	所在页	命令	所在页	命令	所在页
◆【表格样式】组		底纹	84	边框	84
表格样式	83	◆【边框】组			

十四、【布局】选项卡

命令	所在页	命令	所在页	命令	所在页
◆【表】组		删除→删除列	80	自动调整	90
属性	83	◆【合并】组		◆【数据】组	
◆【行和列】组		合并单元格	81	公式	86
在上方插入	79	拆分单元格	81	排序	88
在右侧插入	79	◆【单元格大小】组		转换为文本	89
删除→删除单元格	80	分布行	82		
删除→删除行	80	分布列	83		

十五、【SmartArt 设计】选项卡

命令	所在页	命令	所在页	命令	所在页
◆【创建图形】组		从右向左	73	更改颜色	74
添加形状	72	◆【SmartArt 样式】组			
升级 / 降级	73	SmartArt 样式	73		

C.2　Excel 功能及命令应用索引选项卡

一、【开始】选项卡

命令	所在页	命令	所在页	命令	所在页
◆【剪贴板】组		数字格式→货币	137	插入→插入工作表行	123
粘贴→转置	146	百分比样式	137	插入→插入工作表列	152
粘贴→值	166	◆【样式】组		删除→删除单元格	149
粘贴→选择性粘贴	178	套用表格格式	143	删除→删除工作表行	152
◆【字体】组		套用表格格式→修改表格样式	144	删除→删除工作表列	152
边框→所有框线	139	单元格样式	140	删除→删除工作表	156
增大字号	135	单元格样式→修改样式	141	格式→隐藏和取消隐藏行/列	154
减小字号	135	单元格样式→合并样式	142	格式→移动或复制工作表	157
填充颜色	140	条件格式→突出显示单元格规则	208	格式→保护工作表	157
◆【对齐方式】组		条件格式→数据条	208	格式→行高	152
居中	138	条件格式→色阶	209	格式→自动调整列宽	153
左对齐	138	条件格式→图标集	209	格式→撤销工作表保护	159
自动换行	138	条件格式→管理规则	212	格式→设置单元格格式	159
合并后居中	144	条件格式→新建规则	210	◆【编辑】组	
合并后居中→跨越合并	150	条件格式→清除规则	213	查找和选择→定位条件	214
◆【数字】组		◆【单元格】组		填充→序列	124
数字格式→分数	136	插入	149	全部删除	134
数字格式→自定义	137	插入→插入工作表	156		
数字格式→长日期	137	插入→插入单元格	162		

二、【插入】选项卡

命令	所在页	命令	所在页	命令	所在页
◆【表格】组		◆【图表】组		数据透视图	237
数据透视表	232	插入饼图或圆环图	216	◆【迷你图】组	
推荐的数据透视表	232	推荐的图表	216	柱形	227

三、【公式】选项卡

命令	所在页	命令	所在页	命令	所在页
◆【函数库】组		文本函数→ TEXT	194	统计函数→ COUNT	185
插入函数	182	文本函数→ MID	193	统计函数→ COUNTIF	200
自动求和→求和	184	文本函数→ FIND	195	统计函数→ MIN	186
自动求和→计数	185	数学和三角函数→ SUM	184	统计函数→ MAX	186
逻辑函数→ IF	187	数学和三角函数→ SUMIF	188	统计函数→ COUNTA	200
逻辑函数→ AND	191	数学和三角函数→ AVERAGE	184	◆【定义的名称】组	
逻辑函数→ OR	192	日期和时间函数→ TODAY	195	定义名称	172
逻辑函数→ NOT	192	日期和时间函数→ YEAR	196	根据所选内容创建	180
财务函数→ FV	189	日期和时间函数→ MONTH	196	名称管理器	174
财务函数→ PV	189	日期和时间函数→ DAY	197	◆【公式审核】组	
财务函数→ RATE	190	日期和时间函数→ DAYS360	197	追踪引用单元格	176
财务函数→ PMT	190	查找与引用函数→ HLOOKUP	197	公式求值	175
文本函数→ LEN	192	查找与引用函数→ INDEX	198	显示公式	175
文本函数→ LEFT	193	查找与引用函数→ OFFSET	199	错误检查	175
文本函数→ RIGHT	193	查找与引用函数→ XLOOKUP	198	删除箭头	177

四、【数据】选项卡

命令	所在页	命令	所在页	命令	所在页
◆【获取和转换数据】组		筛选→多条件筛选	203	合并计算	177
通过 Power Query 编辑器导入	126	筛选→自定义筛选	204	◆【预测】组	
自网站	128	高级筛选	204	预测工作表	230
◆【排序和筛选】组		◆【数据工具】组		◆【分级显示】组	
降序	201	数据验证→设置	129	分类汇总	205
升序	205	数据验证→输入信息	132	分类汇总→多重分类汇总	206
排序→多条件排序	206	数据验证→出错警告	132	分类汇总→删除分类汇总	207
排序→自定义排序	202	数据验证→圈释无效数据	133	组合	214
筛选→自动筛选	203	数据验证→清除验证标识圈	133		

五、【视图】选项卡

命令	所在页	命令	所在页	命令	所在页
◆【窗口】组		拆分	160	冻结窗格	161

六、【表设计】选项卡

命令	所在页	命令	所在页	命令	所在页
◆【工具】组		◆【表格样式选项】组		镶边列	143
转换为区域	144	标题行	143		

七、【图表设计】选项卡

命令	所在页	命令	所在页	命令	所在页
◆【图表布局】组		添加图表元素→线条	225	选择数据	218
添加图表元素→图表标题	220	快速布局	220	◆【类型】组	
添加图表元素→坐标轴标题	221	◆【图表样式】组		更改图表类型	219
添加图表元素→数据标签	222	图表样式	219	◆【位置】组	
添加图表元素→图例	222	更改颜色	220	移动图表	217
添加图表元素→趋势线	223	◆【数据】组			
添加图表元素→误差线	224	切换行／列	218		

八、【迷你图】选项卡

命令	所在页	命令	所在页	命令	所在页
◆【类型】组		迷你图样式	228	◆【组合】组	
柱形	219	标记颜色	229	取消组合	228
◆【样式】组		迷你图颜色	228		

九、【数据透视表分析】选项卡

命令	所在页	命令	所在页	命令	所在页
◆【数据透视表】组		◆【筛选】组		◆【工具】组	
选项	232	插入切片器	238	数据透视图	237
◆【活动字段】组		◆【数据】组			
字段设置	234	刷新	240		

十、【设计】选项卡

命令	所在页	命令	所在页
◆【布局】组		◆【数据透视表样式】组	
报表布局	236	数据透视表样式	236

C.3 PowerPoint 功能及命令应用索引选项卡

一、【文件】选项卡

命令	所在页	命令	所在页	命令	所在页
新建	6	导出→创建 PDF/XPS 文档	319	导出→更改文件类型	319
保护	7	导出→创建视频	318		
打印	11	导出→将演示文稿打包成 CD	317		

二、【开始】选项卡

命令	所在页	命令	所在页	命令	所在页
◆【幻灯片】组		◆【字体】组		行距	269
新建幻灯片	261	文字阴影	268	◆【编辑】组	
版式	263	更改大小写	268	选择	260
节→新增节	262	字符间距	268	替换→替换字体	275
节→删除节	263	◆【段落】组			

三、【插入】选项卡

命令	所在页	命令	所在页	命令	所在页
◆【图像】组		SmartArt	280	动作	293
图片	277	形状→动作按钮	293	◆【媒体】组	
屏幕截图	277	◆【链接】组		视频→此设备	287
相册	283	图表	282	视频→库存视频	287
相册→编辑相册	284	缩放定位→摘要缩放定位	295	音频→PC 上的音频	285
◆【插图】组		缩放定位→节缩放定位	296	音频→录制音频	285
图标	278	缩放定位→幻灯片缩放定位	297	屏幕录制	290
形状	279	链接	292	◆【文本】组	

续表

命令	所在页	命令	所在页	命令	所在页
文本框	266	艺术字	271	页眉和页脚	288

四、【设计】选项卡

命令	所在页	命令	所在页	命令	所在页
◆【主题】组		◆【变体】组		◆【自定义】组	
主题	265	变体样式	265	幻灯片大小	263
主题→保存当前主题	265	变体→颜色和字体	265	设置背景格式	264

五、【切换】选项卡

命令	所在页	命令	所在页	命令	所在页
◆【预览】组		效果选项	298	应用到全部	298
预览	298	◆【计时】组		声音	299
◆【切换到此幻灯片】组		持续时间	304		
切换效果	298	设置自动换片时间	299		

六、【动画】选项卡

命令	所在页	命令	所在页	命令	所在页
◆【预览】组		效果选项	303	动画刷	307
预览	298	◆【高级动画】组		◆【计时】组	
◆【动画】组		添加动画	300	开始	304
动画→进入动画	300	动画窗格	303	延迟	305
动画→路径动画	300	触发	306	持续时间	304

七、【幻灯片放映】选项卡

命令	所在页	命令	所在页	命令	所在页
◆【开始放映幻灯片】组		◆【设置】组		录制幻灯片演示→清除所有幻灯片中的旁白	312
从头开始	312	设置幻灯片放映→设置放映类型	310	排练计时	311
自定义幻灯片放映	314	录制幻灯片演示→清除所有幻灯片中的计时	312	隐藏幻灯片	311

八、【视图】选项卡

命令	所在页	命令	所在页
◆【母版视图】组		大纲视图	267
幻灯片母版	272	幻灯片浏览	312
◆【演示文稿视图】组			

九、【播放】选项卡

命令	所在页	命令	所在页	命令	所在页
◆【编辑】组		音量	286	放映时隐藏	287
剪裁音频	286	跨幻灯片播放	287		
◆【音频选项】组		循环播放，直到停止	287		

十、【播放】选项卡

命令	所在页	命令	所在页	命令	所在页
◆【编辑】组		◆【视频选项】组		全屏播放	304
剪裁视频	288	音量	289		